现代加工技术

第2版

张辽远　编著

机械工业出版社

本书以现代加工技术中的基本原理、装备工艺与技术、工艺方法、工艺规律及特点、实际应用为主线，阐述了超声波加工，电化学加工，电火花加工，电火花线切割加工，激光加工，电子束、离子束加工，化学、等离子体、快速成型、磁性磨料加工，以及直接相关的加工技术和复合加工技术等，充分反映了当前现代加工前沿的技术和应用进展。

本书为高等院校机械工程及相关专业"现代加工技术"课程的教材，也可供机械、电子、航空航天等领域从事特种加工技术的工程技术人员参考。

图书在版编目（CIP）数据

现代加工技术/张辽远编著. —2 版. —北京：机械工业出版社，2008.7（2018.1 重印）

ISBN 978-7-111-10680-7

Ⅰ. 现…　Ⅱ. 张…　Ⅲ. 特种加工　Ⅳ. TG66

中国版本图书馆 CIP 数据核字（2008）第 071197 号

机械工业出版社（北京市百万庄大街22号　邮政编码100037）
责任编辑：张秀恩　责任校对：申春香
封面设计：鞠　杨　责任印制：李　昂
三河市宏达印刷有限公司印刷
2018 年 1 月第 2 版第 7 次印刷
169mm×239mm·21.25 印张·414 千字
13501—14500 册
标准书号：ISBN 978 - 7 - 111 - 10680 - 7
定价：45.00 元

凡购本书，如有缺页、倒页、脱页，由本社发行部调换
电话服务　　　　　　　　　　　策划编辑：（010）88379770
社服务中心：（010）88361066　网络服务
销 售 一 部：（010）68326294　门户网：http://www.cmpbook.com
销 售 二 部：（010）88379649　教材网：http://www.cmpedu.com
读者购书热线：（010）88379203　**封面无防伪标均为盗版**

第 2 版前言

传统的切削加工已有很久的历史，它对人类的生产和物质文明起到了极大的推动作用。近年来随着科技的进步和生产的发展，出现了许多由坚硬而又难加工材料制成的、具有精密公差尺寸和低表面粗糙度的复杂零件的加工，导致许多新的加工方法的产生。这些加工方法不同于以往的切削加工，称之为现代加工方法。

《现代加工技术》第 1 版自 2002 年出版以来，受到广大读者的好评，已连续印刷 7 次，印数达 19500 册。由于现代加工技术的发展较快，出现了许多研究成果，作者近几年来也积累了一些研究成果和经验，需要对第 1 版进行修订，以满足广大读者的需要。本次修订充分反映了现代加工的前沿技术和应用进展。

本书的主要内容包括超声波加工、电火花加工、电化学加工、激光加工、电子束和离子束加工等现代加工方法的基本原理、设备、工艺规律、主要特点和应用。

本书为高等工科院校的机械制造及自动化和机械电子工程专业及相近专业的"现代加工技术"课程教材，也可供从事现代加工技术的工程技术人员参考和自学之用。

由于本书内容广泛，限于作者的水平，书中难免有错误和不足之处，请读者批评指正。

编　者

第1版前言

传统的切削加工已有很久的历史，它对人类的生产和物质文明起到了极大的推动作用。近年来随着科技的进步和生产的发展，出现了许多由坚硬而又难加工材料制成的、具有精密公差尺寸和低表面粗糙度的复杂零件的加工，导致了许多新的加工方法的产生。这些加工方法不同于以往的切削加工，现称之为现代加工方法。

本书的内容主要包括超声波加工、电化学加工、电火花加工、激光加工、电子束和离子束加工等现代加工方法的基本原理、设备、工艺规律、主要特点和应用。

本书为高等工业院校的机械电子工程专业及相近专业的"现代加工技术"课程的教材，也可供从事现代加工技术的工程技术人员参考和自学之用。

由于书中内容广泛，各方面条件的限制和作者的水平，书中难免有错误和不足之处，请读者批评指正。

编　者

目　　录

第一章 绪 论

第一节 现代加工方法的产生及发展

传统的机械加工已有很久的历史，它对人类的生产和物质文明起到了极大的推动作用。例如 18 世纪 70 年代发明了蒸汽机，但由于难以制造出高精度的气缸镗床，因此无法推广应用。直到 25 年后，制造出气缸镗床，解决了气缸缸体的加工工艺，才使蒸汽机获得广泛的应用，引起了世界性的第一次产业革命。

第二次世界大战后，特别是进入 20 世纪 50 年代以来，随着生产的发展和科学实验的需要，许多工业部门，尤其是国防工业部门，要求尖端的科学技术产品向高精度、高速度、耐高温、高压、大功率、微型化等方向发展。零件所使用的材料大多是坚硬而难加工的，零件的形状越来越复杂，精度要求高，表面粗糙度低。因此，如果加工工艺技术没有相应的改进，上述零件靠单纯提高材料的机械强度的方法，会使总的加工成本增加，并且有时根本无法加工。图 1-1 示出工件材料硬度对机械加工费用的影响。鉴于这个问题的严重性，1960 年 Merchant 强调机械加工方法需要更新的概念。于是人们开始探索采用除机械能进行机械加工以外的电能、化学能、声能、光能、磁能等进行加工。这些加工方法，在某种意义上说，不是使用普通刀具来切削工件材料，而是直

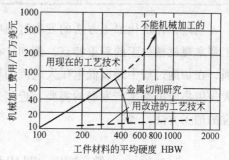

图 1-1 工件材料强度对机械加工费用的影响（美国）

接利用能量进行加工。为了区别现有的金属切削加工，称之为"现代加工方法"或"特种加工方法"。它们与一般的机械加工的不同点是：

1）切除材料的能量不单纯是靠机械能，还可以用其他形式的能量。

2）可以有工具，但工具材料的硬度可以低于工件材料的硬度，也可以无工具。

3）在加工过程中，工具和工件之间不存在显著的机械切削力。

第二节 现代加工方法的分类

现代加工方法的分类尚没有明确的规定，但一般是根据使用能量的基本类型进行分类。现代加工方法的分类见表 1-1。

表 1-1 现代加工方法的分类

能量类型	金属切削机理	传递介质	能 源	方 法
机械能	腐蚀	高速粒子	风动/液压	磨料射流加工 超声波加工 水射流加工
	剪切	直接接触	切削工具	普通机械加工
电化学能	离子转移	电介质	大电流	电化学加工 电化学磨削
化学能	烧蚀定律	易反应的周围介质	腐蚀剂	化学加工
热电能	熔化	高温气体	游离材料	离子束加工 等离子电弧加工
		电子放射线	高压加强光	电火花加工 激光加工
	气化	离子流	游离金属	等离子电弧加工

当然，在现代加工方法的发展过程中也形成了某些过渡性工艺，具有现代加工和常规机械加工的双重特点，例如：在切削过程中引入超声振动和低频振动切削；在切削过程中通以低电压大电流的导电切削；以及低温切削等。随着半导体大规模集成电路生产发展的需要，近年来提出了超微量加工，所谓原子、分子单位的加工方法。

第三节 现代加工方法的选择

为了正确有效地应用现代加工方法，必须考虑以下几个方面的问题：

1）物理参数。

2）工件材料的力学性能和加工形状。

3）生产能力。

4）经济性。

表 1-2 至表 1-7 和图 1-2，分别就上述几个问题对现代加工方法进行了比较，由此可以选用合适的加工方法加工零件。

表 1-2　现代加工方法的物理参数

参数	超声波加工	磨料射流加工	电化学加工	化学加工	电火花加工	电子束加工	激光加工	等离子电弧加工
电位/V	220	220	10	—	45	150000	4500	100
电流/A	12(交流)	1.0	10000(直流)	—	50(脉动直流)	0.001(脉动直流)	2(平均峰值为200)	500(直流)
功率/W	2400	220	100000	—	2700	150(平均峰值为200)		50000
间隙/mm	0.25	0.75	0.20	—	0.025	100	150	7.5
介质	磨料在水中	磨料在气体中	电解液	化学品液体	不导电的液体	真空	空气	氩或氢

表 1-3　现代加工方法适用的形状

加工方法	孔				直通型腔		面		直通切割	
	精密的小孔		标准的		精密的	标准的	复式轮廓	旋转表面	浅的	深的
	直径<0.25 mm	直径>0.25 mm	长度<20d①	长度>20d①						
超声波加工	—	—	好	不好	好	好	不好	—	不好	—
磨料射流加工	—	—	尚好	不好	不好	尚好	—	—	好	—
电化学加工	—	—	好	好	尚好	好	好	尚好	—	好
化学加工	尚好	尚好	—	—	不好	尚好	—	—	—	—
电火花加工	—	—	好	尚好	好	好	尚好	—	不好	—
激光加工	好	好	尚好	不好	不好	不好	—	—	好	尚好
等离子电弧加工	—	—	尚好	—	不好	不好	—	不好	好	好

① d 为直径。

表 1-4　材料的适用性

加工方法	材料							
	铝	钢	超级合金	钛	耐火材料	塑料	陶瓷	玻璃
超声波加工	不好	尚好	不好	尚好	好	尚好	好	好
磨料射流加工	尚好	尚好	好	尚好	好	尚好	好	好
电化学加工	尚好	好	好	尚好	尚好	不能用	不能用	不能用
化学加工	好	好	尚好	尚好	不好	不好	不好	尚好
电火花加工	尚好	好	好	尚好	好	不能用	不能用	不能用
电子束加工	尚好	尚好	尚好	尚好	尚好	尚好	尚好	尚好
激光加工	尚好	尚好	尚好	尚好	尚好	尚好	尚好	尚好
等离子电弧加工	好	好	好	尚好	不好	不好	不能用	不能用

表1-5 生产能力

加工方法	金属切除速率 /(mm³/min)	公差 /μm	表面粗糙度 R_a /μm	表面损伤深度 /μm	圆角半径 /mm
超声波加工	300	7.5	0.2 ~ 0.5	25	0.025
磨料射流加工	0.80	50	0.5 ~ 1.2	2.5	0.100
电化学加工	1500	50	0.1 ~ 2.5	5.0	0.025
电火花加工	800	15	0.2 ~ 12.5	125	0.025
电子束加工	1.6	25	0.4 ~ 2.5	250	2.5
激光加工	0.1	25	0.4 ~ 1.25	125	2.5
化学加工	15.0	50	0.4 ~ 2.5	50	0.125
等离子电弧加工	75000	125	粗糙	500	—
钢的逆铣	50000	50	0.4 ~ 0.5	25	0.050

表1-6 对设备和工具的影响

加工方法	工具磨损比	加工介质的污染	安 全 性	毒 性
超声波加工	10	一般问题	无问题	无问题
磨料射流加工	—	一般问题	一般问题	无问题
电化学加工	0	关键问题	一般问题	无问题
电火花加工	6.6	一般问题	一般问题	一般问题
电子束加工	—	一般问题	一般问题	无问题
激光加工	—	无问题	一般问题	无问题
等离子电弧加工	—	无问题	无问题	无问题

注：工具磨损比 = 切除工件材料的体积/消耗掉的工具电极体积。

表1-7 加工方法的经济性

加工方法	基本投资	工具和夹具	功率要求	效 率	工具消耗
超声波加工	低	低	低	高	中等
磨料射流加工	很低	低	低	高	低
电化学加工	很高	中等	中等	低	很低
化学加工	中等	低	高	中等	很低
电火花加工	中等	高	低	高	高
电子束加工	高	低	低	很高	很低
激光加工	中等	低	很低	很高	很低
等离子电弧加工	很低	低	很低	很低	很低
一般的机械加工	低	低	低	很低	低

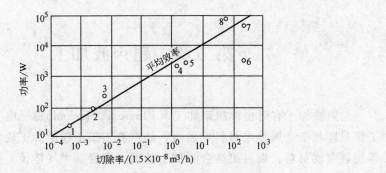

图 1-2　现代机械加工与普通加工方法的比较
1—激光加工　2—磨料射流加工　3—电子束加工　4—超声波加工
5—电火花加工　6—逆铣　7—等离子电弧加工　8—电化学加工

第二章 超声波加工

超声波加工有时也称超声加工（Ultrasonic Machining）。电火花和电化学加工都只能加工金属导电材料。然而，超声波加工不仅能加工硬质合金、淬火钢等脆硬金属材料，而且更适合于加工玻璃、陶瓷、半导体锗、硅片等不导电的非金属脆硬材料，同时还可以应用于清洗、焊接、探伤、测量、冶金等其他方面。

第一节 超声波加工的基本原理和特点

一、超声波及其特性

"超声波"这个名词术语，用来描述频率高于人耳听觉频率上限的一种振动波，通常是指频率高于16kHz以上的所有频率。超声波的上限频率范围主要是取决于发生器，实际用的最高频率的界限，是在5000MHz的范围以内。在不同介质中的波长范围非常广阔，例如在固体介质中传播时，频率为25kHz的波长约为200mm；而频率为500MHz的波长约为0.008mm。

超声波和声波一样，可以在气体、液体和固体介质中传播。由于超声波频率高、波长短、能量大，所以传播时反射、折射、共振及损耗等现象更显著。在不同的介质中，超声波传播的速度 c 亦不同，例如 $c_{空气}=331\text{m/s}$；$c_{水}=1430\text{m/s}$；$c_{铁}=5850\text{m/s}$。速度 c 与波长 λ 和频率 f 之间的关系可用下式表示：

$$\lambda = \frac{c}{f} \tag{2-1}$$

超声波具有下列主要性质：

（1）超声波能传递很强的能量 超声波的作用主要是对其传播方向的物体施加压力（声压）。因此，可用这个压力的大小表示超声波的强度，传播的波动能量越强，则压力越大。

振动能量的强弱，用能量密度来衡量。能量密度就是通过垂直于波的传播方向的单位面积上的能量，用符号 J 来表示，单位为 W/cm^2

$$J = \frac{1}{2}\rho c(\omega A)^2 \tag{2-2}$$

式中 ρ——弹性介质的密度（kg/m^3）；

c——弹性介质中的波速（m/s）；

A——振动的振幅（mm）；

ω——圆频率（rad/s），$\omega = 2\pi f$。

由于超声波的频率很高，其能量密度可达 $100\mathrm{W/m^2}$ 以上。超声波在液体或固体中传播时，由于介质密度 ρ 和振动频率 f 比空气中传播声波时高许多倍，因此同一振幅时，液体、固体中的超声波强度、功率、能量密度要比空气中的声波高千万倍。

（2）超声波的空化作用 当超声波经过液体介质传播时，将以极高的频率压迫液体质点振动，在液体介质中连续地形成压缩和稀疏区域。由于液体介质的不可压缩性，由此产生正、负交变的压力变化。由于这一过程时间极短，液体中的气体在此脉冲压力作用下，会破开，发生冲击波，局部产生极大的冲击力、瞬时高温、物质的分散，破碎及各种物理化学作用。图 2-1 为超声波作用于液体时产生的流动，图 a 是为便于观察，在液体中加入铝粉后拍摄的图片。

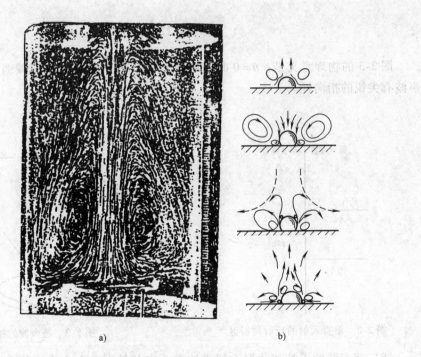

a)   b)

图 2-1　超声波作用液体介质

a) 液中有铝粉便于观察的直进流　b) 气泡振动所致固体表面的流动

（3）超声波的反射、透射、折射 超声波通过不同介质时，在界面发生波速突变，产生波的反射、透射和折射现象。能量反射的大小，决定于两种介质的波阻抗（密度与波速的乘积 ρc 称为波阻抗）。如图 2-2 所示，平面波垂直该面入射，设各介质的固有波阻抗为 $\rho_1 c_1$、$\rho_2 c_2$ 及 $\rho_3 c_3$，则反射率 β_r、透射率 β_t 由下式表示

$$\beta_r = \frac{反射波强度}{入射波强度} = \left(\frac{\rho_1 c_1 - \rho_2 c_2}{\rho_1 c_1 + \rho_2 c_2} \right)^2 \qquad (2\text{-}3)$$

$$\beta_t = \frac{透射波强度}{入射波强度} = 1 - \beta_t = \frac{4 \rho_1 c_1 \rho_2 c_2}{(\rho_1 c_1 + \rho_2 c_2)^2} \qquad (2\text{-}4)$$

从式（2-3）可以看出，如 $\rho_2 c_2 < \rho_1 c_1$，水中的超声波几乎不向空气中传播。

（4）超声波的衍射　设超声波换能器是一小圆片，可以把表面上的每个点看成是振源，辐射出一个半球面波（子波），这些子波没有指向性；离开换能器的空间某一点的声压，是这些无数个波叠加的结果（衍射），没有指向性。但是当圆片的半径比波长大，在圆片的中心法线方向的声强分布应满足下式

$$\sin\theta = 1.22 \frac{\lambda}{D} \qquad (2\text{-}5)$$

图 2-3 的物理意义是：$\theta = 0$ 时，声强极大；θ 逐渐增加，声强减弱。因此超声波有尖锐的指向性。

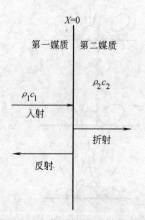

图 2-2　垂直入射的反射与折射

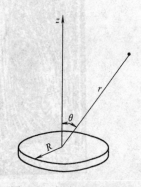

图 2-3　超声波的指向性

（5）超声波的干涉和共振　超声波在一定条件下，会产生波的干涉和共振现象。图 2-4 为超声波在弹性杆中传播时各质点的振动情况。当超声波从杆的一端向另一端传播时，在杆的端部将发生波的反射。所以在有限的弹性体中，实际存在着同周期、同振幅，传播方向相反的两个波，这两个完全相同的波从相反方向会合，就会产生波的干涉。当杆长符合某一规律时，杆上有些点在波动过程中位置始终不变，其振幅为零（为波节）；而另一些点振幅最大，其振幅为原振幅

的两倍（为波腹）。图 2-4 中 x 表示弹性杆件任意一点 b 相距超声波入射端的距离，入射波使 b 点偏离平衡位置的位移为 a_1，反射波使 b 点偏离平衡位置的位移为 a_2，则有

$$a_1 = A\sin 2\pi\left(\frac{t}{T} - \frac{x}{\lambda}\right)$$

$$a_2 = A\sin 2\pi\left(\frac{t}{T} + \frac{x}{\lambda}\right)$$

而两个波使 b 点的合成位移为 a_r

$$a_r = a_1 + a_2 = 2A\cos\frac{2\pi}{\lambda}\sin\frac{2\pi}{T} \qquad (2\text{-}6)$$

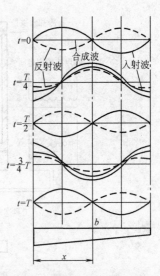

图 2-4 超声波在弹性杆中传播时各质点的振动情况

式中 x——b 点距离入射端的距离；

λ——振动波长；

T——振动的周期；

A——振动的振幅；

t——振动的某一时刻。

由式（2-6）可知：当 $x = k\dfrac{\lambda}{2}$ 时，a_r 最大，b 点为波腹；$x = (2k+1)\dfrac{\lambda}{4}$ 时，a_r 为零，b 点为波节；$k = 0$，1，2，3，…为正整数。

为了使弹性杆处于大振幅共振状态，应将弹性杆设计成半波长的整数倍，固定弹性杆的支承点，应该选择在振动过程中的波节处。

二、超声波加工的基本原理

超声波加工是利用工具端面的超声振动，通过磨料悬浮液加工脆硬材料的一种成型方法，加工原理如图 2-5 所示。加工时，在工具头 9 和工件 11 之间加入磨料悬浮液 13，同时使工具以一定的力作用在工件上。超声换能器 1 产生 16kHz 以上超声波的纵向振动，并通过变幅杆 4（连接换能器锥体 6）把振幅放大到 0.05～0.1mm。驱动工具端面作超声振动，迫使磨料悬浮液中的磨粒以很大的加速度和速度不断地锤击、冲击被加工表面，使工件材料被加工下来。与此同时，工作液受工具端面的超声振动作用而产生的高频、交变的液压正负冲击波和"空化"作用，加剧了机械破坏作用。既然超声加工是基于局部的撞击作用，因此就不难理解，愈是脆硬的材料，受到的破坏愈大。相反，脆性和硬度不大的韧性材料难以加工。因此，可以选择合理工具材料，如用 45 钢就是一种比较理想的超声加工工具。

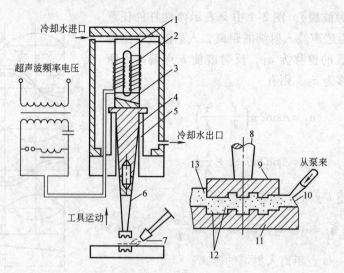

图 2-5　超声波加工方法示意图

1—换能器　2—激励线圈　3—银钎接缝　4—换能器锥体　5—谐振支座
6—变幅杆　7—磨料射流　8—工具锥　9—工具头　10—磨料
粒子　11—工件　12—工件材料碎粒　13—磨料悬浮液

三、超声波加工的特点

1）适合于加工各种硬脆材料，特别是不导电的非金属材料，例如玻璃、陶瓷（氧化铝、氮化硅等）、石英、锗、硅、石墨、玛瑙、宝石、金刚石等。对于导电的硬质金属材料，如淬火钢、硬质合金等，也能进行加工，但加工生产率较低。

2）由于工具可用较软的材料，做成较复杂的形状，故不需要使工具和工件作比较复杂的相对运动，因此超声加工机床的结构比较简单，操作、维修方便。

3）由于去除加工材料是靠极小磨料瞬时的局部撞击作用，故工件表面的宏观切削力很小，切削应力、切削热很小，不会引起变形及烧伤，表面粗糙度也较低，可达 $R_a = 1 \sim 0.1\mu m$，加工精度可达 $0.01 \sim 0.02mm$，而且可以加工薄壁、窄缝、低刚度零件。

第二节　超声波加工设备

超声波加工设备又称超声加工装置，它们的功率大小和结构形状虽有所不同，但其组成部分基本相同，一般包括超声发生器、超声振动系统、机床本体和磨料工作液循环系统。其主要组成如下：

```
超          ┌─ 超声波发生器（超声波电源）
声          │
波          │                   ┌─ 超声波换能器
加          │  超声振动系统     ┤─ 变幅杆（振幅扩大棒）
工          │                   └─ 工具
设  ┤       │                   ┌─ 工作头
备          │  机床本体         ┤─ 加压机构及工件进给机构
            │                   └─ 工作台及其位置调整机构
            │                                        ┌─ 磨料悬浮液循环系统
            └─ 工作液及循环系统和换能器冷却系统      ┤─ 换能器冷却系统
```

一、超声波发生器

超声波发生器的作用是将工频交流电转变为有一定功率输出的超声频振荡，以提供工具端面往复振动的机械能。其基本要求是：可靠性好、效率高、结构简单、成本低；其次是功率和频率在一定范围内连续可调，对共振频率有自动跟踪和自动微调功能。

超声波发生器由于功率不同，有电子管式、晶闸管式，也有晶体管式。大功率的（1kW 以上）往往仍用电子管式的，但近年来逐渐被晶体管式所取代。超声发生器分为振荡级、电压放大级、功率放大级及电源等四部分。

数字超声波发生器采用如图 2-6 所示的智能化、记忆化数字处理系统，连续监控、调节换能器/变幅杆/工具头的频率，以提供最佳的超声波输出。换能器温度的波动、工具头的磨损造成振幅的波动、超声加工过程中压力变换造成的波动，系统都能自动补偿。

加工参数的图形表达见图 2-7，不仅可对所有加工参数进行专门编程，还可

图 2-6　智能化、记忆化数字处理系统

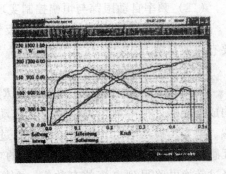

图 2-7　加工参数的图形表达

用图形表达超声功率、加工速度和加工过程压力的变化。人机对话方式通过触摸屏对加工程序进行调整，操作直观明了，逻辑结构化菜单使操作员按提示逐步输入全部数据。

（一）超声电源设计

超声电源是将工频电能转化为声学系统（换能器、变幅杆、工具及声负载）固有频率的功率超声装置。

1. 频率自动跟踪功能

换能器的声负载阻抗在不同的应用场合是不同的，在许多情况下随时间而变化。加工过程中，振动系统的温度、刚度以及静载荷、加工面积、工具磨损、工件材料等因素的变化，都能使系统的固有频率发生漂移，换能器的谐振频率同时随着改变。如果超声电源的工作频率不能随之改变，换能器会在失谐状态下工作，由于压电换能器的机械品质因数 Q 值较大，使超声电源的输出功率大大降低，从而导致振动系统不能正常工作。这就要求超声电源具有频率自动跟踪功能，保证换能器始终在谐振状态下工作，得到最优的加工效率，保证加工质量。

2. 振幅恒定输出功能

实际加工中，机械负载是经常变化的，如静载荷的改变，工件材料的不同或材料的不均匀，加工工具尺寸的改变等。即使频率跟踪性能良好，负载的增大也会引起输出振幅、单位负载功率下降；尤其是超声加工过程中，变幅杆从有载变为空载（或空载变为有载）时，机械阻抗急剧改变，超声电源、换能器、变幅杆、工具极易受到损坏。为提高加工质量和工艺过程的稳定性，要求换能器输出的机械功率随负载的变化而变化，使工具头输出的振幅恒定。

3. 自动保护功能

超声加工电源应具有必要的保护功能，如过流保护、过压保护、功率管及换能器过热保护、功率管的直通保护，防止高频变压器单相偏磁，以及消除浪涌电流、电压对功率管的损坏等。

（二）频率自动跟踪与恒幅控制实现方式的选择

目前，把电流或电压相位差作为反馈控制量进行频率跟踪的电流反馈法，主要有以下几种方式：

1. 电流有效值反馈法

如图 2-8 所示，其中，L_1、C_1、R_1、C_0 构成换能器近似等效电路，分别表示动态电感、电容、损耗电阻、静态电容。通过电流互感器或取样电阻获取流经换能器的电流，经过转换电路得到电流的有效值，在频率的变化中，寻求电流有效值的最大值，以电流

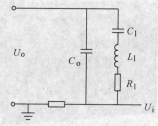

图 2-8　电流反馈法原理

有效值为最大值时的频率控制逆变器，这种方法适用于计算机控制，但频率跟踪不灵敏、精度低、稳定性差。

2. 差动变压器电桥法

这种方式实际也属于电流反馈法，如图 2-9 所示。T 是差动变压器，C_2 为补偿电容，W_1、W_2 是变压器的两个对称线绕组。当 C_0、W_1、W_2、C_2 组成的电桥平衡时，I_0 和 I_2 在变压器 T 中产生的磁通相互抵消，只有换能器动态串联支路电流 I_1 通过 W_1 所产生的磁通会在绕组 W_3 中产生感应电压 U_i，所以 U_i 只与串联支路的电流有关。当谐振时，I 最大，且与激励电压 U_0 同相，满足振荡产生的相位条件，因此，超声电源可以把 U_i 作为反馈信号实现频率跟踪。但此方法匹配元件较多、体积大、损耗较大，匹配电路计算难度较大。

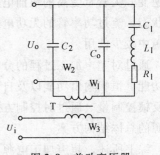

图 2-9　差动变压器
电桥法原理图

3. 锁相法

当换能器与超声电源匹配且调谐时，其输入特性相当于纯阻性，加在换能器两端的电压与电流同相，一旦换能器失谐，电压和电流就会出现相位差。锁相法的原理如图 2-10 所示，就是通过检测这个相位差的大小和方向进行反馈，调节工作频率的，始终保持换能器的电压和电流同相位，工作于谐振状态。此方法跟踪速度快、效果好、电路集成度高。

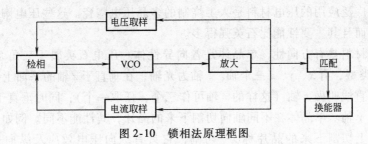

图 2-10　锁相法原理框图

（三）功率调节与振幅恒定的实现方式

超声开关电源要求输出功率可以手动调节，并把换能器电流作为负反馈控制量，稳定流经换能器的电流，实现工具端振幅恒定。实现输出功率调节的方法有以下两种。

1. 调节直流电源电压

通过改变逆变器两端的输入直流电压，调节输出功率的方式有两种：一种是通过改变晶闸管的同步触发角来调整整流器输出电压，这种方法控制简单，运行可靠，且运用元器件较少；另一种采用斩波脉宽调制方式，把整流后的直流电压通过斩波器进行调压。再经滤波给逆变器供电。这种方式效率较高，然而需经两次滤波，且斩波器为高压关断，适于整流输出电压平稳的电路，如三相全波整流电路。

2. 改变功率因数

采用改变逆变功率管的触发频率，从而改变其负载阻抗的大小，达到改变输出有功功率的目的。这种方法可以采用不可控整流，电路相对简单一些，但却使得逆变开关管承受高的浪涌电压和浪涌电流，同时由于电源经常工作于低功率因数状态，流过功率管的无功电流大，而且这种方法不支持频率跟踪，在超声加工电源中较少使用。

通过对超声加工过程的分析，确定了加工电源应具备以下功能：频率自动跟踪功能、恒幅输出功能以及自动保护功能。应用电路理论分析得到实现以上功能的反馈控制量。通过对控制方式的选择并考虑开关电源的优点，设计出超声加工电源的总体结构方案。

综上所述，超声加工电源要求功率为250W，适用于采用半桥式逆变电路。

二、超声波换能器

超声波换能器是超声振动系统的核心部件。超声加工处理设备利用超声波换能器的作用，将超声波发生器产生的超声频电能转换为机械振动。实现这一目的的有两种方法，即压电效应和磁致伸缩效应。

（一）压电效应超声换能器

在1880年，J Curl、P Curie发现了压电效应。1881年证实了压电效应是可逆的。根据这一原理，1917年P Lanqevin用石英制成了超声波发生器。现在超声技术中广泛应用的压电材料是人工烧制的多晶压电陶瓷。这些压电陶瓷不仅价格低廉，而且其主要性能比石英强得多。

压电材料具有方向性，单晶体是各向异性体。压电石英属于三角系晶体 D_3（3，2）类型，有 x、y、z 三个轴。z 轴为光轴，在垂直于 z 轴的平面上，通过相对两棱的直线叫做 x 轴（这样的 x 轴可作三个，任取一个）；同时垂直于 z 轴和 x 轴的就是 y 轴。单晶体在不同轴向切割下来的晶片，其性能不同。例如石英在垂直于 x 轴上切割下来的晶片称 x—切割，它具有纵向压电效应及纵向逆压电效应。晶片如平行于 y 轴及 z 轴则称 $0°x$—切割。如晶片垂直于 y 轴平行于 z 轴称 y—切割，y—切割具有横向压电效应及横向逆压电效应，其长与宽之比为 7：1 时最好，可用来产生表面波。

压电陶瓷是多晶体，极化以前是各向同性体。使用时，用强电场极化，使其电畴基本上转到与极化电场一致的方向。居里点以下仍能保持极化状态。通常把它的极化方向取为 z 轴（下标3），这是它的对称轴，在垂直于 z 轴的平面上，任何直线都可取作 x 轴或 y 轴。

1. 压电陶瓷振子的伸缩振动模式

大部分压电器件的中心频率和带宽，与压电陶瓷振子的谐振频率和相对带宽有关，而振子的谐振频率和相对带宽又决定于振子的尺寸、振动模式及振子材料的机电耦合系数。因此，在设计制作压电陶瓷器件时，除了选择合适的陶瓷材料以外，还需要选择合适的振动模式。在压电陶瓷超声换能器及滤波器中，常用的压电陶瓷振子的形状有薄圆片、薄长片和薄圆环等几种，压电陶瓷振子常用的伸缩振动模式，包括长度伸缩振动模式、径向伸缩振动模式以及厚度伸缩振动模式等。

（1）压电陶瓷薄长条的长度伸缩振动模式　在图 2-11 所示的压电陶瓷薄长条长度伸缩振动模式中，振子的极化方向与厚度方向平行，电极面与厚度方向垂直，压电片的两端处于机械自由状态。在外加交变电场的作用下，压电陶瓷薄长条沿长度方向产生伸缩振动，振动体内各点的振动方向以及振动传播方向，都与薄长条的长度方向一致，所以是一种纵波。在基频振动下，压电陶瓷片中心的振幅等于零，是波节；两端振幅最大，是波腹。因此，为了避免影响振子

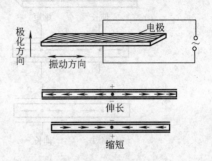

图 2-11　压电陶瓷薄长条长度伸缩振动模式的示意图

的振动，必须将振子固定于波节位置。当交变电压的频率等于谐振频率时，压电振子将产生谐振。其谐振频率与压电片长度的关系为

$$f_r = \frac{1}{2l}\sqrt{\frac{1}{\rho s_{11}^E}} \qquad (2-7)$$

由此可见，长度伸缩振动模式的谐振频率与其长度成反比。片子愈长，谐振频率就愈低；片子愈短，谐振频率就愈高。但片子不能太长，太长时制造有困难；也不能太短，太短时将失去长条片的特点。

上述频率方程式是薄长条沿其长度方向的共振频率。值得指出的是，压电陶瓷薄长条也存在沿宽度及厚度方向的伸缩振动，但由于宽度和厚度都比长度小得多，因此，宽度和厚度方向的谐振频率远高于振子沿长度方向的共振频率，其相互作用很小，完全可以忽略不计。至于长度、宽度和厚度相互之间的比例关系，要根据具体材料，由实验来确定。

通常所说的振子的谐振频率，都是指一次谐振频率。然而，压电振子除了一次谐波频率外，还有高次谐波。对于全电极的压电陶瓷薄长条，只能产生奇数次高次谐波频率。所以其高次谐频与基频之间的关系为

$$f_{2n-1} = (2n-1)f_r \qquad (2-8)$$

压电陶瓷薄长条振子的长度伸缩振动的频率范围为 15 ~ 200kHz。

如果利用分割电极的方法，可使薄长片振子产生偶数次或奇数次的高次谐

波。图 2-12 所示的是能产生二次谐波和三次谐波的电极分割法。因此，用分割电极的方法，可以用同样长度的片子得到比基波频率高数倍的谐振频率，这是用长条型振子设计较高频率的谐振器的主要途径之一。

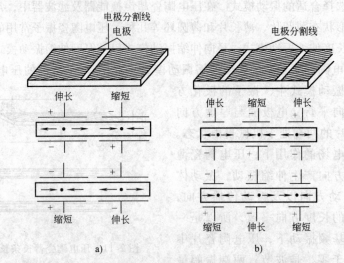

图 2-12　产生高次谐波的电极分割示意图

a) 产生二次谐波的电极　b) 产生三次谐波的电极

（2）压电陶瓷薄圆片的径向振动模式　压电陶瓷薄圆片的径向伸缩振动模式如图 2-13 所示，这是常用的一种振动模式。沿圆片的径向做伸缩振动，称为径向振动模式。在圆片径向振子的厚度方向极化，外加电场和极化方向平行，圆片径向振子的振动方向与半径方向平行，与厚度方向垂直。圆片中已为节点圆片径向振子的谐振频率与振子的直径（或半径）成反比。谐振频率（即基波谐振频率）与直径之间的关系为

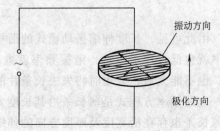

图 2-13　径向伸缩振动模式示意图

$$f_r = \frac{C}{\pi D}\sqrt{\frac{1}{\rho s_{\mathrm{II}}^{E}(1-\sigma^2)}} \tag{2-9}$$

式中，D 是压电陶瓷薄圆片的直径；σ 是压电材料的泊松系数；C 是一个常数，由压电陶瓷圆片振子的材料和其振动阶次决定，其关系比较复杂。对于基频振动，泊松系数与常数 C 的关系为：当 $\sigma = 0.27$，$C = 2.03$；当 $\sigma = 0.30$，$C = 2.05$；当 $\sigma = 0.36$，$C = 2.08$。压电陶瓷薄圆片径向振动模式的频率范围为 200kHz 到 1MHz。

实用上，振子的直径取为 $D=(10\sim20)t$，t 为径向振子的厚度。径向振子的一次泛音和二次泛音约为基波的 2.5 倍和 3.7 倍左右。

一般来说，全电极径向振动的压电陶瓷薄圆片的一次和二次泛音响应很小，不能使用。若采用环电极或将电极分割，如图 2-14 所示，可得到较好的泛音响应。当环电极内径与外径之比 $D_i/D_o=0.3\sim0.4$ 时，对应的二次泛音有最佳响应 $D_i/D_o=0.55\sim0.65$ 时，一次泛音有最佳响应。一般可取 $D_i=(4.5\sim12)t$。分割电极或环电极的径向振子适用的频率范围约为 400kHz 到几 MHz。

（3）压电陶瓷薄圆片的厚度伸缩振动模式 压电陶瓷薄圆片厚度伸缩振动模式振子的几何形状、极化和激励方式，均与圆片径向伸缩振动模式相同，如图 2-15 所示。圆片厚度伸缩振动模式的反谐振频率与厚度成反比，即

$$f_n=\frac{n}{2t}\sqrt{\frac{c_{33}^D}{\rho}}\quad(n=1,3,5)\tag{2-10}$$

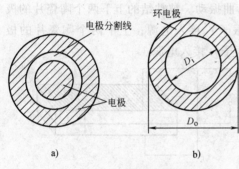

图 2-14　产生一次泛音的电极示意图

a）产生一次泛音的电极分割

b）产生一次泛音的环电极

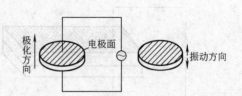

图 2-15　厚度伸缩振动模式示意图

由于压电陶瓷薄圆片的厚度可以做的很薄，所以厚度伸缩振动模式的频率范围为 3MHz 到几十 MHz。此外，这种振子还可以同时激起径向振动基波和泛音。为了避免径向振动的高次泛音对厚度振动基波的干扰，必须合理调整振子的尺寸。当振子的直径 D 和厚度 t 之比大于 20 时，可得到较好的厚度基波响应。

（4）压电陶瓷振子的厚度剪切振动模式 在高频方面，除了用厚度伸缩振动模式以外，还可采用如图 2-16 所示的厚度剪切振动模

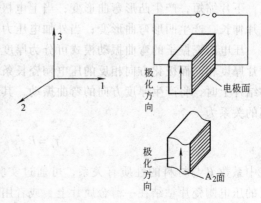

图 2-16　厚度切变振动模式的示意图

式。厚度切变振动模式的特点是电极面与极化方向平行。在交变电场作用下，陶瓷片产生厚度切变振动。从图中看出，极化为 3 方向，外加电场为 1 方向（厚度方向），振动时 A_2 面产生切变，振动方向与 3 方向平行，而波的传播方向则与 1 方向平行，是横波。

厚度切变振动又可分为两类：一是如上所述沿振子长度或宽度方向极化，沿厚度方向施加激励电场，波的传播方向垂直于极化方向（即厚度方向），这类的切变波称为 Ts；另一类是沿厚度方向极化，而沿宽度或长度方向施加激励电场，波的传播方向和极化方向平行（即厚度方向），这类切变波称为 Ta。厚度切变振动的谐振频率与厚度的关系如下：

$$f_n = \frac{1}{2t}\sqrt{\frac{1}{\rho s_{55}^D}} \tag{2-11}$$

（5）压电陶瓷振子的弯曲振动模式　如图 2-17 所示，把两个厚度相同、背有电极的陶瓷片粘结在一起，可以产生弯曲振动。被粘结的上下两个陶瓷片的极化方向相反时，应以串联方式（串联型振子）接入电源；上下两个陶瓷片的极化方向相同时，应以并联方式（并联型振子）接入电源。

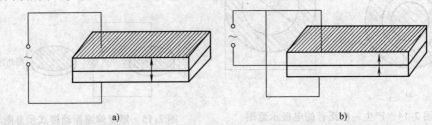

图 2-17　压电陶瓷振子的弯曲振动模式

a）串联型振子　b）并联型振子

对于串联型振子，当上电极为正，下电极为负时，通过逆压电效应，上片伸长，下片缩短，产生凸形弯曲形变；当上电极为负，下电极为正时，上片缩短，下片伸长，产生凹形弯曲形变；当外加电压力交变电压时，产生弯曲振动。

压电陶瓷振子的弯曲振动模式可分为厚度弯曲振动和宽度弯曲振动两种。将两片厚度相同而极化方向相反的压电陶瓷长条粘结在一起，当把交变电场施加到粘结片上时，将产生厚度方向的弯曲振动，其谐振频率与新合片的长度和厚度之间的关系为

$$f_r = B\frac{t}{l^2} \tag{2-12}$$

式中系数 B 与材料的性质有关，可通过实验测定。此外，还可用两个极性相反的压电陶瓷片粘结在一薄金属片上，或者用一个陶瓷片粘结在一薄金属片上来产生厚度方向的弯曲振动。值得指出的是，薄金属片和粘结剂对弯曲振动元件的

性能影响很大，必须正确选择。通常都采用高稳定性的镍铬钛合金材料作为振子的薄金属片。除了用粘结片的方法来产生厚度方向的弯曲振动以外，还可用分割电极的方法，使单个压电陶瓷片产生宽度方向的弯曲振动。具体方法如下：经过极化处理以后的压电陶瓷薄长条，沿电极面的中线将电极面分成两部分。这样就相当于两个沿宽度方向粘结的片长一样。当分割电极面上的电场符号相反时，上半片伸长（或缩短），下半片则缩短（或伸长），从而产生沿宽度方向的弯曲振动。这种宽度弯曲振动模式与厚度弯曲振动模式相似。

2. 压电材料的种类　压电材料有单晶体和多晶体之分。常用压电材料见表2-1。

表 2-1　常用压电材料

类　型	名　称	备　注
单晶体	石英（水晶）SiO_2	密度 $\rho = 2649kg/m^3$；机电耦合系数 $k_t = 0.11$，$k_{11} = 0.10$；线胀系数约 1.5×10^{-3}；体积电阻率 $> 10^{12}\Omega \cdot m$；居里点约550℃；最大安全应力约98Pa；老化极微
	酒石酸钾钠（KNT） 双氢磷酸铵 硫酸锂（LSH） 铌酸锂	
人工烧制多晶压电陶瓷	钛酸钡（$BaTiO_3$）	二氧化钛（TiO_2）和碳酸钡（$BaCO_3$）在高温下混合烧结而成。压电效应比石英大100倍
	锆钛酸铅（PZT） 三元系统压电陶瓷有以下几种[①]	PZT—4 发射型 PZT—5 接收型
	镁铌酸铅系 $Pb(Mg_{1/3}Nb_{2/3})O_3$	$x = 37.5\%$；$y = 37.5\%$；$z \approx 25\%$。这类某些配方的机械强度特别是抗弯强度很高
	锂锑酸铅系 $Pb(Li_{1/4}Sb_{3/4})O_3$ 和锂钽酸铅系 $Pb(Li_{1/4}Ta_{3/4})O_3$	稳定性好，机械 Q 值低，对水声超声换能器很适用
	锰钨酸铅系 $Pb(Mn_{1/2}W_{1/2})O_3$	击穿电压特别高，可达 18.7kV/mm
	镁碲酸铅系 $Pb(Mg_{1/2}Te_{1/2})O_3$	可耐反复加压，电、力学性能的老化小
	锰锑酸铅系 $Pb(Mn_{1/2}Sb_{1/2})O_3$	Q_m 高，可达3890
	镍铌酸铅系 $Pb(Ni_{1/3},Nb_{2/3})O_3$	相对电容率高，有的配方可达15260
	锑铌酸铅系 $Pb(Sb_{1/2},Nb_{1/2})O_3$	k_p 相当大时，Q_m 仍很高，稳定性好

① 三元是指陶瓷由三元组成：第三元是锆酸铅（$PbZrO_3$），其百分比用 z 表示；第二元是钛酸铅（$PbTiO_3$），其百分比用 y 表示；第一元是新添的一种，其百分比用 x 表示；如镁铌酸铅系的第一元就是它本身。除三元之外，还有少量杂质和置代物。

几种常用的压电体的性能见表2-2a。表2-2b列出了某厂压电体的性能。

在大功率超声和水声领域，常采用一种在压电陶瓷圆片的两端面夹以金属块而组成的夹心式压电陶瓷换能器，或称为复合压电陶瓷换能器，如图2-18所示。由于这种结构的换能器是由法国的物理学家朗之万提出来的，因此也称为朗之万

表 2-2a 几种常用的压电体的性能

物 理 性 能	石英 0° x-切割 (SiO$_2$)	硫酸锂 0°y-切割 (LiSO$_4$)	钛酸钡 (BaTiO$_3$)		锆钛酸铅		偏铌酸铅 (PbNb$_2$O$_6$)	单 位
			A 型	B 型	4a 型	5a 型		
密度 ρ	2.65	2.06	5.7	5.7	7.6	7.5	5.8	10^3（kg/m^3）
声阻抗 ρc	15.2	11.2	30	31.5	22.8	22.5	16	10^6［kg/(m^2·s)］
频率厚度常数 $f\delta$	2870	2730	2600	2840	1890	1890	1400	kHz/(s·mm)
介电常数 ε	4.5	10.3	1700	1200	1200	1500	225	—
厚向机电耦合系数 k_t	0.1	0.35	0.52	0.52	0.76	0.675	0.42	—
径向机电耦合系数 k_r	0.1	0	0.22	0.22	0.30	0.318	0.07	—
机械品质因数 Q_m	10^6	—	400	400	500	75	11	—
厚向压电模量 d_{33}	2.3	16	190	140	300	320	80	10^{-12}（m/V）
厚向压电形变常数 h_{33}	4.9	8.2	1.1				1.1	10^9（V/m）
压电应力常数 g_{33}	58	175	12.6	13.0	28.3	24.4	37	10^{-3}（V·m/N）
最高工作温度	550	75	70~90	70~90	250	290	—	℃
居里温度	570	—	115~150	115~150	320	365	500	℃
体积电阻系数（25℃）	>10^{12}		>10^{11}	>10^{11}	>10^{12}	>10^{13}	550	Ω/cm
弹性模量 E	8.0	—	11.0	11.0	6.75	5.85	—	10^{11} Pa

表 2-2b 某厂压电体性能

物 理 性 能	钛酸钡 (BaTiO$_3$)	锆钛酸铅	
		PZT—4（FC）	PZT—5（S$_3$）
机电耦合系数 k	0.38	0.50	0.50
压电模量 d_{33}/（×10^{-12} m/V）	190	250	500~600
压电应力常数 g_{33}/（×10^{-3} V·m/N）	12.6	23~24	29~34
介电常数 ε	1700	1100	1700
介电损耗（%）	1	<0.5	<1.8
机械品质因数 Q_m	400	700~800	70~80
密度 ρ/（10^{3}kg/m^3）	5.7	7.6	7.55
居里温度	115	320	365
频率厚度常数/［MHz/(s·mm)］	2.60	1.90	1.90

换能器。在这种复合换能器中，压电陶瓷圆片的极化方向与振子的厚度方向一致，压电陶瓷圆片或圆环通过高强度胶或应力螺栓与两端的金属块连接在一起，整个振子的厚度等于基波的半波长。这种换能器结构的优点在于既利用了压电陶瓷振子的纵向效应，又得到了较低的共振频率。另一方面，由于压电陶瓷本身的特点，即抗张强度差，在大功率工作状态下容易发生破裂，通过采用金属块以及预应力螺栓给压电陶瓷圆片施加预应力，使压电陶瓷圆片在强烈的振动时始终处于压缩状态，从而避免了压电陶瓷片的破裂。

　　夹心式功率超声压电陶瓷换能器主要由中央压电陶瓷片、前后金属盖板、预应力螺栓、金属电极片以及预应力螺栓绝缘套管等组成。

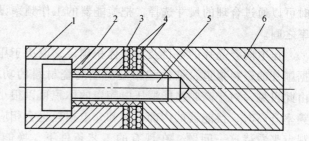

图 2-18　夹心式压电陶瓷换能器基本结构
1—后匹配块　2—绝缘管　3—压电陶瓷
4—电极片　5—螺栓　6—前匹配块

　　换能器中央部分的陶瓷晶堆由若干片压电陶瓷圆环组成，压电陶瓷晶堆中各晶片之间采用机械串联而电路采用并联的方式连接。相邻两片晶片的极化方向相反，使得各个晶片的纵向振动能够同相叠加，以保证压电陶瓷晶堆能够协调一致振动。晶片的数目一般是偶数，以便换能器的前后盖板与同一极性的电极相连，否则，换能器的前后盖板与晶片之间要加一绝缘片。通常为了安全，换能器的前后盖板都与电源的负极相连。关于压电陶瓷元件的设计尺寸，主要是指陶瓷晶堆单个元件在振动方向上的几何尺寸以及整个压电陶瓷晶堆的总体积。在工程设计中，总是希望压电陶瓷元件能以最小的体积和重量，换来最大的功效，即较高的功率质量比。这也就是所谓的换能器的功率极限。换能器的功率极限取决于换能器所能施加的外加允许电场大小以及所能承受的温度及机械应变的大小，前者就是换能器的所谓电极限，后者就是所谓的热极限和机械极限。所有这些都与压电陶瓷材料的种类有关。

　　根据压电陶瓷材料的性能和种类，在其振动方向上单位长度上所加的电压是不同的。在理想的情况下，压电陶瓷的外场激励电压可达到 $4 \sim 8kV/cm$。然而在实际设计过程中，为了保证换能器的安全可靠工作，一般都取 $2kV/cm$ 左右，甚至更低。

　　关于压电陶瓷元件的横向尺寸，即压电陶瓷元件的直径，应小于对应换能器谐振频率在陶瓷材料中声波波长的四分之一。对于直径比较大的压电陶瓷元件，除了振子的厚度振动模式以外，换能器还存在许多其他振动模式，如径向振动模式等。为了避免换能器的谐振频率与压电陶瓷的径向或其他振动模式相互耦合，从而造成换能器的效率下降，应适当设计换能器的谐振频率以及压电陶瓷晶片的直径。一般情况下要求换能器的纵向共振频率远低于压电陶瓷晶片以及换能器其他部分，如前后盖板的径向振动的基波谐振频率，以避免换能器的工作频率与压电陶瓷晶片和其他元件的径向频率相互耦合。对于频率较低的换能器，如功率超声应用场合的换能器，这种情况很少出现。然而当换能器的工作频率升高时，如用于超声治疗和超声金属焊接等技术中的超声换能器，就可能出现这一情况。此时可以通过合理的尺寸选择，把换能器的工作频率设计在相邻的两个径向谐振频率之间。

压电陶瓷晶片的数目及其总体积确定，取决于压电陶瓷材料的功率容量。根据国外的资料报道，锆钛酸铅发射型陶瓷材料的功率容量为 $6W/(cm^3 \cdot kHz)$。由此可见，对于高频换能器压电陶瓷的体积可以很小。但是从另一方面考虑，当频率升高时，换能器的内部机械和介电损耗也会相应地增大，因此应采用辨证的观点来看待这一问题。在现有的工艺条件下，换能器的功率容量一般取为 $2 \sim 3W/(cm^3 \cdot kHz)$。压电陶瓷元件的厚度，以及所利用的压电陶瓷片的数目选择，也需要仔细的全面考虑。这和换能器的电阻抗、机械品质因数以及机电耦合系数都有关系。晶片的厚度不能太厚，否则不易激励；但也不能太薄，因为太薄时会造成片与片之间的接触面太多，形成多个反射层，影响声的传播。在功率超声领域，单个压电陶瓷片的厚度一般取为 $5 \sim 10mm$，而换能器中压电片的总长度，即每片的厚度乘以数目，应为换能器总长度的三分之一左右为宜。

夹心式压电陶瓷换能器的前质量块，即前盖板，主要是保证实现将换能器产生的绝大部分能量从它的纵向前表面高效地辐射出去。另一方面，前盖板实际上也充当一个阻抗变换器。它能够将负载阻抗加以变换以保证压电陶瓷元件所需的阻抗，从而提高换能器的发射效率，保证一定的频带宽度。这些作用的实现主要是通过适当选择前盖板的材料、几何尺寸和形状等因素。在水声及超声领域，换能器前盖板的材料基本上采用轻金属，如铝合金、铝镁合金和钛合金等。

关于换能器前盖板的形状，可以有许多选择，最常用的前盖板形状有圆柱形、圆锥形、指数性、悬链线以及各种复合形状等。从易于加工的角度出发，在一些应用要求不很高的场合，如超声清洗等，换能器的前盖板基本上都采用圆锥形。

换能器的后质量块即后盖板，主要是实现换能器的无障板单向辐射，以保证能量能够最小限度地从换能器的后表面辐射，从而提高换能器的前向辐射功率。为了实现这一功能，换能器的后盖板材料基本上采用一些重金属，如45号钢和铜等。其形状比较单一，主要是圆柱形或圆锥形。

关于夹心式压电陶瓷换能器中前后盖板材料的选择，应遵循以下一些原则：

1）在换能器的工作频率范围内，材料的内部机械损耗应该越小越好。

2）材料的机械疲劳强度要高，而声阻抗率应比较小，即材料的密度与声速的乘积要小。

3）价格低廉，易于机械加工。

4）在一些易于腐蚀的应用场合下，还要求材料的抗腐蚀能力强。

适合上述要求的材料主要有铝合金、钛合金、铜镍合金及铍青铜等。钛合金的性能较好，但机械加工较困难，而且价格比较昂贵。铝合金易于加工，而且价格便宜，但抗空化腐蚀的能力差。金属中钢的价格便宜，但机械损耗较大。在现有的夹心式功率超声换能器中，铝合金被广泛应用于换能器的前盖板，其主要型号包括硬铝及杜拉铝等。换能器的后盖板主要是钢，为了提高金属钢材料的高机械损耗缺点，常常对其进行热处理，如淬火等工艺。

压电陶瓷材料的抗拉强度较低，其数值约为 $5 \times 10^7 \text{Pa}$，而其抗压强度则较高，大概为其抗拉强度的 10 倍左右。因此在大功率状态下，压电陶瓷易于损坏。为了避免这一现象发生，在功率超声换能器中都采用增加预应力的办法，换能器的预应力螺栓主要是为了提高换能器的抗拉强度，为压电陶瓷晶堆施加一个恒定的预应力，从而保证在换能器振动时，压电陶瓷晶堆始终处于一种压缩状态，而且振动产生的伸张应力总是小于材料的临界抗拉强度，同时又不阻碍换能器的纵向伸长，以保证压电陶瓷晶堆的机电耦合系数不会降低。

对于预应力螺栓的要求是既能产生一个很大的恒定预应力，又要有良好的弹性。预应力螺栓要用高强度的螺栓钢制成，比较常用的有 40 号铬钢、工具钢以及钛合金等。另一方面，预应力的大小对换能器的性能影响很大。试验表明，预应力的大小应有一个较合适的范围，所加的预应力大小应调节到大于换能器工作过程中所遇到的最大伸张应力。如果预应力太小，换能器工作过程中产生的伸缩应力可能大于预应力，使换能器的各个接触面之间产生较大的能量损耗，降低换能器的机电转换效率，严重时可能导致压电陶瓷片破裂，而损坏换能器。另一方面，换能器的预应力又不能太大，因为太大的预应力可能会使压电陶瓷片的振动受到影响，有时可能也会导致压电陶瓷片破裂。

在夹心式压电陶瓷换能器的制作过程中，有许多工艺都对换能器的性能有很大的影响。第一，组成换能器的各个元件之间的接触面应光滑平整，所以要对各个结合部分的表面进行研磨，一般应达到接近镜面的水平。第二，每相邻两片晶片之间及晶片和前后金属盖板之间通常要垫一薄金属片作为金属电极，其材料可选用铍青铜、黄铜以及镍片等。电极的厚度可分为两种情况，一种是薄电极情况，其厚度一般在 0.2mm 左右；另一种是厚电极情况，其厚度可根据具体的要求加以选择。对厚电极情况，其作用除用作电极接线以外，还具有散热以及其他功能，如与外界连接等。第三，一般情况下，在晶片、电极片及金属前后盖板之间用环氧树脂胶合，然后用预应力螺栓将换能器各部件固定在一起并拧紧。如果换能器各部件的接触面是经过特殊的研磨工艺处理过，也可以不用环氧树脂胶合剂，直接用预应力螺栓拧紧。但为了消除空气隙的存在，提高超声波在换能器内部的传输效果，采用环氧树脂胶合剂方法是可行的。另外，应尽量保证预应力螺栓与换能器各个部分的横截面保持垂直，否则换能器可能无法工作或者导致压电陶瓷晶片破裂。预应力螺栓对换能器的共振频率及其他特性会有一定的影响，但影响不大。理论上也有一些关于预应力螺栓对换能器共振频率的影响分析，但是计算比较复杂。在实际的设计及制作过程中，一般采用一些特殊的处理办法，如将换能器的共振频率设计成稍微偏离换能器的设计频率（通常这一频率应略高于设计频率）。预应力的施加可以采用中心螺栓的办法，也可以采用外加预应力套筒的方法，要根据实际的情况而定。

另外，除了超声清洗以外，其他大部分功率超声应用技术中换能器需要与外界进行连接，为了尽可能小地影响换能器的实际工作状态，应将换能器通过法兰盘与外部机构连接，而法兰盘的位置应位于换能器的位移节点处。由于理想的位移节点位置是一个几何面，而实际的法兰盘是有一定的厚度的，因此法兰盘不可能完全固定不动，也就是说换能器的振动要与外界产生机械耦合。为了尽量减轻换能器与外壳的机械耦合，可以采用两种方法：一是利用多级法兰盘结构，由于每经过一级法兰盘，振动都要经过一次隔振，因此可以实现最终的振动隔离。二是在保证法兰盘所需的支撑强度的情况下，法兰盘应尽可能薄一些，还可在法兰盘的表面做一个圆形的槽，以增加其柔顺性，提高隔振能力。

如上所述，在夹心式压电陶瓷换能器中，金属前盖板常采用铝合金或铝镁合金等轻金属，而后盖板则采用钢或铜等重金属。这一做法主要是为了获得大的前后盖板位移振幅比，提高换能器的前向辐射能力，使换能器能够实现无障板单向辐射。因为根据动量守恒定律，换能器节面前后的动量要相等，因此其位移、振速与密度成反比。在利用铝和钢作为换能器的前后盖板的情况下，其振幅的比值可达3:1，因此换能器的前表面将输出大部分能量。

大功率超声换能器中最常见的问题就是换能器的发热问题，即热极限。由于大功率换能器主要是由压电陶瓷材料实现能量转换的，而压电陶瓷材料属于铁电材料，在大电场以及高功率情况下，压电陶瓷材料内部的铁电电滞损耗及介电损耗相当大，会产生大量的热量。若不能采取有效的散热措施，便会出现恶性循环，使压电陶瓷材料的温度不断升高。当温度达到压电陶瓷材料居里温度的一半时，压电陶瓷换能器的性能处于严重的不稳定状态，甚至会导致换能器的失效。解决换能器过度发热的措施包括选用损耗小、温度系数小的陶瓷材料，以及采用强制的散热措施，如利用厚电极、风冷及水冷等。

换能器在大功率状态下工作时，断裂及破碎也是比较常见的现象之一。这就是所谓的换能器的机械极限。换能器的断裂主要发生在换能器内部应力最大的地方，即换能器的位移节点处。由于金属材料的机械强度大于压电陶瓷材料的机械强度，因此，从避免材料断裂这一方面考虑，应将换能器的位移节点设计在换能器的金属部分中。但此时换能器的机电转换能力及负载适应能力等性能会受到一定的影响，因此应针对不同的应用场合进行统筹考虑。对于处于重负载状态下的大功率超声换能器，由于换能器的振动位移较小，因此发生断裂的现象较少，偶尔出现可能是由于材料内部的缺陷或换能器的安装不当导致的某处应力集中等，如换能器的预应力太大或者预应力的作用方向与换能器的振动方向不平行等。因此对于超声清洗等重负载换能器，可将换能器的位移节点设计在压电陶瓷材料内部，以充分发挥其固有的机电转换能力。对于处于轻负载情况下的大功率超声换能器，如超声加工以及超声焊接等，由于负载较轻，因此换能器的振动位移较大。此时为了避免陶瓷材料的破裂以及减少换能器的机械损耗，应将换能器的位移节点设计在偏离压电陶瓷元件位置处。

压电陶瓷换能器的电极限是指换能器所能承受的最大输入电能，可以分为两种情况加以分析，即静态和动态情况。在静态的情况下，换能器的电极限主要由陶瓷材料的介电损耗所决定。产生介电损耗的原因主要有陶瓷的电导损耗和漏电损耗，它们主要与陶瓷材料的成分、制造工艺等有关。所有这些因素的综合表现之一就是换能器的耐压程度。因此为了提高换能器的电极限，首先必须提高换能器的耐压特性。在动态的情况下，压电陶瓷换能器的电极限比较复杂。它不仅和压电陶瓷的材料有关系，而且与换能器的工作频率、换能器的电匹配状态等有关。当换能器处于电失配状态工作时，换能器中的无功功率增大，导致换能器急剧发热，有时可能损坏换能器。

3. 超声换能器的等效网络和匹配

（1）超声换能器的等效网络　从加工效率出发，根据机械与电的等效理论，超声换能器（含匹配电感）可用一个二端口网络等效，如图 2-19 所示，$\dot{U}_r$、$\dot{I}_r$ 表示换能器的输入电压、电流，$\dot{U}_z$、$\dot{I}_z$ 表示机械端振动力、振动速度，R_z 为机械阻抗。网络的 Z 参数方程为：

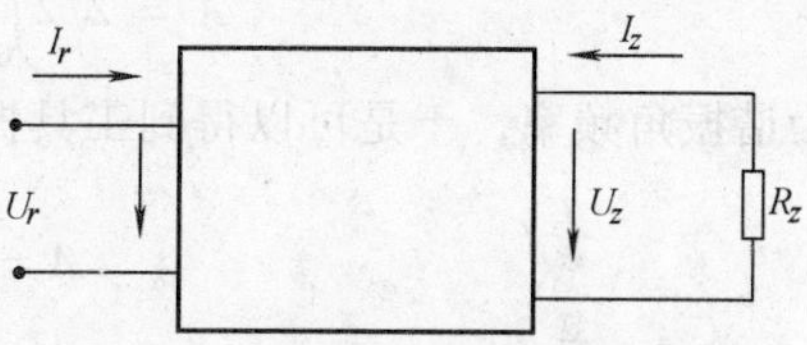

图 2-19　换能器等效二端口网络

$$\begin{bmatrix} \dot{U}_r \\ \dot{U}_z \end{bmatrix} = Z \begin{bmatrix} \dot{I}_r \\ \dot{I}_z \end{bmatrix} \qquad (2\text{-}13)$$

由于换能器和匹配电感损耗相对输出声能可以忽略不计，Z 相当于纯电抗参数，则 Z 参数方程可表示为：

由式（2-13）可得换能器的输入阻抗 Z_i 和电流传输比 N_i 为：

$$Z_i = \frac{\dot{U}_r}{\dot{I}_r} = \frac{X_{12} X_{21} R_z}{R_z^2 + X_{22}^2} + j \left[X_{11} - \frac{X_{12} X_{21} X_{22}}{R_z^2 + X_{22}^2} \right] \qquad (2\text{-}14)$$

$$\dot{U}_z = -\dot{I}_z R_z \qquad (2\text{-}15)$$

$$N_i = \frac{\dot{I}_z}{\dot{I}_r} = \frac{j X_{21} R}{j X_{22} + R_z} \qquad (2\text{-}16)$$

当

$$\begin{bmatrix} \dot{U}_r \\ \dot{U}_z \end{bmatrix} = \begin{bmatrix} jX_{11} & jX_{12} \\ jX_{21} & jX_{22} \end{bmatrix} \cdot \begin{bmatrix} \dot{I}_r \\ \dot{I}_z \end{bmatrix} \tag{2-17}$$

$$X_{11} - \frac{X_{12}X_{21}X_{22}}{R_z^2 + X_{22}^2} = 0 \tag{2-18}$$

时，Z_i 为实数，换能器谐振，输入电压 $\dot{U}_r$ 和电流 $\dot{I}_r$ 的相位差为零，$\dot{I}_r$ 的有效值 I_r 取得最大值（假定换能器输入电压不变），输入换能器的有功功率最大。由式 (2-16) 可得二端口输入输出电流有效值之间的关系为：

$$I_z = \frac{X_{21}}{\sqrt{X_{22}^2 + R_z^2}} I_r \tag{2-19}$$

由纵振换能器的特性可知，当 $X_{22} \gg R_z$ 时，式 (2-19) 可简化为：

$$I_z = \frac{X_{21}}{X_{22}} I_r \tag{2-20}$$

则谐振时；I_z 的有效值 I 同样取得最大值，即当换能器谐振时，输出功率最大，机械端振幅 A 为：

$$A = 2\sqrt{2} \int_0^{\pi/\omega} I_z \sin(\omega t)\,\mathrm{d}t \tag{2-21}$$

ω 为谐振角频率，于是可以得到工具振幅与输入电流有效值的关系：

$$A = \frac{4\sqrt{2}X_{21}}{\omega x_{22}} I_r \tag{2-22}$$

换能器固有参数 X_{22} 和 X_{21} 为常量，换能器谐振角频率 ω 为常量，当 I_r 恒定时输出振幅 A 恒定。

由上分析可知，把换能器电压与电流的相位差或电流有效值作为反馈量调节逆变频率，把换能器电流作为反馈量调节整流输出电压，实现超声系统谐振控制和振幅恒定输出控制。

（2）换能器匹配方式 超声加工装置中，由于陶瓷片的容性而使其在谐振状态呈现容性。为了使能量有效的输出，提高系统的功率因数，保证超声电源有效的工作，必须加入匹配电路。匹配方式主要有串联匹配和并联匹配。

在机械谐振状态附近串联匹配的等效电路，如图 2-20 所示。其中，L_C 为串联匹配电感，L_1、C_1、R_1、R_L 分别表示声学系统的动态电感、电容、损耗电阻和负载机械阻，并联电阻 R_0 和电容 C_0 为换

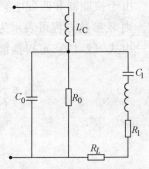

图 2-20　串联匹配等效电路图

能器的介电损耗电阻和静态电容。由于 R_0 非常大而 R_1 非常小，R_0 可忽略。则换能器与匹配电感两端的电端阻抗为：

$$Z_C = j\omega L_C + \frac{j\omega C_1(R_1+R_L) - \omega^2 L_1 C_1 + 1}{j(\omega C_1 + \omega C_0 - \omega^3 L_1 C_c C_1) - \omega^2 C_0 C_1(R_1+R_L)} \tag{2-23}$$

声学系统工作于机械谐振状态即 $\omega^2 = 1/(L_1 C_1)$ 时，换能器与匹配电感两端的电端阻抗为：

$$Z_C = j\omega L_C + \frac{R_1+R_L}{j\omega C_0(R_1+R_L)+1} \tag{2-24}$$

匹配电感应为：

$$L_C = j\omega L_C + \frac{(R_1+R_L)^2 C_0}{(R_1+R_L)^2 \omega^2 C_0^2 + 1} \tag{2-25}$$

此时，

$$Z_C = \frac{R_1+R_L}{j\omega C_0(R_1+R_L)+1} \tag{2-26}$$

等效电路如图 2-21 所示。其中，L_B 为并联电感。于是谐振状态下换能器与匹配电感两端的电端导纳为：

$$Y_B = j\left(\omega C_0 - \frac{1}{\omega L_B}\right) + j\frac{\omega C_1}{j\omega(R_1+R_L)C_1 - \omega^2 L_1 C_1 + 1} \tag{2-27}$$

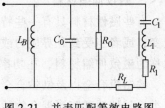

图 2-21 并表匹配等效电路图

声学系统工作于机械谐振状态即 $\omega^2 = 1/(L_1 C_1)$ 时，换能器与匹配电感两端的电端阻抗为：

$$Z_B = \frac{j\omega(R_1+R_L)L_B}{j\omega L_B - \omega^2 C_0 L_B(R_1+R_L) + (R_1+R_L)} \tag{2-28}$$

并联匹配电感为：

$$L_B = L_1 C_1 / C_0 \tag{2-29}$$

此时，

$$Z_B = R_1 + R_L \tag{2-30}$$

由上述分析可知，串联、并联匹配电路都具有调谐功能，即使电源负载处于谐振状态；串联匹配电路具有变阻功能，可将换能器与匹配电感的阻抗变至适当值，而并联匹配无此功能；串联匹配电路具有滤波功能，由式（2-29）可知输出方波中的高次谐波在串联匹配电感中具有很高的阻抗，对换能器输出影响小，同时减轻了功率管的负担，并联匹配无此功能。串联匹配中逆变功率管零电流关断，关断时间短，损耗小，而并联匹配，在换流期间功率开关器件可能承受反向电压，大电流关断，故本设计中采用串联匹配方式。

(二) 磁致伸缩效应换能器

除了压电超声换能器以外，在功率超声和水声领域，磁致伸缩换能器也是应用较多的一种大功率换能器。它特别适合在适度高的频率范围内产生高强度超声。尽管在许多领域，磁致伸缩换能器已被压电换能器所取代，然而由于磁致伸缩换能器具有结构简单的特点。耐机械冲击和电冲击能力强，因此在一些环境比较恶劣的情况下，其仍有一定的应用空间。

磁致伸缩换能器是基于某些铁磁材料及铁氧体陶瓷材料所具有的磁致伸缩效应而制成的一种机声转换器件。传统的磁致伸缩材料包括金属磁致伸缩材料，如镍、铝铁合金、铁钴钒合金、铁钴合金以及铁氧体材料等。与压电超声换能器相比，由传统的磁致伸缩材料制成的磁致伸缩换能器的应用范围已经很小，造成这种情况的原因在于磁致伸缩换能器的机电转换效率较低，而且其激励电路较复杂。然而随着材料科学技术的发展以及稀土超磁致伸缩等材料的研制成功，磁致伸缩换能器又受到了一定的重视。预计将来不久，利用稀土超磁致伸缩等材料制成的大功率换能器将在水声及超声技术中获得大规模应用。

1. 磁致伸缩材料

有些磁性材料具有一些特殊的性能。当把它们放入磁场中时，便产生应力或应变；或者当受到外界应力或应变时，在其中会产生磁场。具有这种特性的材料就称为磁致伸缩材料，在功率超声领域，常用的磁致伸缩材料有纯镍、铝铁合金、铁钴钒合金以及铁钴合金等。铁氧体材料也是磁致伸缩材料，它属于陶瓷材料类，其性质随陶瓷混合物的成分而定。铁氧体材料一般是由氧化镍、三氧化二铁以及氧化锌等，按照不同的比例组成的。铁氧体类磁致伸缩材料的最大特点是具有很高的电阻率，因此涡流损耗较小。另外，一些金属或合金也是磁致伸缩材料，如铁、钴、蒙乃尔合金等。常用的磁致伸缩材料可分为两大类：一类是金属磁致伸缩材料，另一类是铁氧体磁致伸缩材料。金属磁致伸缩材料主要有以下几种。

（1）退火镍，这是一种贵重金属，经退火处理以后含镍可达99.9%，可做成极薄的薄片，具有很强的抗腐蚀性能，主要应用于水声和大功率超声领域。

（2）铝铁合金，又称为合金。它是由13%的铝和87%的铁所组成的合金，可辗成0.2~0.25mm的薄片代替退火镍使用、其冶炼和辗压工艺较复杂、与退火镍相比，其饱和磁感应强度高，饱和磁致伸缩系数接近，但抗腐蚀性能不如纯镍，另外其起始磁导率较高，电阻率也较高。

（3）镍铁合金，又称为坡莫合金。它是由45%的镍和55%的铁所组成的合金。通常被冷轧成薄带或薄片，具有较高的起始磁导率。

（4）铁钴合金，又称为坡明德合金。它是由49%的钴、49%的铁和2%的钒所组成的合金。脆性较大，易断裂，容易被腐蚀。

（5）镍钴合金，它是由 95.5% 的镍和 4.5% 的钴所组成的合金，其居里点较高，约在 410℃，极限辐射功率极高，可达 $100W/cm^2$。

（6）稀土元素与铁的二元合金，如 $TbFe_2$。在室温下，其饱和磁致伸缩应变和应力比镍大 50～60 倍，可用来制作大功率声源。仅从其性能来看，它有可能代替大功率压电陶瓷换能器。

常用的铁氧体磁致伸缩材料有以下几种：

① 镍锌铁氧体，适用于制作水声中的水听器。

② 镍钢钴铁氧体，适合用来制作中功率高效率的超声辐射器。

③ 镍锌钴铁合金，适合用来制作中功率高灵敏度的换能器。

与压电陶瓷材料有所不同，磁致伸缩材料具有一些特殊的性能。根据磁致伸缩材料所产生的相对形变与磁场强度之间的关系曲线可以看出，有一些磁致伸缩材料，如铁等，在弱磁场的情况下产生伸长，而在强磁场的情况下则缩短。由于铁的磁致伸缩性能比较复杂，因此铁不适合于制作磁致伸缩换能器材料。还有一些材料，如镍，在磁场中的形变则始终是缩短的。然而镍的磁致伸缩效应却是最大的。

任何磁致伸缩材料都具有磁饱和现象，即当外加的磁场从小到大逐渐增大时，开始时应变随之增大，但当磁场增大到一定的程度以后，应变就不再增大，即出现了磁饱和现象。与压电陶瓷材料一样，磁致伸缩材料也具有居里点。温度对磁致伸缩材料的磁致伸缩效应具有很大的影响。随着温度的升高，磁致伸缩效应逐渐减弱，当温度达到磁致伸缩材料的居里温度时，磁致伸缩效应将完全消失。

磁致伸缩效应所产生的应变与磁场的方向无关，即当外加磁场的方向改变而大小不变时，所产生的应变的大小和方向皆不变，也就是说磁致伸缩效应所产生的磁致伸缩应变是磁场强度的偶函数。因此当磁感应强度按照一定的角频率 ω 以正弦或者余弦的规律变化时，应变变化的角频率则为 2ω，而且应变的幅度较小，波形不好。当外加一个恒定的磁感应强度时，即使磁致伸缩材料处于极化状态，此时磁致伸缩材料的应变将产生三种分量，即恒定的分量、基频分量和倍频分量，而基频分量比没有极化时大得多。鉴于这一现象，磁致伸缩材料总是在极化状态下应用。在这一情况下，磁致伸缩效应所产生的应变与外加磁感应强度的变化是同频率的。

2. 磁致伸缩效应

与压电超声换能器一样，磁致伸缩换能器是利用磁致伸缩效应来实现机电转换的。磁致伸缩效应可以通过图 2-22 和图 2-23 加以说明。图中一个铁磁材料棒和一个线圈组成了简单的回路。当电流流过线圈时，在磁性材料棒中产生磁场，并使磁棒磁化。根据磁学原理，磁棒中将产生一定的应力和应变。这一过程是可逆的，即当在磁化了的磁棒两端施加应力或应变时，磁棒的磁化状态将发生变化，从而在线圈中产生电压。

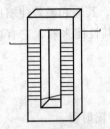

图 2-22　传统的磁致伸缩换能器的示意图

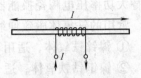

图 2-23　磁致伸缩效应的产生机理示意图

从表面上看，磁致伸缩效应和压电效应是类似的。然而事实并非如此，原因有以下几点：第一，磁致伸缩效应产生的磁棒的长度变化不依赖于外加磁场的方向。第二，磁棒长度的变化与外加的磁场强度之间的数量关系是非线性的。造成这一非线性现象的原因是因为铁磁材料具有明显的磁饱和现象。第三，磁致伸缩效应的大小依赖于材料所经受的预处理，如温度和静态机械外力等。

如上所述，由于磁致伸缩材料具有磁饱和现象，因此磁致伸缩效应是一种非线性效应。为了达到高效能量转换的目的，必须在磁致伸缩换能器的外加交变电场上叠加一个恒定的磁场。这一过程可以通过两种方法加以实现。第一，在磁致伸缩换能器的磁路中插入一个永久磁铁。第二，在磁致伸缩换能器的交变驱动电流中增加一个适当选择的直流电，如果要求磁致伸缩换能器在严格的线性状态下工作，必须保证换能器的交变驱动电流足够小。因为只有在这种情况下，才能保证在换能器的磁致伸缩曲线上，在一定的应变范围内，材料的磁致伸缩曲线可用其正切近似表示。然而，对于大功率超声发生器，这一线性条件不必严格考虑。因为在大功率状态下，线性不是重要的因素，重要的是换能器能够输出较大的声功率以及具有有效的能量转换。然而，值得指出的是，尽管绝大部分磁致伸缩超声换能器都工作于非线性状态，但关于磁致伸缩换能器的分析理论都是线性的。

在恒定的极化磁场和交变的磁场强度的共同作用下，依据磁致伸缩效应，磁致伸缩材料就有相应的交变磁致伸缩应力和应变。当恒定的极化磁场强度远大于外加的交变磁场强度时，材料的应变与外加的交变磁场强度成正比，根据弹性力学中的胡克定律，可得以下关系

$$T = \sigma B \tag{2-31}$$

式中，T、B 分别是磁致伸缩换能器的应力和外加交变磁场。$\sigma = E\beta$ 为磁致伸缩应力常数，E 为材料的弹性模量，β 为磁致伸缩材料的磁致伸缩应变常数。这种

由磁场产生应力，由应力产生应变的物理现象就称为正向磁致伸缩效应，由于这一效应是由焦耳于 1842 年首次发现的，因此也称为焦耳效应。

3. 反向磁致伸缩效应——魏拉里效应

在极化状态下的磁致伸缩材料在外力的作用下产生形变，再由形变产生磁场，使材料的磁场强度发生变化的物理现象称为反向磁致伸缩效应。由于这一现象是魏拉里于 1865 年首次发现的，因此又称为魏拉里效应，该效应的数学表达式为

$$H = \lambda \frac{\mathrm{d}l}{l} \qquad (2\text{-}32)$$

式中，H 是材料内部的附加磁场强度，是反向磁致伸缩常数；$\mathrm{d}l$ 是材料的相对应变。对于未被极化的磁棒，即使受到外力的作用而发生形变，也不会产生磁场。也就是说，非极化的铁磁材料不存在磁致伸缩反效应。

4. ΔE 效应

铁磁材料在磁场的作用下由于产生形变而使磁导率和应力状态均发生变化，因而材料的弹性模量就不再是常数，而是由下式决定

$$E' = E - \Delta E$$
$$\Delta E = 4\pi\omega\sigma^2 \qquad (2\text{-}33)$$

由于有 ΔE 效应，对于磁致伸缩换能器来说，当激励磁场的大小不同时，其阻抗和频率将发生变化。对于 1/2 波长的长棒形磁致伸缩换能器，若弹性模量的变化为 ΔE，则频率变为：

$$\Delta f = \frac{1}{8l^2 f_0 \rho} \Delta E \qquad (2\text{-}34)$$

式中，l 是换能器的长度；ρ 为换能器材料的密度。由于材料弹性模量的变化是比较小的，所以换能器的频率偏移通常也是很小的。

5. 磁致伸缩方程式

在假设磁致伸缩效应的线性条件下，描述磁致伸缩效应的关系式可表示为以下形式

$$\sigma = K_H s - e_m H$$
$$B = e_m s = \mu_s H \qquad (2\text{-}35)$$

式中，H 和 B 是磁场强度和磁感应强度；μ_s 是材料在恒定应变条件下的磁导率，e_m 是压磁常数。根据上面的分析，压磁常数不仅仅是一个材料参数，而且依赖于其他附加的参数，如材料的电学和力学边界条件等。K_H 表示材料在恒定磁场强度条件下的弹性常数。如果磁致伸缩换能器是由一个半径很小的磁棒组成，则这一弹性常数就等于材料的弹性模量。上述结论仅适合于以下两种情况：第一，磁致伸缩换能器的铁磁材料能够形成一个闭合的磁路，如磁环等。第二，换能器

32

由细长的磁棒组成。只有在这两种情况下，才能忽略换能器的漏磁。与压电换能器相似，对于磁致伸缩换能器，其机电耦合系数可表示成以下形式

$$k^2 = \frac{e_m^2}{K_H \mu_\sigma} = \frac{e_m^2}{K_B \mu_\sigma} \tag{2-36}$$

式中，K_B 表示材料在恒定的磁感应强度情况下的弹性常数；μ_σ 表示材料在恒定应力条件下的磁导率。

6. 磁致伸缩换能器的等效电路

磁致伸缩换能器的等效电路可由类似于压电换能器的理论导出。因此可以利用压电换能器的理论和结果，直接得出磁致伸缩换能器的等效电路两者的类比关系，如表2-3所示。另外，压电换能器中的串联电路应换成磁致伸缩换能器中的并联电路。利用这些关系可以得出磁致伸缩换能器的机电等效电路，如图2-24所示。

表2-3　两种等效电路的类比关系

压电换能器	磁致伸缩换能器
电场强度 E	磁场强度 H
电位移矢量 D	磁感应强度 B
电压 V	电流 I

在图2-24中，L_s 表示换能器在自由状态下的静态电感；M 是机磁转换系数；m 是换能器的等效质量；n 是换能器的等效力顺；W 是换能器的等效阻抗，其中包括辐射阻抗。图2-24所示的换能器的等效电路仅适用于换能器在基频附近。换能器的机磁耦合系数由下式表示

$$M = \omega' \frac{Se_m}{l} \tag{2-37}$$

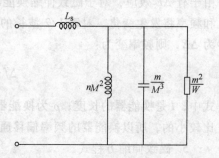

图2-24　磁致伸缩换能器的等效电路

式中，ω' 是线圈的圈数；S 表示换能器的横截面积；l 是换能器磁芯的总长度。与以上结论相似，上式也是仅适合于理想状态，即所有的磁力线都集中在均匀的磁性材料中，没有漏磁。

对于实际的磁致伸缩换能器，其等效电路与图2-24类似。然而，对于不同应用和不同结构的磁致伸缩换能器，如棒型的、窗型的以及环型的等，等效电路中有关参数的具体数值是不同的。在任何情况下，磁致伸缩换能器中的总磁通量可以近似看成是完全局限于磁芯中，而不考虑漏磁的影响。这一点对于实际换能器构设计是非常有用的。一种非常重要的用于磁致伸缩换能器中的磁致伸缩材料

就是镍,这是因为镍的磁致伸缩效应很大,以及它的机械稳定性很高。然而,由于这种材料的电导率很高,在实际的换能器设计中,必须采取必要的措施以避免涡流的产生,因为涡流能够造成换能器的能量损失以及换能器材料的发热。为了解决问题,镍换能器的磁芯通常都是由镍片组成,片与片之间加以绝缘。对于铁氧体磁致伸缩换能器,由于其电导率较低,因而其磁心可由整体材料组成。

铁、钴、镍及其合金的长度能随着所处的磁场强度的变化而伸缩的现象称为磁致伸缩效应。其中镍在磁场中的最大缩短长度为其长度的 0.004%,铁和钴则在磁场中为伸长,当磁场消失后又恢复原有尺寸,如图 2-25 所示。这

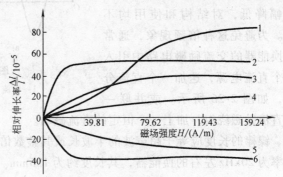

图 2-25　几种材料的磁致伸缩曲线（成分均为质量分数）

1—Ni75% + Fe25%　2—Co49% + V2% + Ni49%　3—Ni6% + Fe94%　4—Ni29% + Fe71%　5—退火 Co　6—Ni

种材料的棒料在交变的磁场中其长度将交变伸缩,其端面将交变振动。用来制造超声波加工换能器的几种常用磁致伸缩材料的物理性能见表 2-4。

表 2-4　几种常用磁致伸缩材料的物理性能

名称	化学成分（%）	伸缩量 λ_t	磁饱和/Gs	初始磁导率 μ_0	最大磁导率 μ_{max}	矫顽力 Hc	2000Hz时的损失		电阻率 ρ/$\Omega \cdot cm$	弹性模量 E	密度 ρ/（g/cm^3）	强度 σ_b/MPa	声速 c/（cm/s）	声阻抗 ρc（g/$cm^2 \cdot s$）
							500[①] Gs	1000[①] Gs						
镍	100Ni	35×10^{-6}	6400	400	2500	0.7	2800	—	7×10^{-6}	2.10×10^{-6}	8.90	460.6	4.76×10^5	42.4×10^5
铁铝合金	13.8Al 其余 Fe	40×10^{-6}	13400	1000	2800	0.7	1170	—	90×10^{-6}	1.77×10^{-6}	6.65	774.2	5.10×10^5	33.9×10^5
铁钴钒	49Co 1.5~1.8 V 其余 Fe	70×10^{-6}	24000	700	4500	2.0	800	2750	26×10^{-6}	2.18×10^{-6}	8.08	441	5.15×10^5	41.6×10^5
铁钴合金	65Co 其余 Fe	90×10^{-6}	22000	150	1500	3.7	2750	10250	8×10^{-6}	2.24×10^{-6}	8.25	656.6	5.20×10^5	42.9×10^5

① 1Gs = 10^{-4}T。

磁致伸缩效应是某些合金在特定状态下的物理特性。材料化学成分（质量分数）对其伸缩性能影响极大。以淬火的铁钴合金为例,钴含量65%时,其伸缩量极大,接近 80×10^{-6};当钴含量增加到75%时,伸缩量只有 25×10^{-6}。

如果通入磁致伸缩换能器线圈中的电流是交流正弦波形,那么每一周的正半

波和负半波将引起磁场的两次大
小变化，换能器也伸缩两次，此
现象称为"倍频"。倍频使振动
节奏模糊，并使共振长度变短，
振幅降低，对结构和使用均不
利。为避免这种倍频现象，通常
在换能器的交流励磁电路中引入
一个直流电源，迭加一个直流分
量，如图 2-26 所示。或并联一
个直流励磁绕组，加上一个恒定的直流磁场。

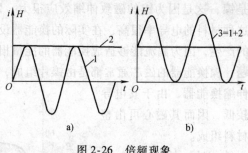

图 2-26　倍频现象

1—交流　2—直流　3—脉动直流

镍棒的长度应等于超声波的半波长或其整数倍，使之处于共振状态。如共振
频率为 20kHz 左右的换能器，其长度约为 125mm。

（三）纵向复合式换能器设计

纵向复合式压电换能器的结构如图 2-16 所示，首、尾是两块金属盖板，中
间是压电陶瓷元件堆，一个应力螺杆将这三部分紧紧压牢。其结构特点是：

1）压电陶瓷元件具有大的抗压强度，应力螺杆提供预应力，克服陶瓷材料
抗拉应力小的缺点。

2）中间是压电陶瓷元件堆是经极化并联组成的，从而充分利用最大的有效
耦合系数 K33。

3）中间的压电陶瓷元件数目和连接方式都有选择余地，从而能在较宽的阻
抗及频率范围内设计换能器。

4）改变首、尾金属盖板的材料、尺寸，能控制换能器的带宽、前后振速比
和有效机电耦合系数等性能参数。

复合棒的性能参数推导如下：

（1）任意截面振动方程及其解　假设前、后盖板，压电陶瓷元件是连续弹
性介质，分别建立它们的弹性方程，利用边界条件，求：振动系统的振速、应力
分布、振子的前后振速比、有效机电耦合系数及谐振阻抗。

根据胡克定律，有：

$$T = \frac{F}{S(x)} = Y \frac{\partial \xi}{\partial x} \qquad (2\text{-}38)$$

式中，T 为应力；F 为弹性力；$S(x)$
为轴上任意位置处的截面积；Y 为弹
性模量；$\frac{\partial \xi}{\partial x}$ 为应变。dx 单元上的弹性

力的增量见图 2-27，可表示为：

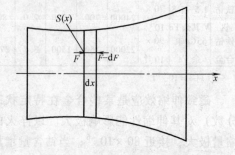

图 2-27　变截面体的一元段

$$\mathrm{d}F = \frac{\partial F}{\partial x}\mathrm{d}x = Y\frac{\partial}{\partial x}\Big[S(x)\frac{\partial \xi}{\partial x}\Big]\mathrm{d}x \tag{2-39}$$

根据牛顿第二运动定律

$$\mathrm{d}F = Y\frac{\partial}{\partial x}\Big[S(x)\frac{\partial \xi}{\partial x}\Big]\mathrm{d}x = \rho S(x)\mathrm{d}x\frac{\partial^2 \xi}{\partial t^2} \tag{2-40}$$

式中，ρ 为材料的密度。

因为声速 $c = \sqrt{Y/\rho}$

所以 $$c^2\Big[S(x)\frac{\partial^2 \xi}{\partial x^2} + \frac{\partial S(x)}{\partial x}\frac{\partial \xi}{\partial x}\Big] = S(x)\frac{\partial^2 \xi}{\partial t^2} \tag{2-41}$$

如果作简谐振动 $\xi = \xi_m \mathrm{e}^{\mathrm{j}\omega t}$

所以上式为：

$$\frac{\partial^2 \xi}{\partial x^2} + \frac{1}{S(x)}\frac{\partial S(x)}{\partial x}\frac{\partial \xi}{\partial x} + k^2\xi = 0 \tag{2-42a}$$

如果是均匀等截面，即 $S(x) =$ 常数，又可简化为：

$$\frac{\partial^2 \xi}{\partial x^2} + k^2\xi = 0 \tag{2-42b}$$

式中 k 为波数，$k = \omega/c$。

因为振速 $v = \mathrm{j}\omega\xi$，为简单方便，用下角标 n 表示振子的各个部分，即 $n = 1$，2，3，4。则各部分的振速方程为：

$$\frac{\partial^2 v_n}{\partial x_n^2} + k_n^2 v_n = 0 \tag{2-43}$$

各个部分的坐标、边界条件、尺寸如图 2-28 所示。方程式（2-43）的实数通解为：

$$v_n(x_n) = A_n\sin k_n x_n + B_n\cos k_n x_n \tag{2-44}$$

$$F_n(x_n) = \frac{YS_n}{\mathrm{j}\omega}\frac{\partial v_n}{\partial x_n} = -\mathrm{j}\rho_n c_n S_n(A_n\cos k_n x_n - B_n\sin k_n x_n)$$

$$= -\mathrm{j}Z_n(A_n\cos k_n x_n - B_n\sin k_n x_n) \tag{2-45}$$

式中 $Z_n = \rho_n c_n S_n$ 为各部分振子的特性阻抗。

（2）频率方程，振速和应力分布　先考虑截面右侧部分，如图 2-28 所示，边界条件为：

$$v_1(0) = 0 \tag{2-46a}$$
$$v_1(l_1) = v_2(0) \tag{2-46b}$$
$$v_2(l_2) = v_f \tag{2-46c}$$

$$F_1(l_1) = F_2(0) \tag{2-46d}$$

$$F_2(l_2) = -Z_w v_f \tag{2-46e}$$

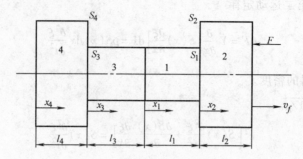

图 2-28　振子各部分标注

式中，v_f 为振子前表面振速；Z_w 为振子表面的输入阻抗。

利用振动方程及其实数通解式（2-43）和式（2-44）及边界条件式（2-46），计算待定系数得：

$$B_1 = 0$$

$$A_2 = \left(\sin k_2 l_2 - j \frac{Z_w}{Z_2} \cos k_2 l_2 \right) v_f$$

$$B_2 = \left(\cos k_2 l_2 + j \frac{Z_w}{Z_2} \sin k_2 l_2 \right) v_f$$

$$A_1 = \frac{1}{\sin k_1 l_1} \left(\cos k_2 l_2 + j \frac{Z_w}{Z_2} \sin k_2 l_2 \right) v_f \tag{2-47}$$

而对任意阻抗时的频率方程，可由式（2-44）和式（2-46d）推导得：

$$\cot k_1 l_1 = \frac{\dfrac{Z_2}{Z_1} \left(\tan k_2 l_2 - j \dfrac{Z_w}{Z_2} \right)}{1 + j \dfrac{Z_w}{Z_2} \tan k_2 l_2} \tag{2-48}$$

把 4 个已定的系数代入式（2-43）和式（2-44）中，就可以获得振子在任意输入阻抗下的振速分布和应力分布：

$$v_1(x_1) = \frac{v_f}{\sin k_1 l_1} \left(\cos k_2 l_2 + j \frac{Z_w}{Z_2} \sin k_2 l_2 \right) \sin k_1 x_1 \tag{2-49a}$$

$$v_2(x_2) = \left[\cos k_2(l_2 - x_2) + j \frac{Z_w}{Z_2} \sin k_2(l_2 - x_2) \right] v_f \tag{2-49b}$$

应力分布：

$$\sigma_1(x_1) = -j\rho_1 c_1 v_f\left(\cos k_2 l_2 + \frac{Z_w}{Z_2}\sin k_2 l_2\right)\cos k_1 x_1 \tag{2-50a}$$

$$\sigma_2(x_2) = -j\rho_2 c_2 v_2\left[\sin k_2(l_2 - x_2) - j\frac{Z_w}{Z_2}\cos k_2(l_2 - x_2)\right] \tag{2-50b}$$

如果 $Z_w = 0$，则式（2-49）和式（2-50）可简化如下：

$$v_1(x_1) = v_f\frac{\cos k_2 l_2}{\sin k_1 l_1}\sin k_1 x_1 \tag{2-51a}$$

$$v_2(x_2) = v_f\cos k_2(l_2 - x_2) \tag{2-51b}$$

及

$$\sigma_1(x_1) = -j\rho_1 c_1 v_f\cos k_2 l_2\cos k_1 x_1 \tag{2-52a}$$

$$\sigma_2(x_2) = -j\rho_2 c_2 v_2\sin k_2(l_2 - x_2) \tag{2-52b}$$

而频率方程为：

$$\tan k_1 l_1\tan k_2 l_2 = \frac{Z_1}{Z_2} \tag{2-53}$$

三、超声波变幅杆

超声波变幅杆，又称超声变速杆、超声聚能器，其外形通常为变截面杆，是超声加工处理设备中超声振动系统的重要组成部分之一。在超声振动系统工作过程中，由超声换能器辐射面所产生的振动幅度较小，当工作频率在 20kHz 范围内超声换能器辐射面的振幅只有几微米，而在超声加工、超声焊接、超声搪锡、超声破坏细胞、超声金属成型（包括超声冷拔管丝和铆接）等大量高强度超声应用中所需要的振幅大约为几十至几百微米，所以必须借助变幅杆的作用将机械振动质点的位移量和运动速度进行放大，并将超声能量聚集在较小的面积上，产生聚能作用。图 2-29 所示是常见变幅杆类型。

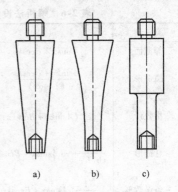

图 2-29　几种变幅杆
a）锥形　b）指数形　c）阶梯形

变幅杆可以制成单一形状的，如指数形、悬链形、圆锥形、阶梯形；还可以制成复合形状，如圆柱形复合、圆锥形复合、高斯形变幅杆、傅里叶形变幅杆等。

必须注意，超声加工时并不是整个变幅杆和工具都在作上下高频振动，它和低频或工频振动的概念完全不一样。超声波在金属杆内主要以纵波形式传播，引起杆内各点沿波的前进方向一般按正弦规律作往复振动，并以声速传导到工具端面，使工具端面作超声振动。表 2-5 列出了它们的有关参数。

表 2-5　常用变截面杆的形状系数

类　型	$S(x)$	N	k_1
等截面	S	1	k
圆锥形	$s_1(1-\alpha x)^2$	$1/(1-\alpha L)$	k
指数形	$S_1 e^{-2\beta x}$	$e^{\beta L}$	$\sqrt{k^2-\beta^2}$
悬链形	$S_2 \operatorname{ch}^2\gamma(L-x)$	$\operatorname{ch}\gamma L$	$\sqrt{k^2-\gamma^2}$
三角函数形	$S_1\cos^2\delta x$	$1/\cos\delta L$	$\sqrt{k^2+\delta^2}$

将 $v=\mathrm{j}\omega\xi$ 代入方程（2-50a），得到任意截面细杆作一维纵振动的振速方程：

$$\frac{\partial^2 v}{\partial x^2}+\frac{1}{S(x)}\frac{\partial S(x)}{\partial x}\frac{\partial v}{\partial x}+k^2 v=0 \tag{2-54}$$

对方程（2-54）作变换 $v=y/\sqrt{S}$，可以得到：

$$\frac{\partial^2 y}{\partial x^2}+k_1^2 y=0 \tag{2-55}$$

式中 $k_1^2=k^2-\dfrac{1}{\sqrt{S}}\dfrac{\mathrm{d}^2\sqrt{S}}{\partial x^2}$

根据式（2-54）和式（2-55），可得到各种形状细杆的振速函数和应力分布的通式，见表 2-6。

表 2-6　解析法设计超声换能器得到振速或应力分布函数

类　型	$v(x)$	$\sigma(x)$
等截面	$A\sin kx+B\cos kx$	$-\mathrm{j}\rho c(A\cos kx-B\sin kx)$
圆锥形	$\dfrac{A\sin kx+B\cos kx}{(1-\alpha x)}$	$-\mathrm{j}\rho c\left\{A\left[\dfrac{\cos kx}{1-\alpha x}+\dfrac{\alpha\sin kx}{k(1-\alpha x)^2}\right]-B\left[\dfrac{\sin kx}{1-\alpha x}-\dfrac{\alpha\cos kx}{k(1-\alpha x)^2}\right]\right\}$
指数形	$e^{\beta x}(A\sin kx+B\cos kx)$	$-\dfrac{\mathrm{j}\rho c}{k}e^{\beta x}\left[A(k\cos kx+\beta\sin kx)-B(\beta\cos kx-k\sin kx)\right]$
悬链形	$\dfrac{1}{\operatorname{ch}(L-x)}(A\sin kx+B\cos kx)$	$-\mathrm{j}\rho x\left\{A\left[\dfrac{\cos kx}{1-\alpha x}+\dfrac{\alpha\sin kx}{k(1-\alpha x)^2}\right]-B\left[\dfrac{\sin kx}{1-\alpha x}-\dfrac{\alpha\cos kx}{k(1-\alpha x)^2}\right]\right\}$
三角函数形	$\dfrac{1}{\cos\delta x}(A\sin kx+B\cos kx)$	$-\dfrac{\mathrm{j}\rho c}{k}\left\{A\left[\dfrac{k\cos kx}{\cos\delta}+\dfrac{\delta\sin kx}{\cos^2\delta x}\right]+B\left[\dfrac{\delta\sin\delta x\cos kx}{\cos^2\delta x}-\dfrac{k\sin kx}{\cos\delta x}\right]\right\}$

如果振动系统由单一截面杆组成，那么只要将边界条件代入振速或应力分布的通式，即可求出频率方程或振动特性。然而在实际应用中，振动系统往往由几种不同截面杆单元组合而成，需要将复合系统分离成相对独立的杆单元，然后利用边界条件和连续性条件，根据各个单元的振速和应力分布的通式，求出复合系统的频率方程或振动特性。

用解析法设计和分析复合棒超声换能器的过程。

（一）超声变幅杆的设计及性能分析

1. 单一截面变幅杆的设计及性能分析

由图 2-27 知，任意单一截面变幅杆的边界条件为：
$$v(0) = v_1 ; \quad F(0) = 0 ; v(l) = v_2 ; \quad F(l) = -Z_k v_2$$

将上述边界条件中的任意两个代入振速函数和应力分布的通式，即可求得待定系数 A 和 B；再由其余两个边界条件，得到频率方程。下面以指数形变幅杆为例，说明其解析过程。由式（2-51a）、式（2-51b）和前两个边界条件：

$$B = v_1 , \quad A = -\frac{\beta}{k_1} v_1$$

将求得的 A、B 代入表 2-6 中各式，即可得到指数形变幅杆的振速函数和应力分布：

$$v(x) = v_1 \mathrm{e}^{\beta x} \left[\frac{-\beta}{k} \sin kx + \cos kx \right] \tag{2-56a}$$

$$T(x) = \frac{\mathrm{j}\rho c k v_1}{k_1} \mathrm{e}^{\beta x} \sin k_1 x \tag{2-56b}$$

由后两个边界条件和式（2-56a）、式（2-56b），可得到指数形变幅杆的频率方程：

$$\frac{\mathrm{j}k \sin k_1 L}{\beta \sin k_1 L - k_1 \cos k_1 L} = \frac{Z_R}{Z_2} \tag{2-57}$$

式中，$Z_2 = \rho c S_2$ 为变幅杆输出端的特性声阻抗。

当变幅杆输出端自由（或空载）时，即 $Z_R = 0$，其频率方程：

$$\sin k_1 L = 0 \tag{2-58}$$

令 $v(x) = 0$，由式（2-56a）可得到节面位置方程：

$$\sin k_1 x_0 = \frac{k_1}{\beta} \tag{2-59}$$

由式（2-56a），可得到指数形变幅杆的变速比：

$$\frac{v_2}{v_1} = \mathrm{e}^{\beta L} \left(-\frac{\beta}{k_1} \sin k_1 L + \cos k_1 L \right) \tag{2-60}$$

2. 单一变幅杆的等效网络

采用应力类比，得到单一形状杆的等效网络如图 2-30 所示。

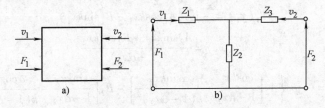

图 2-30　单一形状杆的等效网络

a) 四端网络　b) 等效 T 网络

边界条件: $F_1 = -F(0)$, $F_2 = -F(L)$, $v_1 = v(0)$, $v_2 = -v(L)$。其中，F 为截面上的弹性力，$F = \sigma S(x)$。将边界条件分别代入各种形状杆的振速与应力分布函数，消去待定系数，求出 F_1，F_2 用 v_1，v_2 表示的关系式，进而求出阻抗 Z，见表 2-7。

表 2-7 等效网络法设计变幅杆得到弹性力和阻抗函数

类型	$F(x)$	Z
等截面	$F_1 = \dfrac{\rho c S}{\mathrm{j}\tan kL}v_1 + \dfrac{\rho c S}{\mathrm{j}\sin kL}v_2$ $F_2 = \dfrac{\rho c S}{\mathrm{j}\sin kL}v_1 + \dfrac{\rho c S}{\mathrm{j}\tan kL}v_2$	$Z_1 = Z_3 = \dfrac{\rho c S}{\mathrm{j}\tan kL} - \dfrac{\rho c S}{\mathrm{j}\sin kL}$ $Z_2 = \dfrac{\rho c S}{\mathrm{j}\sin kL}$
圆锥形	$F_1 = \rho c S_1\left(\dfrac{1}{\mathrm{j}\tan kL} - \dfrac{\alpha}{\mathrm{j}k}\right)v_1 + \dfrac{\rho c\sqrt{S_1 S_2}}{\mathrm{j}\sin kL}v_2$ $F_2 = \dfrac{\rho c\sqrt{S_1 S_2}}{\mathrm{j}\sin kL}v_1 + \rho c S_2\left(\dfrac{1}{\mathrm{j}\tan kL} + \dfrac{\alpha N}{\mathrm{j}k}\right)v_2$	$Z_1 = \rho c S_1\left(\dfrac{1}{\mathrm{j}\tan kL} - \dfrac{\alpha}{\mathrm{j}k}\right) + \dfrac{\rho c\sqrt{S_1 S_2}}{\mathrm{j}\sin kL}$ $Z_2 = \dfrac{\rho c\sqrt{S_1 S_2}}{\mathrm{j}\sin kL}$ $Z_3 = \rho c S_2\left(\dfrac{1}{\mathrm{j}\tan kL} + \dfrac{\alpha N}{\mathrm{j}k}\right) - \dfrac{\rho c\sqrt{S_1 S_2}}{\mathrm{j}\sin kL}$
指数形	$F_1 = \rho c S_1\left(\dfrac{k_1}{k}\dfrac{1}{\mathrm{j}\tan k_1 L} - \dfrac{\beta}{\mathrm{j}k}\right)v_1 + \dfrac{k_1}{k}\dfrac{\rho c\sqrt{S_1 S_2}}{\mathrm{j}\sin k_1 L}v_2$ $F_2 = \dfrac{k_1}{k}\dfrac{\rho c\sqrt{S_1 S_2}}{\mathrm{j}\sin k_1 L}v_1 + \rho c S_2\left(\dfrac{k_1}{k}\dfrac{1}{\mathrm{j}\tan k_1 L} + \dfrac{\beta}{\mathrm{j}k}\right)v_2$	$Z_1 = \rho c S_1\left(\dfrac{k_1}{k}\dfrac{1}{\mathrm{j}\tan k_1 L} - \dfrac{\beta}{\mathrm{j}k}\right) - \dfrac{k_1}{k}\dfrac{\rho c\sqrt{S_1 S_2}}{\mathrm{j}\sin k_1 L}$ $Z_2 = \dfrac{k_1}{k}\dfrac{\rho c\sqrt{S_1 S_2}}{\mathrm{j}\sin k_1 L}$ $Z_3 = \rho c S_2\left(\dfrac{k_1}{k}\dfrac{1}{\mathrm{j}\tan k_1 L} + \dfrac{\beta}{\mathrm{j}k}\right) - \dfrac{k_1}{k}\dfrac{\rho c\sqrt{S_1 S_2}}{\mathrm{j}\sin k_1 L}$

3. 复合变幅杆的设计及性能分析

用解析法设计和分析复合变幅杆，不仅要利用边界条件，而且还须利用连续性条件，以求得所有的待定系数，从而得到频率方程和性能参数的解析式。下面以圆锥形过渡的复合阶梯形变幅杆为例，如图 2-31 所示，来说明复合变幅杆设计和性能分析的解析过程。这种复合变幅杆各部分的振速函数和应力分布为：

$$v_1(x_1) = A_1\sin kx_1 + B_1\cos kx_1 \tag{2-61a}$$

$$T_1(x_1) = -\mathrm{j}\rho c(A_1\cos kx_1 - B_1\sin kx_1) \tag{2-61b}$$

$$v_2(x_2) = \frac{A_2\sin kx_2 + B_2\cos kx_2}{(1 - \alpha x_2)} \tag{2-62a}$$

$$T_2(x_2) = -\mathrm{j}\rho c\left\{A_2\left[\frac{\cos kx_2}{1 - \alpha x_2} + \frac{\alpha\sin kx_2}{k(1 - \alpha x_2)^2}\right] - B_2\left[\frac{\sin kx_2}{1 - \alpha x_2} - \frac{\alpha\cos kx_2}{k(1 - \alpha x_2)^2}\right]\right\} \tag{2-62b}$$

$$v_3(x_3) = A_3\sin kx_3 + B_3\cos kx_3 \tag{2-63a}$$

$$T_3(x_3) = -\mathrm{j}\rho c(A_3\cos kx_3 - B_3\sin kx_3) \tag{2-63b}$$

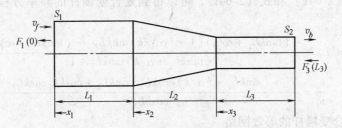

图 2-31　复合变幅杆各部分尺寸标注

考虑变幅杆两端自由的情形，其边界条件和连续性条件为：

$$v_1(0) = v_f \tag{2-64a}$$

$$F_1(0) = 0 \tag{2-64b}$$

$$v_1(L_1) = v_2(0) \tag{2-64c}$$

$$F_1(L_1) = F_2(0) \tag{2-64d}$$

$$v_2(L_2) = v_3(0) \tag{2-64e}$$

$$F_2(L_2) = F_3(0) \tag{2-64f}$$

$$v_3(L_3) = v_b \tag{2-64g}$$

$$F_3(L_3) = 0 \tag{2-64h}$$

将各部分的振速函数和应力分布的通式与以上条件联立，可求得各待定系数。

$$A_3 = 0;\ A_2 = -v_f\Big[\sin kL_1 + \frac{\alpha}{k}\cos kL_1\Big];\ A_3 = v_b\sin kL_3$$

$$B_1 = v_f;\ B_2 = v_f\cos kL_1;\ B_3 = v_b\cos kL_3$$

将 A_n，B_n（$n = 1$，2，3）代入相应的振速函数和应力分布的通式，可得到复合变幅杆各部分的振速函数和应力分布的解析式，分别为：

$$v_1(x_1) = v_f\cos kx_1 \tag{2-65a}$$

$$T_1(x_1) = \mathrm{j}\rho c v_f\sin kx_1 \tag{2-65b}$$

$$v_2(x_2) = \frac{v_f}{1-\alpha x_2}\Big[-\Big[\sin kL_1 + \frac{\alpha}{k}\cos kL_1\Big]\sin kx_2 + \cos kL_1\cos kx_2\Big] \tag{2-66a}$$

$$T_2(x_2) = \frac{-\mathrm{j}\rho c v_f}{1-\alpha x_2}\Big\{ -\Big[\sin kL_1 + \frac{\alpha}{k}\cos kL_1\Big]\Big[\cos kx_2 + \frac{\alpha\sin kx_2}{k(1-\alpha x_2)}\Big]\Big\}$$

$$-\cos kL_1\Big[\sin kx_2 - \frac{\alpha\cos kx_2}{k(1-\alpha x_2)}\Big] \tag{2-66b}$$

$$v_3(x_3) = v_b(\sin kL_3\sin kx_3 + \cos kL_3\cos kx_3) \tag{2-67a}$$

$$T_3(x_3) = -j\rho c v_b(\sin kL_3 \sin kx_3 + \cos kL_3 \cos kx_3) \tag{2-67b}$$

由条件式（2-64e）和式（2-64f），可以得到复合变幅杆的频率方程和相应的振速比：

$$\tan kL_3 = \frac{-(\tan kL_1 + \alpha/k)[1+(\alpha N/k)\tan kL_2]-(\tan kL_2 - \alpha N/k)}{(\tan kL_1 + \alpha/k)\tan kL_2 + 1} \tag{2-68}$$

$$\frac{v_b}{v_f} = \frac{N\{-[\sin kL_1 + (\alpha/k)\cos kL_1]\sin kL_2 + \cos kL_1 \cos kL_2\}}{\cos kL_3} \tag{2-69}$$

4. 复合变幅杆的等效网络

复合变幅杆等效网络中，v_f 为变幅杆输入端振速，即换能器输出端振速；Z^A，Z^B，Z^C 分别对应于三段杆的等效阻抗，其值可由表 2-7 中公式给出。

$$Z_1^A = Z_3^A = \frac{\rho c S_1}{j\tan kL_1} - \frac{\rho c S_1}{j\sin kL_1}$$

$$Z_2^A = \frac{\rho c S_1}{j\sin kL_1}; Z_2^B = \frac{\rho c \sqrt{S_1 S_2}}{j\sin kL_2}$$

$$Z_1^B = \rho c S_1\left(\frac{1}{j\tan kL_2} - \frac{\alpha}{jk}\right) - \frac{\rho c \sqrt{S_1 S_2}}{j\sin kL_2}$$

$$Z_3^B = \rho c S_2\left(\frac{1}{j\tan kL_2} + \frac{\alpha N}{jk}\right) - \frac{\rho c \sqrt{S_1 S_2}}{j\sin kL_2}$$

$$Z_1^C = Z_3^C = \frac{\rho c S_2}{j\tan kL_3} - \frac{\rho c S_2}{j\sin kL_3}, \quad Z_2^C = -\frac{\rho c S_2}{j\sin kL_3}$$

Z_0 为变幅杆输出端阻抗，当空载时 $Z_0 = 0$。

5. 复合变幅杆各性能参数（放大系数及各端面振速）

根据图 2-32 的等效电路图，当变幅杆两端自由时，$F_1 = F_2 = 0$，电路两端可直接短路，根据基尔霍夫回路公式，可得到以下方程组：

$$\begin{cases} v_f(Z_1^A + Z_2^A) - v_2(0)Z_2^A = 0 \\ -v_f Z_2^A - v_2(0)(Z_2^A + Z_3^A + Z_1^B + Z_2^B) - v_3(0)Z_2^B = 0 \\ -v_2(0)Z_2^B - v_3(0)(Z_2^B + Z_3^B + Z_1^C + Z_2^C) - v_e(0)Z_2^C = 0 \\ -v_3(0)Z_2^C + v_e(Z_2^C + Z_3^C) = 0 \end{cases} \tag{2-70}$$

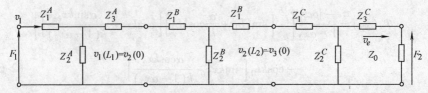

图 2-32　复合变幅杆的等效网络电路图

将阻抗值代入方程组得：

$$v_2(0) = v_f \cos kL_1, \ v_3(0) = v_c \cos kL_3$$

进而可得到复合变幅杆的放大系数：

$$M_p = \left| \frac{v_e}{v_f} \right| = \frac{\left| N\left[-\left(\sin kL_1 + \frac{\alpha}{k} \cos kL_1 \right) \sin kL_2 + \cos kL_1 \cos kL_2 \right] \right|}{|\cos kL_3|} \quad (2\text{-}71)$$

变幅杆各结合部分的端面振速为：

$$v_1(0) = v_f = 换能器输出端振速$$

$$v_2(0) = v_1(L_1) = v_f \cos kL_1$$

$$v_3(0) = v_2(L_2) = v_e \cos kL_3 = N\left[-\left(\sin kL_1 + \frac{\alpha}{k} \cos kL_1 \right) \sin kL_2 + \cos kL_1 \cos kL_2 \right] v_f$$

将 $v_2(0)$，$v_3(0)$ 的值代入式（2-66）中，得到变幅杆频率方程公式为：

$$\tan kL_3 = \frac{-\left(\sin kL_1 + \frac{\alpha}{k} \cos kL_1 \right)\left(\cos kL_2 + \frac{\alpha}{k} N \sin kL_2 \right) + \cos kL\left(\frac{\alpha}{k} N \cos kL_2 - \sin kL_2 \right)}{-\left(\sin kL_1 + \frac{\alpha}{k} \cos kL_1 \right) \sin kL_2 + \cos kL_1 \cos kL_2}$$

$$(2\text{-}72)$$

（二）有负载的变幅杆

以上所讨论的变幅杆特性都是在其处于空载的形式下表现出来的，即变幅杆处在两端自由状态，而在实际应用中，变幅杆不可能没有负载。当变幅杆有负载时，其共振频率将发生变化，如果要保持共振频率不变，则要适当改变变幅杆的长度。

变幅杆的负载随应用场合的不同差别很大，而且在工作过程中负载始终是在变化的。在变幅杆末端负载呈现为机械阻抗。

1. 负载力抗对变幅杆共振频率的影响

由纵波振动的波动方程及边界条件可推导出变幅杆有负载力抗 X_L 时的频率方程。

（1）指数形变幅杆 有负载力抗 X_L 时的频率方程为：

$$\tan(k'l) = \frac{k'l}{\beta l - \frac{Z_{02}}{X_L} kl} \quad (2\text{-}73)$$

式中，X_L 为负载力抗；$Z_{02} = S_2 \rho c$，ρc 为变幅杆的特性力阻抗。

1）当负载力抗 $X_L = 0$ 时，式（2-73）与指数形变幅杆两端自由时的共振条件式相同。

2）当 $X_L \to \infty$ 时，式（2-73）与小端为节点的四分之一波长指数形变幅杆的频率方程相同。输出端的位移等于零。

3）当 X_L 可以用等效质量表示时，即 $X_L = \omega M$ 为等效质量，式（2-73）简化为

$$\tan(k'l) = \frac{k'l}{\beta l - \frac{S_2\rho c}{\omega M}kl} = \frac{k'l}{\beta l - \frac{S_2\rho l}{M}} \tag{2-74}$$

（2）圆锥变幅杆　有负载力抗 X_L 时的频率方程为：

$$\tan(kl) = \frac{\dfrac{k}{a} + \dfrac{al}{al-1}\dfrac{Z_{02}}{X_L}}{1 - \dfrac{a}{k}\left(\dfrac{k^2}{a^2} - \dfrac{1}{al-1}\right)\dfrac{Z_{02}}{X_L}} \tag{2-75}$$

1）当负载力抗 $X_L = 0$ 时，式（2-75）与圆锥形变幅杆两端自由时的频率方程式相同。

2）当 $X_L \to \infty$ 时，式（2-75）与小端为节点的四分之一波长圆锥形变幅杆的频率方程式相同。

3）当 $X_L = \omega M$ 时，由式（2-75）得：

$$\tan(kl) = \frac{\dfrac{k}{l}\dfrac{\omega M}{Z_{02}} + \dfrac{al}{al-1}}{\dfrac{\omega M}{Z_{02}} - \dfrac{a}{k}\left(\dfrac{k^2}{a^2} - \dfrac{1}{al-1}\right)} \tag{2-76}$$

（3）悬链线形变幅杆　有负载力抗 X_L 时的频率方程为

$$\tan(k'_0 l) = \frac{\dfrac{k}{\gamma}\cot(rl) + \dfrac{Z_{02}}{X_L}}{\dfrac{k}{k'_0} - \dfrac{k'_0}{r}\dfrac{Z_{02}}{X_L}\cot(rl)} \tag{2-77}$$

1）当负载力抗 $X_L = 0$ 时，式（2-77）与悬链线形变幅杆两端自由时的频率方程式相同。

2）当 $X_L \to \infty$ 时，式（2-77）与小端为节点的四分之一波长圆锥形变幅杆的频率方程式相同。

3）当 $X_L = \omega M$ 时，由式（2-77）得：

$$\tan(k'l) = \frac{\dfrac{Gkl}{\operatorname{arccosh}N} + \tanh(rl)}{\dfrac{kl}{k'_0 l}G\tanh(rl) - \dfrac{k'_0 l}{\operatorname{arccosh}N}} \tag{2-78}$$

$$\tanh(rl) = \frac{(N^2-1)^{\frac{1}{2}}}{N}; \quad G = \frac{\omega M}{S_2\rho c}; \quad kl = \left[(k'_0 l)^2 + (\operatorname{arccosh}N)^2\right]^{\frac{1}{2}}$$

2. 简单形状加工工具头对变幅杆共振频率的影响

在超声加工应用中，变幅杆的末端需要连接不同形状的工具，用以对材料或零件进行加工处理。若工具为均匀截面杆，并且其横向尺寸小于波长的十分之一，长度小于波长的四分之一，则可以用下式来计算工具头的等效质量 M_t

$$M_t = \frac{\tan(k_t l_t)}{k_t l_t} m_t \tag{2-79}$$

式中　m_t——工具质量，$m_t = S_t l_t \rho_t$；

　　　S_t——工具截面积；

　　　l_t——工具长度；

　　　ρ_t——工具材料密度；

　　　k_t——系数，$k_t = \omega / c_t$；

　　　c_t——工具材料的纵波速度。

（1）有工具头的圆锥形变幅杆　共振频率为：

$$\frac{\tan(ku)(hk^2 l + 1) - ku}{hk_t \tan(k_t l_t)[kl - \tan(ku)]} = \frac{E_t S_t}{E S_1} \tag{2-80}$$

式中，$u = l - h$；E_t 为工具弹性模量；h 为圆锥顶点到变幅杆小端面的距离。

（2）有工具头的指数形变幅杆　共振频率为：

$$\frac{k^2 \tan(k'l)}{k_t \tan(k_t l_t)[\beta \tan(k'l) - k']} = \frac{E_t S_t}{E S_1} \tag{2-81}$$

（3）有工具头的阶梯形变幅杆　共振频率为：

$$\tan(kb)\tan(kl) = \frac{S_2}{S_t} \tag{2-82}$$

四、超声波加工机床

超声波加工机床一般比较简单，它的主要部件是：声学组件、工具进给机构、磨料输送系统、超声发生器、加工压力调整机构。图 2-33 为一般超声加工机床。

图 2-33 中 4、5、6 为声学组件，安装在一根能上下移动的导轨上，导轨由上下两组滚动导轮定位，使导轨能灵活精密地上下移动。工具的向下进给及对工件施加压力靠声学组件的自重，为了能调节压力大小，在机床后部可改变平衡砝码的重量，也有采用弹簧或液压等其他方法。图 2-34 为高效超声加工机床。

五、磨料悬浮液

磨料悬浮液由液体（称为工作液）及悬浮于其中的磨料组成，是超声加工中起切削作用的部分。磨料悬浮液的循环流动对生产加工质量有较大的影响。

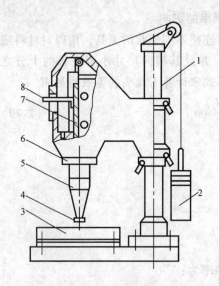

图 2-33　CSJ—2 型超声加工机床
1—支架　2—平衡重锤　3—工作台　4—工具
5—振幅扩大棒　6—换能器
7—导轨　8—标尺

图 2-34　高效超声加工机床

1. 磨料

超声加工中常用的磨料有：氧化铝、碳化硼、碳化硅、金刚砂。硼是最贵的磨料之一，但其最适合切割硬质合金、工具钢和贵重的宝石。硅的用途最广。采用氧化铝的问题是磨损快，并很快失去其切割能力，氧化铝对切割玻璃、锗和陶瓷是最好的。用金刚砂来切割金刚钻和红宝石是最好的，能保证好的精度、表面粗糙度和切削速率。碳化硼硅是一种新的、有希望的磨料，它含的磨料粉（质量分数）比碳化硼的要多 8% ~ 12%。

磨料的磨粒在 $200^\#$ ~ $2000^\#$ 粒度之间，粗级磨料对粗加工是好的，而细磨料（例如 $1000^\#$ 磨粒）作精加工用。$1200^\#$ ~ $2000^\#$ 磨粒是很细级的磨料，仅用作很精确的最后几道工序。两种不同大小的颗粒可达到的典型表面粗糙度是：

粒度 $280^\#$ 磨粒 $0.50\mu m$ 表面粗糙度。

粒度 $800^\#$ 磨粒 $0.20\mu m$ 表面粗糙度。

实际上加工面的表面粗糙度是由工件材料、工具表面的粗糙度、振动振幅、磨料磨粒的粒度，以及有效悬浮液的循环来控制的。

磨料悬浮在液体中，液体应具有以下功能：

1）在工件和振动工具间起着传声器的作用。

2）有助于工件和工具间能量的有效传递。

3）起冷却剂的作用。

4）提供一种为把磨料带到切削区的介质。

5）有助于清除钝化的磨料和切屑。

一种好的悬浮介质（液体）的特性是：

1）密度要大致等于磨料的密度。

2）有好的润湿性浸湿工具、工件和磨料。

3）有高的热导率和比热容来有效地带走切削区的热量。

4）粘度低，以便于磨料沿着工具和工件之间孔隙边下落。

5）无腐蚀性以避免腐蚀工件和工具。

常常用水作为液载体，因为它能满足大多数要求。通常把某种防腐蚀剂加入水中。

2. 工作液

工作液的空化作用对超声加工是非常重要的。工作液还起着传递振动、冷却（有效地带走切削区的热量）、输送磨料、清除钝化的磨料和切屑等作用。常用的工作液为水。为了提高表面质量，有时也使用煤油或机油。

3. 循环系统

磨料悬浮液的循环系统不断更新加工区的磨料悬浮液、带走钝化的磨料和切屑及冷却切削区等作用。小型超声加工机床的磨粒悬浮液更换及输送一般都是用手工完成的。若用泵供给，则能使磨粒悬浮液在加工区内良好循环。若工具及变幅杆较大，可以在工具与变幅杆中间开孔，从孔中输送悬浮液，以提高加工质量。

第三节　超声波加工速度、加工精度、表面质量及其影响因素

一、超声波加工速度及其影响因素

加工速度又称材料去除率，是指单位时间内去除材料的多少，单位用 g/min 或 mm^3/min 表示。

影响加工速度的主要因素有：工具振动频率、振幅、工具和工件之间的静压力、磨料的种类和粒度、悬浮液的浓度、供给及循环方式、工具与工件材料、加工面积和深度等。

（1）工具的振幅和频率的影响　许多学者对这一问题进行了许多深入的研究，但结果并不相同。一般认为随振幅的增大和频率的提高使加工速度增加，但这样会降低声学系统的使用寿命，同时表面粗糙度也增大。因此，在超声加工中，一般控制振幅在 0.01 ~ 0.1mm，频率在 16 ~ 25kHz 之间。

（2）磨粒直径的影响　在磨粒尺寸对速度关系曲线中有一极限值，即使很粗的粉末亦会产生速率的下降（图 2-35）。然而，最佳的尺寸可用工具振动的振

幅来控制。在磨粒尺寸与振幅大小类似时，就达到了最佳条件。颗粒尺寸对表面粗糙度的影响很大。尼皮勒斯和福斯克特用玻璃和碳化钨作工件材料取得的数据表明，孔的底面比侧面要光洁，其理由可能是射束把磨粒向下吸入切削区域时，就在侧面上留下了痕迹。

磨粒的大小，决定了超声波加工中型腔轮廓的精度。由于磨料沿着孔的侧面向工具的底面流动，所以加工出的孔要比工具大些。为了获得精确和良好的表面粗糙度，最好是使用一套工具和不止一种尺寸等级的磨料，其等级如下：

1 级　小于实际尺寸的工具，高的频率，粗的磨粒。

2 级　小于实际尺寸的工具，高的频率，较细的磨粒。

3 级　与实际尺寸一样大小的工具，低的频率，很细的磨粒。

（3）施加静载荷的影响　切削速度随作用在工具上的静载荷的增加，而达到最大值。如图 2-35 所示，极值点随着振动的振幅和工具的横截面积的变化而移动。实验发现，表面粗糙度很少受到静载荷的影响。与预期的相反，用高的载荷没有产生较大的表面粗糙度。实际上，由于高载荷把颗粒压碎成小粒度，故表面粗糙度得到改善。

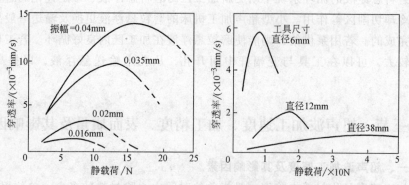

图 2-35　在采用不同的振动振幅和不同的工具尺寸下，
静载荷的增加对材料切除速率的影响

（4）悬浮液、工具材料和工件材料的影响　增加悬浮液的浓度可以提高切削速率。尼皮勒斯和福斯克特已经提出了材料和磨料特性对材料切除速率的影响的详细资料。尼皮勒斯进一步确定了，当悬浮液混合物的磨料和水的体积分数为30%～40%时，就产生饱和现象（图 2-36）。实验结果指出，材料切除速率随粘度的增加而急剧下降。

悬浮液压入切削区的压力，对材料切除速率有显著的影响。彭特兰观察到在超声波钻孔时，随着改善悬浮液的循环，可使金属切除速率成倍地增长。增大压送悬浮液的压力，材料切除速率甚至可增加十倍。

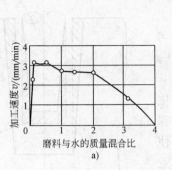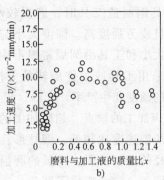

图 2-36　悬浮液浓度对材料切除速率的影响

a）加工速度所受磨料与水重量混合比的影响　加工物：玻璃

b）磨料浓度与加工速度，磨料浓度以外的加工条件同图 a

工具表面的形状，也影响切削速率的最大值。窄的矩形工具，比相同的横截面积的正方形工具会产生更大的最大切削速率。梅特耳金（Metelkin）的研究结果指出，用圆锥形的工具来取代柱形的工具，切削速率增加 50%。

工件材料的脆性，在确定切削速率方面是重要的。脆性的非金属材料，可用比韧性材料更高的切削速率切割。

二、超声波加工精度及其影响因素

超声加工的精度，除受机床、夹具精度的影响之外，主要与磨料粒度、工具精度及磨损情况、工具的横向振动、加工深度、工件材料性质有关。一般孔的尺寸精度达 ±（0.02~0.05）mm。

（1）孔的加工范围　在通常加工速度下，超声加工最大孔径和所需的功率之间的关系见表 2-8。

表 2-8　超声加工功率和最大加工孔径的关系

超声电源输出功率/W	50~100	200~300	500~700	1000~1500	2000~2500	4000
最大加工不通孔直径/mm	5~10	15~20	25~30	30~40	40~50	>60
用中空工具加工最大通孔直径/mm	15	20~30	40~50	60~80	80~90	>90

一般超声加工孔径范围约为 0.1~90mm，长径比可达 10~20 以上。

（2）孔的加工精度　当工具尺寸一定，加工出孔的尺寸比工具尺寸有所扩大，扩大量约为磨粒直径的两倍，加工出孔的最小直径 $D_{min} = D_t + 2d_e$，D_t 为工具直径；d_e 为磨粒平均直径。

超声加工圆孔时，其形状误差主要有锥度和圆度。锥度是由于工具的磨损产生的，其大小与工具磨损量有关，如图 2-37 所示。工具磨损是在超声加工过程中，因工具也同时受到磨粒的冲击和空化作用而产生的。实践表明，当采用碳钢或不淬火工具钢制造工具时，磨损较小，制造容易，且疲劳强度高。圆度大小与工具横向振动大小和工具沿圆周磨损不均匀有关。如果采用工具或工件旋转的方法，可以提高孔的圆度和生产率。

（3）超声加工的缺点　超声加工的主要缺点是其切削速度比较低，圆柱形孔深度以工具直径的5倍为限。工具的磨损使钻孔的圆角增加，尖角变成了圆角，这意味着为了钻出精确的不通孔，更换工具是很重要的。

由于进入工具中心处的有效磨粒较少，因悬浮液的分布不适当，使型腔的底

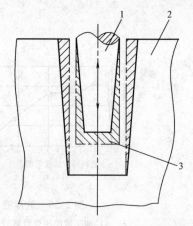

图 2-37　工具磨损对孔加工精度的影响
1—工具　2—工件　3—工具磨损

往往不能加工得很平。有时由于工具横截面的形状，使重心不在中心线上而产生强烈的横向振动，故加工表面的精度有所降低。在这种情况下，惟一解决的办法是重新设计工具。

另一个缺点是，由于静载荷和振幅使孔在底部有"劈开"倾向，这或许能用按程序控制进给力和工具的振动振幅来克服。

第四节　超声波加工材料去除机理

超声波加工是一个复杂的过程，其材料去除率受许多加工参数的影响。关于超声波材料加工机理和材料去除率模型，国内外的研究人员已经进行了大量的研究工作，取得了很大的进展，主要可以概括为：

1）磨料颗粒的直接锤击作用，导致工件材料去除和磨料颗粒破碎。

2）自由运动的磨料颗粒以一定速度冲击工件表面造成的微裂纹。

3）磨料悬浮液空化作用对工件表面的腐蚀。

4）伴随流体产生的化学作用。

上述机理的单一或复合作用在工件上形成材料去除，主要通过剪切、裂纹（对于硬的材料）、工件表面材料的移位（非移除，塑性变形）等形式去除，上述效果可以在同一加工表面上同时发生，如图2-38所示。

Shaw 和 Rozenberg（高速照片展示）总结出工具直接锤击是超声波加工中材料去除的主要方式。Shaw 的研究表明超声波加工中工件材料的去除主要有两种方式：磨粒对工件的直接锤击和磨粒对工件的冲击。Shaw 认为只有一小部分材料的去除是由于运动磨粒对工件的冲击造成的，材料的大片剥落是磨粒对工件直接锤

击的结果。在两种情况下，材料去除率正比于每一振动周期中材料的去除量、每一振动周期中起作用的磨粒数和工具振动频率。

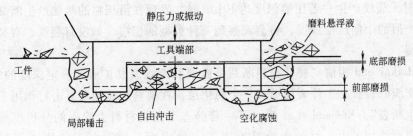

图 2-38　超声加工中的材料去除机理

Soundararajan 同意 Shaw 的观点，并进一步提出工件材料的表面先发生塑性变形，产生一个大于磨料颗粒尺寸的凹坑，然后发生实际断裂。Pentlandl 把这些机理分类如下：

1）由于剪切作用去除的微小碎片。

2）通过硬的材料断裂去除的微小颗粒。

3）由塑性变形导致的表面材料的转移，没有去除。

他提出所有三种机理某一瞬时在表面上是同时发生的。

此外，其他学者的研究也发现磨料颗粒的直接锤击和自由磨粒的冲击作用是超声波加工材料去除的主要方式，对于硬的无孔工件材料如硬度钢、碳化钨、玻璃、陶瓷等，由于空化作用去除的材料非常少；与钢和陶瓷相反，多孔类材料如石墨、空化腐蚀对材料的去除作用显著。Shaw、Markov 和其他学者认为空化腐蚀和化学作用对材料的去除是第二重要的，它们趋向于削弱工件表面、促进磨料的循环以及去除碎屑。

有些学者认为空化作用对材料去除率和工具磨损起着重要的作用。在工具向上冲击时流体的压力下降，在表面产生空腔；当工具改变方向，空腔可能承受非常大的压力，结果产生空腔的爆破。空穴的搅动对工件的表面是一种腐蚀行为，影响着工件的表面质量，而复杂形状工具存在阻碍悬浮液流动的问题。

为了解释超声波加工的机理，Shaw，Rozenberge at al 和 Kainth et al 提出了压痕断裂（indentation fracture）理论。他们认为每个压痕所造成的材料碎裂，使得每个磨粒去除了工件上一个半球形体积的材料。

通过金相检查陶瓷工件表面，Miller 指出，"材料被碎裂的时候没有塑性变形的证据"。Markov 根据是否适合于超声加工而把材料分为三类，陶瓷属于"实际超声波加工中没有塑性变形"的一类，材料是由于微观裂纹的传播而去除的。这一观点已被别的研究人员如 Komaraiah 和 Reddy 等引用。Oh etal 认为，"在超声波加工脆性材料中，材料是由于裂纹的传播和交叉而导致去除的"。

有研究表明，超声波加工中当工具向下运动进入工件，磨料悬浮液引起变幅杆表面的塑性变形，并在工件表面内产生微小裂纹。当颗粒的压痕深度小于 $2\mu m$ 时无裂纹产生；若压痕深度达 $10\mu m$ 时，发现在沿压痕的两侧产生断裂。在这两个值的中间压痕深度，将会观察到三种类型的压痕，如没有裂纹、有裂纹和有断裂。

Markov etal 相信"脆性材料断裂是微观和宏观裂纹扩展到一定深度的结果，相互交织的裂纹在工件表面形成一个弱化层，在磨料颗粒的重复击打作用下，容易发生断裂"。Kamoun et al 建立了一套静态下预测材料去除率的分析模型，认为在超声波加工中，材料去除是生成于工件表面下的横向裂纹传播和汇合的结果。

T C Lee et al 通过高速摄影观察振动工具作用下磨粒的冲击运动和切割机理，发现材料去除过程类似于磨削或单个工具切削，工件材料在许多微小颗粒反复击打下去除，而空化作用对材料去除贡献也很大，他还通过实验研究了各加工参数对工件材料去除率和表面粗糙度的影响。

第五节　超声波加工的应用

超声加工虽然生产率较低，但其加工精度、表面粗糙度都比较好，而且能加工半导体、非导体的脆硬材料如玻璃、石英、宝石、玉石、钨及合金、玛瑙、金刚石等，除此之外，如宝石轴承、拉丝模、喷丝头还可以用于超声抛光、光整加工、复合加工，也可用于清洗、焊接、医疗、电镀、冶金等许多方面，随着科技的发展，其应用前景越来越广阔。

一、型孔、型腔加工

超声加工目前在各工业部门中主要用于对脆硬材料加工圆孔、型孔、型腔、套料、微细孔等，如图 2-39 所示。

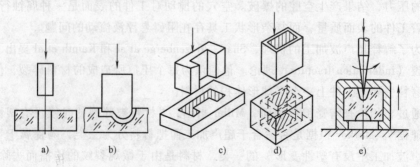

图 2-39　超声加工的型孔、型腔类型

a) 加工圆孔　b) 加工型腔　c) 加工异形孔　d) 套料加工　e) 加工微细孔

二、切割加工

用普通机械加工切割脆硬的半导体材料是很困难的，采用超声切割则较为有效。图 2-40 为用超声加工法切割单晶硅片示意图。用锡焊或铜焊将工具（薄钢片或磷青铜片）焊接在变幅杆的端部。加工时喷注磨料液，一次可以切割 10 ~ 20 片。

图 2-41 所示为成批切槽（块）刀具，它采用了一种多刃刀具，即包括一组厚度为 0.127mm 的软钢刃刀片，间隔 1.14mm，铆合在一起，然后焊接在变幅杆上。刀片伸出的高度应足够在磨损后可作几次重磨。在最外边的刀片应比其他刀片高出 0.5mm，切割时插入坯料的导槽中，起定位作用。加工时喷注磨料液，将坯料片先切割成 1mm 宽的长条。然后将刀具转过 90°，使导向片插入另一导槽中，进行第二次切割以完成模块的切割加工。

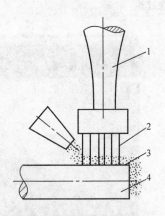 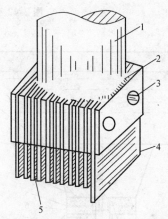

图 2-40　超声切割单晶硅片　　　　图 2-41　成批切槽（块）刀具
1—变幅杆　2—工具（薄片钢）　　　1—变幅杆　2—焊缝　3—铆钉
3—磨料液　4—工件（单晶硅）　　　4—导向片　5—软钢

三、超声清洗

超声清洗的原理主要是基于超声频振动在液体中产生的交变冲击波和空化作用。超声波在清洗液（汽油、煤油、酒精、丙酮或水等）中传播时，液体分子往复高频振动产生正负交变的冲击波。当声强达到一定数值时，液体中急剧生长微小空化气泡并瞬时强烈闭合，产生的微冲击波使被清洗物表面的污物遭到破坏，并从被清洗表面脱落下来。即使是被清洗物上的窄缝、细小深孔、弯孔中的污物，也很容易清洗干净。图 2-42 为超声产生的物理效应在清洗过程中的作用。所以，超声振动被广泛用于喷油嘴、喷丝板、微型轴承、仪表齿轮、手表整体机芯、印刷电路板、集成电路微电子器件的清洗，可获得很高的净化度。图 2-43 为超声清洗装置示意图。图 2-44 为超声波清洗机，采用整体式结构，外形美观，操作简单。适合小零件小批量清洗。适用于镜片、硅片、半导体、线路板、眼镜、玻璃瓶罐、首饰等的清洗。

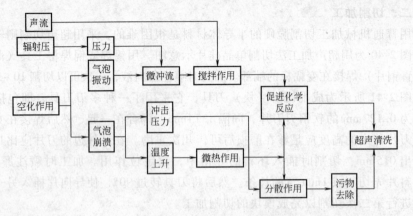

图 2-42　超声清洗过程

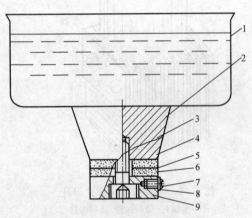

图 2-43　超声清洗装置

1—清洗槽　2—硬铝合金　3—压紧螺钉　4—换能
器压电陶瓷　5—镍片（＋）　6—镍片
7—接线螺钉　8—垫圈　9—钢垫块

图 2-44　超声波清洗机

四、焊接加工

超声焊接的原理是利用超声频振动作用，去除工件表面的氧化膜，显露出新的本体表面，在两个被焊工件表面分子的高速振动撞击下，摩擦发热并亲和粘接在一起。它不仅可以焊接尼龙、塑料，以及表面易生成氧化膜的铝制品等，还可以在陶瓷等非金属表面挂锡、挂银、涂覆熔化的金属薄层。图 2-45 为超声焊接示意图。可以用超声焊接的某些成对金属，亦即某些金属在超声作用下扩大了焊接性。图 2-46 为高精密型超声波焊接机。

五、超声波处理

超声处理指利用超声能量使物质的一些物理、化学、生物特性或状态发生改变，或者使这种改变的速度变化的过程。

1. 冶金

在冶金工业中，超声波主要应用于控制结晶过程，增加扩散和分散作用以改善材料的性能。其中最显著的作用是晶粒细化。

为认识超声波作用的机理，首先要分析液态金属的固化过程。液态金属固化有两种基本过程。

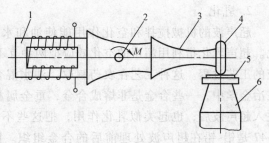

图 2-45　超声焊接示意图
1—换能器　2—固定轴　3—变幅杆　4—焊接
工具头　5—被焊工件　6—反射体

首先是在液态合金体内形成小晶粒的萌芽，即所谓晶核。其次，这些晶粒逐渐长大。在正常条件下固化晶核产生的速度稍迟后于晶粒增长速度，而大晶粒组织性能较差。如果晶核形成速度在一定时刻开始超过晶粒增长速度，就能获得小晶粒组织。为达到这一目的，冶金学中加入耐熔金属 Ti、Nb、V、Zr 等细粒，以增加晶核数。另外，还加入 Na 等金属能阻止晶粒长大。另一有趣的方法是在晶化过程中施加数千大气压的压力也能达到相同的目的。

图 2-46　高精密型超声波焊接机

超声波方法是达到上述目的的一种有效方法。在液态金属中加入超声波时，对晶核的增加和晶粒有破碎作用，此外，超声波的空化作用还能导致局部超冷，有利于形成新的晶核。

超声波振动对结晶过程的影响不仅细化宏观组织和用等轴组织结构代替板状结构，而且还细化微观组织。超声波的这些作用改善了金属力学性能，表 2-9 列出了超声波改善金属力学性能的实验数据。

表 2-9　**超声波处理前后合金性能比较**（铝合金 ZL200）

试件性能比较	铸　态			热处理状态		
	σ_b/MPa	$\delta(\%)$	HBW	σ_b/MPa	$\delta(\%)$	HBW
超声波作用前	157~167	4~5	52~62	225~255	3	86~93
超声波作用后	196~225	5~7	68~76	304~333	5~6	95~100

2. 乳化

超声波的机械搅拌和空化作用能使油和水混合在一起，这种现象称之为乳化。超声乳化指利用超声的空化效应把两种互不相溶的液体互相分散成均匀乳浊液的工艺过程。这种工艺在农药制取、油水混合成乳化液等方面有广泛的应用。在冶金学中，一些合金是非熔成合金，重金属相和轻金属相各自保持粗粒状态。注入超声波后，也起类似乳化作用，把这些不同相金属细密地混合在一起，图2-47是铝-铅在超声波处理前后的合金组织。同样，超声波可以使石墨分散在铜中。

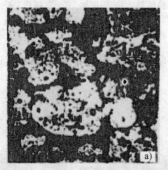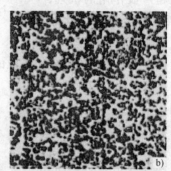

图 2-47　铝-铅合金微观结构

a）无超声波作用　b）超声波作用之后（超声波频率10kHz　800℃　10min）

超声乳化的发生与超声频率、强度有密切关系，超声达不到某个强度值，乳化就不会发生，我们将这个强度叫做超声乳化阈。

图 2-48 是一种单腔压电超声乳化器的主要组成部分，它由压电换能器及变幅杆振动系统和乳化腔组成。被处理的液体从腔底进入乳化腔，由变幅杆端面的孔，经过处于变幅杆波节后面的侧孔流出。使所有液体都必须流经变幅杆前端的强空化区。这

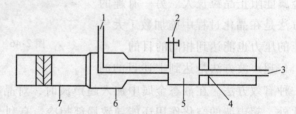

图 2-48　单腔压电超声乳化器

1—液体出口　2—排气阀　3—液体入口　4—调节腔长活塞　5—乳化腔　6—变幅杆　7—换能器

样不但保证乳化质量，提高乳化速率，而且改善了振动系统的冷却，提高处理效率。

双腔压电超声乳化器的主要结构与图2-48类似，不同的是换能器双面辐射（双腔）超声，使处理量提高一倍，电声效率提高很多。

上述乳化器不但可以连续进行油水乳化，达到节油目的，而且可以用来进行轻工、食品和医药等部门的液体处理。另外，还有一类流体动力型超声乳化器，

其处理量比较大，但一次处理乳化液的质量不如电声转换型超声乳化器。

3. 超声搪锡

超声搪锡是利用超声在熔融的锡液中产生的空化作用，使浸于锡液中的金属表面的氧化层被剥碎去除并被声流带走，使锡液能更牢固地与洁净的金属表面均匀附着的一种工艺过程。很多待焊的金属表面都有一层氧化膜，这给焊接或搪锡造成很大困难。传统的搪锡方法是先进行表面处理，工艺复杂且成本高、效率低、质量难以保证。超声搪锡比较容易地解决了这一难题。在熔化了的锡液中引入超声振动，利用超声空化效应的作用，就可以达到高质量搪锡的目的。

图 2-49 是常用的超声搪锡装置原理示意图。超声搪锡装置主要包括超声换能振动系统带有加热装置的锡槽、控温装置、换能器冷却装置、超声波发生器和直流极化电源等。超声搪锡常用的频率为 20kHz 左右，声强度一般为 $4 \sim 8 W/cm^2$，锡液温度以高于熔点温度 $20 \sim 30 ℃$ 为宜，因为温度过低时锡液流动性差，不易搪上；温度过高时，锡液表面氧化很快。由于是在高温条件下工作，因此对变幅杆的冷却要求较高。搪锡时间长短与声强度

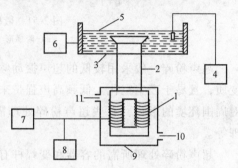

图 2-49　常用超声搪锡装置

1—换能器　2—变幅杆　3—锡槽　4—控温装置 5—锡液　6—加热装置　7—超声发生器　8—极 化电源　9—冷却水套　10—进水口　11—出水口

有关，也与零件的大小、形状有关，一般在 $3 \sim 10 s$ 范围内，常由实验确定。

为了达到更好的搪锡效果，对生产中需要大量搪锡的零件，实践中常按零件的形状设计专用的超声搪锡装置。这里介绍用于航空铝电缆超声搪锡专用设备，图 2-50 是装置示意图。该装置采用两个完全相同的超声换能振动系统，变幅杆端面为一弧形凹面，使电缆表面能均匀地搪上锡。

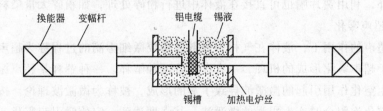

图 2-50　超声航空铝电缆搪锡专用设备示意图

4. 超声粉碎

在超声的作用下，使液体中的固体颗粒或生物组织等破碎的过程叫超声粉碎。超声粉碎装置由超声频电源、换能器、变幅杆和工作槽组成。在强超声振动

下，由于超声空化和声流的共同作用，液体中的固体颗粒或生物组织被破碎并在液体中扩散。

超声粉碎需要较大的位移振幅，因此，变幅杆变比一般较大，有时接多级变幅杆。变幅杆的形式多种多样，便于根据不同处理对象和体积更换不同的变幅杆。图 2-51 所示为具有微型端头的超声粉碎用变幅杆，小端直径为 3mm，该变幅杆一般用于小容器处理。

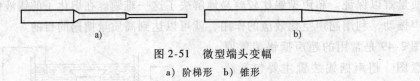

图 2-51　微型端头变幅
a）阶梯形　b）锥形

超声粉碎一般采用较低的超声振动频率和较高的声强度，保证被处理物质不变质，且易于产生空化。低频高声强带来的问题是噪声大，因此，为了降低噪声对周围环境的影响，有些超声粉碎处理需要加消声装置，如在消声箱中进行处理等。

超声粉碎处理所需的容器和变幅杆有时采用通水冷却，以保证被处理物质所需要的温度。

工作方式可以是连续处理，也可以是脉冲工作。

超声粉碎在化工、医药、生物等领域有较多的应用。例如用超声粉碎染料，比一般机械磨碎法所得的颗粒更小、更均匀，提高了染色质量；在胶体感光乳浊液中，用超声粉碎溴化银微粒，可以制得微粒更细的感光胶片。超声粉碎细胞在生物学的某些研究中有重要意义。

图 2-52 是一种可以同时处理两种不同物质并进行混合的装置。在变幅杆的振动节点位置开两个进口，两种待处理的材料分别由不同的进口进入，经过粉碎、混合后由变幅杆的顶端喷出，被收入容器中。

另外，利用簧片哨也可直接在液体中进行粉碎处理，如粉碎大量染料。

5. 超声雾化

在超声的作用下，液体在气相中分散而形成微细雾滴的过程称为超声雾化。

关于超声雾化形成的机理，一直存在着两种解释。一种解释是超声振动在液面下产生空化作用引起的微激波导致了雾的形成，被称为微激波理论。按照这种理论，空化泡闭合时产生很强的微激波，其强度达到一定值时引起雾化。另一种解释是表面波的不稳定引起的表面张力波导致了雾的形成，被称为表面张力波理论。表面张力波理论是基于液-气界面的不稳定，在与它垂直的力的作用之下，当振动面的振幅达到一定值时，液滴即从波峰上飞出而形成雾。按照这种理论，表面张力波在它的波峰处产生雾滴，其大小与波长成正比。

现在有人把这两种理论联系起来，提出由空化产生的微激波与有限振幅表面张力波的互相作用而形成雾滴，雾滴的直径的计算公式为

$$D = 0.34(8\pi T/\rho f^2)^{1/3}$$

式中，T 为表面张力系数；ρ 为液体密度；f 为声波频率。

超声波的频率及液体本身的表面张力、密度、粘度、蒸汽压、温度等，对液体的雾化都有一定影响。

雾滴的大小与超声频率成函数关系，如图 2-53 所示，频率高则雾滴小，频率低则雾滴大。对雾化理论的实验检验一般采用两种方法。一种是高速摄影，用此方法可以详细研究雾滴的形成过程；另一种方法是通过雾化熔化了的石蜡或金属，因为这些物质的雾滴在空中飞行期间会很快凝固，把凝固的颗粒收集起来即可测量其大小。

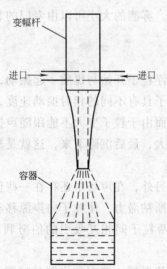

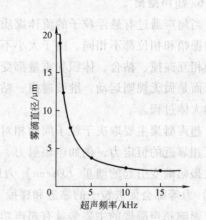

图 2-52　两种物质粉碎并混合装置示意图　　图 2-53　超声频率与雾滴直径

超声雾化的方法有许多种，总体上可以分为两大类：电声转换型和流体动力型。超声频率的高低由设备的类型和实际应用的需要而定。

电声转换型超声雾化器有低频、高频、超高频、多孔板、非接触等多种应用装置。

对于低频应用装置，液体的入口位于变幅杆的位移节点处，常用于燃料油燃烧器的改进、金属粉末的产生等。高频（0.8 ~ 5MHz）应用装置产生液滴的直径为 1 ~ 5μm，可用于医疗等方面。采用磁致伸缩换能器可直接在其辐射面形成雾滴，但要求功率大，因此一般在换能器辐射端再加一个变幅杆，以放大位移振幅，使其易于产生雾滴。高超声频（兆赫级）雾化装置—超声加湿器装置的振动频率为兆赫级，工作时，在液体中辐射强超声而使液面产生喷泉雾化。厚度1.2mm、直径20mm 的压电换能器在水中辐射频率约17MHz 的强超声，通过薄透声

膜辐射到溶液中而在液面产生喷泉雾化，雾化量约 0.4L/h，这就是超声加湿器的典型结构，多孔板超声雾化器的特点是雾化量大，雾滴均匀而耗电量很小。

流体动力型超声发生器进行雾化的装置原理，是由高压气流激发而直接产生超声，其频率主要由共振腔的几何尺寸决定。由于这种气哨的雾化效率随着频率的增高而减小，因此，一般工作在较低的超声频率上。为了避免噪声，工作频率仅在可听声之上。雾滴大小是液流速率、压力、喷嘴大小和共振腔的位置的函数，所以，恰当地设计喷嘴可以对许多液体进行雾化。雾滴的直径从几微米到数百微米，液体流过率可达 1.5kg/s。

非接触式超声雾化器常见的有两种，一种是通过变幅杆辐射约 170dB 左右的强超声，在谐振腔的喷口处直接形成雾化；另一种是利用振动板的弯曲振动来实现超声雾化，常被用来制备金属粉末。

在实际应用中，有时需要不同大小的雾滴。雾滴的大小可以由专门的装置进行调节与控制。

6. 超声凝聚

当超声通过有悬浮粒子的流体媒质时，悬浮粒子开始与媒质一起振动，但二者的振幅和相位都不相同。由于大小不同的粒子具有不同的相对振动速度，粒子将会相互碰撞、粘合，体积和重量都变大。继而由于粒子变大不能跟随声振动运动，而是做无规则运动，继续碰撞、粘合、变大，最后沉降下来，这就是超声凝聚的大体过程。

超声凝聚主要取决于粒子间的相对运动。另外，在声场中还存在一些促使粒子互相靠近的恒定力，例如声辐射力、斯托克斯粘滞力，使粒子向声源移动；由于大振幅畸变引起的澳星（Oseen）力以及使两粒子间相互吸引的伯努利（Bernull）力等都会促进粒子的靠近和碰撞。

影响超声凝聚的主要参量有超声功率、位移振幅、频率和作用时间等，下面分别进行讨论。

（1）位移振幅 位移振幅与凝聚中粒子沉降时间、凝聚颗粒大小成正比关系。即位移振幅越大，凝聚过程越快，凝聚成的颗粒越大，见表 2-10。表中 M_0 为粒子的原始质量，M 为超声照射后粒子的质量，超声照射时间为 1min。

表 2-10　凝聚过程与位移振幅的关系

辐射器位移振幅/μm	粒子下降 1mm 的时间/s	粒子半径/mm	质量比 M/M_0
0	2	1.8	—
9	1.3	2.3	2.1
18	0.56	3.7	8.7
36	0.4	4.3	13.6
54	0.06	10.5	20.0

（2）振动频率　凝聚过程中，如果频率过低，粒子就会完全跟着介质振动，无法沉降而凝聚；如果频率过高，粒子的振幅就会减小，导致凝聚粒子半径变小，沉降时间加长，影响凝聚效率。对于存在于气体或者是液体中的非均质悬浮粒子，都有一个最佳振动频率值，使粒子具有更多的碰撞机会，得到较好的凝聚效果。这一最佳值一般是由实验确定。

（3）时间因素　超声凝聚与超声作用的时间有关，其他条件不变，作用时间越长，粒子沉降速度越快，质量比越大。

（4）超声功率　凝聚与超声功率有很大关系，其他因素相同，高声强作用可在较短的时间取得较好的凝聚效果，低声强则需要较长时间才能得到相同的效果。

此外，超声凝聚还与粒子的大小、性质和浓度有关。凝聚速度大致与粒子的浓度成正比。在实际中，浓度太小时，人们往往加进其他粒子如尘埃作为凝聚核。对于某些气体悬浮粒子来说，加进水雾滴可以提高超声凝聚的效果。

现实中，很多时候要将气体内悬浮的固体微粒、液滴去除，这用一般方法很难做到。利用超声凝聚作用可以将悬浮于气体中 99% 的微粒或雾滴沉降下来，这在工业上有很大的实用价值。例如，可以回收一些很有价值的材料，在食品工业中可以用来去除食品或饮料中的悬浮粒子，或使乳化液破乳等。

在工业应用中，常遇到含有不同大小的悬浮粒子的介质。要有效地将各种大小的粒子沉降析出，可以在介质运动的路径中安装多个不同频率的超声振动装置，使大小不同的粒子都能被沉降下来。

7. 超声除气

在超声振动的作用下，溶于液体中的气体形成空化泡，这些微小气泡在声波的低压区释放出来，与附近的其他气泡合并变成较大的气泡。这些气泡将移动到搅动小的区域，在那里再产生合并，生长并聚合成更大的气泡。当这些气泡达到一定大小后即上升到液体表面。这就是超声除气的作用机理。

相对于一般的除气方法，超声除气处理时所需功率较小，对粘度低的液体处理效果较好。该工艺具有成本低、功效高、方便易行的特点。

超声除气常被用来清除液态玻璃中的气体。把熔化的玻璃温度维持在 1350℃，然后在冷却时用超声辐射 30min 即可达到除气的目的。此方法已用于制造结构完全均匀的光学玻璃的工艺过程中。

超声除气被用在化工和其他一些行业中，对各种粘度不同的液体进行除气处理。在除气过程中，不会引起溶液的物理或化学性质的变化，是比较理想的除气方法，超声除气在感光化工中的应用就是一个很好的例子。感光材料的彩色乳剂及保持膜（明胶）都是粘性大、易产生气泡的溶液。溶液中如有气泡存在，底片上就会出现一个没有涂上乳剂的白点，胶片拍成电影映在银幕上时，图像要放大 240 倍，一个针尖大小的白点都会对胶片质量造成很大的影响。采用超声除气工艺在彩色涂片流水线中对流动着的乳剂进行除气处理，取得了很好的效果，既保证无气泡，又不影响底片的照相性能，并且提高了工效，节约了能源等成本。

超声除气可以用于对熔融金属、液态玻璃等除气，以减少其在凝固过程中形成的孔隙。

8. 超声加速过滤

超声加速过滤指在待过滤的液体中引入强超声，能够提高液体通过多孔滤网的效率。

在待滤液体中引入强超声，液体中质点运动被加速，滤网因超声的作用也产生振动，这种振动使被过滤的液体中的分子团比较难于粘连在网孔边沿上，从而减少膜上的沉积物，减轻了阻塞，达到提高过滤效率的目的。其装置原理如图 2-54 所示。

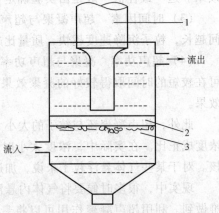

图 2-54　超声加速过滤装置
1—变幅杆　2—过滤膜　3—沉积物

用超声振动增加过滤速度，减少过滤器的清洗次数，设备简单，运行可靠，效率高。有人曾研究过孔径几微米到 100μm 的烧结铜、不锈钢过滤器，都能加快过滤速度。

人们在过滤很多污油等液体时，常用超声振动装置来加速过滤速度。如过滤脏马达油和煤油悬浮液时，加以超声振动能大大提高过滤速度。

9. 超声振动筛

超声振动筛指筛分各种细小固体颗粒物的振动筛作业过程中同时进行超声振动的设备系统。

用振动筛分选细小固体颗粒物是工业上常用的一种工艺。这种工艺的缺点是扬尘大，且筛网的网孔常被堵塞而大大降低分筛效率，尤其筛分微细粉状物料时问题更加突出。超声振动筛有效地克服了这一缺点。

超声振动筛是在原有振动筛网的中心引入一个超声振动源。超声振动系统由超声频电源、换能器、变幅杆和控制系统组成，该系统将超声振动传递给筛网的经纬线，使筛网进行低幅高频机械振动。这种高频低幅振动使超微细粉粒接受巨大的超声加速度，从而抑制粘附、摩擦、平降、楔入等堵网因素，提高筛分效率和清网效率。

超声筛分不产生对粉体的污染；保持网格尺寸或不产生清网时间；筛分精度稳定；改善低密度粉粒在重力沉降中的平降、滑移效应，改善高密度金属在网口的滞留或楔入，改善带静电粉体的粘附效应，从而提高筛分效率和筛分质量；设备投资较小。

超声振动筛的应用非常广泛。目前市场上现有的筛分机，绝大多数是采用纯机械振动方式，利用重力势能或施加弹力、冲击力来实现颗粒直径不同的物料分离作业。随着市场的发展，对各种粉状物料的细度、精度要求越来越高，纯机械振动方式很难实现微细物料的筛分，并且在筛分过程中容易引起细小粉尘飞扬，作业环境污染严重。超声振动筛的应用受到越来越广泛的重视。目前我国的超声振动筛的设备研制和普及都有比较大的差距。

超声振动筛的超声设备一般分为两类，一类为固定式，另一类为手持式。

固定式超声振动筛将超声振动系统固定在传统的振动筛上而组合成超声振动筛，换能器与变幅杆被紧密接触地固定在振动筛网上。为了使筛网的振动均匀一致，一般将其固定在各层筛网的中心。这种设备的特点是作业过程稳定性强，不足之处是振动筛与超声振动系统为一体，每台振动筛必须配备固定的超声振动系统。

手持式超声振动筛与固定式设备的原理及构成基本是一样的，不同之处是它的振动头不是固定在筛网上，超声振动系统与振动筛是分离的，操作者可以手持振动头对多台设备进行定时处理。

这种设备的特点是可以一个系统兼顾多台振动筛，减小设备投资。

北京市电加工研究所研制的固定式和手持式高效强力超声振动筛的超声设备系统，经过实际验证，具有高效率、高可靠性的特点。图 2-55 是该设备超声振动系统的外观照片。

图 2-55　DMT-CS200 超声振动系统

10. 超声陈化

酒的陈化时间一般长达几年乃至十几年，用超声处理可以大大缩短陈化时间。对一般酒类，用超声处理 10min 相当于缩短一年的陈化时间。生产啤酒时用超声处理还能节约原料，如在 50℃时用 175kHz 的超声处理 30min，酒花的用量可节省三分之一。用超声处理合成香料能缩短生产周期。

11. 超声疲劳试验

金属材料在重复或交变载荷的作用下，会由于疲劳而破坏。金属材料承受重复或交变载荷而不被破坏的能力，称为该材料的疲劳强度或耐疲劳强度。金属材料的疲劳强度不仅与材料的性质有关，而且与许多工艺因素、结构和使用因素有关。材料的疲劳强度都是通过试验来确定的。利用超声测定材料疲劳强度的试验就是超声疲劳试验。

在超声振动的作用下，试件内产生与激发力频率相同的谐振，此时，在试件中就会激起变化速率与外激力相等的交变应力。改变超声振动的振幅就可改变试件振动的振幅，从而可以计算出试件中最大的应力水平。因此，可以像常规疲劳试验机一样进行测试，画出疲劳曲线，定出疲劳强度。

材料的疲劳强度是以使用应力范围内材料损坏前所承受的振动次数来表示的。例如：说某种材料有 10^x 次的疲劳强度，就是说该材料可以经受 10^x 次振动的考验，或者说该材料的寿命为 10^x 次。

常规的疲劳试验是在专用的试验机上进行的，其频率一般在 $25 \sim 200\mathrm{Hz}$ 的范围内。因此，要确定疲劳强度需要很长的时间，而且试验成本较高。如果超声的频率是 $20\mathrm{kHz}$，则其试验速度比用 $50\mathrm{Hz}$ 频率做试验要快 400 倍，这是超声疲劳试验最突出的特点。

近年来，金属材料在高速或高频振动状态下使用的数量日益增多，而低速状态下试验的结果往往不能正确反映高速或高频状态下的实际情况。用超声振动进行疲劳试验，可以在很短的时间内确定出高速振动状态下材料的疲劳强度，这是超声疲劳试验的另一个突出特点。

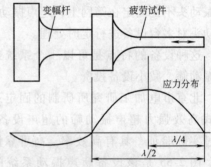

图 2-56 是一个超声疲劳试验装置示意图，它包括三个半波部件、换能器、变幅杆与疲劳试件。在图中同时给出了整个系统中速度与应变力的变化。在试件的中部，应变力达到一个高峰，这也就是将发生疲劳断裂之处。当进行疲劳试验时，试件被激励至适当的应变级，并同时记录其所经历的破坏周期数。在适当应变范围内对一定数目的试件重复进行试验，用采集的数据就可以绘制出材料疲劳曲线。

图 2-56　超声疲劳试验装置示意图

超声疲劳试验的试件一般都要做成一定的形状，以使其固有频率与超振动系统的频率一致或接近而达到共振。假如试件本身也能有一定的应力放大则更为有利，因为这时所需的激励条件可以适当降低。

12. 声悬浮技术

声和超声悬浮是在 20 世纪 70 年代以后才迅速发展起来的新技术，指利用强驻波声场中的辐射压力，使悬浮物体稳定悬浮在声场中或在空中移动的技术，其原理如图 2-57 所示。活塞声源装在长圆管下部，在活塞辐射面的对面设置有反射器，在其间建立驻波声场，辐射面与反射面相距为半波长的整数倍。当声场中的辐射压力与物体的重力相对平衡时，物件即悬浮在空间。如果改变反射器的距离或振动器的频率，则可以移动物体在空间的位置。

三轴声悬浮装置可实现悬浮液滴的振荡，也可实现悬浮体的声致旋转。

超声悬浮技术有鲜明的特点，声悬浮技术可悬浮任何材料，包括磁性和非磁性体，导体和绝缘体；定位方便、稳定，不容易失控；可以方便地实现样品的输送，如从高温区输送到低温区；能使样品旋转、振动和变形，有利于样品保持球形、脱气、表面涂敷和材料的分选；利用空化效应，可以使材料混合破碎和雾化等。

声悬浮无容器技术是一种新的独特的材料加工技术，也是科学研究的新手

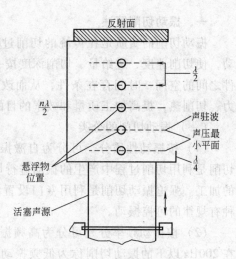

图 2-57　声悬浮装置原理图

段，在物理学、流体力学及生物学等领域都有广泛的应用。利用声悬浮技术可以实现一种无明显机械接触的理想实验环境，消除容器对所制备材料的污染，得到纯度很高的材料；有些材料的性质不能在容器中测量，如过冷和过热液体、过饱和溶液、高纯度或高活性物质等，其表面张力、粘度等在无容器条件下测量是合适的。此外，空化还兼有乳化作用，可使晶粒变细；用于材料的外形或表面加工，可以得到球、片和丝等形状的材料，可以进行表面涂敷等。

第六节　超声振动切削加工

在普通切削中，切削是靠刀具与工件之间的相对运动来完成的。由于切屑与刀具之间的挤压和摩擦作用，将不可避免地产生较大的切削力，较高的切削温度，使刀具磨损和产生切削振动等有害现象。为了改善切削状况，提高切削水平，许多学者从刀具、机床、冷却液等诸多方面入手，不同程度地改善了切削状态，使切削水平不断提高。但这些方法仅限于被动适应，并没有从本质上减小切削力和切削热。

随着科学技术的发展，在国防工业和民用工业的机械制造中，大量使用不锈钢、耐热钢、钛合金、高温合金等材料。这些材料具有良好的耐热性、耐蚀性、强度高、导热性差。加工硬化严重，加工性仅为普通材料的30% ~40%，因此，采用传统的切削方法进行加工，会给切削加工造成很大的困难，甚至无法加工。近年来人们把现代技术与传统切削工艺相结合，研究出了一些新的加工方法，其中振动切削是这些方法中具有代表性的加工方法之一。

一、振动切削概述

振动切削的实质是在传统的切削过程中给刀具或工件加上某种有规律的振动，使切削速度、进给量、切削深度按一定规律变化。振动切削改变了工具与工件之间的空间—时间存在条件，从而改变了加工（切削）机理，达到减小切削力、切削热，提高加工质量和效率的目的。

（一）振动切削的分类

（1）按振动性质分　可分为自激振动切削和强迫振动切削两种。自激振动切削是利用切削过程中产生的振动进行切削的。如柴油机缸套内孔的波纹形孔面的加工。强迫振动切削是利用专门设置的振动装置，使刀具（或工件）产生某种有规律的可控振动。

（2）按振动频率分　可分为高频振动切削和低频振动切削两种。振动频率在 200Hz 以下的振动切削称为低频振动切削。低频振动切削的振动主要靠机械装置来实现。而高频振动切削是指频率高于 16kHz 以上，是利用超声波原理实现的。所以又称超声振动切削。而频率在 10kHz 左右的振动是一种令人生厌的噪声，所以一般不采用。

（3）按刀具振动方向分　可分为吃刀抗力方向、进给抗力方向和主切削力方向的三种切削，如图 2-58 所示。

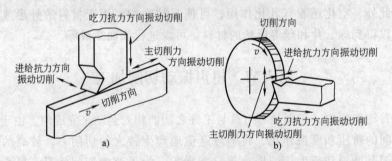

图 2-58　振动切削进给示意图

a）刨削时　b）车削时

在实际应用中，可根据加工要求选择振动频率和振动方向。一般应用时，主切削力方向的振动切削效果最好。而振动攻丝时，需要的是扭转振动。

（二）振动切削的工艺效果

（1）切削力小　振动切削时，切削速度的大小和方向产生周期性的变化，这种变化改变了整个工艺系统的受力情况。用切削速度 $v = 0.1\text{m/min}$，振动频率 $f = 20\text{kHz}$，振幅 $a = 15\mu\text{m}$，进行振动切削时，刀具在每一个振动周期内纯切削时间 t_c 非常短，只有 10^{-6}s。在 t_c 内，刀具沿切削方向的切长 $L_T = v/f = 8 \times 10^{-5}$ mm，可见超声振动切削是在一个极短时间内完成的微量切削过程。如在上述条件下刀具振动的最大速度和加速度分别为 1.84m/s 和 $2.4 \times 10^{-7} cm/s^2 \approx 2.4 \times 10^4 g$，这时被加工材料在局部微小体积内物理、力学性能发生重大变化。在振动影响下，摩擦因数大大降低，仅为普通切削的 1/10 左右，使超声振动切削力下降到普通切削的 1/2～1/10。用振动切削加工一宽 24mm，长 60mm 的键槽时，切削力由 60000N 降低到 10000N。因此，振动切削大幅度地降低了切削力。

（2）切削温度低　振动切削时，由于刀具和工件摩擦副的摩擦因数大幅度降低，且切削力与切削热都以脉冲形式出现，使切削热的平均值大幅度下降，切屑的平均温度仅为 40℃ 左右。这是普通切削不可想象的。由于振动切削的过程是一种分离型断续过程，切削热是以脉冲形式变化的，在极短的切屑形成过程中，热量来不及传递到更深的金属内部，所以切削温度的绝对值是比较低的。因此，它改善了切削条件，提高了加工质量和刀具的耐用度，同时消除了切削温度高所引起的一系列问题。

（3）表面质量好　振动切削破坏了产生切削瘤的条件，又由于切削力小，切削温度低，使加工表面的粗糙度和几何精度有大幅度改善。振动切削中，刀刃虽在振动，但在刀刃与工件接触并产生切屑的各个瞬时，刀刃所处的位置在切削过程中总是保持不变。由于工件也不随时间发生变动，从而为提高加工精度创造了条件。

超声振动切削 45 钢时，表面粗糙度从普通切削的 6.3μm 降低到 0.2μm。用金刚石刀具对淬硬钢进行端面切削时，其表面粗糙度可达 0.025μm。超声振动切削钛合金得到 0.1μm 的表面粗糙度。用各种几何形状的刀具以不同的切削参数对各种材料进行超声振动切削，所得表面粗糙度与理论计算值一致，这为准确控制表面粗糙度提供了可能。采用振动切削所达到的表面粗糙度可达到磨削甚至是研磨的水平。

还应指出，振动切削（尤其是超声振动切削）提高了工艺系统的刚度，明而地增强了切削过程中的动态稳定性，减轻或消除了普通切削时经常发生的振动现象，从而大大提高了加工精度和表面质量。

1）尺寸精度：在转速为 200r/min 的瑞士精密机床上，一次把 ϕ1mm 的不锈锈钢车成 ϕ0.5mm，加工时间相同，超声振动车削得到的工件平均偏差范围是 ϕ0.5mm + (0.002mm，-0.001mm)，而普通切削是 ϕ0.5mm(±0.008mm)。

2）形状精度和位置精度：振动刨削与普通刨削平行度误差见表 2-11。

表 2-11　振动刨削与普通刨削的平行度误差

工 件 材 料	平行度误差(μm/450mm)	
	振动刨削	普通刨削
硬铝	2	65
黄铜	2	22
碳钢	3	28
镍铬钢	3	63

其圆度误差的均值在 1.5μm 以内，淬硬钢在 2μm 以内。进一步试验表明，超声振动切削中的圆度误差，实际是机床主轴的回转精度误差引起的。因此，振动切削被认为是进行圆度误差、平面度误差等近似为零的精密切削的好方法。

3）表面的耐磨性、耐腐蚀性：振动切削时，在一个周期内的切削长度 L_T 是很小的。例如 $v = 0.1 \text{m/min}$，$f = 20 \text{kHz}$，$a = 15 \mu\text{m}$ 的参数振动切削时，$L_T = 0.08 \mu\text{m}$，即在 1mm 宽内有上万条刀痕。刀具是按正弦规律振动的，在加工表面形成的细小刀痕如同二次再加工时形成的花格网状花纹。它使工件工作时形成较强的油膜，对提高滑动面耐腐性有重要作用。同样耐腐蚀性也较强。

（三）关于振动切削机理的主要观点

对于振动切削的工艺效果，因为它是客观存在的，所以各国学者都公认。但产生这些效果的原因，目前还没有一种公认的看法。各种关于振动切削机理的观点或理论都是根据各自的试验所发现的现象以及所得到的工艺效果分析而得。这些观点虽然还有待于完善和统一，但是却能给我们描绘出一个关于振动切削机理的大概轮廓。

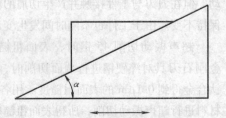

图 2-59 实验法测摩擦因数模型

1. 摩擦因数降低理论

大多数学者都认为，振动可以降低互相接触材料之间的摩擦因数。采用如图 2-59 的试验方法。

在一个金属斜面上放一个滑块，选择适当的 α 角使滑块不下滑（处于平衡位置）。一旦使其振动，不论是哪个方向的振动，滑块即刻下滑。

关于摩擦因数降低的原因，主要有以下三种观点：

1）超声振动能使互相接触材料的动、静摩擦因数降低。在超声振动的影响下，高速钢试件在铝、碳素钢、黄铜表面滑动的摩擦因数由 0.2 ~ 0.3 降低到 0.02 ~ 0.03。

2）摩擦因数降低的原因是由于冷却液充分发挥作用的结果。普通切削中，切屑在前刀面上的运动阻力来源于被切金属在切削刃附近区域的粘贴和在接触保持面上的滑动。振动切削中，刀具与切屑脱离时，切削液贮存在刀具与切屑下表面之间，充当润滑液，在刀具与切屑再次接触以及它们分离之前防止生成粘结区。切削初期，刀刃顶端与工件接触并生成微小粘结区，这个粘结区随切削时间增加而增大。如果切削继续下去，这个区域将长大到普通切削的程度。但在振动切削中，刀具切过一个微小长度之后，刀具即与切屑脱离而使粘结破坏，表面重新得到润滑。因此，振动切削的作用是在刀具脱离切屑的瞬间，利用切削液防止粘结区的形成。

3) 在前刀面上生成氧化层从而降低了摩擦因数。这种观点认为：刀具在脱离切屑的瞬间即形成了极薄的一层氧化层。这层氧化层减少了刀具与切屑之间的摩擦，而在氧化层未完全磨损以前，刀具由于振动的原因已离开工件，又生成新的氧化层。持这种观点的人认为：降低振动频率、增加切屑长度 L_T，都会使振动切削的效果变差。

2. 剪切角增大理论

根据切削理论，剪切角的大小决定着金属变形范围的大小和变形程度的大小，也影响切削力的大小。振动切削时，刀具冲击材料产生的裂纹大于切削长度，使实际的剪切角增大。日本的村中利用超声振动对铝件进行切削试验。按他们的计算，刀具及变幅杆节点以下质量为 230g，振动时刀具接触工件时的速度约为 55m/min，其具有的动能为 0.1075J。铝的冲击值为 0.126MPa，由此计算得出因冲击引起的断裂面积约为 0.85mm²，即切削宽度为 1mm 时，破裂深度应为 0.85mm，而刀具每周期的切屑长度 L_T，仅为 0.29。可见由于振动系统和刀具冲击动能引起的工件材料断裂深度比刀具每周期的切削长度更大，故在刀具前方产生裂纹，形成偏角 η，η 因材质和冲击值而异。这样，实际剪切角 ϕ 是普通切削剪切角 ϕ' 与角 η 之和，如图 2-60 所示。因剪切面变短，塑性变形力显著减少。切削力变化是剪切角变化和切屑与前刀面摩擦变化的总和，而这两个因素，剪切角的变化对切削力的改变起主要作用。

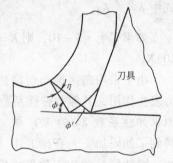

图 2-60　剪切角变化模型

3. 工件的刚性化理论

这一理论通过数学模型描述等效工件系统对振动力的稳态响应，说明振动切削时使加工过程趋于稳定，即形成系统的"刚性化"。根据这种观点，把二维切削过程简化成图 2-61 的模型，讨论各种切削力的稳态响应。现以在切削速度方向的振动切削为例介绍如下。工件受到切削力 F_1 和 F_2 的作用，其主切削力 F_2 (t) 分别为静力（图a），波动力（b图）和脉冲力（图c）三种工件系统的稳态响应。当主切削力是静力 F_2 时，稳态响应为静变形

$$x_2 \approx x_{xt} = F_2/K_2$$

如图 2-61b 右图所示。当主切削力是静力 F_2 迭加上交变作用力 $F_2\sin\omega t$，且 $\omega > \omega_0$（其中 ω_0 是系统的固有频率）时，则系统的稳态响应为

$$x_2 \approx x_{xt} = F_2/K_2$$

如图 2-61b 右图所示。当主切削力是 F_2 的脉冲力（超声振动切削时），且 $\omega \geqslant \omega_0$ 时，可以推导出其稳态响应为

$$x_s \approx \frac{t_c}{T}\frac{F_2}{K_2} \qquad (2\text{-}83)$$

如图 2-61c 右图所示，即

$$x_3 \approx \frac{F_2}{\dfrac{T}{t_c}K_2} = \frac{F_2}{K} \qquad (2\text{-}84)$$

式中 $K = \dfrac{T}{t_c}K_2$

如果 $T/t_c = 3 \sim 10$，则 $K = (3 \sim 10)K_2$。

由于采用超声振动切削使脉冲力发生作用，其等效弹性系数 K 是原来弹性系数 K_2 的 T/t_c 倍。因此得到了如同加工大直径工件（直径大，刚性好）的加工效果。根据同样道理，可以得到镗杆的刚性化效果以及铰刀、钻头的刚性化效果。

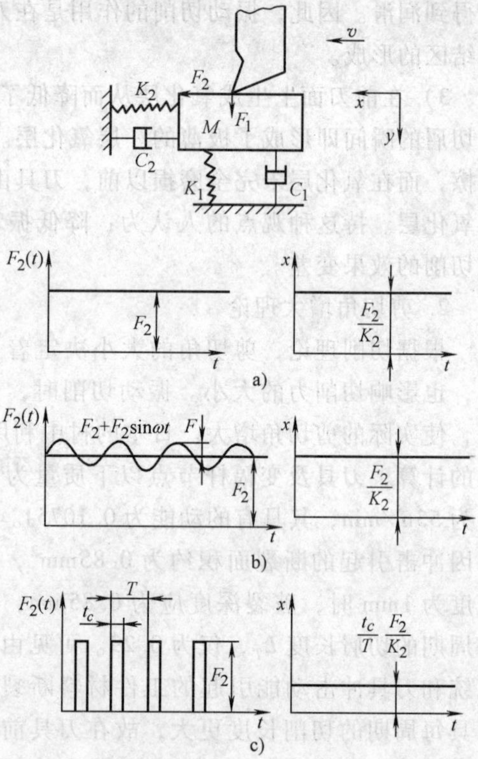

图 2-61

K—等效弹性模量　C—等率阻尼系数　M—质量　ω—角频率　t—时间　F—切削力　t_c—在一振动周期内的纯切削时间　T—周期

4. 应力和传递能量集中的观点

日本和前苏联学者认为超声振动使切削力集中在刀刃局部很小范围内，被切工件材料受力范围很小，这样，材料原始晶格结构变化小，因此可以得到与母材近似的金相组织和物理特性。前苏联学者认为：刀具对被加工材料的冲击作用使变形过程发生很大变化。他们分析：当刀具对零件材料产生动力影响时，应力集中范围比一般切削时小，因而变形分布也就小。部分前苏联学者认为刀具的冲击特性引起刀刃前方材料疲劳特性的强化作用，这种强化作用提高了振动切削的效果。还有部分学者认为刀具的冲击特性使刀刃前方材料产生滑移运动或局部温升，使局部材料软化从而增强了刀具的切削能力。由此可见，刀具冲击式切削使应力和能量集中这一观点，得到了部分学者的注意和肯定。

5. 切削速度对切削发生影响的观点

持这种观点的研究人员有以下三种说法：

1）振动切削实际上是提高了切削速度。切削速度的提高有助于塑性金属趋向脆性状态及减小塑性变形，从而改善切削状态。

2）因超声振动切削硬化层较浅，切削时，刀具切入未经硬化（或轻微硬化）的金属层内，所以在一个振动周期内可产生的平均接触压力比普通切削小，故有降低切削力、切削温度的效果。

3）英国学者认为每一种材料都存在一个硬化范围，在这个范围内由于切削变形状态良好而得到最大的切削效率，这是超声振动钻孔效率高的原因。在超声振动钻削中，因为钻头冲击引起金属加工硬化，正好在钻头的切削作用之前满足了上述条件，所以效果十分明显。

6. 相对净切削时间观点

日本学者认为：超声振动切削时，其相对净切削时间 $t_c/T \approx 1/3$，即在每个振动周期内仅有约 1/3 的时间在切削（大部分时间刀具与工件分离），而振动切削的切削力又小，因而被测出的切削力的平均值就小。切削热也有相似的情况。

前苏联学者从动态切削理论和冲量平衡理论进行推导，证明由于净切削时间短，使振动切削的切削力减小。这种观点的另一种说法是，振动切削把短时间切削与提高切削速度结合起来，因而不存在普通高速切削中刀具耐用度低的问题。

（四）振动切削过程的特点

众所周知，切削加工时，工件材料塑性变形的过程，已加工表层的变形大小以及刀具的磨损程度等，都与切削过程中刀具与工件接触表面相互作用的条件有关，亦即与它们所处的时间和空间条件有关。

当给工艺系统加上振动（包括超声振动）以后，其刀具与工件各接触表面的相互作用条件都与普通切削有很大区别。小振幅的高频振动切削虽然对工件表面尺寸和形状不会有什么影响，但却使刀具摩擦和磨损条件产生很大变化，使刀具与工件的接触表面产生附加的往复运动，从而造成刀具前后面摩擦力（向量）发生周期性的变化，因此能减小切屑流出的阻力，使切屑能在更有利的条件下形成。

在难加工材料的切削中，刀具的工作表面经常出现"滞流层"，产生一种特殊的静摩擦。如果给刀具加上超声振动，就会产生动摩擦并且以动摩擦代替静摩擦，从而使摩擦力大大降低，这对切削加工十分有利。

如前所述，振动切削按所加频率不同可分为高频振动与低频振动。低频振动仅仅从量上改变切屑的形成条件，生产应用中主要用来解决断屑问题以及与此相关的一系列问题。而超声振动切削（高频振动）已经使切屑形成机理产生重大变化，因而主要用来改变被加工材料的可加工性，提高刀具寿命及工件的加工质量等。因此，我们将着重分析超声振动切削对切削过程的影响。

72

超声振动切削对切削过程的影响可大致归纳成下列几个方面：

1）周期性地改变了实际切削速度的大小和方向。

2）周期性地改变了刀具运动角度，包括前角、后角、刃倾角等。

3）周期性地改变了被切金属层的厚度。

4）改变了所加载荷的性质，使刀具由静载荷变为动载荷。

5）改变了已加工表面的形成条件，从而改善了表面质量，提高了加工精度。

6）改善了切削液到达切削区的条件。

7）改变了刀具工作表面的接触条件，减小了切屑形成区的变形，降低了切削力。

8）改变了工艺系统的动态稳定性，从而得到振动切削特有的切削效果——振动切削的消振效果。

9）改变了消耗在切削过程中的功率 P，使能量分布发生了变化：

$$P_{总} = P_{机床} + P_{振动}$$

由于机床功率 $P_{机床}$ 可以大大减小，所以总的功率 $P_{总}$ 也相应降低。

1. 振动切削时刀具角度的变化

如前所述，振动切削按刀具振动方向的不同可分为走刀抗力方向的振动切削（轴向振动切削）、吃刀抗力方向的振动切削（径向振动切削）和主切削力方向的振动切削（切向振动切削）三种基本形式。

普通切削时，因走刀速度与工件圆周线速度相比低很多，可以认为切削速度即等于刀具或工件的圆周速度。为了便于分析，在振动切削的情况下也只考虑两种速度——振动速度和工件圆周速度的影响。

在不考虑走刀的影响时，振动切削刀具运动的合成速度 $\bar{V}$ 是工件圆周线速度 $\bar{v}$ 与刀具运动速度的合成，即

$$\bar{v} = \bar{v} + \bar{v}(t) = \bar{v} + a\omega\cos(\omega t + \varphi_0)$$

(2-85)

可见，振动切削时，其实际切削速度的大小和方向都在随时间改变，如图 2-62 所示。

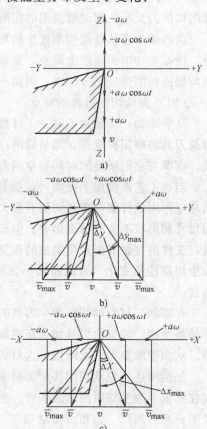

图 2-62 振动切削时实际切削角度的变化
a) 切向振动 b) 径向振动 c) 轴向振动

切向振动切削时，可以认为速度$\bar{v}$、$\bar{v}(t)$与向量合成速度$\bar{v}$是一致的，如图2-62a 所示，即

$$\overline{V} = \bar{v} \pm a\omega\cos(\omega t + \varphi_0)$$

$$\overline{V}_{\max} = \bar{v} + a\omega \qquad (2\text{-}86)$$

$$\overline{V}_{\min} = \bar{v} - a\omega$$

在一个周期内，半周是$\overline{V} > \bar{v}$，另半周是$\bar{v} < \bar{v}$。

在径向、轴向的振动切削时，合成速度$\overline{V}$的方向也是周期性变化的，如图2-62b、c所示。

$$\overline{V} = \sqrt{v^2 + a^2\omega^2\cos^2(\omega t + \varphi_0)} \qquad (2\text{-}87)$$

其中最大速度

$$\overline{V}_{\max} = \sqrt{v^2 + a^2\omega^2} \qquad (2\text{-}88)$$

当振动速度为平均速度时，相应的切削速度为：

$$\overline{V}_{\text{mean}} = \sqrt{v^2 + \frac{4}{\pi^2}a^2\omega^2} \qquad (2\text{-}89)$$

实际切削速度的最小值即为工件的圆周速度，即

$$\overline{V}_{\min} = \bar{v} \qquad (2\text{-}90)$$

$$v = \frac{v(t)}{V} \qquad (2\text{-}91)$$

为了更直观地估价超声振动对切削过程的影响，引入一个无量纲的量——速度系数，即随时将变化的振动速度$v(t)$对圆周平均速度的比n：

$$n = \frac{v(t)}{\bar{v}}$$

其中$v(t) = a\omega\cos(\omega t + \varphi_0)$ 和振动速度$v(t)_{\max}$、平均速度$v(t)_{\text{mean}}$相对应的v值分别为$v_{\max} = \dfrac{a\omega}{\bar{v}}$；$v_{\text{mean}} = \dfrac{2}{\pi}v_{\max}$。

对于上述三种振动形式，实际切削速度$v_{\max}$、$v_{\min}$以及v_{mean}的大小如表2-12所示。普通切削时，即不加振动（$a=0$）时，认为$v=0$，$\bar{v}=\bar{v}$。

表 2-12　三种振动切削形式中实际切削速度与速度系数的关系

实际切削速度	振 动 方 向		
	切向(Z 向)振动切削	径向(Y 向)振动切削	轴向(X 向)振动切削
$\bar{v}$	$\bar{v}(1 + v)$	$\bar{v}\sqrt{1 + v^2}$	$\bar{v}\sqrt{1 + v^2}$
$\bar{v}_{\max}$	$\bar{v}(1 + v_{\max})$	$\bar{v}\sqrt{1 + v_{\max}^2}$	$\bar{v}\sqrt{1 + v_{\max}^2}$
$\bar{v}_{\min}$	$\bar{v}(1 - v_{\max})$	v	v
$\bar{v}_{\text{mean}}$	$\bar{v}(1 + \dfrac{2}{\pi}v_{\max})$	$\bar{v}\sqrt{1 + \dfrac{4}{\pi^2}v_{\max}^2}$	$\bar{v}\sqrt{1 + \dfrac{4}{\pi^2}v_{\max}^2}$

由表 2-12 可见，切向振动切削的实际切削速度 v 的变化和 $1+v$ 成正比，而其他两种情况下的实际切削速度和 $\sqrt{1+v}$ 成正比，即在切向振动切削时，切削速度变化的影响是主要的。

径向振动切削时，刀具工作后角的变化如图 2-62b 所示。由于在切削过程中，刀刃会受到直接的冲击，刀尖和副刀刃将很快磨损甚至崩刃。因此，在超声振动切削时，径向振动切削除在个别情况外不推荐采用。但在径向振动切削中，刀具实际工作角度会产生急剧的变化，这对降低前刀面上的摩擦力，改善切屑形成条件将起到重要作用。从这个意义上讲，着重讨论一下振动切削时刀具实际工作角度的变化，对进一步理解所加振动对切削过程的影响还是很必要的。

如图 2-62b 所示，径向振动切削时工作后角 Δy 的大小可由下式计算：

$$\cos\Delta y = \frac{1}{\sqrt{1+v^2}} \tag{2-92}$$

式中 $\quad v = \dfrac{v(t)}{v} = \dfrac{a\omega\cos\omega t}{v}$

当 $V \to V_{max}$ 时，$\Delta y \to \Delta y_{max}$ 即

$$\cos\Delta y_{max} = \frac{1}{\sqrt{1+v_{max}^2}}$$

而 Δy 的最小值等于 0，即 $\Delta y_{min} = 0$。由于实际切削速度 V 相对于 v 产生周期的变化。因此刀具的实际加工后角和前角分别为

$$\alpha_k = \alpha_0 \pm \Delta\alpha_y \tag{2-93}$$
$$\gamma_k = \gamma_0 \pm \gamma_y \tag{2-94}$$
$$\tan\Delta\alpha_y = \tan\Delta y\cos\varphi \tag{2-95}$$
$$\tan\Delta\gamma_y = (\tan\Delta y \pm \tan\lambda\cos\varphi)/\cos\varphi \tag{2-96}$$

（$\lambda > 0$ 时式中取"＋"号，$\lambda < 0$ 时式中取"－"号）

式中　α——后角；

　　　γ——前角；

　　　λ——刃倾角。

在三种振动切削形式中，前后角的变化如表 2-13 所示。

表 2-13　振动切削时前后角的变化

前后角的变化	振动方向		
	切向(z 向)振动切削	径向(y 向)振动切削	轴向(x 向)振动切削
$\Delta\alpha$	$\Delta\alpha_z = 0$	$\arctan(v\cos\varphi)$	$\arctan(v\sin\varphi)$
$\Delta\gamma$	$\Delta\gamma_z = 0$	$\arctan\left(\dfrac{v}{\cos\varphi} \pm \tan\lambda\right)$	$\arctan\left(\dfrac{v}{\sin\varphi} \pm \tan\lambda\right)$
$\Delta\alpha_{max}$	$\Delta\alpha_{max} = 0$	$\arctan(v_{max}\cos\varphi)$	$\arctan(v_{max}\sin\varphi)$
$\Delta\gamma_{max}$	$\Delta\gamma_{max} = 0$	$\arctan\left(\dfrac{v_{max}}{\cos\varphi} \pm \tan\lambda\right)$	$\arctan\left(\dfrac{v_{max}}{\sin\varphi} \pm \tan\lambda\right)$

显而易见，当振幅越大，圆周速度越小，则所加振动对 $\Delta\alpha$、$\Delta\gamma$ 的影响就越大。

在刀具作轴向和径向振动时，由于实际切削速度方向周期性变化，将引起主切削刃刃倾角发生周期性变化（λ_k）。当所加的是径向振动时，λ 的变化可用下式表示，即

$$\lambda_k = \frac{v\cos\lambda}{1 + v\sin\lambda} \tag{2-97}$$

径向振动切削时，振幅对动态刃倾角平均值的影响如图 2-63 所示。$\lambda_{k\text{mean}}$（平均）可按下式计算：

$$\lambda_{k\text{mean}} = \arctan\left(\frac{v_{\text{mean}}\cos\lambda}{1 + v_{\text{mean}}\sin\lambda}\right) \tag{2-98}$$

图中曲线是据 $f = 15\text{kHz}$，圆周速度 $v = 10\text{m/min}$ 计算的。由图可见径向振动切削对 $\lambda_{k\text{mean}}$ 的巨大影响。例如，当 $\lambda = 0°$、$a = 2\mu\text{m}$ 时，λ_k 的变化在 $+36° \sim 36°$ 之间。若按最大振动速度计算，λ_k 的变化就更大了，如图 2-63 中虚线所示。若 $\lambda = -30°$、$a > 5.56\mu\text{m}$ 时，λ_k 的变化就超过 90°，而当 $a = 15\mu\text{m}$ 时，λ_k 竟达 110°。

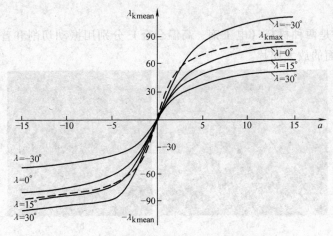

图 2-63　径向振动切削对动态刃倾角的影响

依上所述，振动切削时，由于切削角的周期性大幅度变化，会在切削过程中产生一种使刀刃锋利化的效果，即同样的切削刃，在振动的影响下显得更加锋利了。这种锋利化效果改善了切削条件，产生了振动切削所特有的一些现象和效果。例如，用前角为 -30°的车刀普通车削铝时（切深 0.3mm、速度 15m/min），得到的是变形严重的挤裂切屑。当给该车刀以 $f = 20.3\text{kHz}$、振幅 $a = 16.5\mu\text{m}$ 的轴向振动时，由于锋利化效果，得到连续带状的切屑。反复试验证明，一加振动

就形成带状切屑，振动一停立即变成挤裂切屑。
这充分说明所加超声振动对切屑形成过程有着巨
大影响。

　　试验表明，即使在低频（100Hz）振动切削
的情况下，也可以看到上述现象。例如，在轴向
振动钻纯铜时（$f=100\text{Hz}$，$a=0.12\text{mm}$），能使切
削力大大降低，得到变形很小的针状单元切屑
（如图2-64下方所示），从而异常顺利地解决了深
孔钻纯铜时的断屑排屑问题，实现了自动走刀，
获得十分光滑的内孔表面（$R_a0.4\mu\text{m}$ ～
$R_a0.8\mu\text{m}$）。试验中一停止振动，立刻形成变形很

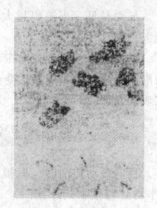

图2-64　切屑

大的挤裂切屑（图2-64上方所示），很快堵塞钻头上的排屑槽，刀刃上也残留
十分严重的刀痕，刀杆的振动十分明显，无法实现自动走刀。

　　2. 振动切削运动过程中的消振现象

　　不论是在高频振动切削还是低频振动切削过程中，普遍存在一个重要的现
象，即在振动切削过程中，对原工艺系统不采取任何其他的消振措施，只要振动
参数选择合适，就能有效地消除和减轻工艺系统的振动，从而获得稳定切削的良
好工艺效果。

　　图2-65是两种材料（电工钢、高温合金）分别用振动切削和普通切削加工
的已加工表面的放大照片。

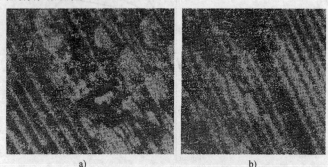

a)　　　　　　　　　　　　　　b)

图2-65　用不同方式加工的工件表面形状对比

a）电工钢　　b）高温合金

　　照片的右上部用普通切削加工，左下部用振动切削加工。普通切削时（图
中右上部分），因自激振动的影响，在已加工表面留下波高 h_b 为 2～22μm、波
长 l_B 为 0.3～1.1mm 的波痕，其振动频率 $f_工$ 是 40～166Hz。这里的振动频率是
按下式计算的：

$$f_工 = 1000v/60l_B$$

由图 2-65 可知，由于在普通切削过程中产生振动，使已加工表面质量大大降低。而在切削过程中加上强迫振动后，可以明显地消除切削振动（图 2-65 左下部分）。

超声振动车削时的这种消振现象，在其他加工过程中也可以得到。例如，以进给量 $s = 0.28\mathrm{mm/r}$、$v = 19.5\mathrm{m/min}$ 的切削条件在 1Cr18Ni9Ti 上超声振动钻削 $\phi 6.5\mathrm{mm}$ 孔时，可以完全消除钻削过程中的切削振动，保证钻削过程顺利进行。

试验证明，即使在 $50 \sim 100\mathrm{Hz}$ 低频振动钻削时，也同样会产生上述振动切削的效果，而且频率越高，效果越好。也就是说，在振动切削的条件下，合理地选择振动参数（特别是频率比 f_n/f，f——振动切削的振动频率；f_n——工件的固有频率），可以明显地提高切削过程的动态稳定性。

搞清振动切削消振效果的原因，对正确选择振动参数有很重要的实际意义，同时也为合理选择振动参数提供理论依据。这里，我们着重介绍日本隈部淳一郎教授所提出的两种振动切削机理——瞬时零位振动切削机理和不敏感性振动切削机理。

（1）瞬时零位振动切削机理 这是指车刀的振动频率 f 小于工件的固有频率时的情形，即 $f < f_n$，如图 2-66 所示。例如车刀所加的振动频率 $f = 100\mathrm{Hz}$、振幅 $a = 0.2\mathrm{mm}$，工件在水平方向的固有频率 $f_n = 275\mathrm{Hz}$，水平方向的弹性系数 $k = 4.55\mathrm{kN/mm}$，阻尼比 $v = 0.05$ 情况下，在一个振动周期内 $t_c/T = 1/7$（t_c——刀具在一个周期内的纯切削时间；T——刀具振动的周期），切削力 $P_t = 9.81\mathrm{N}$ 的切削条件下进行振动切削时，根据理论计算，工件的动态位移如图 2-66 中的位移波形所示。在纯切削时间 t_c 内，工件在 $x = 0$ 的位移点附近摆动：向着车刀的那一侧的瞬时位移（$-x$ 方向）是 $3\mu\mathrm{m}$ 左右，而在离开车刀的那一侧（$+x$ 方向）是 $5\mu\mathrm{m}$，这时，车刀形成离开工件的动位移。

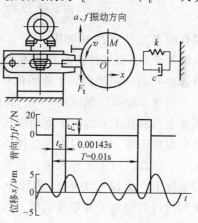

当工件的固有频率在 $f_n = 150 \sim 20000\mathrm{Hz}$ 内变化时，在它受到 $f < f_n$、$t_c/T = 1/10$、$t_c = (1/10) \times (1/100)\mathrm{s}$，$F_t = 15\mathrm{N}$ 的有规则

图 2-66 振动切削时工件的动态位移

脉冲力作用时，工件动态位移的变化情况如图 2-67 所示。由图 2-67 中可见，大体上讲在低于 $500\mathrm{Hz}$ 的情况下，当 f_n 是 $100\mathrm{Hz}$ 的偶数倍时，即使工件上受到脉冲力的作用，工件也要产生强烈颤振。对于奇数倍的 f_n，即使是在 $100\mathrm{Hz}$ 附近，在 t_c 这一时间间隔内，工件的位移也在零点附近，其振幅值也比工件位移波形的最大振幅值小很多。在卧式车床或其他机床主轴上装卡的工件，其水平方向的

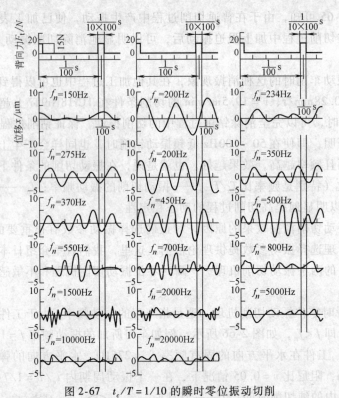

图 2-67　$t_c/T = 1/10$ 的瞬时零位振动切削

固有频率 f_n 一般在 1000Hz 以下。当 $f_n = 550$Hz 时，在 t_c 时间间隔内，工件的振幅值等于 0。当工件的固有频率高到 1000 ~ 2000Hz 时，工件振动的波形趋向平滑，在 t_c 时间间隔内，工件的位移大体上接近于零。

当逐步提高切削速度 v 时，其脉冲宽度 t_c 也逐渐拉长。t_c 时间变长，在一定程度上表示在车刀的一个周期中还有一定的不切削时间，而复杂的位移波形大部分仍保留不变，那么只有在工件位移为零点附近进行切削的振动切削机理就不存在了。因此，对于工件来说，在其固有频率为车刀振动频率的奇数倍或 $3f$ 以上的情况下，受到 $t_e/T < 1/3$ 的脉冲力作用时，摆动的工件位于零点附近，并在此瞬间进行切削加工和形成切屑，而在车刀振动周期的其余时间里，不论工件如何摆动，车刀切削刃是与工件分离的，不产生切削作用，也就对加工精度无影响。这叫做瞬时零位振动切削机理。

（2）不敏感性振动切削机理　这是指所加的振动频率大于工件固有频率时的振动切削机理。例如，当车刀以振动频率为 20kHz、振幅 $a = 16\mu$m，对水平方向（x 向）、固有频率 f_n 是 400Hz、弹性系数 $k = 4.55$kN/mm、$v = 0.1$m/s 的工件进行振动切削时，在背向力 $F_t = 20$N、$t_e/T = 1/7$、$t_e = (1/7) \times (1/20000)$s 的脉冲切削力的作用下，根据计算所得工件的动态位移如图 2-68 右下所示。它是一条平行于横坐标轴的直线。也就是说，在上述切削条件下，由于脉冲力的作用，工件的位移不随时间发生变化，形成了可以用静力学方法处理的静位移。

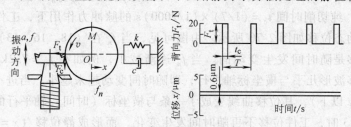

图 2-68　20kHz 的不敏感性振动切削

研究表明，不论是低频振动或高频振动切削，上述效果都存在。

例如，$f = 100\text{Hz}$ 的振动切削，如图 2-69 所示，在 $F_t = 15\text{N}$，$t_e/T = 1/5$，$t_c = (1/5) \times (1/100)\text{s}$ 的脉冲力作用下，对于弹性系数 $k = 4.5\text{kN/mm}$，$v = 0.5\text{m/s}$，固有频率分别为 $(90、80、70、50、30、20、10、5、0.5、0.1)\text{Hz}$ 的工件来说，根据理论计算所得工件位移波形如图 2-69 所示。

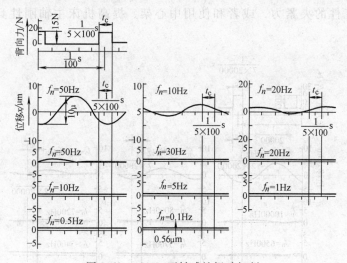

图 2-69　100Hz 不敏感性振动切削

在 $f_n = 90$，$f/f_n = 1.1$ 即在 f、f_n 几乎相同的情况下，虽然工件上受到脉冲力的作用，但仍会发生与普通切削类似的强烈振动。在 t_c 的纯切削时间内，工件的位移从 $-2\mu\text{m}$ 增大到 $-4\mu\text{m}$。在 $f_n = 80\text{Hz}$ 即 $f/f_n = 1.25$ 时，工件的位移减小了一半，在工件离开车刀方向上的变动量为 $1.5 \sim 3\mu\text{m}$。当工件的固有频率 $f_n = 50\text{Hz}$ 即 $f/f_n = 2$ 时，工件的位移进一步减小，在纯切削时间 t_c 之内，工件的位移在 $0.5 \sim 1\mu\text{m}$ 之间变动。但当工件的固有频率在 30Hz 以下即 $f/f_n > 3$ 时，工件位移的变化与上述变化有着根本不同，形成了与横坐标（时间）轴平行的一条直线，其位移仅为 $0.66\mu\text{m}$。

在 f = 20kHz 的超声振动切削中,也产生与上述切削过程类似的现象。在 F_t = 20N、K = 4.55kN/mm、v = 0.1m/s,工件固有频率 f_n = 200 ~ 18000Hz,t_c/T = 1/7,纯切削时间 t_c = (1/7) × (1/2000)s 的脉冲力作用下,工件沿吃刀抗力方向的动态位移如图 2-70 所示。由图可见,当 f_n 在 (18、16、13)kHz 附近,工件的位移是随时间发生变动的。当 f_n 逐渐减小,例如在 f_n = 7.2kHz、57kHz 时,其位移波形几乎与横坐标轴平行,即随时间变动越来越小。当进一步减小时(到 5.4kHz 以下),其位移曲线变成了一条与横坐标(时间)轴平行的直线,亦即在 f/f_n > 3 时,工件位移不再随时间发生变化,而形成静位移(x = 0.66μm),也就是说这时可以根据静力学的方法按下式求出位移的大小:

$$x = \frac{t_c}{T}\frac{F_t}{K} \tag{2-99}$$

和普通切削时所产生的位移 F_t/K 相比,振动切削的动态位移仅仅是普通切削的 T/t_c 分之一。具有这种特性的振动切削叫不敏感性振动切削。这种切削特性相当于在切削过程中给工件振动系统增加了刚性,而从工艺效果来看,就相当于增加了工件的夹紧力,或者和使用中心架、提高机床主轴刚性具有同样的效果。

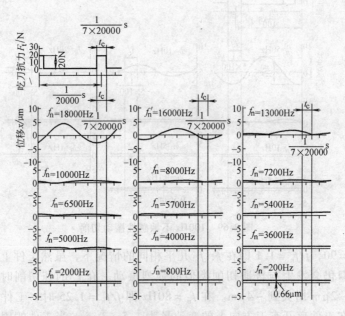

图 2-70 20kHz 不敏感性振动切削

一般情况下,工件的固有频率多数在 500Hz 以下,因此采用 20kHz 以上的超声振动切削时,大都属于不敏感性振动切削。这是振动切削产生各种突出工艺效果的理论依据之一。

3. 振动切削与普通切削切削力波形的区别

普通切削时，工件是装夹在机床上进行力学加工的。切削中，刀具与工件实际上都是弹性体，因此必将产生与切削力波形相应的弹性振动。在分析切削力的变化时，若不用动力学的观点解释刀具与工件之间的关系（实际位置关系），就不能抓住问题的本质，并将停留在对这些复杂的实际动态变化的某一瞬间现象的分析中。若根据某一瞬时现象推论到整个切削过程中，其结论必将产生很大误差，这对精密切削加工是很不利的。对切削力的分析，虽然一开始也可以把变动的切削力平均起来考虑，但对精密切削，这种分析方法往往因为误差太大而无法采用。精密切削中，必须对工件的动态变化进行定量的分析。否则，若还用静力学和材料力学的误差较大的方法分析切削过程，要实现圆度误差约等于零、圆柱度误差约等于零、同轴度误差约等于零、表面粗糙度约等于零的精密加工将是不可能的。

在以往的加工中，人们忽视了与工件加工精度、形状精度有着密切关系的切削力波形。而恰恰是切削力波形对分析精密切削机理及掌握和运用精密切削技术十分重要。

普通切削中，刀具和工件组成了一个切削系统。一般的切削理论把这个切削系统看做一个稳定的切削过程，即切削是在平稳无振动的状态下进行的。其切削状态如图 2-71 所示。但实际加工中，由于背吃刀量 a_{p0} 和切削速度 v_0 并不是常量（由机床的刚度、工件的偏心及工件的装卡等多因素决定），而 F_0 是 a_{p0} 与 v_0 的函数，所以也是一个变量。当 a_{p0} 变化了 Δa_{p0}、v 变化了 Δv_0 时，F_0 也变化了 ΔF_0，其切削情况如图 2-72 所示。

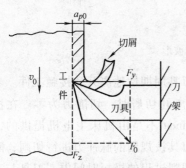

图 2-71　普通切削状态

F_z—主切削力　F_y—径向切削力

F_0—合力　a_{p0}—背吃刀量

v_0—工件线速度　$F_z = F_t$,

$F_y = F_0$

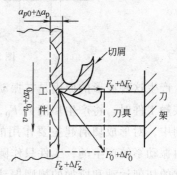

图 2-72　普通切削参数变化的切削情况

普通切削中形成的切削力波形如图 2-73 中粗线所示。这种不规则、变化范围又大的普通切削的切削力波形，使工件切削过程极不稳定，造成加工表面粗糙度高、加工质量差、产生切削振动和刀具寿命低等缺陷。普通切削的理想情况在于实现稳定而又规则的 $F_{mean} + F\sin\omega t$ 的波形，如图中细实线所示。这种波形的切削力，可以保证普通切削时得到较好的加工质量。但实际生产表明，普通切削中实现稳定的 $F_{mean} + F\sin\omega t$ 波形是不可能的。

图 2-74 为振动切削的情况。它是利用另外设置的超声波发生器，使刀具产生振幅为 a、频率为 f 的振动。在切削过程中，沿着切削方向一面高频振动，一面把整个切屑长度分割成 $L_T = v/f$ 的细小部分进行切割。其切削力波形如图 2-75 所示。

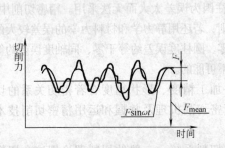

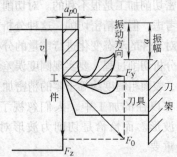

图 2-73 普通切削中形成的切削力波形　　　　图 2-74 振动切削

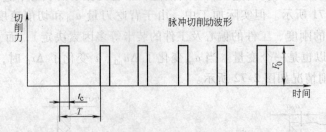

图 2-75 切削力波形

产生这种波形的原因是在振动切削中，刀具周期性地离开和接触工件。当刀具接触工件时，将产生切削力 F_0，而当刀具离开切屑时，切削力为零。在振动切削中，对形成切屑起主要作用的切削力 $F\sin\omega t$ 不是由机床主电机提供的，而是由振动系统产生的，工件只作圆周运动。刀具按规则的脉冲力进行切削，除了正常的切削运动和所加的规则振动之外，在切削过程的极短时间内，刀具与工件之间没有其他的附加的相对运动，因此切屑的宽度、厚度都没有变化。无论加工何种材料，都能形成与母体相近、表面光滑无毛刺、不发热的切屑。图 2-76a、b 分别为普通切削和振动切削加工表面的放大照片。从图中可以清楚地看出，在相同的切削条件下，普通切削加工表面产生很大的塑性变形，形成普通切削常见的鳞刺等缺陷。而在振动切削中却形成光滑的切削表面。

用脉冲切削力波形连续加工 500～600 件不锈钢工件，把形成的切屑一个一个地吊起来，就可以看出它们的长度和形状完全一样。对淬硬钢、铸铁材料切削时，

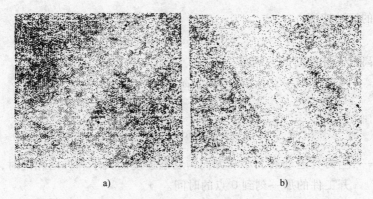

a)   b)

图 2-76　切削加工表面的放大照片
a）普通切削　b）振动切削

不但可以得到与母材颜色一样的切屑，而且可以得到像切削铝时一样的切屑。

二、超声振动切削的运动学分析

振动切削的试验表明，刀具的振动方向越接近切削速度方向，振动切削的效果就越好。在分析超声振动切削的运动学时，也以在切削速度方向上的振动为例。

在普通切削中，切削用量及刀具角度一经确定，在切削过程中它们便是常量。振动切削中，由于刀具振动，使切削用量和刀具几何角度都在随时间变化。在切削速度方向上的超声振动切削中，由于振幅很小，因此刀具基面、前角、后角以及切削深度等等变化很小，可以忽略不计。这种振动切削中的主要变化是刀具与工件间的相对速度的变化，下面就这种变化用两种方法分析一下。

试验表明，刀具的振动方向越接近切削速度方向，振动切削的效果就越好。在分析超声振动切削的运动学时，也以在切削速度方向上振动为例。

超声振动切削运动学及有关参数如图 2-77 所示，图 2-77 中，刀具作过 0 点的简谐振动。在 E 点与工件开始接触，经过 $\overrightarrow{EFA}$ 形成切削 1，产生脉冲状切削力 F_t、F_c。刀具运动到 A 点时，由于刀具运动的速度方向与工件速度方向相同，并且刀具运动的速度 v_d 大于工件运动速度 v，使刀具运动脱离工件，切削力为零。刀具继续运动到下顶点后开始再次改变运动方向，在 B 点与工件第二次接触，经过 $\overrightarrow{BGD}$ 产生切屑 2，同时产生两个脉冲力 F_t、F_c。这一过程不断重复。

如前所述，刀具的位移

$$x = a\sin\omega t \qquad (2\text{-}100)$$

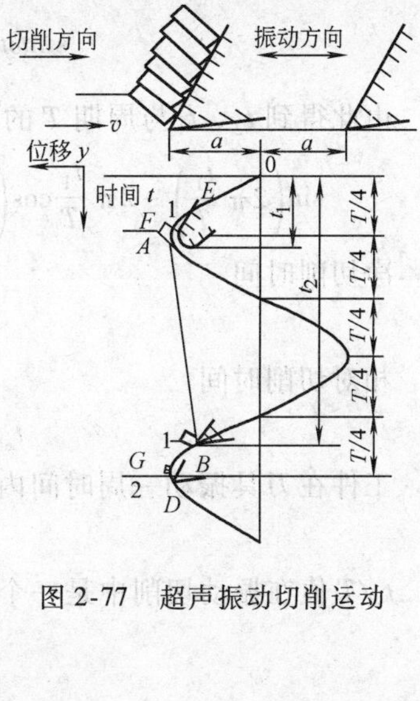

图 2-77　超声振动切削运动

刀具的运动速度

$$v_d = X = a\omega\cos\omega t \qquad (2\text{-}101)$$

刀具离开工件的时间 t_1 满足

$$v_d = a\cos\omega t_1 = -v \qquad (2\text{-}102)$$

所以

$$t_1 = \frac{1}{2\pi f}\arccos\left(\frac{-v}{2\pi af}\right) \qquad (2\text{-}103)$$

式中 t_1——当刀具运动的大小和方向与切削速度的大小和方向相同时，刀具离开工件的那一刻到 0 点的时间。

从式（2-101）可知，若 $v > 2\pi af$，则上式不成立，这意味着刀具不能脱离工件。超声振动切削中，把 $v_c = 2\pi af$ 称为临界切削速度。

刀具自 A 点脱离工件后，工件以速度 v 沿切削方向前进，刀具离开工件向右运动，刀具脱离点在任意时刻的位置是：

$$x = a\sin\omega t_1 - v(t - t_1) \qquad (2\text{-}104)$$

在 t_2 时刻刀具到达 B 点与工件接触，此时：

$$a\sin\omega t_2 = a\sin\omega t_1 - v(t_2 - t_1) \qquad (2\text{-}105)$$

式中 t_2——当刀具振动方向与工件速度方向相反时，刀具和工件开始接触的那一点到 0 点的时间。

由式（2-102）得

$$\frac{-v}{a} = \omega\cos\omega t_1 = \frac{2\pi}{T}\cos\left(2\pi\frac{t_1}{T}\right)$$

由式（2-105）得

$$a\sin\omega t_1 + vt_1 = a\sin\omega t_2 + vt_2$$

$$\sin\omega t_1 + \frac{v}{a}t_1 = \sin\omega t_2 + \frac{v}{a}t_2 \qquad (2\text{-}106)$$

由此得到 t_2、t_1 与周期 T 的关系式

$$\sin\left(2\pi\frac{t_1}{T}\right) - 2\pi\frac{t_1}{T}\cos\left(2\pi\frac{t_1}{T}\right) = \sin\left(2\pi\frac{t_2}{T}\right) - 2\pi\frac{t_2}{T}\cos\left(2\pi\frac{t_2}{T}\right) \qquad (2\text{-}107)$$

净切削时间

$$t_e = T + t_1 - t_2 \qquad (2\text{-}108)$$

相对切削时间

$$t_e/T = 1 + t_1/T - t_2/T \qquad (2\text{-}109)$$

工件在刀具振动一周时间内的行程为 vT，所以刀具振动一周的切削长度

$$L_T = vT = v/f \qquad (2\text{-}110)$$

t_e/T 值在振动切削中是一个重要参数，该值小，说明刀具净切削时间所占的

比例小，增加刀具的振动频率，加大振幅或减小切削速度可以达到减小切削力的目的。振动切削实验表明，当 $v/v_e = 1/3$ 时，考虑到振动切削效果和切削效率两方面比较理想。

L_T 的大小决定振动切削的切削性能。一般说，工件线速度越低，振动频率越高，则 L_T 值越小，效果越明显。

通过以上的分析，我们可以定量地说明以下几点：

1）振动切削中一般情况下 t_c/T 只有 $1/3 \sim 1/10$，因此，其平均切削力仅为普通切削力的 $1/3 \sim 1/10$。

2）普通切削中为了提高加工质量，总是尽可能提高切削速度，切削速度的提高必将产生大量的切削热。这将导致降低刀具使用寿命，加工表层硬化，产生残留应力等。振动切削中，$F\sin\omega t$ 不是靠刀具的挤压而是依靠振动系统本身产生的。而其脉冲状切削力 t_c 的时间极短，仅 10 万分之一秒，刀具在这样短时间内很难产生大量的切削热。即使在切削中产生切削热，热量是以脉冲状形式出现，其中只占 1/5 时间，而 4/5 时间是散热时间，所以其平均热量是十分微小的，这就是切削温度低的原因。

3）消除或减小了切削振动，脉冲状切削力最善于利用车刀与工件的振动过渡过程。由于超声振动切削的实际切削时间极短，这个时间远远小于车刀、工件振动的过渡时间。也就是车刀车削工件时，迫使工件振动，但还没有来得及振动时刀具已经离开工件了，这就是振动切削减小甚至消除切削振动的原因。由于消除或减小了切削振动，使加工精度和表面粗糙度明显改善。

三、超声振动切削的应用

虽然超声振动切削的研究超过二、三十年的时间，振动切削的理论已经非常简明，但它的物理意义却极为深远，而且应用范围也相当广泛。如在外圆加工、平面加工、孔加工、螺纹和齿轮加工、切槽与切断加工、磨料磨削加工、塑性加工中都取得理想的效果。

1. 小孔的振动镗削

切削条件：振动频率 29kHz，振幅 18μm，输出功率 50W，刀片材料：硬质合金圆弧尖刀（$R \approx 0.3\text{mm}$），进给量 0.08mm/r，主轴转速 220r/min，切削液，机油 + 定子油。

加工精度见表 2-14。

表 2-14　加工精度　　　　　　　　　　　　（单位：mm）

测　点	x 方向直径	y 方向直径
1	15.399	15.398
2	15.400	15.398
3	15.397	15.397
4	15.396	15.396
5	15.396	15.397

由此可见，对这样薄壁零件的内表面能进行精密加工，达到 2μm 的圆度误差，是因为工件转速低，切削力小，夹紧力小，同时也是脉冲切削力波形效果和镗杆刚性化的结果。

为了进一步说明振动切削与普通切削的切屑在收缩系数、形状尺寸上的差别，我们举下面两个例子加以说明。

当振动频率为 18.4kHz、振幅为 0.05mm、刨刀前角为 20°、切削速度为 0.2m/min、背吃刀量 1.5mm、刨削长度为 60mm 的不同材料时，从起点切削约 50mm 处停止进给，所得切屑如图 2-78 所示：振动切削的切屑很长，切屑收缩系数≈1，而且切削力下降到普通切削时的 1/5 ~ 1/10 左右；普通切削时的切屑又厚又短，切屑收缩系数约为 3 ~ 5。为了能直观地比较同一材料采用不同加工方法所得切屑的差别，对长 50mm、厚度 1mm 的铝板，在振动频率 21.7kHz，振幅 20μm，刨刀前角 0°，切削速度 1m/min 的条件下进行切削。每次切深 0.2mm，刨刀从头开始切削，在不到终点时停止切削，以比

图 2-78　不同形状的切屑

较留在工件上的切屑，结果如图 2-78 所示。普通切削和振动切削时所得切屑有很大差别：振动切削时，切屑又薄又长，不产生加工硬化，在封闭的空间内很容易卷曲成形；普通切削时，切屑又短又厚，硬化现象严重，不易卷曲，而且切屑的侧面有很大的毛刺和裂纹，这样的切屑在封闭的空间内就要求有较大的容屑空间。

此外，在振动切削的情况下，切屑对前刀面相对运动的加速度很大。例如当刀具以 20kHz 的振动频率作 $x = a\sin\omega t$ 的简谐振动，其最大加速度 $\ddot{x} = 4\pi^2 af^2$，在振幅 $a = 15\mu m$ 时，为自由落体加速度的 24000 多倍。在这种条件下，振动切削时切屑在前刀面上的运动就像零件在振动料斗中跳跃前进一样，摩擦阻力很小，在切削液的推动下切屑很容易排除。综上所述，不论是高频振动切削，还是低频振动切削，基本上解决了孔加工中的排屑问题，因而为改善孔加工（其中包括小孔和深孔加工）提供了新的工艺措施，为进一步提高深孔加工的加工质量和效率展现了广阔的前景。

在普通切削中，切削是靠刀具与工件之间的相对运动来完成的。由于切屑与刀具之间的挤压和摩擦作用，将不可避免地产生较大的切削力，较高的切削温度，使刀具磨损和产生切削振动等有害现象。为了改善切削状况，提高切削水

平，许多学者从刀具、机床、冷却液等诸多方面入手，不同程度地改善了切削状态，使切削水平不断提高。但这些方法仅限于被动适应，并没有从本质上减小切削力和切削热。

振动切削的实质是在传统的切削过程中给刀具或工件加工某种有规律的振动，使切削速度、进给量、背吃刀量按一定规律变化。振动切削改变了工具与工件之间的空间—时间存在条件，从而改变了加工（切削）机理，达到减小切削力、切削热，提高加工质量和效率的目的。

2. 超声振动车削

超声振动车削是给刀具（或工件）在某一方向上施加一定频率和振幅的振动，以改善车削效能的车削方法。振动车削有两种：一种是以断屑为主要目的，这时多采用低频（最高几百赫兹）、大振幅（最大可达几毫米）的进刀方向振刀；另一种是以改善加工精度和表面粗糙度、提高车削效率、扩大车削加工适应范围为主要目的，则要用高频、小振幅（最大约 $30\mu m$）振刀。经验表明，在车削速度方向振刀效果最好，这就是下面介绍的超声振动车削。

超声振动系统的原理是：超声波发生器将交流电（50Hz，220V 或 380V）转换成超声频的正弦电振荡信号，换能器将电振荡信号转换成超声频机械振动，变幅杆将换能器的纵向振动放大后传递给超声车刀。

超声车削装置的作用是使车刀获得一定振幅的超声频机械振动，将超声振动系统和车刀固定在刀架上实现超声车削加工。

超声车削装置有纵向振动、弯曲振动和扭转振动三种形式，分别如图2-79～图2-81 所示。

图2-79 所示的纵向振动超声车削装置使用小质量车刀（例如一振型车刀，机夹可转位硬质合金刀片），不必测量和确定超声车刀的位移及节点，因而使用方便。但是，这种切削采用刚性固定变幅杆的方法，而且变幅杆应具有足够的刚度。随着超声车削技术研究不断深入，而且这种装置使用方便，车刀成本低，因而它的应用越来越多。

图2-80 所示的弯曲振动超声车削装置的特点正好与纵向振动超声车削装置相反，该装置弯曲振动刀杆节点的测定、压块的调

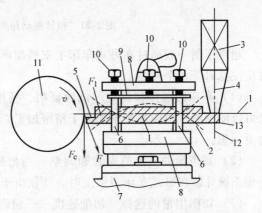

图2-79　纵向振动超声车削
1—刀柄　2—刀体　3—换能器　4—变幅杆　5—刀具　6—固定螺栓　7—刀架　8—夹板　9—压板　10—压紧螺栓　11—工件　12—连接螺栓　13—连接板

节比较麻烦，如果车刀磨损，更新刃磨后节点发生变化，辅助时间长，调整较繁琐，这些缺点使它的应用受到了限制。目前，弯曲振动超声车削装置在生产中的应用比纵向振动超声车削装置略少一些，但实验室里使用得较多。

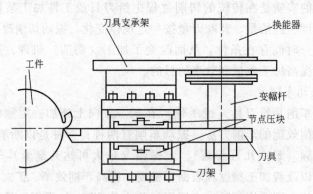

图 2-80　弯曲振动超声车削装置

图 2-81 所示为扭转振动超声镗削装置。

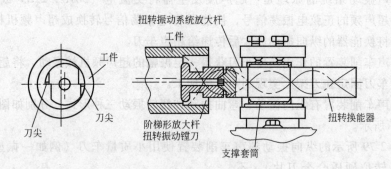

图 2-81　扭转振动超声镗削装置

超声车削一般通过在卧式车床上安装超声车削装置实现，使用超声车削装置时应注意以下几个问题。

（1）车床的选择和调整　试验证明，精度比较低的车床经过适当的调整也是可以使用的。由于超声车削属于精密加工，选用精密机床和超精密机床，效果会更理想。

（2）超声振动系统的安装和调整　当把换能器、变幅杆和车刀组装成一个声振系统并装在卧式车床刀架上时，往往由于设计、制造不当而出现许多问题。

（3）切削用量的选择　切削速度——超声车削受临界车削速度 $v_c = 2\pi af$（a 为车刀刀尖振幅，f 为振动频率）的限制。为保证超声车削获得较高的加工质量，一般取车削速度 $v < v_c/3$。

背吃刀量——背吃刀量 a_p 受超声波发生器输出功率、换能器类型和被加工材料的限制。对于250W超声波发生器、镍片换能器而言，加工中碳钢时，背吃刀量一般不超过0.3mm。如果背吃刀量或进给量太大时，由于振动能量的限制，会降低车刀刀尖振幅，无法维持谐振时的正弦波形态，破坏超声车削条件，使工艺效果变差。

进给量——一般来说，进给量越小，表面粗糙度 R_a 值越小。这和普通车削的结果是一致的。

（4）车刀刀尖高度的调整　超声车削对车刀刀尖高度有较严格的要求。它要求车刀刀尖最好低于工件回转中心（机床回转中心）一个振幅值（车刀正装时）。当刀具上振时，刀尖正好处于工件的回转中心处，必须精确测量机床主轴的回转中心高，然后调整刀尖的中心高，使其最好低于一个振幅值。

如果车刀刀尖高于工件的回转中心，车刀下振时，车刀将不能离开工件，刀具后刀面将与工件产生强烈摩擦，从而大大地增加了切削力，使工件产生振动，工件加工表面和已加工表面将布满规则发亮的低频振纹。

如果车刀刀尖低于工件回转中心过多，车刀刀尖振动的方向将不在工件回转的线速度方向上，同时将会增大车刀刀尖的负荷，此时工件的加工表面和已加工表面将布满白而不亮的低频振纹。

这里不是说车刀刀尖必须正好低于工件回转中心一个振幅值，而是说越接近这个数值越好。

车刀刀尖高度的测量和调整比较容易，使用千分表可以顺利地进行测量。

（5）切削液的选择　超声车削试验证明，加车削液比不加车削液效果好。一般来说，选用机油加锭子油或机油加煤油作为车削液，工艺效果更佳。

3. 超声振动铣削

超声波加工适合于加工硬脆材料，可以加工复杂的三维型腔，而传统的超声波加工需要制作复杂的三维形状工具，复杂工具的加工成本高、周期长。利用简单形状工具，基于快速成型中分层制造思想，采用分层去除方法加工硬脆材料的超声波铣削加工技术，具有工具加工、制作简单，工具与工件间无宏观作用力，可实现复杂三维轮廓的加工等特点。研究和探索这种加工方法的工艺规律，加速其实用化进程具有十分重要的意义。

超声波铣削加工机床是由旋转式超声波加工装置、磨料循环系统、数控系统和机床本体等部分组成。超声波铣削加工系统示意图如图2-82所示。

4. 超声振动磨削

磨削是零件获得高尺寸精度、低表面粗糙度的主要方法，因此被广泛用在机械加工中。但是，由于产品质量要求的不断提高和材料的不断更新，尤其是一些难加工材料的大量使用，普通磨削中经常出现的砂轮堵塞和磨削烧伤现象更加突出。国内外的大量研究和试验结果表明，在磨削加工中引入超声振动，可以有效

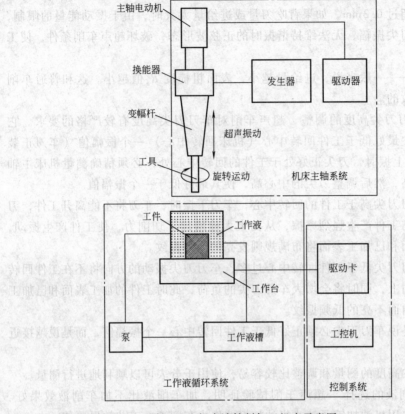

主轴电动机

换能器

发生器　驱动器

变幅杆

超声振动

工具　旋转运动　机床主轴系统

工件　工作液

驱动卡

工作台

泵　工作液槽

工控机

工作液循环系统　控制系统

图 2-82　超声波铣削加工机床示意图

地解决砂轮堵塞和磨削烧伤问题，提高磨削质量和磨削效率。

根据砂轮的振动方向，超声磨削装置可分为纵向振动、弯曲振动和扭转振动超声磨削装置三种类型。下面分别予以介绍。

（1）纵向振动超声磨削装置　用于小孔磨削的纵向振动超声磨削装置如图 2-83 所示。砂轮与砂轮座的连接方法有两种：

1）粘接法，采用环氧树脂将砂轮与砂轮座粘接起来。如果粘接不完全，起主要作用的砂轮的外圆表面就不产生振动，即使能振动起来，也会由于严重的发热，或者产生高音啸叫，顷刻间粘接部分就会脱落下来；

2）烧结法，将砂轮材料直接压注在砂轮座上，然后烧结成一体。这种方法不会产生粘接法中存在的问题，但砂轮座消耗量大。

（2）弯曲振动超声磨削装置　用于平面和外圆磨削的弯曲振动超声磨削装置如图 2-84 所示。指数形变幅杆的输入端与振动轴连接在一起。指数形变幅杆的输出端与砂轮座、砂轮连接在一起。换能器、变幅杆以及振动轴均作纵向振动。空心套筒安装在振动轴的两个位移节点上。采用圆锥滚子轴承，以使空心套

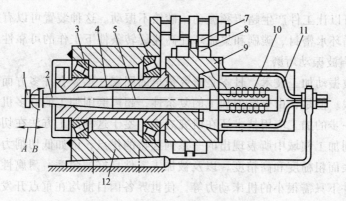

图 2-83　纵向振动超声磨削装置
1—砂轮　2—变幅杆　3,6—圆锥滚子轴承　4—空心套筒　5—振动轴　7—碳刷　8—集流环
9—集流环支架　10—换能器　11—镍片换能器冷却装置　12—轴承座
A—振动方向　B—砂轮的回转方向

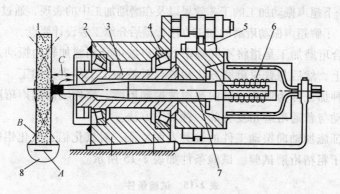

图 2-84　弯曲振动超声磨削装置
1—砂轮　2,4—圆锥滚子轴承　3—空心套筒　5—集流环　6—换能器　7—振动轴　8—工件
A—砂轮外圆表面的振动方向　B—砂轮的弯曲振动波形　C—变幅杆的纵向振动方向

筒在摩擦及振摆都比较小的情况下进行回转。这样，超声振动系统（不含砂轮）就能在回转的同时进行纵向振动。

砂轮在换能器、振动轴和变幅杆的共振频率处以一次、二次……弯曲振动形态发生共振。砂轮通过砂轮座与变幅杆连接起来，并与其他零件装配在一起，构成弯曲振动超声磨削装置。

（3）扭转振动超声磨削装置　将超声磨削应用在螺纹、齿轮或成型表面的磨削加工中，其振动方向必须施加在砂轮的回转方向（圆周方向）上，即扭转振动方向。否则，不但不会获得良好的加工效果，反而会降低加工精度，这种装置叫做扭转振动超声磨削装置。

以上介绍的三种装置中，都是让砂轮产生超声频振动。实际上，在大批量生产中，还可以让工件产生超声频振动，砂轮不振动。这种装置可以有效地解决砂轮更换、循环水密封、碳刷和集流环在高速旋转条件下工作的可靠性问题。

5. 超声波振动珩磨

超声波振动加工技术，日本是研究最早的国家，迄今有许多方面已比较成熟并付诸实践。但是，由于磨削加工的复杂性，超声磨削加工的许多机理还不十分明了，深一步的加工应用技术还在研究之中。鉴于这种加工方法在切削领域和已应用的磨削加工领域中所表现出的一系列独特的优点，诸如低切削力、低磨削温度、低的表面粗糙度和高精度，以及被加工零件良好的耐磨、耐腐性，特别是同等加工条件下只需很小的机床动力等，使世界各国目前均在重点开发和研究超声振动在磨削加工领域的高技术和应用课题。也鉴于这些优良的特性，国际生产工程学会在第 42 届（94）CIRP 大会上，将超声振动加工综合应用于磨削加工视作下一代精密加工的发展方向之一。介绍的超声振动珩磨也只是它在磨削加工方面应用的一个特例。为了便于读者了解超声波振动加工之所以在磨削加工领域倍受关注，我们先来介绍一下超声振动加工的工艺效果以及在磨削加工中的表现，通过对振动珩磨原理的介绍，了解超声振动珩磨的加工方法，最后介绍工装设计要点。

超声复合珩磨加工是指将不同频率的超声波可分别施加轴向振动及径向振动给珩磨工具上，然后与普通珩磨方法相复合对被加工工件进行加工。为叙述方便起见，将这种加工称为混叠式轴向超声波振动珩磨。简称轴向超声珩磨。其实质是将超声振动与普通珩磨相复合的一种加工方法。

为了验证施加轴向振动工件的被磨表面特征，对氧化铝、氧化铝陶瓷和高强度炮钢进行了粗精珩磨试验。试验条件如表 2-15 所示。

表 2-15　试验条件

修整砂轮	碳化硅砂轮，80 粒度，树脂结合剂；$D_o \times B \times D_i$：$\phi 203mm \times 40mm \times \phi 120mm$
修整条件	修整砂轮速度 $v_s = 28m/s$；工件转速 $n_w = 37r/min$；工作台往复速度 $v_T = 600mm/min$
工件	ZrO_2（热等静压）外径 × 内径 × 长度；$\phi 89mm \times \phi 74mm \times (24 \sim 90)mm$ Al_2O_3（97 氧化铝）外径 × 内径 × 长度；$\phi 180mm \times \phi 160mm \times (410 \sim 420)mm$
金刚石珩磨油石	粒度 $80^\#$、$140^\#$、$280^\#$、$2500^\#$；青铜结合剂；浓度 100% 规格：$L \times B \times H$：$100mm \times 12mm \times 12mm$；$100mm \times 12mm \times 10mm$；
珩磨用量	工件转速：$n = (75 - 380)r/min$；珩磨头往复速度 $v = 1.26m/min$、$8m/min$、$18m/min$ 磨削深度：$a_p = 1\mu m$、$2\mu m$、$3\mu m$、$6\mu m$、$9\mu m$、$12\mu m$；每往复行程进给一次。频率 20kHz，振幅 $10 \sim 12\mu m$
冷却方式	干磨削；乳化液/水/煤油

图 2-85 为砂轮径向振动和油石轴向振动磨削氮化硅和氧化铝陶瓷材料所获得的表面。

由图 2-85a 可见，径向超声振动磨粒所刻划的表面形成贝壳状破碎，产生这

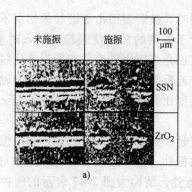

图 2-85　砂轮径向振动和油石轴向振动磨削氮化硅与氧化铝陶瓷所获得的表面

a）径向施振所得到的磨削表面　b）轴向施振所得到的磨削表面

种破碎的原因主要是磨粒在普通磨削的刻划基础上，磨粒周期性的振动对刻划沟槽底部的不断冲击所形成，当磨粒的冲击应力超过材料的断裂极限时，磨削沟槽的径向裂纹急剧扩展，在磨粒刻画沟槽的边界横向裂纹不断向材料表面延伸，最终形成材料脱落。当在油石的轴向施加超声振动时，磨粒的切深并不因振动的施加变大，故在磨粒所刻划沟槽的底部很少能观察到贝壳状的破碎，如图 2-85b 所示。但是由于磨粒的轴向振动，使磨粒对垂直与其运动方向的所隆起的沟槽壁将产生不断的冲击，在这种冲击下，磨粒在压入与运动时在沟槽两侧所形成的横向裂纹，将在冲击下急剧扩展并延伸到材料的表面，形成材料的破碎与脱落，最终形成较宽的磨削沟槽刻痕，刻痕的宽度，几乎是振幅值与普通刻痕之和。此外，在磨削沟槽的底部也可以清晰观察到与普通磨削相似的微小耕犁痕迹。在延性切削区，轴向施振时，磨粒对磨削沟槽边沿冲击时的痕迹仍可清晰地观察到。图 2-86 是采用 2500# 粒度金刚石油石在振幅 $A = 12\mu m$ 下超声珩磨所获得的微观形貌（图 b 为放大倍数为 ×1000 的轨迹状态）。

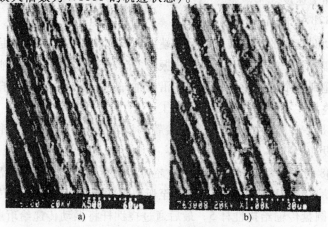

图 2-86　轴向施振珩磨时的微观边界形貌

由此分析可以得出，在轴向施振时，被磨表面由于磨粒的切深不变将使表面粗糙度数值比横向施振时要好，而由于振动的加入使磨粒在压入时呈动态压入，其切削力要比普通磨削大大减小，这也是表面粗糙度比普通珩磨优越的原因。大量试验，已证明超声珩磨的效率比普通珩磨高数倍，这主要是由于轴向施振在同样时间内超声珩磨每颗磨粒的切削宽度比普通珩磨的增加一个振幅 A，导致切削体积增加的结果。

超声波振动珩磨的工作原理是将超声波发生器产生的超声频电振荡通过换能器转换为超声频轴向机械振动或弯曲振动，在珩磨装置的自转运动与往复运动的重叠情况下进行加工所使用的珩磨装置，结构为图 2-87 表示的两种形式的振动珩磨装置。

在图 2-87a 中 1 是扭转振动换能器，2 是变幅杆，3 是扭转振动圆盘。在圆盘的外圆附近，等距离地固定着挠性杆 4，各小段油石分别粘接在油石座 7 上。油石 5、6 油石座 7 套在珩磨头体 8 上，在珩磨头体振动节处固定，通过锥套上的斜面和弹簧，给工件施加一定大小的珩磨压力。这样，箭头所示方向的珩磨运动，加在振动节支持圆筒上进行珩磨加工。把回转运动叠加到直线往复运动上，能提高表面微细沟槽自成机理的加工速度。

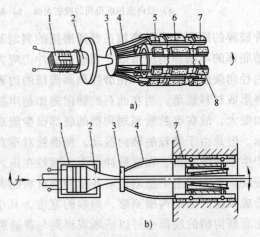

图 2-87 振动超声珩磨装置
1—扭转振动换能器 2—变幅杆 3—扭转振动圆盘
4—挠性杆 5、6—油石 7—油石座 8—珩磨头体

在图 2-87b 挠性杆 4 一端连接在振转振动圆盘 3 的振动腹上，另一端同油石座 7 相连，而圆盘是在振动放大杆（简称变幅杆）2 的推动下产生弯曲振动的，通过挠性杆 4，把轴向换能器的振动能量传递到各个油石座上，使油石沿着轴向进行振动，并与其自转运动及直线往复运动叠加在一起进行振动珩磨加工。

图 2-88 是一种新型旋转超声珩磨装置，该装置采用新的结构并利用局部共振原理进行设计，获得了极好的应用。

由图 2-88 可见，新型传声系统为：超声波发生器 13 激励压电晶体换能器 10 产生机械振动，然后输入变幅杆 9 放大至所要求的振幅。由变幅杆传给振动圆盘 8，再由振动圆盘传输给挠性杆 5，最后通过挠性杆将振动传递给珩磨油石 3。珩磨油石借助于来自传声系统的振幅实现超声振动珩磨。显然，新的超声珩磨传声

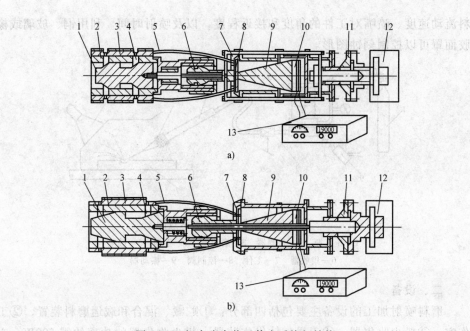

图 2-88　超声珩磨装置传声系统新结构

a) 全谐振新型珩磨装置　b) 局部共振型新型珩磨装置

1—芯轴　2—珩磨头本体　3—油石　4—销子　5—挠性杆　6—浮动球杆　7—法兰盘
8—振动圆盘　9—变幅杆　10—换能器　11—涨紧机构　12—旋转机构　13—超声波发生器

系统采用了振动圆盘与挠性杆直接连接，将来自振动圆盘的全部声能通过挠性杆
传递到珩磨油石，由于将珩磨杆（图中浮动球杆 6）与密闭振动圆盘的法兰盘 7
连接，法兰盘与珩磨装置后部的固定套筒连接，从而巧妙有效地避免了振动圆盘
与珩磨杆连接处超声能量的大量损失问题，解决了国外迄今为止仍然没有解决的
超声珩磨传声系统能量有效传递的关键问题。在传声系统其他环节采用有效的连
接方式情况下，理论上该传声系统不存在声能损失问题。

第七节　磨料喷射加工

一、基本原理

磨料喷射加工（Abrasive Jet Machining）是利用磨料细粉与压缩气体混合后
经过喷嘴形成的高速束流，通过对工件的高速冲击和抛磨作用来去除工件材料
的。图 2-89 所示为其加工过程示意图。压气瓶或气源供应的气体必须是干燥的、
清净的、并具有适度的压力。磨料室混合腔往往利用一个振动器进行激励，以使
磨料均匀混合。喷嘴紧靠工件并具有一个很小的角度。操作过程应封闭在一个防
尘罩中或接近一个能排气的集收器。影响切削过程的有磨料类型、气体压力、磨

料流动速度、喷嘴对工件的角度和接近程度，以及喷射时间。利用铜、玻璃或橡胶面罩可以控制刻蚀图形。

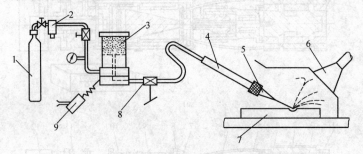

图 2-89　磨料喷射加工示意图
1—压气瓶　2—过滤器　3—磨料室　4—手柄　5—喷嘴
6—集收器　7—工件　8—控制阀　9—振动器

二、设备

磨料喷射加工的设备主要包括四部分：①贮藏、混合和载运磨料装置，②工作室；③粉尘收集器；④干燥气体供应装置。粉尘收集器的功率约需 500W，它带有过滤器，可以控制粉末微粒在 $1\mu m$ 以内。气体压力不小于 $600 \sim 900kPa$，气体应经过干燥，湿度小于十万分之五，可以采用瓶装一氧化碳或氯作为干燥气体。工作地点应有充足的照明。

喷嘴端部通常由硬质合金制造，它的寿命取决于所采用的磨料型号和工作压力；采用碳化硅磨料时，喷嘴端部寿命为 $8 \sim 15h$，采用氧化铝磨料时为 $20 \sim 35h$。

粉末磨料必须是清洁、干燥的，并且经过仔细的筛选分类。粉末磨料通常不能重复使用，因为磨损了的或混杂的磨料使切削性能降低。用于磨料喷射加工的粉末磨料必须是无毒的，但完善的粉尘控制装置仍然是必要的，因为在磨料喷射加工过程中有可能产生粉尘，这对健康是有害的。工厂的压缩空气如果没有充分的过滤以去除湿气和油，是不能作为运载气体的。氧气不能用作运载气体，因为当氧和工件屑或磨料混合时可能产生强烈的化学反应。

三、加工速度、加工质量及影响因素

磨料射流加工中，影响材料去除率的主要因素有：磨料的类型和尺寸、喷嘴口径、结构尺寸、喷嘴与工件表面距离、喷射速度等。图 2-90 为影响材料去除速度的各种因素。

四、应用

磨料喷射加工可用于玻璃、陶瓷或脆硬金属的切割、去毛刺、清理和刻蚀。它还可用于小型精密零件如液压阀、航空发动机的燃料系统零件和医疗器械上的交叉孔、窄槽和螺纹的去毛刺。由塑料、尼龙、聚四氯乙烯制成的零件也可以采

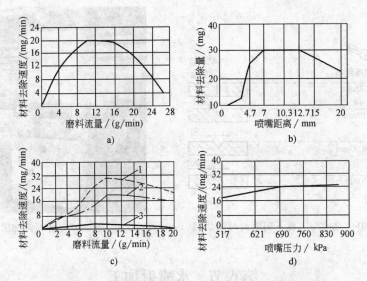

图 2-90　影响磨料喷射加工材料去除速度的诸因素

a) 磨料流量对切削速度的影响　b) 喷嘴距离与切削速度的关系

c) 磨料尺寸对切削速度的影响（1—氧化铝, 磨料直径 50μm

2—氧化铝, 磨料直径 27μm　3—氧化铝, 磨料直径 10μm）

d) 气体压力对切削速度的影响

用磨料喷射加工来去除毛刺。磨料流束可以跟随工件的轮廓形状, 因而可以清理不规则的表面如螺纹孔等。磨料喷射加工不能用于在金属上钻孔, 因为孔壁将有很大的锥度, 且钻孔速度很慢。

操作时通常采用手动喷嘴、缩放仪或自动夹具等。可以在玻璃上切割直径小于 1.6mm 的圆孔, 其厚度达 6.35mm, 并且不会产生表面缺陷。

磨料喷射加工还成功地用于剥离绝缘层和清理导线而不会影响到导体, 还用于微小截面如皮下注射针头的去毛刺。还常用于加工磨砂玻璃、微调电路板以及硅、镓等的表面清理。在电子工业中, 用于制造混合电路电阻器和微调电容。

图 2-91 为喷嘴端部与工件的距离不同时的切削作用, 喷嘴直径为 0.46mm。

图 2-92 为磨料流加工机床, 该方法的优点是能够加工截面细薄的脆性材料, 特别是其他方法难以达到的部位, 由于工具没有接触工件, 而且是在金属切除量极微小的情况下逐步切除的, 因此很少或不产生热量, 故不产生显著的表面损伤。这种方法具有成本低和功率消耗低的特点。然而, 切除韧性材料时, 材料切除速率比较低, 所以, 磨料射流机械加工的用途只限于加工脆性材料。有时, 用这种方法加工的零件必须进行一道附加的清洗工序, 因为磨粒有可能粘附在表面上。加工的精度差, 而喷嘴的磨损率高, 此外, 这个方法会污染环境。

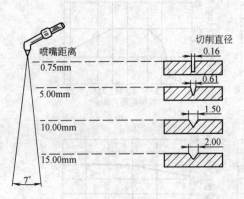

图 2-91 喷嘴与工件不同距离时的切削

图 2-92 磨料流加工

第八节 水喷射加工

一、基本原理

水射流加工（Water Jet Cutting）又称液体喷射加工，是利用高压高速液流对工件的冲击作用来去除材料的，如图 2-93 所示。采用水或带有添加剂的水，以 500～900m/s 的高速冲击工件进行加工或切割。水经水泵后通过增压器增压，贮液蓄能器使脉动的液流平稳。水从孔径为 0.1～0.5mm 的人造蓝宝石喷嘴喷出，直接压射在工件加工部位上。加工深度取决于液压喷射的速度、压力以及压射距离。"切屑"

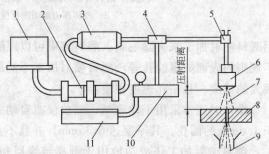

图 2-93 液力加工原理

1—带有过滤器的水箱 2—水泵 3—贮液蓄能器 4—控制器 5—阀 6—蓝宝石喷嘴 7—射流 8—工件 9—排水口 10—液压机构 11—增压器

进入液流排出，束流的功率密度可达 $10^6 W/mm^2$。

二、设备

水射流切割需要液压系统和机床，但机床不是通用性的，每种机床的设计应符合具体的加工要求。水射流加工设备和元件，主要是要能够承受 400～800MPa 的系统压力，液压系统还包括控制器、过滤器以及耐用性好的液压密封装置。加工区需要一个排水系统和贮液槽。液压系统通过小的柱塞泵使液体增压到 1500～4000MPa。增压后的水，通过内外径之比达 5～10 的不锈钢管道和特殊的管道配件，再经过针形阀通过喷嘴进行加工。

喷嘴要把高压液体转变成高速射流，这对喷嘴设计者提出了苛刻的要求。为了使侵蚀最小，喷嘴材料应是极其坚硬的，但为了有光滑的轮廓结构，材料应具有韧性和易于机械加工。可以利用粘结的金刚石或蓝宝石作成喷嘴，并可把它们放进钢套里作为镶嵌件使用，以满足强度和韧性的需要。金刚石、碳化钨和特种钢，也已经成功地用于制造优质的喷嘴。图 2-94 显示出了喷嘴的组件。

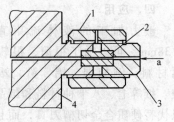

图 2-94　喷嘴
1—连接螺母　2—圆锥体
3—喷嘴　4—接头配件

喷口直径为 0.05 ~ 0.35mm 的喷嘴，喷射时会产生长达 3 ~ 4cm 的聚合射流，增加这个长度的方法是增加分水角，直到长链聚合物的 1%，例如用相对分子质量为 400 万的聚乙烯氧化物，它可以使液体的粘度大为提高，用这样的添加物，聚合射流的长度，已经达到直径的 600 倍，当不断增加的喷射围层内保留着聚集的液体核心时，即使在消散区以外仍具有一定的分割作用。

水射流切割时，作为工具的射流束是不会变钝的，喷嘴寿命也相当长。液体要经过很好的过滤，过滤后的微粒小于 0.5μm，液体经过脱矿质和去离子处理以减少对喷嘴的腐蚀。切削时的摩擦阻尼很小，所需的夹具也较简单。还可以采用多路切割，这时应配备多个喷嘴。

水射流切割采用程序控制和数字控制系统是较先进的，已有的数字控制水射流加工机床的工作台尺寸为 2m×1.5m，移动速度为 380mm/s。

三、加工速度、加工质量及影响因数

切割速度主要由工件材料决定，并与功率大小成正比，和材料的厚度成反比，不同材料的切割速度如表 2-18 所示。

加工精度主要受机床精度的影响，切缝比喷嘴孔径大 0.025mm，加工复合材料时，采用的射流速度要高，喷嘴直径要小，并具有小的前角，喷嘴紧靠工件，喷射距离要小。喷嘴愈小，加工精度愈高，但材料去除速度降低。

切边质量受材料性质的影响很大，软材料可以获得光滑表面，塑性好的材料可以切割出高质量的切边。液压过低会降低切边质量，尤其对复合材料，容易引起材料离层或起鳞。采用正前角（如图 2-95 所示）将改善切割质量。进给速度低可以改善切割质量，进给速度低可以改善切割质量。因此，加工复合材料时应采用较低的切割速度，以避免在切割过程中出现材料的分层现象。

水中加入添加剂（丙三醇、聚乙烯、长链形聚合物）能改善切割性能和减少切割宽度。另外，压射距离对切口斜度的影响很大，压射距离愈小，切口斜度也愈小。高能量密度的射流束将引起温度的升高，进给速度低时有可能使某些塑料熔化，但温度不会高到影响纸质材料的切割。

四、应用

液力加工的液体流束直径为 0.05 ~ 0.38mm，可以加工很薄、很软的金属和非金属材料，例如铜、铝、铅、塑料、木材、橡胶、纸等七、八十种材料和纸品。液力加工可以代替硬质合金切槽刀具，而且切边的质量很好。所加工的材料厚度少则几毫米，多则几百毫米，例如切割 19mm 厚的吸声天花板，采用的水压为 310MPa，切割速度为 76mm/min。玻璃绝缘材料可加工到 125mm 厚。由于加工的切缝较窄，可节约材料和降低加工成本。

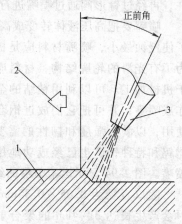

图 2-95　水射流喷嘴角度
1—工件　2—喷嘴运动方向
3—喷嘴

由于加工温度较低，因而可以加工木板和纸品，还能在一些化学加工的零件保护层表面划线。表 2-16 为水射流切割的加工速度，表 2-17 所列为水射流切割常用的加工参数范围。

表 2-16　水射流切割的加工速度

材　料	厚度/mm	喷嘴直径/mm	压力/MPa	切割速度/m·s^{-1}
吸音板	19	0.25	310	1.25
玻璃纤维增强复合材料	3.55	0.25	412	0.0025
环氧树脂石墨	6.9	0.35	412	0.0275
皮革	4.45	0.05	303	0.0091
胶质(化学)玻璃	10	0.38	412	0.07
聚碳酸脂	5	0.38	412	0.10
聚乙烯	3	0.05	286	0.0092
苯乙烯	3	0.075	248	0.0064

表 2-17　水射流切割的加工参数

液体	种类:水或水中加入添加剂 添加剂:丙三醇(甘油)、聚乙烯、长链形聚合物 压力:70 ~ 415MPa 射流速度:300 ~ 900m/s 流量:达 7.5L/min 射流对工件的作用力:45 ~ 134N
喷嘴	材料:常用人造金刚石,也有用淬火钢、不锈钢的 直径:0.05 ~ 0.38mm 角度:与垂直方向的夹角 0° ~ 30°
性能	功率:达 38kW 切割速度(即进给速度):见表 2-18 切缝宽度:0.075 ~ 0.41mm 压射距离:2.5 ~ 50mm,常用的为 3mm

图 2-96 为 CWC 系列数控高压水力切割机。数控射流加工设备俗称"水刀",其主要组成部分有增压器、喷嘴、管路系统、执行机构、控制系统等。

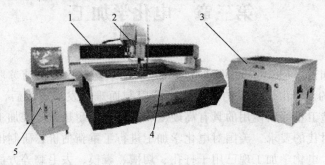

图 2-96　CWC 系列数控高压水力切割机
1—横梁　2—切割头（Z 轴）　3—增压器
4—工作台（水槽，Y 轴）　5—控制系统

美国汽车工业中用水射流来切割石棉刹车片、橡胶基地毯、复合材料板、玻璃纤维增强塑料等。航天工业用以切割高级复合材料、蜂窝状夹层板、钛合金元件和印制电路板等,可提高疲劳寿命。影响水射流切割广泛采用的主要因素是一次性初期投资较高。

第三章　电化学加工

电化学加工（Electrochemical Machinng）的最初试验是由前苏联人 Wladimir Gusseff 进行的。但由于当时的技术水平的限制而难以发展。战后，为了对喷气发动机及人造卫星等所使用的具有高硬度和高韧性的耐热钢等难加工材料进行加工，为适应时代的要求，美国对电化学加工进行了重新估价，研制出了最早的电化学加工机。电化学加工现已用于打孔、切槽、雕模、去毛刺等方面，是应用范围很广的加工方法。

第一节　电化学加工原理、特点及分类

一、电化学加工原理

电化学加工原理就是将电镀中阳极金属的熔解现象应用于金属加工。电化学加工使用具有一定形状的工具或电极，因为加工意味着切除材料，所以工具接阴极，工件接阳极。图 3-1 所示为电化学加工的基本原理。

电化学液由泵送到工具和工件之间的狭小间隙，该间隙（0.2 ~ 0.3mm）为初始间隙，工具电极按规定的形状尺寸制出，与工件表面对置。当电化学液以 5 ~ 20m/s 的速度流经它们的初始间隙时，若在工具

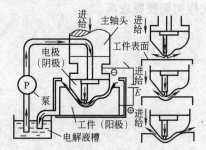

图 3-1　电化学加工的原理

阴极和工件阳极间接通一定的直流电压（5 ~ 20V），就会有电流经电化学液流过，使工件与阴极接近的部分开始电化学。同时使阴极以一定速度（0.5 ~ 3.0mm/min）向工件进给，达到预定的加工深度时，就获得所需的加工形状。这种采用恒定电压和恒定进给方式的电化学加工是现在应用最为广泛的一种电化学加工方法。初加工表面的电流密度为 25 ~ 150A/cm^2，在加大面积时，全部加工电流可达 10000 ~ 40000A。

电化学加工时，在阴极和工件之间发生的变化可用图 3-2 的模型来表示。用食盐水（NaCl + H$_2$O）作电化学液加工铁（Fe）时发生如下的电化学反应：

二、电化学加工的特点

电化学加工的主要优点之一是它可以加工复杂的三维曲面，而不像一般的金

$$（阴极）2H + 2e \longrightarrow H_2 \uparrow$$

$$（电解液）Fe + 2(OH) \longrightarrow Fe(OH)_2 \downarrow$$

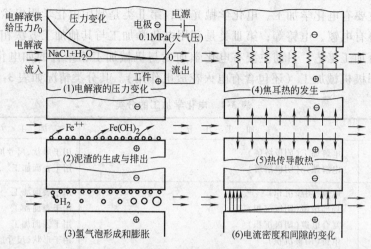

图 3-2　电解模型

属切削那样留下条纹痕迹。采用不锈钢制造的阴极工具，可以把许多初步成形的零件加工到具有极高的外形尺寸要求。因此，该方法在加工燃气和蒸汽透平的叶片及镗线的基础上逐渐迅速发展起来，其特点是：

1）无应力加工。

2）无毛刺加工。

3）工具和工件不接触，工具无磨损。

目前电化学加工主要用于（见表 3-1）：

1）复杂二维曲面的端面和外圆加工。

2）刻模，特别是深窄的槽和孔。

3）靠模加工和特殊形状仿形。

4）多孔钻。

5）拉孔。

6）去毛刺。

7）磨削。

8）珩磨。

9）切断。

电化学加工的主要缺点是不能加工非导电材料以及有尖锐的内角（$r <$ 0.2mm），因为在那些点上的电流密度很大。在实心材料上，不能一步加工出不通孔。电化学加工设备的腐蚀和生锈是其另一缺点，关于这一点可对内部零件涂以热熟化的聚氨酯，也可以衬以乙烯树脂，还可以采用一些腐蚀性小的电化学液。

三、电化学加工的分类

电化学加工按其作用原理可分为三大类。Ⅰ类是利用电化学阳极溶解来进行加工，主要有电化学加工、电化学抛光等；第Ⅱ类是利用电化学阴极涂覆进行加工，主要有电镀、电铸等；第Ⅲ类是利用电化学加工与其他加工方法相结合的电化学复合加工工艺，目前主要有电化学加工与机械加工相结合的如电化学磨削、电化学阳极机械加工（还包含有电火花放电作用）。其分类情况如表 3-1 所示。

表 3-1　电化学加工的分类

类别	加　工　方　法	加　工　类　型
Ⅰ	电解加工（阳极溶解） 电解抛光（阴极溶解）	用于形状、尺寸加工 用于表面加工
Ⅱ	电镀（阴极沉积） 局部涂覆（阴极沉积） 复合电镀（阴极沉积） 电铸（阴极沉积）	用于表面加工 用于表面加工 用于表面加工 用于形状、尺寸加工
Ⅲ	电解磨削、包括电解珩磨、电解研磨（阳极溶解、机械刮除） 电解电火花复合加工（阳极溶解、电火花蚀除） 电化学阳极机械加工（阳极溶解、电火花蚀除、机械刮除）	用于形状、尺寸加工 用于形状、尺寸加工 用于形状、尺寸加工

第二节　电化学加工设备

一、电化学加工设备的组成

电化学加工机床包括机床本体、整流电源、电化学液系统三个主要实体以及相应的控制系统。各组成部分既相对独立，又必须在统一的技术工艺要求下，形成一个相互关联、相互制约的有机整体。正因为如此，相对于传统切削机床，电化学加工机床具有其特殊性、综合性和复杂性。

电化学加工机床的组成框图见图 3-3。图中虚线框内为基本组成部分。

电化学加工机床可分为以下几类。

（1）按机床的形式分类

1）卧式：适宜加工叶片、深孔、花键和筒形零件。

卧式机床又可分为单头、双头和三头三种类型。

2）立式：适宜加工模具、型孔和短花键零件。

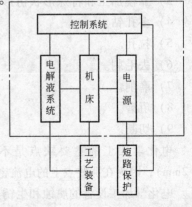

图 3-3　电化学加工机床的组成框图

立式机床又可分为 C 型和框型两种类型。

（2）按加工方式分类

1）固定式：阴极和工件固定不动，适宜加工不长的管状零件。

2）移动式：工件固定不动，阴极作直线移动，适宜加工中等直径和较长的筒形零件、花键、型面和型孔等。

3）旋转式：工件旋转，阴极固定或作直线移动，适宜加工直径较大、长度较短的筒形零件。

（3）按机床的传动方式分类

1）机电传动：机床进给系统由电动机—减速器—滚珠丝杠副组成。

2）液电传动：机床进给系统包括液压缸拖动、电液伺服位置控制和速度闭环控制系统。

3）机液混合传动：机床进给系统包括两部分，即快速由液压缸拖动；慢速由直流伺服电动机驱动液压缸。

（4）按加工对象分类

1）专用机床

① 叶片加工机床：涡轮叶片、空压机叶片、汽轮机叶片及其他型面零件等。

② 整体叶轮加工机床：适宜加工各种类型的整体叶轮。

③ 机匣加工机床：适宜加工机匣及其他重型零件。

④ 膛线加工机床：适宜加工枪、炮管及其他长筒形零件。

⑤ 花键及筒形零件加工机床：适宜加工花键及短筒形零件。

2）通用机床

① 型腔加工机床：适宜加工模具及其他三维型腔零件。

② 孔加工机床：适宜加工各种零件内表面。

③ 去毛刺机床：适宜零件倒棱、去毛刺。

④ 刻印机床：适宜零件表面刻字、印花。

⑤ 抛光机床：适宜零件表面抛光。

二、电化学加工机床

1. 对电化学加工机床的要求

电化学加工机床的任务是安装夹具、工件和阴极工具，并实现其相对运动，传送直流电和电化学液。它与一般金属切削机床的主要区别是：

（1）机床的刚性　电化学加工虽然没有机械切削力，但电化学液对机床的主轴、工作台的作用力仍比较大。所以，电化学加工机床的工具和工件系统必须有足够的刚度，否则会引起机床部件的过大变形，改变工具与工件之间的相互位置，造成短路烧伤。

（2）进给进度的稳定性（电极进给控制）　金属的阳极溶解量随时间的增加

而增大，进给速度不稳定，阴极相对工件的各个截面的电化学时间就不同，影响加工精度，这时对内孔、膛线、花键等的等截面零件的影响更为严重。因而电化学加工机床必须保证进给的稳定性。

（3）安全与防腐　电化学加工过程中产生大量的氢气，如不及时排除，可能因短路引起爆炸，必须采取排氢防爆措施。另外，电化学液及其他电化学产生的物质具有一定的腐蚀性，所以电化学液、机床部件等系统应密封良好，防止渗漏。

2. DJK3150 型机床（见图 3-4、图 3-5）

图 3-4　DJK3150 型机床　　　　　图 3-5　PLC 控制系统

它是目前国内最新研制的多功能数控精密电化学加工机床，其主要特点如下：

1）采用四立柱结构，机床刚度极好。

2）工作台采用高级花岗岩制造，不受腐蚀，可永保精度。

3）阴极进给系统采用步进电动机驱动，滚珠丝杠传动，保证了进给速度的均匀性和稳定性，特别是低速进给的稳定性。

4）先进电气控制系统，采用可编程控制器（PLC）控制，稳定性高，可靠性好，控制柔性强。

5）采用触摸屏作为人机对话输入装置，操作方便、直观。

6）主要电化学加工参数采用数字显示，实现数字调速及数字程序控制。

DJK3150 型机床具有如下先进功能：

1）自动对刀功能。在加工前，可以使用控制系统的对刀功能确定阴极与工件的准确距离。

2）自动加工功能。自动加工的工作循环过程是，首先，阴极从机床原点以 300mm/min 的速度向下快速移动，在加电点上 2mm 处，自动转换成进给速度。此时自动开阀，输入电化学液（加液指示灯亮）。在阴极到达加电点时，自动加电（加电指示灯亮），开始显示加工位移，同时电流表指示加工电流。当阴极进给到预置的加工深度时，即快速返回机床原点，同时关断加工电压和电化学液阀。其中，阴极在趋近机床原点时，自动减速。当到达机床原点时，阴极停止。

3）自动分度功能。在整体叶轮等工件加工过程中，PLC 可控制步进电机驱动数控分度头的运动，实现自动分度，工件转入下一个工位。

4）故障自动处理功能。当自动加工时发生短路或过电流时，故障继电器闭合，使 PLC 触发故障中断服务程序，这时机床停止进给，自动记录故障时的阴极位置，关断加工电压和电化学液阀，阴极快速返回机床原点。经过故障处理后，可再点击 [启动] 按钮，重新开始加工。此时阴极在故障加电点上 2mm 处，换成进给速度，继续完成因故障而中断的自动加工循环。

5）变速加工功能。根据用户需要，在自动加工过程中，可以实现阴极在设定步长下的变速加工。利用这一功能，可以用等截面阴极，方便地加工出各种锥度（包括倒锥度）零件。

6）适应控制功能。例如，温度等参数的改变，会引起电化学液电导率的相应变化，进而改变加工间隙，导致加工尺寸的误差。根据它们之间的规律，利用 PLC 的编程功能，科学编制程序，即可利用加工电压的改变自动补偿电导率变化对加工间隙的影响，从而保证电化学加工的精度。

三、电化学加工电源

电源是电化学加工设备的核心部分，电化学加工机床和电化学液系统的规格都取决于电源的输出电流，同时电源调压、稳压精度和短路保护系统的功能与机床及电化学液系统一样，影响着加工精度、加工稳定性和经济性。除此之外，脉冲电源等特殊电源对电化学加工硬质合金、铜合金材料起着决定性作用。

电源随着电子工业的发展而发展。电化学加工电源从 20 世纪 60 年代的直流发电机组和硅整流器发展到 20 世纪 70 年代的晶闸管调压、稳压的直流电源；20 世纪 80 年代出现了晶闸管脉冲电源；20 世纪 90 年代随着现代功率电子器件的发展和广泛应用，又出现了微秒级脉冲电流电化学加工电源。由于国内外电子工业的差距较大，因此电源是国内外电化学加工设备中差距较大的环节，主要体现在电源的容量、稳压精度、体积、密封性、耐蚀性、故障率和寿命等诸多方面。

因而电源是国内电化学加工设备中急需改进和提高的另一重要环节。

1. 电化学加工对电源的要求

电化学加工是利用单方向的电流对阳极工件进行溶解加工的，所使用的电化学电源必须是直流电源。电化学加工的阳极与阴极的间隙很小，所以要求的加工电压也不高，一般在 8 ~ 24V 之间（有些特殊场合也要求更高的电压）。但由于不同加工情况下参数选择相差很大，因此要求加工电压能在上述范围内连续可调。

为保证电化学加工有较大的生产率，需要较大的加工电流，一般要求电源能提供几千至几万安培的电流。电化学加工过程中，为保持加工间隙稳定不变，要求加工电压恒定，即电化学电源的输出电压应稳定，不受外来干扰。从可能性和适用性来考虑，目前国内生产的电化学电源的稳定精度均为 1%，即当外界存在干扰时，电源输出电压的波动不得超过使用值的 1%。

在加工过程中，由于种种原因可能会发生火花，也可能出现电源过载与短路，为了防止工具阴极和工件的烧伤并保护电源本身，在电源中必须有及时检测故障并快速切断的保护线路。

总的来说，电化学加工电源应是有大电流输出的连续可调的直流电源，要求有相当好的稳压性能，并设有必要的保护线路。除此之外，运行可靠、操作方便、控制合理当然也是鉴别电源好坏的重要指标。

2. 电化学加工电源的种类及基本结构

因为电化学加工要求直流电源，所以必须首先使交流电变为直流电，即经过整流。根据整流方式的不同，电化学电源可分为三类。

1）直流发电机组：这是先用交流电能带动交流电动机转变为动能，再带动直流发电机将动能转变为直流电能的装置，由于能量的二次转换，所以效率较低，而且噪声大、占地面积大，调节灵敏度低，从而导致稳压精度较低，短路保护时间较长。这是最早应用的一类电源，除原来配套的设备外，在新设备中已不再采用。

2）硅整流电源：随着大功率硅二极管的发展，硅整流电源逐渐取代了直流发电机组。简单型的硅整流器采用自耦变压器调压，无稳压控制和短路保护。也可采用饱和电抗器调压、稳压，但其调节灵敏度较低，短路保护时间较长，约 25ms，稳压精度不够高，仅为 5% 左右，且耗铜、耗铁量较大，经济性不够好。

3）晶闸管整流电源：随着大功率可控硅器件的发展，可控硅调压、稳压的直流电源就逐渐取代了硅整流电源。这种电源将整流与调压统一，都由可控硅元件完成，结构简单，制造方便，反应灵敏，随着可控硅元件质量的提高，可靠性也越来越好，国外现已全部采用此种电源，也已成为国内目前生产的主要电化学电源。

晶闸管整流电源一般是通过单相、三相或多相整流获得的，但它的输出电压、输出电流并不是纯直流，而是脉动电流，其交流谐波成分随整流电路的形式及控制角的大小变化而变化。由于可控硅整流电源纹波系数（3%～5%）比开关电源（小于1%）高，经电容、电感滤波后，并不能达到纯直流状态。但比直流发电机经济、效率高、重量轻、使用维护方便、动作快、可提高自动化程度、无机械磨损等。

四、工具、工件及电化学加工液

（1）阴极工具　阴极工具的形状尺寸精度直接影响到工件的加工精度，同样，工具的表面粗糙度对加工后零件的表面粗糙度也有影响。

在电化学加工中，广泛用于制造工具的材料是铝、黄铜、青铜、铜、石墨、不锈钢、镍铜合金等。

上述材料的工具加工成一定形状通常并不困难。制造这些工具的方法一般采用的是冷锻和电铸成型。

（2）阳极工件　工件材料的性质，必须是良导体，工件材料的化学特性对材料切除速率有影响。切除速度与工件材料的原子质量成正比，与其原子价成反比。

装夹工件的夹具由绝缘材料制成，环氧树脂或玻璃纤维是电化学加工理想的夹具材料。在某些场合，也可用便宜材料如有机玻璃和聚氯乙烯。这些材料具有良好的热稳定性和低湿性。同时也起到工具与工件之间的绝缘作用。

（3）电化学液系统　电化学液系统在电化学加工中是必不可少的组成部分，系统的主要组成有泵、电化学液槽、过滤器、管道及阀等，如图3-6所示。

用于电化学加工的泵一般都是离心泵，它的轴承与泵腔是分开的。所以密封与防腐比较容易实现，故使用周期长。

电化学加工中电蚀产物的产生将堵塞加工间隙，引起局部短路，故对电化学液的净化方法主要有：

介质过滤法：过去采用的是钢丝或不锈钢网过滤，目前采用的是 $100^{\#}$ ～ $200^{\#}$ 的尼龙丝网，它制造容易，成本低，效果好。实践表明，电化学加工

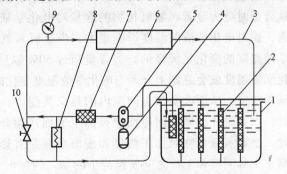

图 3-6　电解液系统示意图

1—电解液槽　2—过滤网　3—管道　4—泵用电动机
5—离心泵　6—加工区　7—过滤器　8—安全阀
9—压力表　10—阀门

中的最有害的物质是固体杂质小屑及冲刷下来的金属晶粒，必须予以清除。

沉淀法的效果也是比较好的。由于自然沉淀速度慢，占地面积大，为克服这一缺点，采用倒锥形漏斗，这样在流量相同的条件下，降低了流速，延长电化学液的滞留时间，保证过滤充分。此外，采用斜管沉淀池的原理也是一种很好的方法。

(4) 电化学液 在电化学加工过程中，电化学液的主要作用是：①作为导电介质接通工具与工件之间的电路；②在电场作用下进行电化学反应，阳极溶解顺利并进行控制；③带走电化学反应中所产生的热量和加工区域产生的电化学产物。

对电化学液的基本要求如下：

1) 具有足够的蚀除速度，即生产率要高，要求电化学蚀除物质在溶液中有较强的溶解度和离解度，具有很高的电导率。如 NaCl 水溶液中 NaCl 几乎能完全离解为 Na^+、Cl^- 离子，并与水的 H^+、OH^- 离子能共存。

2) 具有较高的加工精度和表面质量 电化学液中的金属阳离子不应在阴极上产生放电反应而沉积到阴极工具上，以免改变工具的形状尺寸。

3) 阳极反应的最终产物是不溶性的化合物，这主要是便于处理，不会影响到阴极的工具尺寸。通常被加工工件的主要组成元素的氢氧化物大都难溶于中性的盐溶液。但在加工小孔时要求阳极的反应物是可溶性的。除此之外，还要求电化学液具有：高的电导率；低的粘度和高的比热容，较好的化学稳定性；无腐蚀和毒性，价廉而容易得到。

(5) 电化学液净化 电化学加工中金属在阳极溶解过程中被去除，生成不溶于水的金属氢氧化物，通常称之为渣。从生产实践中曾发现电化学液中含有少量金属氢氧化物时，其使用效果比绝对清洁的电化学液更好一些，这一点在加工钛合金时更为显著。氢氧化物的含量对电化学液的电导率有影响，但不十分显著，而对电化学液的温度影响很大，当金属氢氧化物含量小于 50% 以前，电化学液温度的变化是缓慢的，当含量超过 50% 以后，金属氢氧化物稍有增加，电化学液温度就会急剧上升。当电化学液温度变化时，就会影响加工间隙内电化学液的流速，从而改变加工间隙内的热交换能力，而使间隙内的电化学液容易沸腾，严重时还会堵塞间隙而使被加工表面产生条纹，或发生火花甚至短路。因此，金属氢氧化物对加工精度和表面质量是有影响的。一般来说，当加工精度高、工具阴极和工件之间要保持小的加工间隙时，则要用比较清洁的电化学液。据国外提供的某些数据来看，精加工时金属氢氧化物的含量应小于 5%；或者说，当加工时的平衡间隙在 0.12mm 以内时，电化学液中金属氢氧化物的含量应保持在 1% ~4% 以内，如有可能，最好保持在 1% 左右。基于以上原因电化学液系统必须确保一定的净化。

(6) 三种常用的电化学液 电化学液可分为中性盐溶液、酸性溶液与碱性溶液三大类，表 3-2 为一些常用的电化学液及其特性。

表 3-2　电化学液及其特性

溶液号	电解液	材料	优　点	缺　点
1	NaCl 或 KCl 0.25kg/L 以下	钢和铁基合金	便宜、无毒、不易燃，能用于各种各样的材料。使加工面向周围表面过渡产生光滑圆角。在高浓度时，电导率易于控制，电流效率高	从光制表面的四周切除材料。选择性地趋向于加工不锈钢的晶粒边界电导率受温度的影响
2	NaNO₃ 0.5kg/L 以下	钢和铁基合金	产生较低的表面粗糙度较少的离散加工	比用 NaCl 的费用高，具有易燃性。好的电导率需要高的浓度。电阻率能随产生流线的流动速度而变要求更高的电压，电导率受温度的影响
3	NaClO₃ 0.2~0.5kg/L	钢和铁基合金	产生非常光滑和明亮的表面，可以阻止后续的腐蚀作用电导率相对地不受温度的影响无离散加工或邻接面的点蚀，可用于精确的加工	成本高，有毒。如放在可燃材料上干燥，有高度的火灾危险。要求特殊的处理和贮藏。在较低的浓度时，电流效率低，为达到最佳效果，要求高的电压(约20V)在 <9V 时，无加工能力
4	NaCl + 0.01kg/L 柠檬酸	钢和铁基合金	柠檬酸防止金属氢化物沉淀物的形成，适用于间隙很小的工序，使复杂的工件形状轮廓清楚。能使用较低的电解液压力，例如用于钻深孔的细长电极工序	若不是用在小的复杂零件时，是很贵的。电解液必须经常更换
5	NaCl 0.20kg/L 以下，或 NaNO₃ 0.5kg/L 以下	灰铸铁	产生低的表面粗糙度	必须采用大的加工间隙(0.50~0.80mm)，使石墨颗粒清除干净
6	NaCl 0.1kg/L 以下 + NaNO₃ 0.1kg/L	镍和钴基合金	便宜的混合物。产生低的表面粗糙度	工件表面上产生流线，加工表面具有不多的灰色粘附物
7	NaNO₃ 0.5kg/L 以下	镍和钴基合金	产生低的表面粗糙度	缺点与电解液6的相同，比电解液6贵，易燃，需较高的工作电压
8	NaCl 0.25kg/L 以下	镍和钴基合金	产生光滑表面，表面不需要再清洗	用这种电解液，晶间腐蚀猛烈地降低加工零件的疲劳强度。与加工区邻接的表面有点蚀的危险
9	NaCl 0.25kg/L 以下 + NaF 0.002kg/L	镍和钴基合金	呈现不规则黑色氧化膜的材料，用上述电解质中的任意一个来加工时，可得到低的表面粗糙度	较高的电压，减少钝化的机会，工件表面上残留疏松的灰色氧化物膜层，与加工区相邻的表面上有点蚀的危险
10	NaCl 0.1kg/L 以下	钛合金	能够产生比上述电解液更低的表面粗糙度，加工表面没有任何疏松的氧化物膜层	要求高电压，流线会在工件表面上形成加工时表面更易于产生钝化膜，难于保持精确的轮廓尺寸，点蚀发生在靠近加工区的表面上

第三节 电化学加工的基本规律

一、生产率及其影响因素

（1）金属的电化学当量与生产率的关系 电化学加工时，电极上溶解或析出物质的量（质量 M 或体积 V），与电化学电流的大小 I 和电化学时间 t 成正比，即与电量（$Q = It$）成正比，其比例系数称为电化学当量，用公式表示如下：

以质量计

$$M = KIt \qquad (3\text{-}1a)$$

以体积计

$$V = \omega It \qquad (3\text{-}1b)$$

式中 M——电极上析出或溶解物质的质量（g）；

V——电极上溶解或析出物质的体积（mm^3）；

K——被电化学物质的质量电化学当量 [$g/(A \cdot h)$]；

ω——被电化学物质的体积电化学当量 [$mm^3/(A \cdot h)$]；

I——电化学电流（A）；

t——电化学时间（h）。

由于质量和体积相差一密度 ρ，同样 K 与 ω 也相差一密度 ρ，即

$$M = V\rho \qquad (3\text{-}2a)$$

$$K = \omega\rho \qquad (3\text{-}2b)$$

铁在氯化钠电化学液中的电化学当量为：$K = 1.042g/(A \cdot h)$，$\omega = 133mm^3/(A \cdot h)$，含意是每安培电流每小时可去除 1.042g 或 $133mm^3$ 的铁，某种金属的电化学当量可查表或由实验确定。

法拉第电化学定律即式（3-1）可根据电量计算任何被电化学金属的数量，在理论上不受电化学液的浓度、温度、压力、电极材料及形状因素的影响。这从机理上不难理解，因为在阴极、阳极电子交换的数量相等，而其他条件在理论上无直接关系。

然而，在实际电化学加工时，某些情况下在阳极可能出现其他反应，如氧气或氯气的析出，或有部分以高价离子溶解，从而被电化学的金属量有时会小于所计算的理论值。为此，实际应用时常引入一个电流效率 η：

$$\eta = （实际金属蚀除量/理论计算蚀除量）\times 100\%$$

则实际蚀除量为：

$$M = \eta KIt \qquad (3\text{-}3)$$

$$V = \eta \omega It \qquad (3\text{-}4)$$

表 3-3 列出了常见金属的电化学当量，对多元素合金，可按元素含量的比例折算。

表 3-3　常见金属的电化学当量

金属名称	密度/(g/cm³)	电化学当量		
		$K/[\text{g}/(\text{A}\cdot\text{h})]$	$\omega/[\text{mm}^3/(\text{A}\cdot\text{h})]$	$\omega/[\text{mm}^3/(\text{A}\cdot\text{min})]$
铁	7.86	1.042（二价）	133	2.22
		0.696（三价）	89	1.48
镍	8.80	1.95	124	2.07
铜	8.93	1.188（二价）	133	2.22
钴	9.73	1.099	126	2.10
铬	6.9	0.648（三价）	94	1.56
		0.324（三价）	47	0.78
铝	2.69	0.335	124	2.07

（2）电流密度与生产率的关系　因电流 I 为电流密度 i 与加工面积 A 的乘积，故代入式（3-4）得：

$$V = \omega i A t \eta \tag{3-5}$$

用总的金属蚀除量来衡量生产率是不方便的，由图 3-7 可知，蚀除掉的金属体积 V 是加工面积与电蚀掉的金属厚度 h 的乘积，即 $V = Ah$，所以阳极金属的蚀除速度 v_a。

$$v_a = \eta \omega i \tag{3-6}$$

式中　v_a——金属阳极（工件）的蚀除速度（mm/min）；

　　　i——电流密度（A/cm²）。

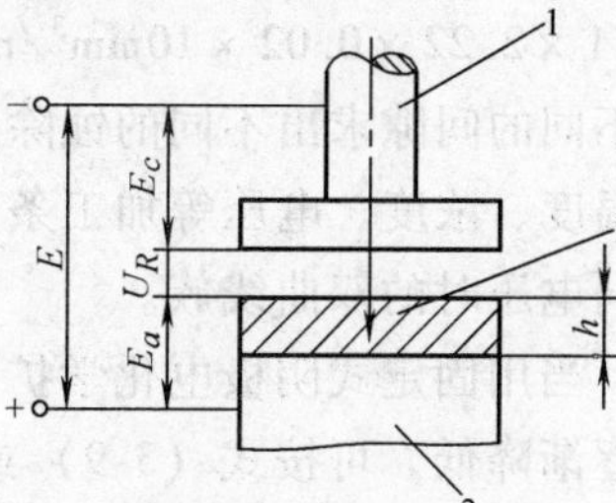

由式（3-6）可知，蚀除速度与电流密度成

图 3-7　蚀除过程示意图
1—阴极工具　2—蚀除速度 v_a
3—工件

正比。当电化学液压力和流速较高时，可选用较大的电流密度。电流密度过高，将会出现火花放电，析出氯、氧等气体，并使电化学液温度过高，造成局部短路。

实际的电流密度，决定于电源电压、电极间隙及电化学液的电导率，因此蚀除速度还应考虑上述因素。

（3）电极间隙的大小和蚀除速度的关系　电极间隙愈小，电化学液的电阻也愈小，电流密度愈大，因而，蚀除速度越高。由图 3-7 知，电极间隙为 Δ，电极面积为 A，电化学液的电阻率为 ρ，电导率为 σ，则 $\rho = 1/\sigma$，则电流 I 为：

$$I = U_R/R = U_R \sigma A/\Delta \tag{3-7}$$

$$i = I/A = U_R\sigma/\Delta \tag{3-8}$$

将式（3-8）代入式（3-6）中得

$$v_a = \eta\omega\sigma U_R/\Delta \tag{3-9}$$

外接电源电压 E 为电化学液的电阻压降 U_R，阳极压降 E_a 与阴极压降 E_c 之和，即

$$E = U_a + E_a + E_c \tag{3-10}$$

$$U_R = E - (E_a + E_c) \tag{3-11}$$

由于阴极、阳极压降一般为 $2 \sim 3\mathrm{V}$，所以 $U_R = E - 2$，或 $U_R \approx E$

因而式（3-9）说明蚀除速度 v_a 与电流效率 η，体积化学当量 ω，电导率 σ，欧姆压降 U_R 成正比，与电极间隙 Δ 成反比。但如果间隙过小将引起火花放电或电化学产物特别是氢气排除不畅而引起短路。当电化学参数、工件材料、电压等保持不变，即 $\eta\omega\sigma U_R = C$（常数）则

$$v_a = C/\Delta \tag{3-12}$$

或 $C = v_a\Delta$，此常数为双曲线常数。v_a 与 Δ 的双曲线关系是分析电化学成型加工规律的基础。

例如，当工件材料为碳钢，$\omega = 2.22\mathrm{mm}^3/(\mathrm{A} \cdot \mathrm{min})$，NaCl 电化学液浓度为 15%，温度为 $30\mathrm{℃}$，电导率 α 为 $0.2\Omega/\mathrm{cm}$，U_R 为 $10\mathrm{V}$，电流效率 $\eta = 100\%$，则 $C = 1 \times 2.22 \times 0.02 \times 10\mathrm{mm}^3/\mathrm{min} = 0.444\mathrm{mm}^3/\mathrm{min}$，即 $v_a\Delta = 0.444\mathrm{mm}^2/\mathrm{min}$，根据不同的间隙求出不同的蚀除速度。为计算方便，可绘出双曲线图形，当电化学液温度、浓度、电压等加工条件不同时，可作出一组双曲线图族或表。图 3-8 为不同电压时的双曲线族。

当用固定式阴极电化学扩孔或抛光时，时间愈长，加工间隙愈大，蚀除速度将逐渐降低，可按式（3-9）或图表进行定量计算。式（3-9）经积分推导，可求出电化学时间 t 和加工间隙 Δ 的关系式

$$\Delta = \sqrt{2\eta\omega\sigma U_R t + \Delta_0^2} \tag{3-13}$$

式中　Δ_0——起始间隙（mm）。

二、精度成型规律

以上仅讨论了蚀除速度与加工间隙的关系。实际电化学加工中，进给速度的大小会影响到加工间隙的大小，同样影响工件尺寸和成型精度，所以要研究这些基本规律。

（1）端面平衡间隙　图 3-9 中，设电化学加工的初始间隙为 Δ_0，如果阴极固定不动，则加工间隙 $\Delta = \sqrt{2\eta\omega\sigma U_R t + \Delta_0^2}$ 的规律逐渐增加，蚀除速度 $v_a = \eta\omega\sigma U_R/\Delta$ 减少。如果阴极以 v_c 的恒定速度向工件进给，则加工间隙逐渐减少，而蚀除速度将以双曲线关系增大，经过一定时间后，蚀除速度 v_a 与阴极进给速

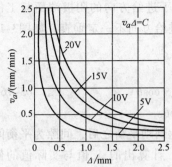

图 3-8 v_a 与 Δ 间的双曲线图形

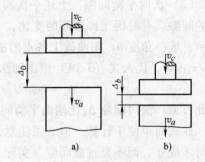

图 3-9 加工间隙变化过程

a) 初始状态 b) 平衡状态

v_a—阴极间蚀除速度 v_c—阴极工具进给速度

Δ_0—起始间隙 Δ_b—平衡间隙

度 v_c 相等，两者达到动态平衡，此时的加工间隙稳定不变，称为平衡间隙 Δ_b，由式（3-9）可直接求出平衡间隙 $\Delta = \Delta_b$，$v_a = v_c$

$$\Delta_b = \eta\omega\sigma U_R / v_c \qquad (3\text{-}14)$$

平衡间隙 Δ_b 是电极进给速度 v_c 与工件蚀除速度达到动平衡的间隙，在此之前的加工间隙是由 Δ_0 向 Δ_b 过渡的状态，如图 3-10 所示，这个过程需要经过一定的时间 t，阴极也相应进给一定距离 $h = v_c t$。而 Δ_0 与 Δ_b 实际上相差较大，而进给速度 v_c 越小，达到动平衡时间就越长，而实际加工时间决定深度和进给速度，因而实际加工时间与达到平衡时间不一定相同，往往大于平衡间隙，如果 Δ_0 远大于 Δ_b，则任何时刻的加工间隙可根据阴极进给距离 $v_c t_0$、起始间隙 Δ_0 和平衡间隙 Δ_b 按下列公式计算：

$$v_c t = \Delta_0 - \Delta + \Delta_b \ln\left[(\Delta_b - \Delta_0)/(\Delta_b - \Delta)\right] \qquad (3\text{-}15)$$

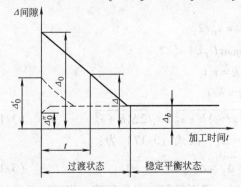

图 3-10 加工间隙变化曲线

Δ_b—平衡间隙 Δ—过渡间隙

Δ_0—起始间隙 $\Delta_0 > \Delta_0' > \Delta_b > \Delta_0''$

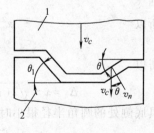

图 3-11 法向进给速度及法向间隙

1—工具 2—工件

（2）法向平衡间隙　上述平衡间隙 Δ_b 是垂直于进给方向的阴极端面与工件间的间隙。有时因工件形腔的变化，工具端面与进给方向不一定垂直。如图3-11所示，成一角度 θ，则曲线上各点的法向分速度 v_n 为：

$v_n = v_c \cos\theta$，代入式（3-14）中得到法向平衡间隙：

$$\Delta_n = \eta\omega\sigma U_R / (v_c \cos\theta) = \Delta_b / \cos\theta \tag{3-16}$$

由此可见：法向间隙 Δ_n 比端面平衡间隙要大 $1/\cos\theta$。

此式简单便于计算，但必须注意：此式是指达到动平衡之后，间隙为平衡间隙时才成立，而不是过渡间隙。实际上 θ 角越大，计算出的 Δ_n 值与实际值的偏差也越大，因此，只有当 $\theta \leq 45°$，且精度要求不高时，方可采用此式。当 $\theta > 45°$ 时，应按下面的侧面间隙计算，并加以修正。

（3）侧面间隙　当电化学加工型孔时，决定尺寸精度的不是侧面间隙 Δ_s。电化学液 NaCl，阴极侧面不绝缘时，工件的型孔侧壁始终处于被加工状态。势必形成"喇叭口"。图 3-12 中，设相应于某进给深度长 $h = v_t$ 处的侧面间隙 $\Delta s = x$，由式（3-9）可知，该处 x 方向的蚀除速度为 $\eta\omega\sigma U_R / x$，经过时间 dt 后，该处的间隙将产生一个增量 dx

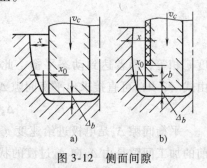

图 3-12　侧面间隙

所以 $dx = (\eta\omega\sigma U_R / x)\, dt$，将上式进行积分

$$\int x\, dx = \int \eta\omega\sigma U_R\, dt$$
$$x^2/2 = \eta\omega\sigma U_R t + C$$

当 $t \to 0$ 时（$h = vt \to 0$）

$x \approx x_0$（x_0 为底侧面初始间隙）

则 $\qquad\qquad\qquad C = x_0^2/2$

所以 $\qquad\qquad x^2/2 = \eta\omega\sigma U_R t + x_0^2/2$

$$h = v_c t$$

所以 $\qquad\qquad\qquad t = h/v_c$

$$\Delta s = x = \sqrt{2(\eta\omega\sigma U_R / v_c)h + x_0^2} = \sqrt{2\Delta_b h + x_0^2} \tag{3-17}$$

当工具底侧处的圆角半径很小时，$x_0 \approx \Delta_b$，故式（3-17）为：

$$\Delta s = \sqrt{2\Delta_b h + \Delta_b^2} = \Delta_b\sqrt{2h/\Delta_b + 1} \tag{3-18}$$

上式说明，阴极工具侧面不绝缘时，侧面任何一点的间隙，将随工具进给深度 $h = v_c t$ 而变化，为一抛物线关系，因此侧面为一抛物线状的喇叭口，如果阴极侧面如图 3-12b 那样进行绝缘，此时的侧面间隙 Δs 与 h 无关，仅由工作边宽

度 b 决定，所以式 (3-8) 中的 h 以 b 代替，则得：

$$\Delta s = \sqrt{2b\Delta_b + \Delta_b^2} = \Delta_b \sqrt{2b/\Delta_b + 1} \tag{3-19}$$

（4）平衡间隙理论的应用　以上一些初步的平衡间隙理论，在 NaCl 电化学液（线性）加工时应用：

1）计算加工过程中各种电极间隙，如端面、斜面、侧面的间隙。这样就可以根据阴极的形状来推算加工后工件的形状尺寸。

2）设计电极时计算阴极尺寸及修正量，亦即根据形状尺寸计算阴极形状尺寸。

3）选择加工参数：如电极间隙、电源电压、进给速度等。

三、电化学加工表面质量

电化学加工的表面质量主要包括表面粗糙度和表面物理化学性质的变化。正常的电化学加工能达到 $R_a 1.25 \sim 0.16\mu m$ 的表面粗糙度，由于靠电化学阳极溶解去除金属，所以无切削力和切削热的影响，加工表面不存在塑性变形、残留应力、冷作硬化或烧伤退火层等缺陷。但如控制不好，可能会出现晶间腐蚀、流纹、麻点、工件表面黑膜，甚至短路烧伤等疵病。

第四节　提高电化学加工精度的途径

国内外许多学者对电化学的加工过程作了大量、系统、深入的研究：主要是：钝化膜对阳极溶解的影响；pH 值对阳极溶解的影响；电化学液对电化学加工过程的影响；非水电化学液；以及采用混合电化学液和加工过程中流场的影响。

目前生产中提高电化学加工精度的主要途径是：

一、脉冲电流电化学加工

采用该方法是近年来发展起来的新方法，可以明显地提高加工精度，在生产中逐渐得到广泛的应用。

采用 $NaNO_3$ 和 NaCl 电化学液分别对 45 钢和 1Cr18Ni9Ti 进行加工，阴极为半圆弧形状。采用 w_{NaNO_3} 10% 电化学液进行脉冲电流电化学加工，可得到完整的半圆弧型腔，用 $R20.12mm$ 的 R 规检查，透光度不大于 0.02mm，型面无流纹，侧面直线度为 0.05mm；直流加工时，所得圆弧在 d 角较大处有明显的喇叭口，法向间隙最大差值为 0.30mm，底面有深约 0.1mm 的流纹，侧壁直线度为 0.65mm。采用 w_{NaCl} 5% 电化学液脉冲电流加工，同样能得到完整的半圆弧型面，用 R 规检查，透光度不大于 0.02mm，型面无流纹，侧壁直线度小于 1.2mm；直流加工时有明显喇叭口，法向间隙最大差值为 0.55mm，底面有流纹，侧壁直线度大于 1.5mm。可见脉冲电流电化学加工的加工精度比直流电化学加工高得多。

脉冲电流电化学加工具有如下特点：

1）脉冲电流加工时在阳极金属表面形成的钝化膜不同于直流加工。其表面为坚固的蓝黑色光亮表面。

2）脉冲电流加工为间歇加工，使电蚀物有足够的时间排除，电化学液流动通畅，能改善流场，提高加工的稳定性。

3）脉冲电流加工可以采用小间隙进行加工，充分发挥"小间隙电化学加工工艺"的优越性。

4）脉冲电流加工速度要低于直流加工。

二、小间隙电化学加工

由式（3-12）$v_a = C/\Delta$ 已知，工件材料的蚀除速度与加工间隙成反比。

实际加工中由于余量分布不均，及零件的表面微观不平，各处的加工间隙是不均匀的。如图 3-13 所示，以平面阴极加工平面为例，设工件的最大平面度为 δ，则突出部分的加工间隙为 Δ，设其去除速度为 v_a，低凹加工间隙为 $\Delta + \delta$，设其蚀除速度为 v_a'，由式（3-12）知：

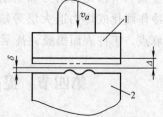

$$v_a = C/\Delta$$

图 3-13　余量不均匀时电解加工示意图
1—工具　2—工件

$$v_a' = C/(\Delta + \delta)$$

则：

$$v_a/v_a' = (\Delta + \delta)/\Delta = 1 + \delta/\Delta \qquad (3-20)$$

由此可见，因 $v_a > v_a'$，提高了整平效果。所以加工间隙越小，越能提高加工精度。对侧向间隙的结果也一样。

采用小间隙加工，对提高加工精度、生产率是有利的。但对液流阻力增大，电流密度大，使电化学液温升快、压力高，还易发生短路。

三、混气电化学加工

混气电化学加工原理及优缺点　混气电化学加工就是将一定压力的气体（CO_2、N_2 或空气）与电化学液混合在一起，然后进入加工区进行电化学加工。

混气电化学加工的主要特点是提高了电化学加工精度，尤其是成型精度；简化了阴极的设计与制造。电化学液混入气体之后其主要作用是：

1）增加了电化学液的电阻率，减少了杂散腐蚀，使电化学液向非线性方面转化。由于气体是不导电的，其间隙内的电阻率随压力的变化而变化，间隙小处压力高，气泡体积小，电阻率低，电化学作用增强；反之其作用减弱。

2）降低电化学液的密度和粘度，能增加流速、均匀流畅，由于气体的密度和粘度远小于液体，所以混气电化学液的密度和粘度也大大降低，这是混气电化学液电化学加工能在低压下达到高速流的关键，高速流动的气泡还起搅拌作用，消除死水区，均匀流场用来减少短路的可能性。

混气电化学液的主要缺点是，由于其电流密度的下降，使生产率比不混气下降了 $1/3 \sim 1/2$，但适用于小功率电源加工大工件。

四、磁力电化学加工

磁力电化学加工实际上是将磁力光整加工和电化学溶解加工复合的一种加工方法。其加工原理如图 3-14 所示。工件接直流电源正极，阴极接直流电源负极。电化学液经阴极通孔流到工件表面，在垂直于工件轴线且与电力线成 $90°$ 的方向上加直流电源强磁场，并在磁极与工件之间形成的强磁场中填充呈游离状的磁性磨料。电化学磁力复合加工的表面光整效果是在三重作用下产生的：

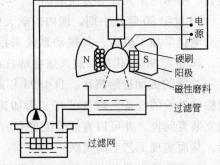

图 3-14　磁力电化学加工原理示意图

（1）电化学的作用　阳极氧化蚀除反应。

（2）磁性磨料的加工作用　主要是用来刮除钝化膜。

（3）洛仑兹力的作用　由于加了强磁场，使得电场中的离子在磁场中受到洛仑兹力的作用。此力一方面使离子的运动复杂化，当磁力线方向和电力线方向垂直时，离子按螺旋形轨迹运动，使离子的运动增长，与其他还没有电离的分子碰撞的机会增加，从而增加电化学液的电离度，促进了电化学反应；另一方面，洛仑兹力加速了电极附近离子的扩散、迁移运动，降低了浓差极化，有利于电化学反应，提高了加工效率。

由于电化学磁力复合加工中的机械作用是采用磁力光整加工的，因此该工艺具有以下特点：

1）具有很好的适应性，由于磁性磨料在磁场中能根据工件形状自动形成加工磨具，所以可以加工任意复杂形状的表面。

2）通过改变磁感应强度来控制作用力，因此加工具有可控性，尤其是可根据需要调节磁性磨料的保持力。

3）由于磁力光整加工属于柔性加工，且磁极与工件表面之间的间隙可在几毫米范围内可调，所以复合加工工艺使用的装置可用普通低精度的或已用过的机床改造，可大大降低加工所需的设备成本。

五、振动进给电化学加工

采用小间隙加工可以提高加工精度，减小间隙分布的不均匀性。但小间隙会妨碍电化学液的流动，使电化学液的流量严重不足。为了使电化学液能充分地更新，解决小间隙加工时难以排除电化学产物和热量的问题，使电极在恒速进给的基础上，不断地上下振动，这就称为振动进给电化学加工。

从 20 世纪 70 年代初起，前苏联、美国、日本、荷兰等国开始进行振动进给电化学加工的研究。前苏联研制的立式电化学加工机床用于加工中等尺寸的模具，精度可达 ±0.1mm。类似的叶片加工机床，加工汽轮机叶片型面，精度可达 ±0.03mm。目前，振动进给电化学加工还被广泛应用于精密锻模、玻璃模、花键孔、精密电子元件等方面的加工，均取得令人满意的效果。

20 世纪 80 年代中期，国内的航天航空工艺研究所也研制出 DJZ 型立式振动进给电化学加工机床，其振动系统采用液压伺服控制，适合于精密中小零件加工。20 世纪 90 年代初，航天航空部首都机械厂从俄罗斯引进了具有"周期性加工"功能的振动进给机床。自 1993 年起，合肥工业大学特种加工研究所开始研制振动进给的设备，现在已有"附加振动"和"周期性加工"两种振动方式的独立装置问世，并可以直接装配现有的电化学加工机床，使其增添振动进给的功能，从而实现工艺上的飞跃。

振动进给工艺对电化学加工性能的影响：

（1）对电化学液特性的影响　由于每循环只去除极微量的金属，故可认为加工间隙 $\Delta_t = \Delta_0$（可人为设定得极小），同时由 $\Delta \sim i$ 曲线可知，当 Δ 很小时，对应较大的电流密度，从而人为地改善了电化学液的非线性特征。

（2）对流场的影响　采用振动进给加工时，有单独的抬升冲刷阶段，可使极间电化学液得以充分更新，加上间歇性加电所产生的扰动及对刀时电化学液压力的增减，所有这些皆可使其流场得以明显改善。

（3）对加工精度的影响　加工精度取决于加工误差的大小，对加工精度的影响亦可由对加工误差的影响来加以说明。由于振动进给工艺能稳定实现近似恒定小间隙加工，可使电化学加工误差中的遗传、重复、复制、工具阴极误差等皆有显著降低。可见本工艺能显著提高加工精度。

（4）对表面质量的影响　综合其对电化学液特性及流场的影响，振动进给工艺可明显地改善加工表面质量。

（5）对生产率的影响　振动进给加工时，每循环分为对刀、回退、加电、抬升冲刷等四个阶段，除加电外，其余阶段中阴极运动所需时间皆为新增辅助时间，故生产率有明显下降。

六、微精电化学加工

随着人们对工业产品的功能集成化和外形小型化的需求日益增加，零部件的尺寸日趋微小化，例如，光通信机器中激光二极管 LD 模块所需的非球面透镜制作用模具尺寸小至 0.1～1mm，进入人体的医疗器械和管道自动检测装置等需要微型的齿轮、电动机、传感器和控制电路，此外，微型机械的应用也取得了显著的经济效益，如汽车的安全气囊的传感器采用微细加工技术，把传感器和电路蚀刻在一起，使成本大为降低。这些需求导致了自 20 世纪 70 年代起出现了微细加工技术和纳米制造技术，它们也促使了微型机器向系统化方向发展，并形成了有广阔发展前景的微机电系统（MEMS）。

一般把微型机械定义为其大小在 1mm 以下的微小机械，实际上目前把尺寸在微米至厘米范围内零件的加工都归属于微细加工领域。由于尺寸微小，其加工的尺寸和形状公差小至 100nm 左右，而表面粗糙度要达 10nm，应该说明，目前许多微细加工的精度还在微米和亚微米范围，距微细加工的要求还有明显差距。因微细加工与集成电路关系密切，一般采用分离加工、结合加工、变形加工来进行分类。基于电化学阳极溶解的微细电化学加工属于材料分离加工的范畴，应包括两个方面的含义，一是微细，即加工尺寸微小；二是精度要求高，因此有时亦可称其为微细电化学加工。

微精电化学加工以"离子"方式去除材料，金属离子的尺寸非常微小，为 10^{-1}nm 级，因此在机理上较其他"微团"去除材料方式（如微细电火花、微细机械磨削）更有微精加工的能力，应该在微精制造乃至纳米制造领域有更大的研究空间。但电化学加工的杂散腐蚀及间隙中电场、流场的多变性给加工精度带来很大的限制，其加工的微细程度目前还不能与电化学结合加工的微细电铸相比，目前微精电化学成型加工还处于研究和试验阶段，其应用还局限于一些特殊的场合，如电子工业中微小零件的电化学蚀刻加工，微型轴电化学抛光已取得了很好的加工效果，精度已可达微米级。还应用于电化学刻字、印花及细小孔的电化学束流加工等，此外，电化学与超声、电火花、机械等方式结合形成的复合微精工艺已显示出良好的应用前景。相信随着研究的不断深入，对电化学加工工艺固有缺陷会有进一步的认识和解决办法，微精电化学工艺将有广阔的应用前景。

电化学微精加工时，使用钝化性好的电化学液，由于存在切断间隙，可有效减少杂散腐蚀问题；采用电化学与振动、高频脉冲电流相结合的复合式加工可实现更小间隙的加工，从而大大提高材料电化学去除的定域性，有效控制加工精度。

第五节　电化学加工的应用

电化学加工在现代加工方法中是发展最快的一种。它在通用性方面的潜力最大，目前电化学加工大致分为如下几种形式：

$$电化学加工\begin{cases}电极进给式加工\begin{cases}二维形状：打孔、套孔、切断\\三维形状：型腔加工、成形加工\end{cases}\\电极静置式加工：二维及三维形状，去毛刺、加工空刀、加工凸起\end{cases}$$

一、深孔扩孔加工

深孔扩孔加工按阴极的运动形式，可分为固定式和移动式两种。

固定式即工件和阴极之间无相对运动。其优点是：设备简单，操作方便，加工效率高。但阴极较工件长，所需电源功率较大，同时电化学液在进出口处的温度、电化学产物不同，容易引起表面粗糙度和尺寸精度不均匀现象。如图 3-15 所示，当加工表面过长时，阴极刚度不足。

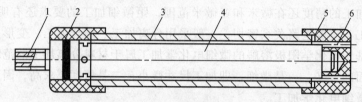

图 3-15　固定式阴极深孔扩孔原理图

1—电解液入口　2—绝缘定位套　3—工件　4—工具阴极　5—密封垫　6—电解液出口

移动式加工通常是将零件固定在机床上，阴极在零件内孔作轴向移动。移动式的阴极较短，精度要求较低，制造容易，可加工任意长度的零件而不受电源功率的限制。但它需要有效长度大于工件长度的机床，同时加工中加工面积的不断变化，故出现收口和喇叭口，需采用自动控制。

阴极的设计应尽量使加工间隙内各处的流速均匀一致，避免产生涡流及死水区。所以扩孔时一般设计为圆锥形，这样就能满足上述要求。如图 3-16 所示，为使流场均匀，应在液体进入加工区之前和离开后设置导流段，避免涡流的产生。实际深孔扩孔用的阴极，如图 3-17 所

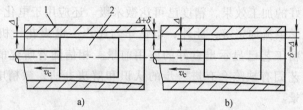

图 3-16　移动式阴极深孔扩孔示意图

1—工件　2—工具阴极

示，阴极锥体 2 用黄铜或不锈钢等导电材料制成。非工作面用有机玻璃或环氧数脂等绝缘材料遮盖，前导引 4 和后导引回起绝缘作用及定位作用。电化学液从接头 6 引进，从出水口 3 喷出。该方法也适合加工花键孔、膛线等。

二、型孔加工

实际生产中经常有一些形状复杂、尺寸较小的异形通孔和不通孔的零件加

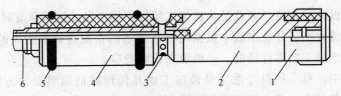

图 3-17　深孔扩孔用的移动式阴极

1—后引导　2—阴极锥体　3—出水孔　4—前引导　5—密封圈　6—接头及入水口

工，这样的零件采用普通的机械加工方法是困难的。采用电化学加工不仅可以提高生产率而且加工质量也有保证。如图 3-18 所示型孔的加工一般采用端面进给法，为避免锥度，阴极侧面要绝缘，绝缘层的厚度，工作部分为 0.15 ~ 0.20mm，非工作部分为 0.3 ~ 0.5mm。为适当增加加工速度，可增加端面工作面积，出水孔的截面积大于加工间隙的截面积。图 3-19 所示为加工喷油嘴。

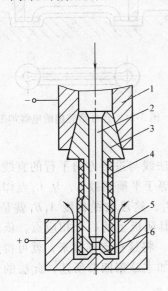

图 3-18　端面进给式型孔加工示意图

1—机床主轴套　2—进水孔　3—阴极主体
4—绝缘层　5—工件　6—工作端面

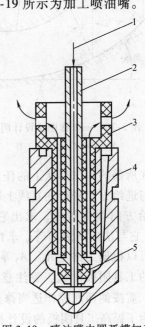

图 3-19　喷油嘴内圆弧槽加工

1—电解液　2—工具阴极　3—绝缘层
4—工件阳极　5—绝缘层

三、型腔加工

型腔加工一般采用的是电火花加工，其特点是加工精度比电化学加工易于控制，但由于生产效率低，对精度要求低的零件加工，近年来，逐渐为电化学加工代替。型腔模的成型表面比较复杂，当采用硝酸钠、氯酸钠等成型精度好的电化学液加工时，或采用混气电化学加工时，阴极设计还较容易，因为加工间隙比较容易控制，还可采用反拷法制造阴极。当用氯化钠电化学液而又不混气时，则较

124

复杂。阴极设计的主要任务就是从被加工零件图样出发，根据平衡间隙理论，确定各处的间隙大小，并在实践中根据电场、流场的情况再修正阴极的形状尺寸，以保证电化学加工的零件精度，一般说来比较费事。

在生产中，有一种只考虑工件被加工面几何形状的简单设计方法，称 $\cos\theta$ 法。在加工条件确定后，底面间隙由式（3-14）求出，侧面间隙在侧面绝缘时，也可由式（3-19）计算出。工具阴极的这些部位就可以由工件尺寸减去间隙求出。由式（3-16）$\Delta_n = \Delta_b / \cos\theta$ 可知，法向间隙是随倾角 θ 而改变的。这些面又不能绝缘，所以要相应地进行阴极修整设计，如图 3-20 所示。

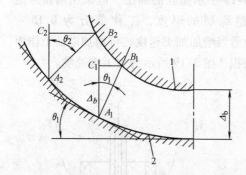

图 3-20 $\cos\theta$ 作图法设计阴极
1—阴极工具 2—工件

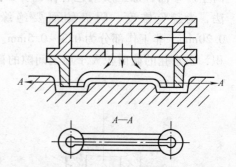

图 3-21 连杆型腔模的电解加工

在所需的加工形状上的任意一点 A_1 引一条法线与进给方向平行的直线，在这条与进给方向平行的直线上取一段长度 A_1C_1 等于平衡间隙 Δ，从 C_1 点作一条与进给方向垂直的线，求出它与法线的交点 B_1，这段法线长度 A_1B_1 就是 $\Delta_b / \cos\theta$，它与法向间隙相等，求出的 B_1 点就是工具阴极上的一个相应点，依此类推，可以根据工件上 A_2、A_3 等点求得 $B_2\cdots$ 等点，将这些点连起来，就可得到所需要的工具阴极形状。要注意的是 $\theta > 45°$ 时，如本章第四节所述，此法的误差较大，需按侧面间隙作适当修正。

为了提高工具阴极的设计精度，缩短阴极的设计和制造周期，利用计算机辅助设计（CAD）阴极的研究工作已经取得进展。图 3-21 为电化学加工连杆、拨叉类锻模的示意图，阴极端面上开有两孔，孔间有一长槽贯通，电化学液从孔及长槽中喷出。一般工艺参数为：电压 $8 \sim 15V$，电流密度 $20 \sim 90A/cm^2$，进给速度为 $0.4 \sim 1.5mm/min$，电化学液为 8% $\sim$ 12% 浓度的氯化钠溶液，压力为 $0.5 \sim 2MPa$。

复杂表面加工时，电化学液流场不易均匀，在流速、流量不足的局部地区电蚀量偏小，在该处容易产生短路，此时应在阴极的对应处加开增液孔或增液缝，增补电化学液使流场均匀，避免短路烧伤现象，如图 3-22 所示。

四、套料加工

有些异形零件为二维空间曲面（即横截面在纵向不变），如图 3-23 所示。

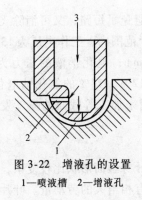

图 3-22　增液孔的设置

1—喷液槽　2—增液孔

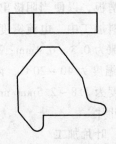

图 3-23　异形零件图

可用套料法电化学加工，采用的阴极如图 3-24 所示，由阴极体 2 和阴极片 1 组成。阴极为黄铜，侧面用 0.1 ~ 0.3mm 厚的一层环氧树脂绝缘。阴极片为 0.5mm 厚的纯铜片，用锡焊方法焊在阴极体上，零件尺寸精度由阴极片内腔口保证，当加工中偶而发生短路烧伤时，只需更换阴极片，而阴极体可以长期使用。

图 3-25 为套料加工的示意图，它的重复精度很高，同一个阴极片加工出来的一批零件，其精度可控制在 0.02 ~ 0.04mm 范围内，而且没有斜度，表面粗糙度可达 $R_a1.25 ~ 0.32\mu m$。采用这种加工方法时，由于零件形状复杂，电化学液的流场是很重要的，如图 3-25 中的一些拐角处，电化学液呈扩散状态，流量不足易造成短路烧伤，故在该处应增设一些小的喷液孔，图 3-25 中增设了 7 个直径为 1mm 的增液孔，以补充电化学液，从而避免短路现象。当加工终了时，电化学液在底部直接流出，压力突然下降，使阴极突然加速进给，与尚未加工掉的金属相接触而造成短路。为此可在工件下面垫上一块事先用阴极加工出 1 ~ 2mm

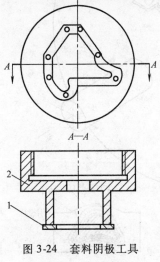

图 3-24　套料阴极工具

1—阴极片　2—阴极体

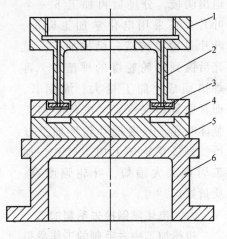

图 3-25　套料加工示意图

1—阴极座　2—增液孔　3—阴极片　4—工件

5—型槽垫板　6—工作台

深的型槽板，以便当阴极出头时停留几秒钟，既避免了短路，又可消除飞边。

套料加工中，电流密度 i 可在 $100 \sim 200 A/cm^2$ 范围内；工作电压为 $13 \sim 15V$；端面间隙为 $0.3 \sim 0.4mm$；侧面间隙为 $0.5 \sim 0.6mm$；电化学液的压力为 $0.8 \sim 1MPa$，温度为 $40 \sim 20℃$，浓度（质量分数）为 $12\% \sim 14\%$ 的氯化钠电化学液；进给速度为 $1.8 \sim 2.5mm/min$。上述套料法也常用来加工等截面的喷气发动机或气轮机叶片

五、叶片加工

叶片是喷气发动机、汽轮机中的重要零件，叶身型面形状比较复杂，精度要求高，加工批量大，在发动机和汽轮机制造中占有相当大的劳动量。叶片采用机械加工困难较大，生产率低，加工周期长。而采用电化学加工，则不受叶片材料硬度和韧性的限制，在一次行程中就可加工出复杂的叶身型面，生产率高，表面粗糙度好。

叶片加工的方式有单面加工和双面加工两种。机床也有立式和卧式两种，立式大多用于单面加工，卧式大多用于双面加工，叶片加工大多采用侧流法供液，加工是在工作箱中进行的，我国目前叶片的加工多数采用氯化钠电化学液的混气电化学加工法，也有采用加工间隙易于控制（有切断间隙）的氯酸钠电化学液，由于这两种工艺方法的成型精度较高，故阴极可采用反拷法制造。

电化学加工整体叶轮在我国已得到普遍应用，如图 3-26 所示。叶轮上的叶片是逐个加工的，采用套料法加工，加工完一个叶片，退出阴极，分度后再加工下一个叶片。在采用电化学加工以前，叶片是精密铸造，机械加工，抛光后镶到叶轮轮缘的榫槽中，再焊接而成，加工量大、周期长，而且质量不易保证。电化学加工整体叶轮，只要把叶轮坯加工好后，直接在轮坯上加工叶片，加工周期大大缩短，叶轮强度高，质量好。

六、电化学倒棱去毛刺加工

机械加工中去毛刺的工作量很大，尤其是去除硬而韧的金属毛刺，需要占用很多人力。电化学倒

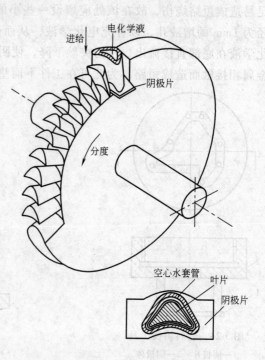

图 3-26　电化学加工的整体叶轮

棱去毛刺可以大大提高工效和节省费用，图 3-27 是齿轮的电化学去毛刺装置，工件齿轮套在绝缘柱上，环形电极工具也靠绝缘柱定位安放在齿轮上面，约相距 3~5mm 间隙（根据毛刺大小而定），电化学液在阴极端部和齿轮的端面齿面间流过，阴极和工件间通上 20V 以上的电压（电压高些，间隙可大些），约 1min 就可去除毛刺。ECM-MultiSix-Basic 型电化学去毛刺数控机床如图 3-28 所示。

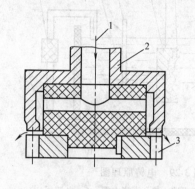 

图 3-27　齿轮的电化学去毛刺　　　　图 3-28　ECM-MultiSix-Basic 型电化学去毛刺数控机床
1—电化学液　2—阴极工具
3—齿轮工件

第六节　电铸和涂镀加工

电铸和表面局部涂镀加工在原理和本质上都是属于电镀工艺的范畴，都和电化学加工相反，利用电镀液中的金属正离子在电场的作用下，镀覆沉积到阴极上去的过程。但它们之间也有明显的不同之处，见表 3-4。

表 3-4　电镀、电铸和涂镀的主要区别

项目	电镀	电铸	涂镀
工艺目的	表面装饰、防锈蚀	复制、成型加工	增大尺寸，改善表面性能
镀层厚度	0.01~0.05mm	0.05~5mm 或以上	0.001~0.5mm 或以上
精度要求	只要求表面光亮、光滑	有尺寸及形状精度要求	有尺寸及形状精度要求
镀层牢度	要求与工件牢固粘结	要求与原模能分离	要求与工件牢固粘结
镀液	用自配的电镀液	用自配的电镀液	按被镀金属层选用现成供应的涂镀液
工作方式	需用镀槽,工件浸泡在镀液中,与阳极无相对运动	需用镀槽,工件与阳极可相对运动或静止不动	不需镀槽,镀液浇注或含吸在相对运动着的工件和阳极之间

一、电铸加工

（1）电铸加工的原理、特点和应用范围　电铸加工的原理如图 3-29 所示，用可导电的原模作阴极，用电铸材料（例如纯铜）作阳极，用电铸材料的金属盐（例如硫酸铜）溶液作电铸镀液，在直流电源的作用下，阳极上的金属原子以金属离子进入镀液，在阴极上获得电子成为金属原子而沉积镀覆在阴极原模表面，阳极金属源源不断成为金属离子补充溶解进入电铸镀液，保持浓度基本不变，阴极原模上电铸层逐渐加厚，当达到预定厚度时即可取出，设法与原模分离，即可获得与原模型面凹凸相反的电铸件。

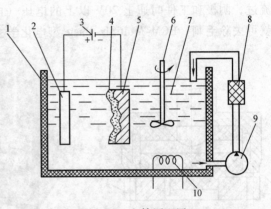

图 3-29　电铸原理图
1—电镀槽　2—阳极　3—直流电源　4—电铸层
5—原模（阴极）　6—搅拌器　7—电铸液
8—过滤器　9—泵　10—加热器

电铸加工的特点为：

1）能准确、精密地复制复杂型面和细微纹路。

2）能获得尺寸精度高、表面粗糙度优于 $R_a = 0.1\mu m$ 的复制品，同一原模生产的电铸件一致性极好。

3）借助石膏、石蜡、环氧树脂等作为原模材料，可把复杂零件的内表面复制为外表面，外表面复制为内表面，然后再电铸复制，适应性广泛。

电铸加工主要用于：

1）复制精细的表面轮廓花纹，如唱片模，工艺美术品模、纸币、证券、邮票的印刷板。

2）复制注塑用的模具、电火花型腔加工用的电极工具。

3）制造复杂、高精度的空心零件和薄壁零件如波导管等。

4）制造表面粗糙度标准样块，反光镜，表盘、异形孔喷嘴等特殊零件。

（2）电铸的基本设备　电铸的主要设备有：

1）电铸槽。由铅板、橡胶或塑料等耐腐蚀的材料作为衬里，小型的可用陶瓷、玻璃或搪瓷容器。

2）直流电源。和电化学、电镀电源类似，电压 3～20V 可调，电流和功率能满足 15～30A/dm^2 即可，一般常用硅整流或可控直流电源。

3）搅拌和循环过滤系统。其作用为降低浓度差极化，加大电流密度，提高电铸质量。可用桨叶或用循环泵连过滤带搅拌。也可使工件振动或转动来实现搅拌。过滤器的作用是除去送液中的固体杂质微粒，常用玻璃棉、丙纶丝、泡沫塑料或滤纸芯筒等过滤材料，过滤速度以每小时能更换循环 2~4 次镀液为宜。

4）加热和冷却装置。电铸的时间较长，为了使电贮镀液保持温度基本不变，需要加热、冷却和恒温控制装置。常用蒸汽或电热加温，用吹风或自来水冷却。

（3）电铸加工的工艺过程及要求　电铸的主要工艺过程为：

原模表面处理。原模材料根据精度、表面粗糙度、生产批量、成本等要求可采用：不锈钢、镀铝、铬镍、铝、低熔合金、环氧树脂、塑料、石膏、蜡等不同材料。表面清洗干净后凡是金属材料一般在电铸前需进行表面钝化处理，以便形成不太牢固的钝化膜，这样电铸后易于脱模，一般用重铬酸盐溶液处理；对于非金属原模材料，需对表面作导电化处理，否则不导电无法电镀、电铸。

导电化处理常用的方法有：

1）以极细的石墨料、铜料或银粉调入少量胶剂做成导电漆，在表面涂敷均匀薄层。

2）用真空镀膜或阴极溅射（离子镀）法使表面覆盖一薄层金或银的金属膜；③用化学镀的方法在表面沉积银、铜或镍的薄层。

3）电铸过程。电铸通常生产率较低，时间较长。电流密度过大易使沉积金属的结晶粗糙，强度低。一般每小时电铸金属层 0.02~0.5mm。

电铸常用的金属有铜、镍或铁三种。相应的电铸液为含有电铸金属离子的硫酸盐、氨基磷酸盐、氟硼酸盐和氯化物等水溶液。表 3-5 为铜电铸溶液的组成和操作条件。

4）衬背和脱模。有些电铸件如塑料模具和翻制印制电路板等，电铸成型之后需要用其他材料衬背处理，然后再机械加工到一定尺寸。塑料模具电铸的衬背方法常为浇铸铝或铅锡低熔点合金；印制电路板则常用热固性塑料等。

表 3-5　铜电铸溶液的组成和操作条件

项　　目	成分及含量/(g/L)		操　作　条　件			
			温度/℃	电压/V	电流密度/(A/dm²)	溶液相对密度（波美）
硫酸盐溶液	硫酸铜 190~200	硫酸 37.5~62.5	25~45	<6	3~15	
氟硼酸盐溶液	氟硼酸铜 190~200	氟硼酸 pH = 0.3~1.4	25~50	<4~12	7~30	29~31

电铸件与原模的脱模分离的方法有敲击锤打；加热或冷却胀缩分离；用薄刀刃撕剥分离；加热熔化；化学溶解等。

（4）电铸加工应用实例

1）型腔模电铸。型腔模电铸工艺因选用原模材料不同而稍异。钢制原模电铸工艺为：

原模表面处理 → 电铸至规定厚度 → 衬背处理 → 脱模 → 清洗干燥 → 成品

①制造原模，其长度应比型腔深度长 5~8mm；②原模镀铬；③电铸；④机械加工，先铣、刨平上端不规则部分，再磨平底面，加工平电铸型腔的外壁，用粘结剂浇注镶套上模套、底板等；⑤脱模，用图 3-30 中的卸模架用螺钉拧出原模，拉出分离。

如为铝制原模，则在电铸前必须浸一层锌层（1~2μm）再镀 2~3μm 的铜。脱模时用氢氧化钠溶液将铝原模溶解掉。

如为有机玻璃原模，则需先化学镀银或铜，脱模时可用水煮使有机玻璃软化膨胀。

用上述方法，也可电铸电火花加工用的凸或凹成型电极。

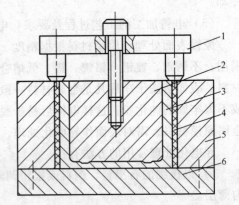

图 3-30　电铸型腔与模套的组合及脱模
1—卸模架　2—原模　3—电铸型腔
4—粘结剂　5—模套　6—垫板基座

2）电铸精密零件。对尺寸精度要求高和表面粗糙要求很低的微细孔或断面复杂的异形孔的加工，采用除去金属的加工是很困难的。而采用精密电铸的方法比较容易解决。例如精密喷嘴的加工。其电铸工艺过程如图 3-31 所示。

由图 3-31 可知：

① 用切削加工制作铝合金型芯。

② 电铸金属镍。

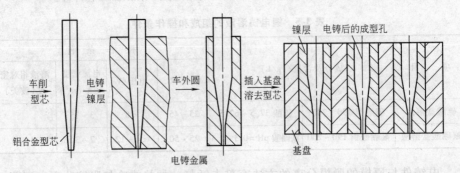

图 3-31　精密喷嘴电铸过程

③ 机械切削加工外圆。

④ 去型芯。将加工好的电铸件插入基盘中，磨削基盘下面，最后用对镍层无损伤的氢氧化钠溶液溶解型芯，即可获得所需要的型孔。

然而，制作过细的型芯时，由于铝合金刚性差，切削加工很困难，可用黄铜作型芯。只是黄铜溶解困难，目前多采用铬酸和硫酸的混合溶液或过硫酸铵溶液进行溶解，其溶解速度仍较缓慢。

图 3-32 所示为精密微细喷嘴内孔镀铝工艺过程。因微细孔用电镀法镀铬很困难，所以首先在黄铜制精密型芯上，用硬质铬酸进行电沉积，再电铸上一层金属镍，然后用硝酸类溶液溶解型芯。因硝酸类溶液对黄铜溶解速度快，而对铬层不发生浸蚀，从而使表面光洁的硬铬层在孔中形成。这是精密微细孔镀铬的很好方法。

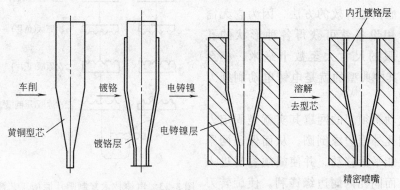

图 3-32　精密微细喷嘴内孔镀铬工艺过程

3）留声机唱片原版与模版的制造。留声机唱片原版与模版的制造，是电铸加工最典型的应用，它的制造过程大致可以分为以下几个步骤。

① 声盘录制。即从磁带上将声信号记录在声盘上。声盘为铝制圆盘，上面涂以 0.2mm 厚的硝基漆。录制时声盘旋转，录针沿圆盘半径方向作直线运动，结果会在声盘的漆膜上录刻出深 $30\mu m$（密纹）或 $70\mu m$（普通）的声槽。

② 声盘金属化。为了进行电铸，先用化学沉积法使声盘表面镀一层厚 $0.08\sim0.15\mu m$ 的银。这项工作直接影响以后唱片的放声质量，故不允许金属化时有任何灰尘，且银沉积层应均匀、无孔隙、无灰斑，因此整个过程应在单独的洁净的小室中自动进行。

③ 制造一次原版。在已金属化的声盘表面电铸镍，厚度为 $0.3\sim0.5mm$，阴极电流密度为 $15\sim25A/dm^2$。然后将声盘与一次原版分离，并在稀铬酸中溶去沉积的银层，完成一次原版的制造。此时一次原版的槽形刚好与声盘相反，故称之谓"负片"。

④ 制造二次原版。先在一次原版表面进行化学处理，以获取钝化层（分离

层）。然后在镍镀槽中再次电铸，使镍层厚0.3~0.6mm，分离后获得二次原版。二次原版是录声正片，可以用来放声，但不能压制唱片。通常，从一个一次原版可复制十个二次原版。

⑤ 继续用电铸方法从二次原版制取三次原版（顶片），再从三次原版制取四次原版（正片），最后，从四次原版制取五次原版（负片）。三次和五次原版可以用来作为压制唱片的模版。此时电铸镍层的厚度均为0.3~0.6mm。

一般情况下，一张声盘可以制取1400个模版，而每张模版大约只能压制500张唱片。原版的电铸复制示意图见图3-33。近年来的激光唱片压模也用类似原理制造。

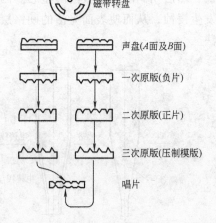

4）筛网的制造。电铸是制造各种筛网、滤网最有效的方法，因为它无需使用专用设备就可获得各种形状的孔眼，孔眼的尺寸大至数十毫米，小至5μm。其中典型的就是电铸电动剃须刀的网罩。

电动剃须刀的网罩其实就是固定刀片。网孔外面边缘倒圆，从而保证网罩在脸上能平滑移动，并使胡须容易进入网孔，而同孔内侧边缘锋利，使旋转刀片很容易切削胡须。网罩的加工大致如下。

图3-33　电铸技术复制唱片原版工艺流程图

① 制造原模。在铜或铝板上涂布感光胶，再将照相底板与它紧贴，进行曝光、显影、定影后即获得带有规定图形绝缘层的原模。

② 对原模进行化学处理，以获得钝化层，使电铸后的网罩容易与原模分离。

③ 弯曲成型。将原模弯成所需形状。

④ 电铸。一般控制镍层的硬度为维氏硬度500~550HV之间，硬度过高则容易发脆。

⑤ 脱模。图3-34表示电动剃须刀网罩电铸的工艺过程。

图3-34　电动剃须刀网罩电铸的工艺过程

二、涂镀加工

(1) 涂镀加工的原理、特点和应用范围　涂镀又称刷镀或无槽电镀，是在金属工件表面局部快速电化学沉积金属的新技术，图3-35为其原理图。转动的工件 1 接直流电源 3 的负极，正极与镀笔相接，镀笔端部的不溶性石墨电极用脱脂棉套 5 包住，镀液 2 饱蘸在脱脂棉中或另再浇注，多余的镀液流回容器6。镀液中的金属正离子在电场作用下在阴极表面获得电子而沉积涂镀在阴极表面，其厚度可达 0.001mm 直至 0.5mm 以上。

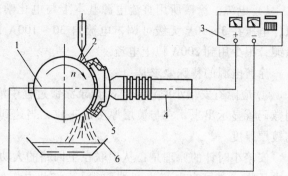

图 3-35　涂镀加工原理
1—工件　2—镀液　3—电源　4—镀笔
5—棉套　6—容器

涂镀加工的特点有：

1) 不需要镀槽，可以对局部表面涂镀，设备、操作简单，机动灵活性强，可在现场就地施工，不易受工件大小、形状的限制；甚至不必拆下零件即可对其局部刷镀。

2) 涂镀液种类多，可涂镀的金属比槽镀多，选用更改方便，易于实现复合镀层，一套设备可镀积金、银、铜、铁、锡、镍、钨、钢等多种金属。

3) 镀层与基体金属的结合力比槽镀的牢固，涂镀速度比槽镀快（镀液中离子浓度高），镀层厚薄可控性强。

4) 因工件与镀笔之间有相对运动，故一般都需人工操作，很难实现高效率的大批量、自动化生产。

涂镀技术主要的应用范围为：

1) 修复零件磨损表面，恢复尺寸和几何形状，实施超差品补救。例如各种轴、轴瓦、套类零件磨损后，以及加工中尺寸超差报废时，可用表面涂镀以恢复尺寸。

2) 填补零件表面上的划伤、凹坑、斑蚀、孔洞等缺陷，例如机床导轨、活塞液压缸、印制电路板的修补。

3) 大型、复杂、单个小批工件的表面局部镀镍、铜、锌、镉、钨、金、银等防腐层、耐腐层等，改善表面性能。例如各类塑料模具表面涂镀镍层后，很容易抛光至 $R_a = 0.1 \mu m$ 甚至更佳的表面粗糙度。

涂镀加工技术有很大的实用意义和经济效益，列为国家重点推广项目之一。我国铁道部常州戚墅机车车辆工艺研究所、上海有机化学研究所、解放军装甲兵技术学院等单位，对这一技术在我国的研究推广工作有很大贡献。

(2) 涂镀的基本设备 涂镀设备主要包括电源、镀笔、镀液及泵、回转台等。

1) 电源。涂镀所用直流电源基本上与电化学、电镀、电化学磨削所用的相似，电压在 3~30V 无级可调，电流自 30~100A 视所需功率而定，由于是局部涂镀，很少用到 200A 以上电流。

涂镀电源的特殊要求是：

① 应附有安培小时计，自动记录涂镀过程中消耗的电量（电流×时间），并用数码管显示出来，它与镀层厚度成正比，当达到预定尺寸时能自动报警，以控制镀层厚度。

安培小时计的原理是：从串联在主回路的大功率小电阻上取出一正比于电流的电压降（也可自电流表两端取得）。将此电压经放大后输给一压频变换电路（压频振荡器）转换成一定频率的脉冲量，脉冲的频率精确地与电流大小成正比，用计数器显示积累的总脉冲数即正比于电量。

② 输出的直流应能很方便地改变极性，以便在涂镀前对工件表面进行反接电化学处理。

③ 电源中应有短路快速切断保护和过载保护功能，以防止涂镀过程中镀笔与工件偶尔短路，避免损伤报废事故。

2) 镀笔。镀笔由手柄和阳极两部分组成。阳极采用不溶性的石墨块制成，根据被镀工件表面的不同，备有方、圆、大小不同的石墨阳极块。在石墨块外面需包裹上一层脱脂棉，在棉花外再包套上一层耐磨的涤棉套。棉花的作用是饱和吸收贮存镀液，并防止阳极与工件直接接触短路和防止滤除阳极上脱落下来的石墨微粒进入镀液。

对窄缝、狭槽、小孔、深孔等表面的涂镀，由于石墨阳极的强度不够，需用钝性金属铂等作为阳极。

3) 镀液。涂镀用的金属，根据所镀金属和用途不同有很多种，比槽镀用的镀液有较高的离子浓度，为金属络合物水溶液及少量添加剂成分，配方没有公开，一般可向专业厂、所订购，很少自行配制。为了对被镀表面进行预处理（电化学净化、活化），镀液中还包括电净液和活化液等。表3-6为常用镀液的性能。

小型零件表面，不规则工件表面涂镀，用镀笔蘸浸镀液即可，对大型表面，回转体工件表面涂镀时最好用小型离心泵把镀液浇注到镀笔和工件之间。

4) 回转台。回转台用以涂镀回转体工件表面。可用旧车床改装，需增加电刷等导电机构。

(3) 涂镀加工的工艺过程及要点 涂镀加工的整个工艺过程包括镀前表面

表 3-6　常用涂镀液的性能及用途

序号	镀液名称	酸碱度	镀液特征
1	电净液	pH = 11	主要用于清除零件表面的污油杂质及轻微去锈
2	零号电净液	pH = 10	主要用于去除组织比较疏松材料的表面油污
3	1 号活化液	pH = 2	除零件表面的氧化膜,对于铸件高碳钢、高合金钢有去碳作用
4	2 号活化液	pH = 2	具有较强的刻蚀能力,除去零件表面的氧化膜,在中碳、高碳、中碳合金钢上起去碳作用
5	3 号活化液	pH = 4	主要除去其他活化液活化零件表面残余的碳黑,也可用于铜表面的活化
6	4 号活化液	pH = 2	用于去除零件表面疲劳层、毛刺和氧化层表面的活化
7	铬活化液	pH = 2	除去旧铬层上的疲劳氧化层
8	特殊镍	pH = 2	作为底层溶液,并且有再次清洗活化零件的作用,镀层厚度在 0.001 ~ 0.002mm 左右
9	快速镍	碱(中)性 pH = 7.5	此镀液沉积速度快,在修复大尺寸磨损的工件时,可作为复合镀层,在组织疏松的零件上还可用作底层,并可修复各种耐热、耐磨的零件
10	镍钨合金	pH = 2.5	具有较强的刻蚀能力,除去零件表面的氧化膜,在中碳、高碳、中碳合金钢上起去碳作用
11	镍-钨"D"	pH = 2	镀层的硬质高,具有很好抗磨损、抗氧化的疲劳损失,并在高强钢上无氢脆
12	低应力镍	pH = 3.5	镀层组织细密,具有较大的压应力,用作保护性的镀层或者夹心镀层
13	半光亮镀	pH = 3	增加表面的光亮度,承受各种受磨损和热的零件,有好的抗磨和抗腐蚀性
14	碱铜	pH = 9.7	镀层具有很好的防渗碳、渗氮能力,作为复合镀层,对钢铁均无腐蚀
15	高堆积碱铜	pH = 9	镀液沉积速度快,用于修复磨损量大的零件,还可作为复合镀层,对钢铁均无腐蚀

（续）

序号	镀液名称	酸碱度	镀液特征
16	锌	pH＝7.5	用于表面腐蚀
17	低氢脆镉	pH＝7.5	用于超高强度钢的低氢脆镀层和钢铁表面防腐填补凹坑和划痕
18	铟	pH＝9.5	用于低温密封和接触抗盐类腐蚀零件，还可作为耐磨层的保护层（减磨）
19	钴	pH＝1.5	具有光亮性并有导电和磁化性能
20	高速钢	pH＝1.5	沉积速度快，修补不承受过分磨损和热的零件，填补凹坑和对钢铁件有浸蚀作用
21	半光亮钢	pH＝1	提高工作表面光亮度

预加工、脱脂除锈、电净、活化处理、镀底层、镀工作层（工作层较厚时，要另镀别的金属层交替进行）和镀后防锈处理等。

1）表面预加工。去除表面上的毛刺、不平度、锥度及疲劳层，使表面达到基本光整，表面粗糙度达 $R_a < 2.5\mu m$。对深的划伤和腐蚀斑坑要用锉刀、磨条、油石等修形，使其露出基体金属。再喷砂或打磨除锈，用汽油、丙酮或水基清洗剂清洗。

2）电净处理。大多数金属都需用电净液对工件表面进行电净处理，以进一步除去微观上的油、污。被镀表面的相邻部位也要认真清洗。

对非铁（有色）金属和易氢脆的超高强度钢电净时工件接正极，使表面阳极溶解（电化学），其他钢铁等材料工件接阴极，电净时阴极上产生氢气泡使表面的油污去除脱落。一般电压用 8~12V，阴、阳极相对运动速度为 9~18m/min（0.15~0.3m/s），时间约为 1min。

3）活化处理。活化处理用以除去工件表面的氧化膜、钝化膜或析出的碳元素微粒黑膜。活化液按作用强弱，有 1 号、2 号、3 号之分。电压 6~15V，1 号液工件可接阳或阴极，2 号、3 号液工件接阳极。速度同上，约半分钟。活化良好的标志是工件表面呈现均匀银灰色，无花斑。活化后用水冲洗。

4）镀底层。为了提高工作镀层与基体金属的结合强度，工件表面经仔细电净活化后，需先用特殊镍、碱铜或低氢脆镉镀液预镀一薄层底层，厚度约为 0.001~0.002mm。

① 特殊镍作底层。适用于不锈钢、铬、镍材料和高熔点金属，它与基体金属有优良的结合强度，酸性活化后，可以不经水清洗立即镀特殊镍，电压 6~20V，阴、阳极相对运动速度为 0.1~0.2m/s。

② 碱铜作底层。适用于难镀的金属如铝、锌或铁等。电压 5~20V，阴、阳

极相对运动速度为 0.2 ~ 0.4m/s。

③ 低氢脆性钢作底层，适用于对氢特别敏感的超高强度钢经阳极电净活化后用此低氢脆镉作底层，既可提高镀层与基体的结合强度，又可避免渗氢变脆的危险。电压 6 ~ 10V，相对运动速度 0.1 ~ 0.5m/s。

5）镀尺寸镀层和工作镀层。由于单一金属的镀层随厚度的增加内应力也增大，结晶变粗，强度降低，过厚时将起裂纹或自然脱落。一般单一镀层不能超过 0.03 ~ 0.05mm 的安全厚度，快速镍和高速钢不能超过 0.3 ~ 0.5mm。如果待镀工件的磨损较大，则需先涂镀"尺寸镀层"来增加尺寸，甚至用不同镀层交替叠加，最后才镀一层满足工件表面要求的工作镀层。

当镀层厚到一定程度结晶粗化时，可用砂纸打磨，再用 1 号或 2 号活化液反接（工件阳极）处理 5 ~ 10s，然后再镀特殊镍和工作镀层。

工作电压一般在 6 ~ 15V，相对运动速度为 0.1 ~ 0.3m/s，沉积镀覆量为 1 ~ 10μm/min。

6）涂镀时的要点为：

① 电压的选择原则一方面按镀液种类选择，另一方面，当被镀面积小、镀笔小、运动速度慢、镀液温度低时用低电压，反之用高电压。电流值决定于电压、镀笔棉垫厚度（涂镀间隙）及镀笔与工件的接触面积等。接触面积增大，电流增加，镀积加快，晶粒变粗。

② 镀笔与工件的相对运动速度太低，会引起镀层缺陷，最初是镀层发暗，随后晶粒变粗脆化，出现焦糊斑痕或镀层疏松。相对速度太快，会降低电流效率和镀积速度，过快则根本来不及形成沉积镀层。每种金属都有一最佳相对运动速度，除回转体零件可由机床带动旋转外，一般都靠手持镀笔移动来实现相对运动速度。相对运动轨迹应尽可能使之不要简单重复。

③ 涂镀温度。最好工件、镀液都为 50℃ 左右，这时镀积速度快，内应力低，结合强度高。如果起镀时工件、镀液温度低于 50℃，或者进行预热，或者采用较低的电压和较低的相对运动速度起镀，切不可用高电压起镀。切不可在 0℃ 或 0℃ 以下直接起镀，否则镀层结合力差。

涂镀时，电流流过镀笔的石墨电极和镀液时会发热，发热过多、散热不良时镀液、工件、镀笔会大大超过 50℃，对镀层也有不良影响。解决办法是准备几支镀笔交替使用，或在冷镀液杯中浸泡一下再用。

④ 被镀表面在涂镀过程中应始终保持湿润状态，不允许出现干燥表面，否则会使表面钝化并析出粗糙结晶使镀层变坏。为此各工序间的镀笔转换动作要迅速，不要轻易停顿；如出现大面积涂镀时，可用两个镀笔分区同时进行。

镀液必须保持清洁纯净，不能互相混杂，即使镀笔、石墨块、涤棉套也不能互相混用（除非彻底清洗干净），否则会明显影响涂镀质量。为此，上道工序镀液淌流的边缘部位也要清洗冲刷干净，镀液用多少，取多少，不要新、旧混杂，要养成良好的严格的技术作风。

7）镀后清洗。用自来水彻底清洗冲刷已镀表面和邻近部位，用压缩空气吹干或用理发吹风机吹干，并涂上防锈油或防锈液。

(4) 涂镀加工应用实例

1）修复机床导轨划伤。机床导轨划伤是常见的一种损伤，北京重型机床厂1.6m立车导轨多处被切屑划伤，长200~500mm，宽0.1~0.7mm；又建材部北京建材机械厂一台14万元的T612A镗床侧臂导轨划伤，长1470mm，深0.3mm；又冶金部燕郊金刚石制品厂制造金刚石主机设备中的增压器缸体内壁划伤，长320mm，深0.6mm。漏油严重，经北京装甲兵技学院用涂镀技术很快就修复，费用仅一、二百元，修复质量很好，收到很大经济实效。典型的修复工艺如下：

① 整形。用刮刀、组锉、油石等工具把伤痕扩大整形，使划痕侧面底部露出金属本体，能和镀笔、镀液充分接触。

② 涂保护漆。对镀液能流淌到不需涂镀的其他表面，需涂上绝缘清漆，以防产生不必要的电化学反应。

③ 除油。对待镀表面及相邻部位，用丙酮或汽油清洗除油。

④ 对待镀表面两侧的保护。用涤纶透明绝缘胶纸贴在划伤沟痕的两侧。

⑤ 对待镀表面净化和活化处理。电净时工件接负极，电压12V，约30s；活化时用2号活化液，工件接正极，电压12V，时间要短，清水冲洗后表面呈黑灰色，再用3号活化液活化，碳黑即去除，表面呈露出银灰色，清水冲洗后立即起镀。

⑥ 镀底层。用非酸性的快速镍镀底层，电压10V，清水冲洗，检查底层与铸铁基体的结合情况及是否已将要镀的部位全部覆盖。

⑦ 镀高速碱铜作尺寸层。电压8V，沟痕较浅的可一次镀成，较深的则需用砂纸或细油石打磨掉高出的镀层，再经电净、清水冲洗，再继续镀碱铜，这样反复多次。

⑧ 修平。当沟痕镀满后，用油石等机械方法修平。如有必要，可再镀上2~5μm的快速镍层。

2）修复发电机、汽轮机主轴超差部位。黑龙江机械工艺研究所应用涂镀技术先后为哈尔滨电机厂和哈尔滨汽轮机厂修复了超差的大型水轮发电机主轴和汽轮机主轴，仅花几百元的成本，为国家挽回了几十万元的损失。例如电机厂的一台大型水轮发电机的主轴，长12m，重120t，加工时端部平面部位有9处超差，材料为低合金钢，此件大而笨重，无法用槽镀等技术解决，采用涂镀技术，发挥了"蚂蚁啃骨头"之长处，顺利地解决了这一关键问题。

3）涂镀技术除用作修复工艺之外，也可在加工零件时用以改善表面粗糙度和表面物理化学性能。例如北京市二轻局模具研究所在普通钢的塑料模具表面涂镀 $3\sim10\mu m$ 厚的镍，经抛光后可使表面粗糙度由原 $R_a=1.5\mu m$，降低至 $R_a=0.1\mu m$ 以下，呈镜面光泽，由于降低了注塑时的摩擦和磨损，以及镍层提高了对高温注塑时分解出腐蚀性气体的抗蚀能力，使模具寿命大大延长。哈尔滨金属器皿一厂等为大型船舶和潜艇中的重载齿轮表面涂镀 $4\sim8\mu m$ 钢薄层，可大大降低摩擦损耗，节约燃料消耗，提高齿面抗胶和性能，延缓维修周期，增加续航能力，收到了良好的效果。

第七节　电化学磨削

电化学磨削是美国的 G F Keeleric 在 1952 年对硬质合金材料的加工特性的研究过程中，为实现高速有效的加工而首先发明的。此后相继出现了电化学平面磨削、电化学外圆磨削、电化学内孔磨削。进而研究出了能对冲压模、滚轧模等形状复杂细密的模具进行成型加工的电化学成型磨削。

一、电化学磨削加工的基本原理

电化学磨削加工因工件的形状、加工精度及加工批量的大小而不同，根据磨轮的种类和电流的供给方式，其工作原理可分为三种方式：

1）用金属结合剂粘结或用电化学沉积金刚石磨轮及导电磨轮。使电化学加工和机械磨削同时进行。该种加工方法的加工原理见图 3-36，机械结构如图 3-37 所示。即磨轮的导电部分为阴极，被加工工件为阳极，接通直流电源并使电化学液在两者的间隙流过，直流电流通过工件、电化学液、磨轮轴形成回路，这时在工件和磨轮的导电性材料之间发生电化学加工，而难以电化学的物质和工件表面上生成的阳极膜则由机械磨削作用刮除掉。这两种过程交替作用直到达到尺

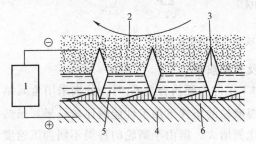

图 3-36　电解磨削的原理

1—直流电源　2—导电性粘结材料　3—磨料颗粒
4—工件　5—电解液　6—机械磨削屑

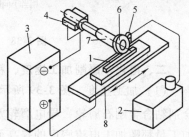

图 3-37　电解磨削的机械结构

1—工件　2—电解液槽　3—直流电源
4—集流环　5—电解液喷嘴　6—导电
性砂轮　7—绝缘主轴　8—工作台

寸精度和表面粗糙度。在电化学磨削加工中，电化学加工量约占90%，机械磨削约占10%。此外，磨削粒子的突出量在0.05mm以下，这不仅有防止短路的发生，而且还有保持电化学液通路间隙的作用。恰是这种磨料的存在，使加工控制精度更容易实现。

2）经过上述的粗加工，半精加工之后，切断电化学电源，只用机械磨削方法进行加工，达到提高加工精度的目的。这种方法主要是利用电化学磨削高效率的优点，达到加工余量之后停止电化学加工，不必更换磨轮就能进行精密磨削，因此其加工精度与一般磨削相同。

3）采用成型石墨磨轮并与工件处于完全非接触状态进行电化学成型磨削。这种磨削方式见图3-38所示的加工顺序。按加工要求制成与工件相同的高速钢车刀，用它来车削石墨磨轮的外圆，然后用成形石墨磨轮进行电化学磨削，由于不能非常均匀的控制极间间隙，工件不能精确地复制石墨磨轮的形状，因此要对工件进行误差测定之后并修正车刀再次切削石墨磨轮进行电化学磨削。

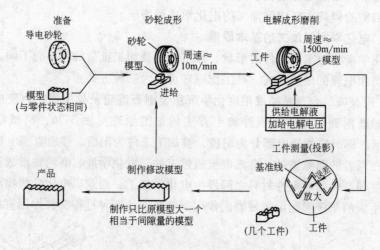

图3-38　电解成形磨削的磨削顺序

二、电化学磨削加工速度、精度及表面质量

（1）加工速度　图3-39所示被加工工件为硬质合金 G_1 时，分别采用金属结合剂粘合金刚石磨轮，导电磨轮及石墨磨轮的条件下加工性能的比较结果。虽然加工量都随加工电流密度的提高而按比例增大，但由于磨轮的种类不同加工速度有较大的差别。图3-40是对硬质合金 S_2、G_2。在用金属粘结金刚石磨轮和石墨轮加工时，吃刀深度 t 与工作台进给速度 v 的关系。

（2）加工精度及表面质量　表3-7为用不同的磨轮进行电化学磨削时的加工精度及表面质量。

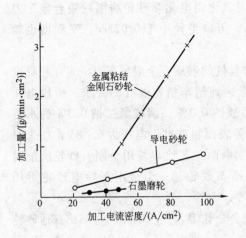

图 3-39 磨轮的加工性能比较

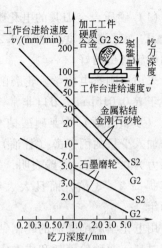

图 3-40 硬质合金的加工速度

表 3-7 各种电化学磨削的特征

磨削类型	加工面光泽	垂直面加工	成形加工	硬质合金加工	精度	加工速度	成本	用途
用 ECM 油磨削（SAM）	光亮面	能	容易	可能	微米级	—	低	平面粗加工及成形加工
用石墨轮磨削	云雾面	不良	容易	可能	用刮削时为 ±0.03mm（除垂直方向外）	低 1/2	低	成形加工及硬质合金粗加工
用导电磨轮磨削	云雾面及光亮面之间	不良	容易	可能	±0.02mm（除垂直方向外）	—	低	粗、中加工
用金属结合剂粘结金刚石磨轮磨削	光亮面	不良	不能	可能	μm 级（除垂直方向外）	—	高	工具磨削（主要磨平面）

三、电化学磨削的应用

电化学磨削由于集中了电化学加工和机械磨削的优点，目前已用于磨削一些高硬度的零件，如各种硬质合金刀具、量具、拉丝模具、轧辊等。对于普通磨削很难加工的小孔、深孔、薄壁套筒、细长杆零件等，电化学磨削也能显示出优越性。对于复杂型面的零件，也可采用电化学研磨和电化学珩磨，因而电化学磨削加工的应用范围正日益扩大。

（1）硬质合金刀具的电化学磨削　用氧化铝电化学砂轮磨削硬质合金车刀和铣刀，表面粗糙度可达 $R_a0.2\sim0.1\mu m$，刃口半径小于 $0.02mm$，平面度也较普通砂轮磨出的好。

采用金刚石电化学砂轮磨削加工精密丝杠的硬质合金成形车刀。表面粗糙度可小于 $R_a0.016\mu m$，刃口非常锋利，完全达到精车精密丝杠的要求。所用电化学液（质量分数）为亚硝酸钠 9.6%、硝酸钠 0.3%。磷酸氢二钠 0.3% 的水溶液，加入少量的丙三醇（甘油），可以改善表面粗糙度。电压为 $6\sim8V$，加工时的压力为 $0.1MPa$。实践表明，采用电化学磨削工艺比单纯用金刚石砂轮磨削时效率提高 $2\sim3$ 倍，而且大大节省了金刚石砂轮，一个金刚石导电砂轮可用 $5\sim6$ 年。

用电化学磨削磨制的轧制钻头和硬质合金轧辊，生产率和质量都比普通砂轮磨削时高，而砂轮消耗和成本大为降低。

（2）硬质合金轧辊的电化学磨削　硬质合金轧辊如图 3-41 所示。采用金刚石导电砂轮进行电化学成形磨削，轧辊的型槽精度为 $\pm0.02mm$，型槽位置精度为 $\pm0.01mm$，表面粗糙度为 $R_a0.2\mu m$，工件表面不会产生微裂纹，无残留应力，加工效率高，并大大提高了金刚石砂轮的使用寿命，其磨削比为 138（磨削量 cm/磨轮损耗量 cm）。

所采用的导电磨轮为金属（铜粉）结合剂的人造金刚石磨轮，磨料粒度为 $60^\#\sim100^\#$，外圆磨轮直径为 $\phi300mm$，磨削型槽的成形磨轮直径为 $\phi260mm$。

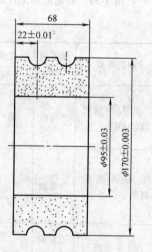

图 3-41　硬质合金轧辊

电化学液成分（质量分数）为亚硝酸钠 9.6%，硝酸钠 0.3%，磷酸氢二钠 0.3%，酒石酸钾钠 0.1%，其余为水。粗磨的加工参数为：电压 12V，电流密度 $15\sim25A/cm^2$，磨轮转速 2900r/min，工件转速 0.025r/min，一次进刀深度 2.5mm。精加工的加工参数为电压 10V，工件转速 16r/min，工作台移动速度 0.6mm/min。

（3）电化学珩磨　对于小孔、深孔、薄壁筒等零件，可以采用电化学研磨、电化学珩磨，图 3-42 为电化学珩磨加工深孔示意图。

普通的珩磨机床及珩磨头稍加改装，很容易实现电化学研磨、电化学珩磨。电化学珩磨的电参数可以在很大范围内变化，电压为 $3\sim30V$，电流密度为 $0.2\sim1A/cm^2$。电化学珩磨的生产率比普通珩磨的要高，表面粗糙度也得到改善。

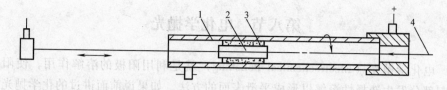

图 3-42　电化学珩磨简图

1—工件　2—珩磨头　3—磨条　4—电化学液

齿轮的电化学珩磨已在生产中得到应用，它的生产率比机械珩齿高，珩轮的磨损量也少。电化学珩轮是由金属齿片和珩轮齿片相间而组成的，如图 3-43 所示。金属齿形略小于珩磨轮齿片的齿形，从而保持一定的加工间隙。

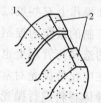

（4）电化学研磨　为了获得更好的表面粗糙度，金属镜面电化学研磨已在生产中得到应用。它同样也是利用电化学作用和磨料的机械磨削作用相结合对工件进行加工的。其加工方

图 3-43　电化学齿齿用电化学珩轮

1—金属齿片　2—珩轮

式按磨料是否粘固在工具上分为固定磨料加工和游离磨料加工两种。固定磨料加工是在工具电极上相间粘贴砂布，砂布之间的金属面作为导电表面，砂布粘贴的厚度即为加工间隙。游离磨料加工的工具电极粘贴的是不带磨料的绝缘布（以保持一定的加工间隙），磨料混在电化学液中，游离磨料加工省掉了制造砂布的工序，但金属去除率比固定磨料加工低。

镜面电化学研磨可以在原始表面粗糙度为 $R_a 5 \sim 1.25 \mu m$ 基础上直接加工到 $R_a 0.025 \sim 0.008 \mu m$，而不需中间工序，且效率很高。例如车削表面粗糙度为 $R_a 5 \sim 1.25 \mu m$，加工后能得到 R_a 小于 $0.025 \mu m$ 的镜面。

镜面电化学研磨的主要加工参数如下：电压为 $5 \sim 8.5 V$；电流密度应小于 $1 \sim 2 A/cm^2$；研磨压力以 $0.01 MPa$ 左右为宜。磨料粒度应按照加工要求来选取，不同磨料粒度加工得到的表面粗糙度见表 3-8。

表 3-8　电化学研磨磨料粒度与加工表面粗糙度的关系

磨料粒度号	磨料平均粒径/μm	加工表面粗糙度
600	30	$R_a 0.02 \mu m (R_z 0.1 \mu m)$
1500	12	$R_a 0.008 \mu m (R_{max} 0.03 \sim 0.04 \mu m)$
4000	3	$R_a 0.0063 \mu m (R_{max} 0.01 \sim 0.02 \mu m)$
4000 ~ 6000	0.5	$R_a 0.0063 \mu m (R_{max} 0.01 \sim 0.02 \mu m)$

第八节　电化学抛光

电化学抛光（Electrochemical Polishing）就是利用阳极的溶解作用，使阳极凸起部分发生选择性溶解以形成平滑表面的方法。如果说前面讲过的化学抛光的历史可以上溯到 19 世纪传教士带来的加工技术的话，那么电化学抛光则是一门相当新的技术，那是在 1931 年由 D A Jacguet 等人开创的。

电化学抛光需要通电操作，它与由单纯浸渍作业构成的化学抛光相比，虽然在设备和操作上有些难以避免的缺点，但是由于电化学抛光能把像电压、电流那样容易控制的量作为控制抛光的手段，因此抛光效果一般都优于化学抛光，在抛光条件的选择与管理上也都比较方便。

现在电化学抛光对常用的金属材料都能适用，最近它和化学抛光一样，也成为对半导体材料进行抛光的方法了。

一、电化学抛光的机理

电化学抛光时，产生抛光效果的机理可分成两部分，比较粗大的不平度的去除叫做宏观抛光或平滑化，较细的不平度的去除叫做微观抛光或光泽化，这与化学抛光相同。

（1）宏观抛光的机理　电化学抛光时的电压电流特性曲线具有如图 3-44 所示的特征形状，这条特征曲线（Jacquet曲线）可分为三段：在 *AB* 段，随着电压上升，电流也按比例增加；在 *BC* 段，虽然电压升高，但电流保持不变；在 *CD* 段，电流又随电压的上升而急剧增大。由此可见，在曲线的不同阶段，阳极金属的溶解特性会发生不同的变化。也就是说在 *AB* 段，出现表面腐蚀（刻蚀），在 *BC* 段出现良好的抛光效果，在 *CD* 段则会发生氢气，而此氢气泡会附

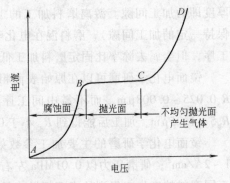

图 3-44　电化学抛光的电压电流特性

着在工件表面，引起麻坑使抛光效果不均匀。这种现象在许多金属中都可见到。

在 *AB* 段，来源于阳极溶解的金属离子的生成速度低于该金属离子在溶液中的扩散速度，于是从阳极表面上容易溶解的地方开始自由溶解，使表面形成腐蚀状态。其电流随电压成正比例地增加。

在 *BC* 段内，阳极的溶解速度高于扩散速度，于是各种各样形式的金属离子聚集在阳极金属表面附近，在金属表面和电化学液之间形成一层粘稠的液体膜，以组成扩散层。在此扩散层中，由于浓度梯度的作用使金属离子向电化学液中的

扩散速度变成稳速，即出现随电压升高，电流不再随之增加的临界电流密度。当金属以络离子形式溶解时，形成这种络合体所必须的阴离子或分子就从电化学液中向阳极表面扩散而使速度变成稳速。这种扩散速层就像图 3-45a 所示的那样，凹处的扩散层厚些，而凸出处的扩散层较薄，因为扩散层越薄其浓度梯度越大，所以凸出部比凹部的扩散速度大，从而使其溶解速度加快。人们把这种状态的扩散层叫做 Jacquet 层，液体的粘度越大，就越易形成。

（2）微观抛光机理　Jacquet 层的厚度一般为几十微米左右，因而对于具有此层厚度值大致相同表面粗糙度的粗糙表面，能使之平滑化，即对宏观抛光是很有效的。然而要使 Jacquet 层能够去除 $1/10 \sim 1/100\mu m$；那样微小的凹凸不平，即对微观抛光也很有效，当然这是很难的。实际在 Jacquet 存在的条件下，只发生平滑化而不出现光泽，正如实验结果所表明的那样，在光泽化的条件下，抛光面上往往会生成不很明显的固体膜，而这种固体膜的存在，就是微观抛光的原因。

这种固体膜中主要是氧化物，但又不像一般由空气氧化而生成的那种厚氧化膜。它是金属与固体膜的界面形成速度大于固体膜和电化学液的界面的溶解速度所形成的保护膜。故从某种意义上说，这里形成的固体膜是处于活性态及钝化态之间的中间状态。

这种固体膜的厚度允其量只可达到 $100 \times 10^{-8}cm$ 左右。它处于 Jacquet 层和金属表面之间，如图 3-45b 所示那样，以大致相同的厚度分布。金属通过此固体膜中无序分布的阳离子空位随之溶解，故能抑制由于金属本身结晶的不完整性而发生的不完全溶解作用，从而使它实现光泽化。

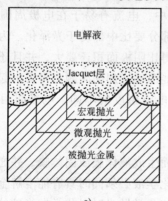

a)　　　　　　　　　b)

图 3-45　电化学抛光机理说明图

a）液体膜（Jacquet 层）的形成　b）液体膜与固体膜的形成

二、电化学抛光的条件

原材料的表面状态对电化学抛光的效果影响极大，因此对工件要进行充分的准备处理。准备处理包括以整平和净化（活化）为目标的机械抛光以及脱脂、酸洗等。此外，抛光效果还受到下列各种因素的影响。

（1）电压与电流　一般情况下，必须使电压与电流的关系保持在电压电流特性区线的水平部分（图 3-44 中 BC 段所示）的范围内，而且这种关系还要受到两电极间的距离、两极的大小、电化学液温度及电化学液的老化程度等的制约，因此最可靠的方法是在实际抛光条件下，用实验来决定所用电压与电流。其观察依据是：在此特性曲线的水平部分，若处于 B 点附近往往会有残留下梨皮状抛光面的倾向；若在 C 点附近，则光泽化作用较强。由此可见，为获得所需的抛光面，必须选择好电压、电流参数，使其处于 B、C 之间。

（2）液温和处理时间　由于电化学液的温度越高其粘度越低，使 Jacquet 层中的扩散作用加剧，如果扩散速度大于溶解速度，就不能抛光了。为了能进行抛光就需要增加电化学电流密度。其结果是引起氢气的产生而会出现不均匀抛光状态。另外，若使温度上升，还有促进材料和电化学液的化学反应并促使液体膜生成的作用。这样一来，尽管液温对抛光效果的关系很复杂，但是归根结蒂，对于易钝化的工件材料需要采用 60℃ 以上的较高电化学温度。另外微观抛光比宏观抛光要求更高的温度和电流密度，温度高时，能获得光泽化的电流密度范围也越宽。

电化学抛光时间的长短与工件表面上阳极生成物的积累以及形成一定厚度的液体膜所需时间有关。如果在出现抛光效果后再增加抛光时间，这不仅不必要，反而会出现不希望出现的坏影响。

（3）极间距离　在一般的电化学处理中，电流有易于在电极周围集中的倾向。这样在处理大平板状的材料时，周围部分要比中部易于光泽化。为了抑制这种电流分布不均匀性，就得把阳极面积做得比阴极面积还要大，并且还要加大电极间的距离，而电极间距离增大了又使电能消耗增加的问题变得突出起来，所以随着电化学液的电阻率、电化学液温度、电流密度的不同，电极间距离大都在 $10 \sim 60 cm$ 之间选择。

三、金属的电化学抛光

为了进行电化学抛光，必须使金属表面生成液体膜或固体膜，并通过此膜按稳速扩散的速度产生金属溶解。为此，电化学液必须同时具有能溶解金属和形成保护膜的机能，这一点是非常重要的。这与化学抛光时对化学抛光液的要求完全相同。然而在电化学抛光中通常不是依靠电化学液的成分，而是依靠电极反应造成的阳极溶解或阳极氧化的效果来决定，因此电化学抛光液的成分不同于化学抛光液。此外电化学抛光液还要求有特别高的导电性和电镀本领。电镀本领是指整个表面能同样的抛光的性能。H_2SO_4 的电镀本领良好，若加进 CrO_3^- 则性能会更好，若加入 HNO_3 则会使电镀本领恶化。

从金属溶解能力来看，它与化学抛光一样主要采用无机强酸，其中尤其以 H_2SO_4 和 H_3PO_4 更为重要。H_2SO_4 溶解能力很强而且价格便宜，但是在实际使用时采用 H_3PO_4 的比例更大些。这是由于在用 H_2SO_4 作电化学液时会强烈地出现与阳极溶解不同的纯化学浸蚀作用，这种作用将会在电流停止后对抛光效果产生不良影响。在此情况下进行电化学抛光，多半把金属溶解能力作为第二位来考虑。为了能形成液体膜，电化学液不仅要求有高的粘度而且还必须对阳极生成物有足够的溶解能力，以便形成可溶性金属盐的扩散层。因此，把那些能和金属形成可溶性络合物盐的络合剂作为辅助成分加进电化学抛光液中来提高抛光效果是有理由的，可作为络合剂的有像 CN^-、F^- 之类的无机阴离子以及醋酸、草酸、柠檬酸等等有机阴离子。虽然固体膜的生成主要有赖于电极反应的电化学作用，但在某些情况下，由电化学液的某些成分引起的纯氧化作用也能助长固体膜的形成。

现在，用来对包括耐高温金属在内的所有金属材料进行电化学抛光的抛光液已报导过不少，这里仅将适用于常用金属的主要抛光液及抛光条件列于表 3-9，另外，那些不单纯是为了抛光而是以去掉表面缺陷层来增强表面的耐疲劳强度为目的的弹簧、齿轮之类零件的电化学抛光已获得应用，而且还把电化学抛光作为一种微细加工手段，用来制作细的金属丝。

表 3-9 实用金属材料的电化学抛光液和抛光条件

材料	电化学液组成（质量分数）(%)	电压 /V	电流密度 /(A/dm²)	温度 /℃	时间 /min	备注
铝及铝合金	磷酸钠 5 碳酸钠 15	30~50	5~6	75~90	8~10	Brytal 法随后要进行阳极氧化
	硼氟酸（HBF_4）2.5	15~30	1~2	30	10	Alzac 法
	硫酸（相对密度 = 1.80）4.7 磷酸（相对密度 = 1.74）75 铬酸（CrO_3）6.5	20~40	5~15	80~100		Battelle 法在工业生产中被广泛采用
	磷酸 30~45 甘油 30~40 水 20~30	35	3.5~4	66~88		Alcoa 法
钢及铸铁	过氯酸（相对密度 = 1.61）185mL 无水醋酸 765mL 水 50mL	30~50	4~6	<30	数分	需要冷却装置

(续)

材料	电化学液组成 （质量分数）(%)	电压 /V	电流密度 /(A/dm²)	温度 /℃	时间 /min	备 注
铜及铜合金	磷酸（相对密度 = 1.6）1000mL 草酸 40g 明胶 30g	5 ~ 10	30 ~ 120	室温	数分	直流或交流
锌及锌合金	磷酸 40 ~ 60（体积） 硫酸 40 ~ 60（体积） 乳酸 20 ~ 30mL/L		1 ~ 2	40 ~ 60	10 ~ 20	
	磷酸（相对密度 = 1.6）1000mL 铬酸 300g 饱和	5 ~ 25	30 ~ 500	80 ~ 120		电气控制,超精加工
不锈钢	磷酸 600mL 硫酸 300mL 铬酸 100mL 水 50mL	6 ~ 15	30 ~ 1000	40 ~ 140	数秒 ~ 数分	适用于所有的不锈钢
	柠檬酸 30 ~ 70 硫酸 10 ~ 30	6 ~ 9	8 ~ 23	85	4 ~ 8	18-8 不锈钢、17 铬钢
	硫酸 55 氟酸 7 水 38		8 ~ 32	室温		改变电流密度从光泽化到无光泽都能得到
	磷酸 50 硫酸 50 乳酸 30 ~ 45mL/L		7.5 ~ 30	40 ~ 60	10 ~ 20	
镍及镍合金	磷酸 700mL 水 350mL	1.5 ~ 2	6 ~ 8	20	15 ~ 30	只适用于单相组织
	无水铬酸 200g 水 1000mL	6 ~ 15	10 ~ 50	室温 ~ 50		生成氧化膜,不适于做电镀基底
	磷酸 74 无水铬酸 6 水 20		30 ~ 50	20 ~ 40	1 ~ 3	按照需要可添加 H_2SO_4
	磷酸 59 硫酸 14 无水铬酸 1.5		10 ~ 100	20 ~ 70		

四、半导体的电化学抛光

半导体的电化学抛光和化学抛光一样,是用来去除由机械抛光留下的表面缺陷层的最终加工方法。电化学抛光在操作上比化学抛光费事,但能得到优异的抛光效果,尤其是对锗进行抛光时,两种抛光的效果差别非常显著。抛光方法有浸渍法、旋转抛光盘法、喷射法等等，其中由于浸渍法不能获得良好的抛光效果通常并不采用。喷射法是依靠从喷嘴将电化学液的射流喷射到被抛材料上来进行抛光的方法，抛光速度很高（$10\sim500\mu m/min$），但是要使整个抛光面获得高度的平坦性是比较困难的。为了克服这一缺点就采用射流对抛光材料表面均匀扫描的方法。这种例子可参见图 3-46。由于半导体的抛光是通过阳极溶解使空穴消失的，因此在对 N 型半导体进行电化学抛光时就得如图 3-47 所示，采用强光栅从外部对抛光区进行照射常使其产生空穴。射流法的进一步改善是使被抛光试片作行星传运动的同时用射流进行扫描喷射。

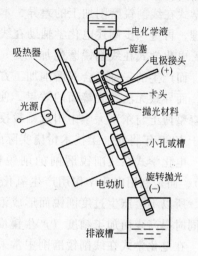

旋转抛光法是将旋转的平板状圆盘作为阴极，把被抛光材料作为阳极使之靠近并夹持在圆盘的周边部分来进行电化学抛光的方法，其一例如图 3-46 所示。为了同样地对抛光区进行光照，阴极圆盘上要打出许许多多各种各样形状的孔或槽。这些孔或槽对于极间积存气体的去除以及对电化学液的搅拌也都有用。

图 3-46　旋转抛光盘式电化学抛光装置

由于采用了这样的抛光方法，不仅能获得与机械抛光相匹敌的表面粗糙度（$\pm50\times10^{-8}cm$）和平面度（$0.5\mu m$），而且能得到完全没有缺陷的抛光面。

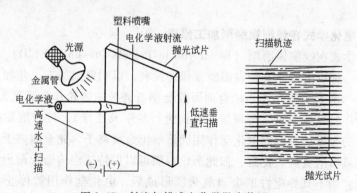

图 3-47　射流扫描式电化学抛光装置

第九节　电化学辅助在线削锐磨削

电化学辅助在线削锐磨削（electrochemical electrolytic In-Process dressing,

ECELID）是一种结合电化学磨削（ECG）及电化学式在线削锐磨削加工（EILD）的一种复合式加工法。而电化学式在线削锐磨削加工本身亦是一种以电化学作用辅助在线削锐磨削加工的复合加工方式。因此，电化学辅助在线削锐磨削的加工法中包含两个电化学作用。为让读者了解电化学辅助在线削锐磨削与电化学式在线削锐磨削加工的差异，本文先介绍电化学式在线削锐磨削加工的加工原理，再进一步阐述电化学辅助在线削锐磨削的加工原理以作区别。

电化学式在线削锐磨削加工是一种以电化学作用辅助在线削锐磨削加工方式，而产生的一种复合式磨削加工方法。由于传统的砂轮因切削时产生填塞的问题，而导致无法达到镜面的效果，使加工精度不良。1987 年日本理化学研究所大森整博士与东京大学中川威雄教授提出了此一电化学式在线削锐磨削的构想，并于 1989 年将此加工技术付诸实际的应用。

电化学式在线削锐磨削的削锐模式不同于一般连续性削锐（传统在线削锐），而是利用电化学作用产生氧化膜（钝化膜），这样可以适当的停止削锐作用，所以不会产生过度削锐而形成浪费。如此一来，可以提高削锐的加工速度，并同时提高表面加工精度（产生镜面加工效果）。

在电化学式在线削锐磨削中常采用金刚石磨轮作为磨具。近年来，陆续有文献证实，当以金刚石磨轮磨削脆性材料时，若磨削深度小于某一临界切削深度（Critical Cut Depth）时，加工脆性材料的机制可以成为延性加工模式（Ductile-Mode Machining），也就是说材料的切除是以塑性变形为主，而不是脆裂破坏。因此，电化学式在线削锐磨削加工法运用于加工精密脆性材料，它将取代传统惯用耗时又费力的研磨及光整过程，获得兼具加工效率及加工精度双优的加工效果。

一、电化学式在线削锐磨削加工原理

电化学式在线削锐磨削（Electroytic In-Process Dressing，ELID）是在磨削加工过程中，施以电流使磨轮表面经常保持锐利，以利磨削加工。此加工法是采用以金属（一般为铸铁）充当结合剂固着金刚石磨粒的磨轮作为磨削工具。首先，先对磨轮作机械性削正（即对磨轮表面进行整平及校准）。接着磨轮接阳极，使磨轮表面的金属结合剂因电化学作用而溶解出金属离子，此金属离子会在磨轮表面上形成致密的金属氧化膜，如此磨轮表面可以保持适当的磨粒漏出量，此即为削锐过程。当不具导电性的金属氧化膜形成后，电化学作用就停止，电流量降低。随着磨削的进行，金属氧化膜逐渐被磨除，电化学作用又再度产生新的金属氧化层，维持适当的磨粒漏出量。周而复始，让磨轮表面维持削锐的状态，以利磨削加工的进行。

图 3-48 示意说明整个电化学式在线削锐磨削加工的加工循环。以下就循环中每个阶段详细说明。

（1）磨轮削正　将安装于磨床上的磨轮进行机械性削正，其目的在于消除磨轮因制造及安装所产生的误差，让磨削平面为一平坦面。

（2）电化学削锐　调整磨轮与工件之间的间隙，并在间隙间中通入电化学液。磨轮接阳极，使表面开始产生电化学作用。金属离子析出，磨粒开始突出，产生削锐作用。

（3）金属氧化膜形成　电化学析出的金属离子随即在磨轮表面形成致密的金属氧化膜。因氧化膜不具导电性，随氧化膜增厚，电阻增加，电流量下降。

（4）氧化膜消耗　随着磨削加工的进行，磨粒会开始损耗，氧化膜亦会剥离磨耗，而使导电性再度升高。

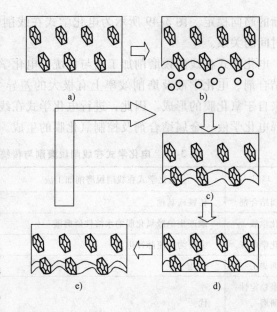

图 3-48　电化学式在线削锐磨削加工循环示意图

a）磨轮削正后之状态　b）电化学作用开始，磨料凸出金属离子析出　c）氧化膜形成电化学作用停止　d）磨料因加工磨耗氧化膜亦脱落　e）薄膜变薄恢复导电性，电解作用重新开始

（5）再次电化学削锐　随着导电性升高，电流量增加，电化学作用使磨轮表面的金属离子析出，同时也让磨粒突出量保持在适当范围，即保持削锐状态。

在磨削过程中，电化学削锐与氧化膜磨耗不断重复进行，使磨粒维持一削锐状态。这也是电化学式在线削锐磨削加工能维持高加工速率及高加工精度的关键。在整个加工过程中第一次的电化学削锐因磨轮表面无氧化膜，故电流量较高。随着加工的进行，氧化层的损耗与电化学削锐的作用渐趋平衡，电流量也就

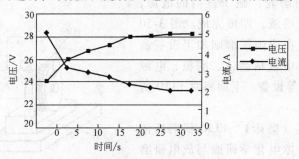

图 3-49　电化学式在线削锐磨削加工中
电压、电流与时间的关系

渐渐的趋向稳定。图 3-49 所示为电化学式在线削锐磨削加工过程中电压、电流与时间的关系。

电化学式在线削锐磨削加工法与传统的电化学削锐磨削加工法，在使用的金属结合剂、电化学液及磨削效率上有极大的差异（如表 3-10 所示）。主要的差异来自于氧化膜的形成。因此，进行电化学式在线削锐磨削加工成败的关键在于选择电化学液、金属结合剂及控制氧化膜的生成。

表 3-10　电化学式在线削锐磨削与传统电化学削锐磨削

项目	电化学式在线削锐磨削加工法	传统电化学削锐磨削加工法
金属结合剂	铸铁或其他	青铜
电化学液	能产生绝缘氧化膜的水溶性研磨液	$NaCl$ 和 KNO_3 等强电解液
电化学电源	主要为直流脉冲电流	大多为直流电
镜面加工	极佳	不可能
研磨稳定性： 粗研磨 精密研磨	优 优	优
研磨比	高	
研磨效率	高	低
加工精度	高	
电化学强度	因有氧化膜生成电化学强度，所以除开始时较高外，维持低电解强度	因不会形成氧化膜，所以电解强度一直很高
研磨效果	磨粒因其金属结合剂的电化学与氧化膜的生成达到适当的平衡，磨耗小，加工精度高	磨轮的锐利度不易控制，容易发生过度磨耗

二、电化学式在线削锐磨削加工设备

ELID 研磨并不是一项复杂的加工程序，它并不需要特定的机床，如传统的平面磨床、外圆磨床、内孔研磨等磨床，只要有空间安装适当的阴极，再加上挑选金属结合剂的磨轮，施予适当的电源，再灌注适量的研磨液，即可完成。图 3-50 所示为电化学式在线削锐磨削加工设备示意图。加工设备中包括磨床、阴极、电源及电化学液供应等设备。下面将对 ELID 所需设备进行说明。

（1）研磨机（磨床）　ELID 研磨所使用的研磨机，不像电化学研磨与放电研磨等要特殊设计的专用机，用一般的研磨设备进行改装即可适用，因此具有宽广的适

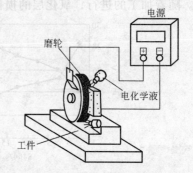

图 3-50　电化学式在线削锐磨削
加工设备示意图

用性电源为其特长之一。

下列几点在改装时必须注意：

1）以高效率研磨为目的时，机械的刚性要好，主轴动力要充足。

2）以镜面研磨为目的时，因机械的振动会影响加工面的品质，所以没有振动且心轴回转精度高的金属含油轴承或油压、气压等静压轴承较为适用。

3）因使用 2000# 以上之细目磨料，所以作镜面加工时主轴最小进刀单位应在 1μm 以下。

4）因磨轮做削正以及 ELID 削锐时，必须以较研磨作业时为低的磨轮转速为作业条件，故研磨机的磨轮必须有无级变速装置。如果使用磨轮轴回转速度固定的研磨机时，必须加装适当容量的变频器（inverter）。

（2）磨轮 选用 ELID 研磨所使用的磨轮，有两个重点，一为结合剂，另一为磨粒，下列将分别叙述之。

1）结合剂。ELID 研磨的磨轮，必须为金属结合剂的磨轮，因为金属结合剂的磨轮才能进行电化学削锐。金属结合剂磨轮也有相当多种类，针对 ELID 效果，其结合剂电化学溶出效果、氧化膜生成、力学强度及其自行削锐的程度并不相同。铸铁纤维结合剂磨轮（CIFB）是目前最适合 ELID 所使用的磨轮，因为铸铁纤维结合剂磨轮较容易生成氧化膜，这将使初期电化学溶出相当容易的铸铁纤维结合剂磨轮，经一段时间后会减缓电化学溶出。此乃因氧化膜无导电性，可防止因过电流而使结合剂过度溶解，符合 ELID 削锐循环的需求。因为当结合剂毫无限制的溶出时，将导致磨粒大量突出，这会使磨轮的寿命降低。另外，铸铁纤维结合剂磨轮生成的氧化膜内含有超微粒的磨料，在研磨工件时可发挥光整的作用，而且氧化膜还可缓和磨轮与工件的摩擦，以防工件烧焦。至于其他金属结合剂的磨轮，在溶出性氧化膜的生成性及安定性等性质均各有优缺点。但综合观之，以铸铁纤维结合剂磨轮最能表现 ELID 研磨效果。其中青铜系磨轮与铸铁纤维结合剂磨轮的 ELID 效果可参考（如表 3-11 所示）。

表 3-11 青铜系磨轮与铸铁纤维结合剂磨轮性能比较

	青铜系结合剂磨轮	铸铁系结合剂磨轮
电化学速度	快	初期容易，然后依氧化膜厚度来控制
氧化膜生成	难生成	易氧化生成
磨轮形状维持性	可能崩裂	良好
结合剂强度	中	极强
自行削锐作用	易产生	难产生
电化学生成物	铜绿	铁水氧化物（无害）
研磨液的生成变化	大	少
镜面加工	中	优
ELID 研磨	粗研磨较恰当	相当适合

2）磨粒。ELID 研磨所使用的磨粒，一般而言，有金刚石及碳化硼（B_4C）两种，通常金刚石磨料用于非金属的材料，B_4C 则用于金属材料。至于磨粒的粒度，则须视所欲得的加工面粗糙度来决定。可参考粒度与加工面粗糙度对照表（如表 3-12 所示）。

表 3-12　参考粒度与加工面粗糙度对照表

粒度范围	粒度例	加工面粗糙度
粗粒（高效率研磨）	$60^\#$ ~ $80^\#$	约 $4.0\mu m$
	$100^\#$ ~ $200^\#$	3.0 ~ $1.0\mu m$
	$325^\#$ ~ $800^\#$	0.8 ~ $0.4\mu m$
微粒（镜面研磨）	$1000^\#$ ~ $2000^\#$	200 ~ $80nm$
	$4000^\#$ ~ $6000^\#$	60 ~ $40nm$
	$8000^\#$ ~ $10000^\#$	23 ~ $20nm$
超微粒磨粒	$20000^\#$ ~ $30000^\#$	20 ~ $10nm$
	$60000^\#$	$10nm$
	$120000^\#$	$8nm$

（3）阴极　以阴极材质而言，以铁系材质、铜系材质、铝系材质与石墨等阴极较常使用，不同的材质其电化学溶出性、氧化膜形成的速率及其他性质均有待更进一步研究，就目前的资料则如表 3-13 所示。

表 3-13　阴极材质对 ELID 特性的比较

阴极材质	电化学溶出性	沉积物的形成	氧化膜的性质
铁系材质	氧化膜形成前极活泼	容易生成沉积物	硬脆易剥落
铜系材质	极高、极长时间的活性	不易生成沉积物	薄膜去除容易
铝系材质	氧化膜形成仍极活泼	沉积物生成不完全	有黏性

很明显，铜系材质的阴极其活性极高，且持续时间极长，同时不易生成沉积物，容易被去除，所以一般而言，铜系材质为最佳的考虑。若砂轮直径超过305mm，或形状复杂的状况下，也有以石墨做阴极的。

阴极的大小对于 ELID 研磨具有决定性的影响，原则上须超过砂轮作用面积的 1/6，且不同的研磨机构其阴极的构造与安装均不相同，重点是要使研磨液能均匀且充分地导入阴极与砂轮作用面之间。

（4）电源　电源设备在 ELID 研磨作业中起着相当重要的作用。一般而言，ELID 电源以高周波脉冲式电源最适宜，市面上也有专为 ELID 设计的电源，可依研磨机及砂轮大小来选择适合的电源。

由于电压、电流的设定，与方波开/关的时间选择，对于氧化膜生成的厚度，结合剂底层的溶出量，ELID 的研磨效果等均有直接的影响。例如，在其他条件固定的状况下，若电压与电流设定均选择额定输出最大值，则氧化膜的形成会较快，但是，砂轮直径亦会快速地降低，所以选择适当的条件是相当重要的。

（5）研磨液　研磨液通常使用化学溶液型（Chemical Type）水溶性研磨液且电导率最好要在 3.5×10^{-3} S/cm，而溶液型（Soluble Type）及乳化液型（Emulsion Type）等无导电性的研磨液则不能使用。基本上，ELID 研磨所使用的研磨液并不含有如电化学研磨所使用之强腐蚀性盐类，或卫生上有害的物质，是十分安全的研磨液。但是，因研磨液里盐基的不同与导电性的不同，所生成的氧化膜厚度与特性均有所差异，所以稀释液与研磨液成分的适合性就更加重要了。

另外，研磨液的过滤系统亦需特别注意。在进行 ELID 研磨时，研磨屑会经由研磨液的输送而刮伤工件，尤其是砂轮粒度在 4000# 以上的时候，研磨屑若未经适当的过滤排除，对工件表面将有极大的伤害。

氧化膜在 ELID 电化学削锐中起着相当重要的作用。首先，因机械振动和砂轮残留振动等所导致的过度进刀，可以借着氧化膜的形成而产生缓冲效果，因此增加磨轮表面的保护。再者，因氧化膜的剥离性高，新着性低，所以能避免切屑的附着，大幅降低了填塞的现象。绝缘性的氧化膜，因磨粒的磨耗和切屑的因素而容易剥落，故能依据需要而适当的进行削锐动作。即使过度的磨耗和错误的进刀，也能再施以自律性的 ELID 削锐，而使平滑或钝化的磨粒掉落以确保砂轮的锐利度。

三、电化学辅助在线削锐磨削加工原理

电化学辅助在线削锐磨削加工（ECELID）是结合电化学加工与电化学式在线削锐磨削加工的一种新的复合式加工法。上面两节中所介绍的电化学式在线削锐磨削加工中，电化学作用发生于磨轮表面，而电化学加工的电化学作用则是发生在工件上的，是利用工件表面上电化学作用来除去工件上的材质。因此，复合式的电化学辅助在线削锐磨削加工在磨轮与 ELID 阴极之间和工件表面分别进行不同目的的电化学作用。其阴极的接法如图 3-51 所示。

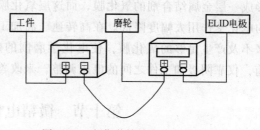

图 3-51　电化学辅助在线削锐磨削加工阴极连接示意图

由图 3-51 可以清楚地看出，磨轮在 ELID 的部分是阳极，以电化学作用来削锐磨轮。但就电化学加工的部分而言，工件的电位高过磨轮，在这里工件才是发生电化学作用的阳极。因此，可以清楚地见到整个电化学辅助在线削锐磨削加工系统中，工件的电位高于磨轮，磨轮的电位又高于 ELID 阴极。整个系统可视为一个串联的系统。

电化学辅助在线削锐磨削加工的加工原理，很清楚的是以电化学式在线削锐

磨削加工让轮保持适当的磨粒露出量以及避免磨轮表面因磨削产生填塞的问题，再以电化学磨削的加工原理（在工件表面产生阳极电化学作用形成氧化膜，再以磨轮磨削工件表面的金属氧化层）来对工件进行加工。从图 3-52 所示的电化学辅助在线削锐磨削加工的加工设备示意图可以了解整个加工的机制。

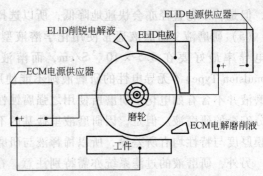

图 3-52　电化学辅助在线削锐磨削
加工的加工设备示意图

电化学辅助在线削锐磨削加工利用对工件材料的电化学作用，可以使工件软化，让磨削加工更容易，使这种复合式的加工法可以应用于较高硬度的合金材料磨削加工。在加工过程中，凸出于磨轮表面金属结合剂上的磨粒露出部分可以充当隔离物，将金属结合剂与工件表面材料隔离，其间隙充填电化学液，使工件表面材质生成氧化膜，再以机械作用将氧化膜高点除去，使表面粗糙度降低。同时，在工件表面形成氧化膜（钝化膜），让加工后工件具备更佳的抗腐蚀性。同样地，这种复合式的加工法可以大幅地降低磨轮的磨耗，不单减少磨轮损耗的成本，也同时提高加工的精度。

在电化学辅助在线削锐磨削加工法中，由于 FLID 削锐的机制会在磨轮表面形成一层金属结合剂的氧化膜，而这层氧化膜的低导电性会使电化学磨削机制中的电化学作用大幅度降低。在高转速、高加工速率时，工件表面的电化学作用会来不及产生足够的氧化膜，使电化学磨削的效率下降，所需的磨削力增加。目前，仅靠阴极和工件之间的电压调整，来改善其加工的效率。

第十节　微精电化学加工

一、微精电化学加工的理论基础

（一）微精电化学加工概述

随着人们对工业产品的功能集成化和外形小型化的需求日益增加，零部件的尺寸日趋微小化，例如，光通信机器中激光二极管 LD 模块所需的非球面透镜制作用模具尺寸小至 0.1～1mm，进入人体的医疗器械和管道自动检测装置等需要微型的齿轮、电机、传感器和控制电路，此外，微型机械的应用也取得了显著的经济效益，如汽车的安全气囊的传感器采用微细加工技术，把传感器和电路蚀刻在一起，使成本大为降低。这些需求导致了自 20 世纪 70 年代起出现了微细加工技术和纳米制造技术，它们也促使了微型机器向系统化方向发展，并形成了有广阔发展前景的微机电系统（MEMS）。

一般把微型机械定义为其大小在1mm以下的微小机械，实际上目前把尺寸在微米至厘米范围内零件的加工都归属于微细加工领域。由于尺寸微小，其加工的尺寸和形状公差小至100nm左右，而表面粗糙度要达10nm，应该说明，目前许多微细加工的精度还在微米和亚微米范围，距微细加工的要求还有明显差距。因微细加工与集成电路关系密切，一般采用分离加工、结合加工、变形加工来进行分类。基于电化学阳极溶解的微细电化学加工属于材料分离加工的范畴，应包括两个方面的含义，一是微细，即加工尺寸微小；二是精度要求高，因此有时亦可称其为微细电化学加工。

微精电化学加工以"离子"方式去除材料，金属离子的尺寸非常微小，为10^{-1}nm级，因此在机理上较其他"微团"去除材料方式（如微细电火花、微细机械磨削）更有微精加工的能力，应该在微精制造乃至纳米制造领域有更大的研究空间。但电化学加工的杂散腐蚀及间隙中电场、流场的多变性给加工精度带来很大的限制，其加工的微细程度目前还不能与电化学结合加工的微细电铸相比，目前微精电化学成型加工还处于研究和试验阶段，其应用还局限于一些特殊的场合，如电子工业中微小零件的电化学蚀刻加工，微型轴电化学抛光已取得了很好的加工效果，精度已可达微米级。还应用于电化学刻字、印花及细小孔的电化学束流加工等，此外，电化学与超声、电火花、机械等加工方式结合形成的复合微精工艺已显示出良好的应用前景。相信随着研究的不断深入，对电化学加工工艺固有缺陷会有进一步的认识和解决办法，微精电化学工艺将有广阔的应用前景。

（二）微精电化学加工精度形成机理

如前述微精电化学加工是去除量微小且加工精度要求很高的电化学加工，选用的加工间隙及电参数也微小，但加工机理仍为电化学溶解成型加工。

在理想电化学条件下加工平面，由电化学加工间隙过渡关系式：

$$L = v_c t = (\Delta_0 - \Delta) + \Delta_b \ln\left(\frac{\Delta_b - \Delta_0}{\Delta_b - \Delta}\right) \tag{3-21}$$

可求出工件表面上某点在对应一定进给深度 L 时的加工间隙，当加工表面有原始不平，则表面不同点处的间隙 Δ 是不同的。

由于电化学加工电极无损耗，在忽略电极制造误差条件下，对应形状误差 δ_L：

$$\delta_L = \Delta_{\max} - \Delta_{\min} \tag{3-22}$$

$\Delta_{\max}$、$\Delta_{\min}$ 分别为对应进给深度 L 时，工件表面上的最大、最小电化学加工间隙。这种方式在进给量足够大时，表面各点间隙趋于平衡间隙 Δ_b，即理论加

工形状误差 $\delta_L = 0$。

当加工条件非理想状态，即考虑电化学加工时机、电、液参数变化时，表面上各处平衡间隙 Δ_b 是变动的，因此在计算表面各点对应进给深度 L 时的加工间隙，要分别根据各点的平衡间隙 Δ_b 进行误差计算。

加工条件虽非理想状态，但进给量足够大，各处加工间隙将趋于平衡，由电化学加工平衡间隙公式：

$$\Delta_b = \eta\omega\kappa\frac{U_R}{v_c}$$

两边取全微分：

$$d\Delta_b = d(\eta)\frac{\omega\kappa U_R}{v_c} + d(\omega)\frac{\eta\kappa U_R}{v_c} + d(\sigma)\frac{\eta\omega U_R}{v_c} + d(U_R)\frac{\eta\omega\kappa}{v_c} - d(v)\frac{\eta\omega U_R}{v_c^2}$$

$$d\Delta_b = \Delta_b\left(\frac{d\eta}{\eta} + \frac{d\omega}{\omega} + \frac{d\kappa}{\kappa} + \frac{dU_R}{U_R} - \frac{dv_c}{v_c}\right)$$

因而达到平衡时的理论加工误差 δ_b：

$$\delta_b = \Delta_b\left(\frac{d\eta}{\eta} + \frac{d\omega}{\omega} + \frac{d\kappa}{\kappa} + \frac{dU_R}{U_R} - \frac{dv_c}{v_c}\right) \tag{3-23}$$

由式（3-23）可知：微精加工采用小间隙 Δ_b（即小电压 U_R，低电化学液电导率 σ）加工，可有效减少加工误差；另一方面稳定加工条件，减少各相关参数的变动也有利于提高加工精度，实际加工中体积电化学当量 ω 由加工材料决定，U_R、v 是设备控制精度，变动量可控制到很小，η、ω 与电化学液温度、浓度及气泡率有关，且相互影响，控制较为复杂。

电化学做精加工时，使用钝化性好的电化学液，由于存在切断间隙，可有效减少杂散腐蚀问题；采用电化学与振动、高频脉冲电流相结合的复合式加工可实现更小间隙的加工，从而大大提高材料电化学去除的定域性，有效控制加工精度。

（三）表面粗糙度的形成机理

由于实际被加工材料不可能是完全均质的，表面各处的电化当量不是完全一致，因而电化学加工后的零件表面总存在一定的表面粗糙度。机械制造中使用的材料一般为多晶体，如果金属材料是由两种和几种晶粒组成，则因不同晶粒的电化学当量的差异，表面溶解速度的不同必将会产生表面粗糙度。严格说来，即使同一种晶粒，不同晶粒的电化学当量也有差异，也将产生一定的表面粗糙度。

如图 3-53 所示，设工件由电化学当量为 ω_1 及 ω_2 的两种晶粒组成，则两晶粒的平衡间隙各为：

$$\Delta b_1 = \frac{\eta\omega_1\kappa U_R}{v_c} \tag{3-24}$$

$$\Delta b_2 = \frac{\eta\omega_2\kappa U_R}{v_c} \quad (3\text{-}25)$$

因此由于两种晶粒的电化学当量不同，表面上平衡间隙将产生变化，工件表面必将有微小的不平度，这种微小的不平量可认为是理论表面粗糙度值。

$$R_{\max} = \Delta b_2 - \Delta b_1 = \frac{\eta\kappa U_R}{v_c}(\omega_2 - \omega_1)$$

$$(3\text{-}26)$$

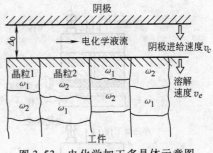

图 3-53 电化学加工多晶体示意图

此式可用于理论分析微细电化学加工表面粗糙度，实际加工中，电场、流场的多变性及阴极表面的微观不平度也会引起工件表面产生粗糙度，而往往是阴极的表面粗糙度及流场的不合理对工件表面粗糙度影响更大，这可通过合理的工艺设计和加工来减少。

（四）微精电化学加工的技术保证

实现微细电化学加工必须满足特定的设备工艺条件，归纳起来有如下几点。

1）微细电极制造。微细加工的细小电极用普通机械加工及常用特种加工方法均难以实现，需用线电极电火花磨削的方法（WEDG）来在线制作，否则因安装误差难以保证加工精度。因此，需有相应的加工设备条件，如图 3-54 所示。

2）微小位移的检测与控制。实现微细加工，必须保证精确的位置控制，这需有实现微小位移的工作机构，同时必须有精密的检测措施和灵敏、可靠的控制方法。

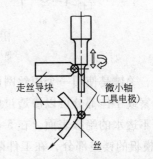

图 3-54 WEDG 加工系统及工作原理

3）能可靠控制电化学加工材料的微小去除量，并可提高电化学作用的选择性，只有这样才能实现微细加工，并达到加工的精度要求。

4）有效控制电化学杂散腐蚀对加工零件精度及设备防护的影响。

二、微精电化学加工方法

目前常用的微精电化学加工方法有以下 6 种：

（1）电化学蚀刻 图 3-55 所示为电化学商标蚀刻，图 3-55a 所示为蚀刻过程示意图，可以在平面和圆柱上进行蚀刻，只要更换相应曲率半径的石墨电极头，每张按刻有图案的丝网掩膜，可以重复印刻 1000 次至 10000 次，蚀刻商标图案的深浅，可由设置的电压（5~36V）和时间来调节，图 3-55b 所示为蚀刻机外形。

图 3-56 所示为电化学刻印及刻字的示意图。图 3-56a 所示为电化学刻印原

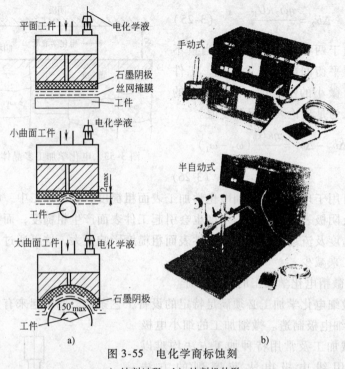

图 3-55　电化学商标蚀刻

a) 蚀刻过程　b) 蚀刻机外形

理图，关键是使用一个用丝网印刷技术、照相制版制成的镂空模板 2，需电化学的图案或字体部分可以渗透过电化学液（网状多孔性透气、透水结构），其余部分为不透水的绝缘表面。在 5～10V 直流电源的作用下，饱含电化学液的阴极板 1 和模板的镂空部分，在工件阳极 3 表面产生局部电化学作用，出现黑色的字体和图案。图 3-56b 所示为电化学刻字示意图，字体 4 接阴极，工件 5 接阳极，二者大约保持 0.1mm 的间隙，在两极间滴注少量钝化电化学液，在 1～2s 内复印刻 1000 次至 10000 次，蚀刻商标图案的深浅，可由设置的电压（5～36V）和时间来调节，完成刻字工作，目前可以在金属表面上刻出黑色印记（黑色为铁的钝化膜和碳微粒的颜色），也可以在经过发蓝处理的表面上刻出浅色的标记。

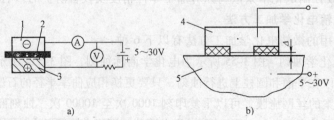

图 3-56　电化学刻印及刻字

1—阴极板　2—镂空模板　3—工件阳极　4—字体　5—工件

（2）微细电化学直写加工　由电化学加工间隙与电流的关系，在加工间隙很小时，电流密度对间隙的微小变化很敏感。将工件和工具之间的间隙控制在尽量小的范围内，利用有细小尖端的微细探针（可由电化学方式制备）在 $1 \sim 2 \mu m$ 间隙，5V 左右的加工电压下直写加工出所需的微细结构（图 3-57）。

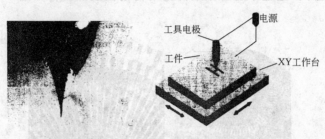

图 3-57　微细电化学直写加工

（3）微细电化学抛光　利用金属在电化学液中的电化学阳极溶解对工件表面进行腐蚀抛光，用于改善微细结构的表面粗糙度和表面性能，一般不用于形状和尺寸加工。电化学抛光时，工件与阴极相对静止，两极间的间隙较大，电流密度微小，电化学液不需流动。电化学抛光设备简单，抛光效率较高，且抛光后表面常生成致密牢固的氧化膜，可提高表面的耐腐蚀性能，不生成其他变质层。

电化学抛光主要注意事项：

1）通过实验来确定合理的电化学液的成分、比例。

2）控制阳极电位和电流密度。

3）合适的温度并加以搅拌。

4）表面应有较小的粗糙度，并进行清洗和活化处理。

（4）掩模式微细电化学加工　掩模光刻加工技术可以达到很高的分辨率和加工精度。掩模式微细电化学加工原理是在工件的表面（单面或双面）涂敷一层光刻胶，经过光刻显影后，工件上形成具有一定图案的裸露表面，然后通过束流电化学加工及浸液电化学加工，选择性地溶解未被光刻胶保护的裸露部分，最终加工出所需工件形状。图 3-58 所示为单面和双面掩模式电化学加工出的微孔。

（5）电液束微细电化学加工

（6）微细群缝结构电化学加工　微细缝、槽（穿透或不穿透，尺寸结构从几百微米到毫米级）在航空航天、仪器仪表、精密模具和家用电器等领域中应用，并且多以群缝、槽结构出现，其

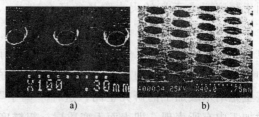

a)　　　　b)

图 3-58　掩模式微细电化学加工的微孔

a）单面　b）双面

162

加工精度、加工质量、加工效率对产品的性能、质量和成本有很大的影响。

微细缝、槽的加工方法有微细电火花加工，激光加工，金属切削，电化学加工等，电化学加工具有阴极无损耗、效率高、表面质量好等优点，在这类零件加工中有独特优势。电化学加工微细群缝结构电极及加工件如图3-59、图3-60、图3-61所示。

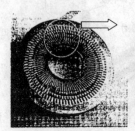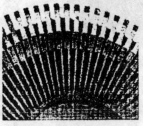

图 3-59　整体片状电极（左）及放大图（右）

　　　　—0.5mm　　　　　—0.5mm　　　　　—0.5mm

　　　　a)　　　　　　　　b)　　　　　　　　c)

图 3-60　不同电化学液加工出的微细群缝结构

三、微精电化学加工的发展前景

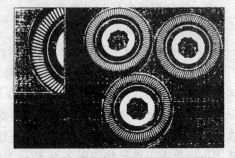

常规电化学加工为了避免钝化作用及提高加工效率，一般采用大电流密度进行高速加工，由于加工中电场、流场的多变性及杂散腐蚀作用，经典电化学规律变得不甚明显，使电化学加工的精度较难控制，这就造成了人们对电化学加工的片面认识，即"电化学加工只适用于精度要求不高的大去除量的场合，不大适用于微细加工，"以致长期以来，

图 3-61　电化学加工出的微细群缝结构
（左上为局部放大图）

电化学加工在微细加工领域的研究与应用没有得到应有的重视。实际上，电化学加工是在电场作用下的"离子"方式去除，这在加工机理上存在于精密加工中，甚至是纳米级加工的研究空间，这种"离子"去除机理上的优势已在普通电化学加工中有所表现，即表面无变质层、粗糙度低、加工效率高，这种特性十分有利于航空、航天领域关键零部件的制造，也是其他特种加工方式所不具备的。微

精电化学加工去除量微小，电化学作用是在微电流密度下进行，这时的杂散腐蚀、电场、流场对加工精度的影响应不同于大电流密度加工时的情况，因此研究电化学工艺在微细加工中的应用，首先应从"离子"去除机理研究为突破口，进一步的探索，找到能进行"微小"及"有选择性"去除材料的控制方法，即实现用控制电化学"微电量"方式以控制加工"去除量"，有效控制加工过程，实现对工件材料按"接触式"电化学，达到无间隙加工的实际效果，从而彻底消除电化学特有的间隙变动对加工精度的不利影响。在这方面如能有所突破，微细电化学将会成为一种很有前景的新工艺。

目前采用电化学与超声、电化学与电火花及电化学与机械相复合的加工方法，由电化学作用产生钝化膜，让超声、电火花或机械作用来去除，协调相互间的作用，近似达到了"零"间隙加工及类似"切削"式去除工件材料的效果，有效控制电化学加工的杂散腐蚀及加工精度，显示了进一步研究应用的良好前景。

在国外，日本、美国等地的研究机构开展微细电化学极限能力研究，发现电化学可以在微米级的加工间隙下稳定进行，溶解区域局限在几微米的范围内，获得微米级以下的加工精度，如图3-62所示。

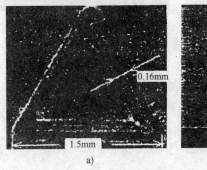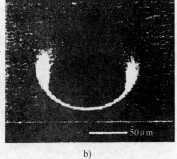

a)   b)

图3-62　窄脉冲电化学加工的三角形微槽及微孔

a) μs级脉冲　b) ns级脉冲

微细加工的重要任务是解决MEMS（微机电系统）及微电子等行业不断涌现的各种微型结构的加工制造要求，随着科技的进步，发展和完善的要求愈来愈强烈。微精电化学加工要适应现代技术的发展要求，在竞争日趋激烈的现代制造业中有所作为，应当在自身工艺规律认识和完善的基础上不断创新，所以要注意以下几点：

1）注重工艺复合化，实现与其他精密微精加工技术的优势互补（图3-63、图3-64）。如用超声波（充气）和电火花、电化学的复合加工，借助辅助电极形成电场，击穿气体膜，形成电化学及火花放电通道，可加工非导电材料，如图3-63及图3-64所示。

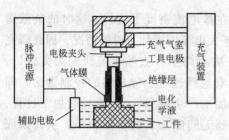

图 3-63　充气电化学、电火花复合加工

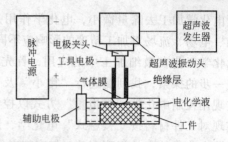

图 3-64　超声波（气）化学、电火花复合加工

2）实现加工过程自动检测与控制，实时补偿加工参数变化对加工精度的影响，从而有效控制加工精度。

3）以平面工艺为基础，完善设备、电极制作及加工工艺（图 3-65 所示为微细电化学加工腐蚀出的细长轴，长 3mm，直径 32μm），达到可加工各种复杂三维微结构的目标。

4）实现绿色制造，能有效解决电化学过程产物对环境保护的影响。

总之，微精电化学加工技术具有优良的加工机理，具有在微精，甚至在纳米加工领域进一步研究探索的空间，相信随着相关课题研究的深入和工艺措施的完善，电化学在微精加工及 MEMS 制造领域将有广阔的应用前景。

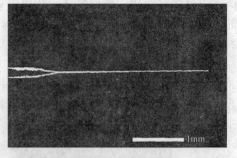

图 3-65　微细电化学加工腐蚀出的细长轴

第四章 电火花加工

　　1870 年,英国科学家普里斯特利(Priestley)最早发现电火花对金属的腐蚀作用。直到 1934 年,前苏联科学家拉扎连柯(Lazarenko)等把电火花的破坏作用利用起来,从而创造了一种可控的金属加工方法。该方法就是在加工过程中,使工具和工件之间不断产生脉冲性的火花放电,放电时局部瞬时产生的高温把金属蚀除下来,通常称之为电火花加工(Electronic Discharge Machining)。

第一节　电火花加工的基本原理和特点

一、电火花加工的基本原理

　　电火花加工的原理是基于工件电极和工具电极之间产生脉冲性的火花放电,放电时产生电蚀现象来去除多余的金属,达到尺寸加工的目的。

　　要通过这种电蚀现象达到材料的尺寸加工的目的,必须具备下列基本条件:

　　1)使工件电极和工具电极之间经常保持一定的间隙,这一间隙视加工电压和加工量而定,一般为 $0.01 \sim 0.02$mm,以便形成火花放电的条件。当放电点的电流密度达到 $10^4 \sim 10^7$A/mm^2 时,将产生 $5000 \sim 10000$℃以上的高温。如果间隙过大,工作电压不能击穿,电流为零;如果间隙过小,易形成短路接触,极间电压接近于零。以上两种情况都形成不了火花放电的条件,极间无功率输出。为此,在电火花加工过程中,必须使工具电极能够自动地进给调节放电间隙。

　　2)火花放电必须是脉冲性和间隙性的。图 4-1 为脉冲电源电压波形。放电延续时间一般为 $10^{-7} \sim 10^{-4}$s。这样才能使放电所产生的热量来不及传导扩散到其余部分,使每一个放电点局限在很小的范围内;否则,像持续电弧放电那样,使表面烧伤而无法加工。为此,电火花加工必须采用脉冲电源。

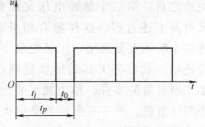

图 4-1　脉冲电源电压波形

　　3)火花放电必须在有一定绝缘性能的液体介质中进行,例如煤油、皂化液或去离子水等。没有一定的绝缘性能,就不能击穿放电,形成火花放电通道。所以对电火花加工方法中使用的液体介质,其主要作用是:在达到要求的击穿电压之前,应保持电学上的非导电性,即应该具有高的介电强度;一旦达到击穿电压，电击穿应在尽可能短的时间内完成；在放电完成之后，迅速地熄灭火花，使火花间隙消除电离；具有较好的冷却作用，并从工作间隙带走悬浮的切屑粒子。

4）电火花加工设备的组成。上述问题的综合解决，是通过图 4-2 所示的电火花加工设备及其各组成部分来实现的。工件 1 与工具 4 分别与脉冲电源 2 相连接。自动进给调解装置 3（此处为液压缸及活塞）使工件与工具之间经常保持一很小的放电间隙，当脉冲电压加到两极之间，脉冲电压由低升高时使某一间隙最小处或绝缘强度最低处击穿，在该局部产生火花放电瞬时高温使工件和工具表面都蚀除掉一小部分金属，各自形成一个小凹坑，如图 4-3 所示。

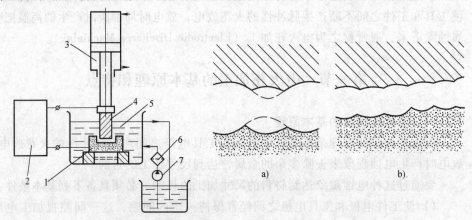

图 4-2　电火花加工原理示意图　　　图 4-3　电火花加工表面局部放大图
1—工件　2—脉冲电源　3—自动进给调节装置　　a）表示单个脉冲的凹坑
4—工具　5—工作液　6—过滤器　7—工作液泵　　b）为多次脉冲放电后的表面

图 4-3a 表示单个脉冲的凹坑，图 4-3b 为多次脉冲放电后的表面。脉冲放电结束后，经过一段间隔时间，使工作液恢复绝缘之后，第二个脉冲电压又加到两极上，又重复上述过程。这样随着相当高的频率，连续不断地重复放电，工具电极不断地向工件进给，就可将工具的形状复制在工件上，加工出所需的零件，整个加工表面由无数个小凹坑组成，图 4-4 所示的是电火花加工工件表面微观照片。

5）电火花放电过程。在火花放电时，电极表面的金属究竟是如何被蚀除下来的？了解这一微观过程，有助于掌握电火花加工的各种基本规律，才能对脉冲电源进给装置及机床设备等提出合理的要求。根据大量实验

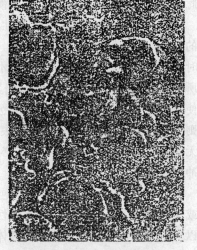

图 4-4　电火花加工表面

资料分析，每次电火花蚀除材料的微观过程是电力、磁力、热力和流体动力等综合作用过程。这一过程大致分为以下几个连续阶段：电离击穿、通道放电、熔化、气化热膨胀、抛出金属、消电离恢复绝缘及介电强度。

工件电极和工具电极的微观表面的凹凸不平，使离得最近的凸点处的电场强度最高，其间工作液绝缘性能常较低而最先被击穿，即分解为电子和离子而被电离，形成放电通道。在电场力的作用下，通道内的负电子高速奔向阳极，正离子奔向阴极，形成火花放电。这时，放电间隙的电阻由原来绝缘状态的几兆欧降低到几欧甚至几分之一欧，所通过的电流亦由原来的零增大到相当大的数值，而放电间隙电压由击穿电压降落为20V左右的火花维持电压，如图4-5所示。由于放电通道中电子、离子受到放电时磁场力和周围液体介质的压缩，所以放电通道的截面很小，通道中电流密度很大，达到$10^4 \sim 10^7 \mathrm{A/mm^2}$。电子离子高速运动时，互相碰撞，通道中放出大量的热，同时阳极金属表面受到电子流的高速冲击，动能也转化为热能，在电极放电点产生大量的热，整个放电通道形成一个瞬时热源，可达10000℃左右的高温。通道周围的工作液（一般为煤油之类的碳氢化合物），一部分气化为蒸汽，另一部分被瞬时高温分解为游离的碳和氢气、C_2H_2等气体析出（工作液很快变黑，电极间冒出小气泡）。在热源作用区的局部电极表面，同时被加热到熔点、沸点以上的温度，使局部金属熔化和气化蒸发。由于这一加热过程非常短（$10^{-7} \sim 10^{-4}\mathrm{s}$），因此金属的熔化、气化及工作液介质的气化都具有突然膨胀即爆炸特性，爆炸力把熔化和气化了的金属抛入附近的工作液介质里面而冷却。当它们凝固成固体时，由于表面的张力和内聚力的作用，使其具有最小的表面积，凝聚为细小的圆球颗粒（直径约$0.1 \sim 500 \mu\mathrm{m}$）而电极表面则形成一个四周稍有凸边的微小圆形凹坑，如图4-6所示。

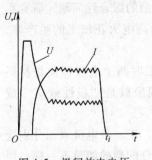

图 4-5　极间放电电压
和电流波形

U—电压　I—电流

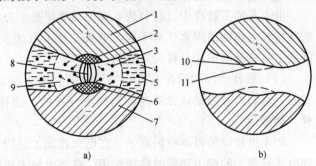

图 4-6　放电间隙状况示意图

1—阳极　2—从阳极上抛出金属的区域　3—熔化的金属微粒
4—工作液　5—在工作液中凝固的金属微粒　6—在阴极上抛出金
属的区域　7—阴极　8—放电通道　9—气泡　10—凸边　11—凹坑

实际上熔化和气化了的金属在抛离电极表面时，向四处乱射飞溅，除绝大部分抛入工作液中收缩为球状小颗粒外，有一小部分飞溅、吸附、镀覆在对面电极的表面上，这种互相飞溅、镀覆的现象，在某些条件下可以用来减小或补偿工具电极在加工中的损耗。进一步分析电蚀产物，在金相显微镜下可以看到除了游离的碳粒、大小不等的电极材料的球状颗粒之外，还有一些两极材料互相飞溅包容的颗粒，以及少数由气态直接冷凝成的中心带有空泡的颗粒产物。

二、电火花加工的特点

电火花加工方法其材料去除速度能与一般的切削方法相比。这种加工方法除了应用精确控制进给机构之外，以合适的工具代替切削工具，切削能量由脉冲电源提供。碳化钨、钨钴类硬质合金或硬钢材料等制造的模具、工具等加工中，电火花加工起着重要的作用。这种方法的广泛应用，主要是因为：

1）这种方法易于用来加工各种导电材料，而不受工件材料的物理、力学性能的限制。

2）在加工过程中，工具与工件不直接接触，所以工件无机械变形，因而该方法可加工细长、薄、脆性零件。

3）虽然该方法是利用热效应来切除金属，但大部分材料不变热。

4）可以在硬度高的材料上，加工出精度高，表面质量好的复杂模具。

5）用电火花加工的表面，是由许多小的弧坑组成，有助于油的保存和较好的润滑。

6）这种方法易于实现自动化。

第二节　电火花加工的基本规律

一、影响电蚀量的主要因素

电火花加工过程中，材料放电腐蚀的规律是十分复杂的综合性问题，研究影响材料放电腐蚀的因素，对于应用电火花加工方法，提高电火花加工的生产率，降低工具电极的损耗是极为重要的。

（1）极性效应和脉冲宽度　实践表明，电火花加工时两个电极即使是材料相同，它们的蚀除量或蚀除速度也是不一样的。这种现象就是"极性效应"或称"极效应"。

产生极效应的根本原因在于，在电火花加工过程中，正、负电极表面分别受到电子和离子的撞击和瞬时热源作用，在两电极表面所分配到的能量不一样，因而，熔化、气化、抛出的金属量也就不一样。一般而言，用短脉冲（如小于 $30\mu s$）加工时，负极的蚀除量小于正极，这是因为每次通道放电时，电子的质量和惯性较小，容易获得较大的速度和加速度，很快地冲向正极，电能、动能转换为热能蚀除金属。而离子由于惯性和质量较大，起动加速较慢，有一大部分尚未来得及到达负极表面，脉冲便结束了，所以正极的蚀除量大于负极的蚀除量。

在这种情况下，工件应接正极，称为"正极性加工"或"正极性接法"。反之，当用较长的脉冲（如脉宽大于300μs）加工时，则负极的蚀除量将大于正极的蚀除量，此时工件应接负极，称为"负极性加工"或"负极性接法"。这是因为随着脉冲宽度即放电时间的加长，质量和惯性较大的正离子也逐渐获得了加速，陆续地冲击在负极表面上，因此，它对负极的冲击破坏作用要比电子对正极的冲击破坏作用大。

极效应与脉冲宽度对蚀除量的影响见图4-7，一般而言，在精加工中，短脉宽采用正极性加工，粗中加工长脉宽采用负极性加工，这样极效应显著，对提高生产率和减少工具损耗都是有利的。

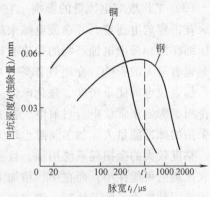

图 4-7　不同材料加工时电蚀量与脉宽的关系

（2）脉冲能量和脉冲频率　在电火花加工过程中，无论正极或负极都存在单脉冲的蚀除量 g 与单个脉量 W_m 之间在一定范围的正比的关系，某一段时间内总的蚀除量 Q 约等于这段时间内各个有效脉冲蚀除量的总和。故正、负极的蚀除速度与单个脉冲能量和脉冲频率成正比。用公式表示为：

$$\left.\begin{array}{l} Q_a = K_a W_m f\lambda t \\ Q_c = K_c W_m f\lambda t \end{array}\right\} \qquad (4-1)$$

$$\left.\begin{array}{l} v_a = Q_a/t = K_a W_m f\lambda \\ v_c = Q_c/t = K_c W_m f\lambda \end{array}\right\} \qquad (4-2)$$

式中　Q_a、Q_c——正负极的总蚀除量；

　　　v_a、v_c——正负极的总蚀除速度；

　　　W_m——单个脉冲能量；

　　　f——脉冲频率；

　　　t——加工时间；

　　　K_a、K_c——与电极材料、脉冲参数、工作液等有关的工艺参数；

　　　λ——有效脉冲的利用率。

单个脉冲中放电能量为：

$$W_m = \int_0^{t_e} u(t)i(t)\,\mathrm{d}t \qquad (4-3)$$

式中　t_e——单个脉冲实际放电时间（s）；

　　　$u(t)$——放电间隙中随时间而变化的电压（V）；

　　　$i(t)$——放电间隙中随时间而变化的电流（A）。

由此可见，提高电蚀量和生产率的途径在于：提高脉冲频率 f；增加单个脉冲量 W_m，或者说增加平均放电电流 i_e（对矩形脉冲即为峰值电流 i_e）和脉冲宽度 t_i；设法提高系数 K_a、K_c。当然，实际生产时要考虑到这些因素之间的相互制约关系和对其他工艺指标的影响，例如频率过高、脉冲间隔时间过短，将产生电弧放电；随着单个脉冲能量的增加，加工表面粗糙度也随之增加等等。

（3）工作液对电蚀量的影响　在电火花加工过程中，工作液的作用是：形成火花击穿放电通道，并在放电结束后迅速恢复间隙的绝缘状态；对放电通道产生压缩作用；帮助电蚀产物的抛出和排除；对工具、工件的冷却作用；因而对电蚀量也有较大的影响。介电性能好、密度和粘度大的工作液有利于压缩放电通道，提高放电的能量密度，强化电蚀产物的抛出效应；但粘度大不利于电蚀产物的排出，影响正常放电。目前电火花成型加工主要采用油类作为工作液，粗加工时采用的脉冲能量大、加工间隙也较大，爆炸排屑抛出能力强，往往选用介电性能、粘度较大的全损耗系统用油，且全损耗系统用油的燃点较高，大能量加工时着火燃烧的可能性小；而在中、精加工时放电间隙比较小，排屑比较困难，故一般均选用粘度小、流动性好、渗透性好的煤油作为工作液。

二、电火花加工的速度和工具损耗速度

电火花加工时，正极和负极（工具和工件）同时遭到不同程度的电蚀，单位时间内工件的电蚀量称之为加工速度，亦即生产率；单位时间内工具的电蚀量称之为损耗速度，它们是一个问题的两个方面。

（1）加工速度　一般采用体积加工速度来表示，其单位为 mm^3/min。

$$v_W = Q/t \tag{4-4}$$

式中　v_W——加工速度。

有时为了测量方便，也采用重量加工速度 v_c 来表示，单位为 g/min。电火花线切割时采用单位时间内所切割的面积来表示，其单位为 mm^2/min。

$$v_A = A/t = hL/t \tag{4-5}$$

式中　A——切割面积（mm^2）；

　　　h——切割厚度（mm）；

　　　L——切割轨迹行程长度（mm）。

根据前面对电蚀量的讨论，提高加工速度的途径在于提高脉冲频率 f；增加单个脉冲能量 W_m；设法提高工艺系数 K。同时还应考虑这些因素间的相互制约关系和对其他工艺指标的影响。

1）提高脉冲频率，一方面靠缩小脉冲停歇时间，另一方面靠压窄脉冲宽度，它是提高加工速度的有效途径。近年来高频脉冲电源已有很大发展，脉冲频率可达 $100kHz$ 以上。但提高脉冲频率是有限制的，因为频率过高，脉冲停歇时间过短，会使加工区工作液来不及消电离、排除电蚀产物及气泡来恢复其介电性能，以致形成破坏性的稳定电弧放电，使电火花加工过程不能正常进行。

2）增加单个脉冲能量主要靠加大脉冲电流和增加脉冲宽度。单个脉冲能量的增加可以提高加工速度，但同时会使表面粗糙度变坏和降低加工精度，因此一般只用于粗加工和半精加工的场合。

3）提高工艺系数 K 的途径很多，例如合理选用电极材料、电参数和工作液，改善工作液的循环过滤方式等，从而提高有效脉冲利用率 λ，达到提高工艺系数 K 的目的。

电火花成型加工的加工速度，粗加工（加工表面粗糙度 $R_a 10 \sim 20 \mu m$）时可达 $200 \sim 1000 mm^3 / min$，半精加工（$R_a 2.5 \sim 10 \mu m$）时显著降低到 $20 \sim 100 mm^3 / min$，精加工（$R_a 0.32 \sim 2.5 \mu m$）时一般都在 $10 mm^3 / min$ 以下。随着表面粗糙度的改善，加工速度显著下降。电火花线切割的加工速度，当加工表面粗糙度在 $R_a 1.25 \sim 5 \mu m$ 时，一般为 $20 \sim 80 mm^3 / min$。加工速度与加工电流 i_e 有关，约每安培加工电流为 $20 mm^3 / min$ 左右；对电火花成型加工，约每安培加工电流为 $10 mm^3 / min$。

（2）工具相对损耗　在生产实践中用来衡量工具电极是否耐损耗，不只是看工具损耗速度 v_E，还要看同时能达到的加工速度 v_W，因此，采用相对损耗或称损耗比 θ 作为衡量工具电极耐损耗的指标。即

$$\theta = （v_E / v_W）\times 100\% \tag{4-6}$$

上式中的加工速度和损耗速度均以 mm^3 / min 为单位，则 θ 为体积相对损耗；如以 g/min 为单位计算，则 θ 为质量相对损耗。

在电火花加工过程中，降低工具电极的损耗具有重大意义，一直是人们努力追求的目标。为了降低工具电极的相对损耗，必须很好地利用电火花加工过程中的各种效应，这些效应主要包括：极性效应、喷镀、覆盖效应，沉积效应，传热效应等，这些效应又是相互影响、综合作用的。具体是：

1）正确地选择极性。一般来说，在短脉冲加工时采用正极性加工（即工件接电源正极），而在长脉冲粗加工时则采用负极性加工。对不同脉冲宽度和加工极性的关系曾做过许多实验，得出了如图 4-8 所示的试验曲线。试验用的工具电极为 $\phi 6mm$ 的纯铜，加工工件为钢，工作液为煤油，矩形波脉冲电源，加工电流幅值为 10A。由图 4-8 可见，负极性

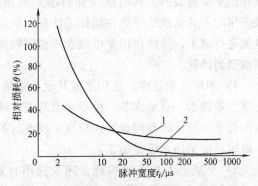

图 4-8　电极相对损耗与极性、脉宽的关系
1—正极性加工　2—负极性加工

加工时，纯铜电极的相对损耗随脉冲宽度的增加而减少，当脉冲宽度大于120μs后，电极相对损耗将小于1%，可以实现低损耗加工。如果采用正极性加工，不论采用哪一档脉冲宽度，电极的相对损耗都难低于10%。然而在脉宽小于15μs的窄脉宽范围内，正极性加工的工具电极相对损耗比负极性加工小。

2）利用镀覆效应。在用煤油之类的碳氢化合物作工作液时，在放电过程中将发生热分解，而产生大量的碳，还能和金属结合形成金属碳化合物的微粒，即胶团。中性的胶团在电场作用下可能与其可动层（胶团的外层）脱离，而成为带电荷的碳胶粒。电火花加工中的碳胶粒一般带负电荷，因此，在电场作用下会向正极移动，并吸附在正极表面。如果电极表面温度合适（高于400℃，低于电极材料的熔点），且能保持一定时间，即能形成一定厚度的化学吸附层，通常称之为黑膜，对电极起到保护和补偿作用，从而实现"低损耗"加工。

由于黑膜只能在正极表面形成，因此，要利用黑膜的补偿作用来实现电极的低损耗，必须采用负极加工。为了保持合适的温度场，增加脉冲宽度是有利的，实验表明，当峰值电流，脉冲间隔一定时，黑膜厚度随脉宽的增加而增厚。而当脉冲宽度和峰值电流一定时，黑膜厚度随脉冲间隔的增大而减薄，正是由于脉冲间隔加大，引起放电间隙中介质消电离作用增强，胶粒扩散，放电通道分散，电极表面温度降低，使"覆盖效应"减少。反之随着脉冲间隔的减少，电极损耗随之降低。但过小的脉冲间隔将使放电间隙来不及消电离和使电蚀产物扩散，因而造成电拉弧烧伤。

3）利用传热效应。对电极表面温度场分布的研究表明，电极表面放电点的瞬时温度不仅与瞬时放电的总热量（与放电能量成正比）有关，而且与放电通道的截面积有关，还与电极材料的导热性能有关。因此，在放电初期限制脉冲电流的增长率（di/dt）对降低电极损耗是有利的，使电流密度不致太高，也就使电极表面温度不致过高而遭受较大的损耗。脉冲电流增长率太高时，对在热冲击波作用下易脆裂的工具电极（如石墨）的损耗，影响尤为显著。另外，由于一般采用的工具电极的导热性能比工件好，如果采用较大的脉冲宽度和较小的脉冲电流进行加工，导热作用使电极表面温度较低而减少损耗，工件表面温度仍比较高而遭到蚀除。

4）利用沉积效应。在用水或其他水溶液作工作液时，如采用去离子水、乳化液、蒸馏水、自来水等，由于水本身是一种弱电化学质，放电加工过程中将产生电化学阳极溶解和阴极沉积反应，从而保护阴极减少损耗，因此，采用水基工作液时，应采用正极性加工。

5）要减小工具电极损耗，还应选用合适的材料，钨、钼的熔点和沸点较高，损耗小，但其机械加工性能不好，价格又贵，所以除线切割外很少采用。铜的熔点虽较低，但其导热性好，因此损耗也较少，又能制成各种精密、复杂电极，常用作中、小型腔加工用的工具电极。石墨电极不仅热学性能好，而且在长脉冲粗加工时能吸附游离的碳来补偿电极的损耗，所以相对损耗很低，目前已广泛用作型腔加工的电极。铜碳、铜钨、银钨合金等复合材料，不仅导热性好，而且熔点高，因而电极损耗小，但由于其价格较贵，制造成型比较困难，因而一般只在精密电火花加工时采用。电火花线切割用的线电极，快速走丝机床则均采用钼丝。它的抗拉强度高，抗疲劳性能好，熔点、沸点高。慢走丝机床均采用铜丝。

上述诸因素对电极损耗的影响是综合作用的，根据实际生产经验，在煤油中采用负极性加工时，脉冲电流幅值电流与脉冲宽度的比值（i_e/t_e）满足如下条件时，可以获得低损耗加工。

石墨加工钢 $i_e/t_e \leqslant 0.1 \sim 0.2 \text{A}/\mu\text{s}$

铜加工钢 $i_e/t_e \leqslant 0.06 \sim 0.12 \text{A}/\mu\text{s}$

钢加工钢 $i_e/t_e \leqslant 0.04 \sim 0.08 \text{A}/\mu\text{s}$

以上低损耗条件的经验公式并不完善，其中没有包含脉冲间隔对电极的影响，但在生产中仍有很大的参考价值。

三、影响加工精度的主要因素

和通常的机械加工一样，机床本身的各种误差，以及工件和工具电极的定位、安装误差都会影响到加工精度，这里主要讨论与电火花加工工艺有关的因素。

影响加工精度的主要因素有放电间隙的大小及其一致性，工具电极的损耗及其稳定。电火花加工时，工具电极与工件之间存在着稳定的放电间隙，如果加工过程中放电间隙能保持不变，则可以通过修正工具电极的尺寸或用补偿方法修正线切割的轨迹，对放电间隙进行补偿，能够获得较高的加工精度。然而，放电间隙的大小实际上是变化的。

放电间隙可用下列经验公式来表示：

$$S = K_i \hat{u}_i + K_R W_m + S_m \tag{4-7}$$

式中 S——放电间隙（指单面放电间隙，μm）；

     $\hat{u}_i$——开路电压（V）；

     K_i——与工作液介电强度有关的常数，纯煤油时为 5×10^{-2}；含有电蚀产物后 K_u 增大；

     K_R——常数，与加工材料有关，一般易熔金属的值较大，对铁，$K_R = 2.5 \times 10^2$，对硬质合金，$K_R = 1.4 \times 10^2$，对铜 $K_R = 2.3 \times 10^2$；

     W_m——单个脉冲能量（J）；

     S_m——考虑热膨胀、收缩、振动等影响的机械间隙，约为 $3\mu\text{m}$。

除了间隙能否保持一致性外，间隙大小对加工精度也有影响，尤其是对复杂形状的加工表面，棱角部位电场强度分布不均，间隙越大，影响越严重。因此，为了减少加工误差，应该采用较弱小的加工标准，缩小放电间隙，这样不但能提高仿形精度，而且放电间隙愈小，可能产生的间隙变化量也愈小；另外，还必须尽可能使加工过程稳定。电参数对放电间隙的影响是非常显著的，精加工的放电间隙一般只有 0.01mm（单面），而在粗加工时则可达 0.5mm 以上。

工具电极的损耗对尺寸精度和形状精度都有影响。电火花穿孔加工时，电极可以贯穿型孔而补偿电极的损耗，型腔加工时则无法采用统一方法，精密型腔加工时可采用更换电极的方法。电火花线切割时，由于慢走丝加工时电极丝一般只使用一次，因此电极损耗对尺寸精度基本没有影响；快速走丝情况下，电极丝的损耗在精加工及轮廓轨迹线长时往往不可忽视。

影响电火花加工形状精度的主要因素有电极损耗和"二次放电"，二次放电是指已加工表面上由于电蚀产物等的介入而再次进行的非正常放电，集中反映在加工深度方向产生斜度和加工棱角棱边变钝方面。

产生加工斜度的情况如图 4-9 所示，由于工具电极下端部加工时间长，绝对损耗大，而电极入口处的放电间隙则由于电蚀产物的存在，"二次放电"的几率大而扩大，因而产生了加工斜度。

电火花加工时，工具的尖角或凹角很难精确地复制在工件上，这是因为当工具为凹角时，工件上对应的尖角处放电蚀除的几率大，容易遭受腐蚀而成为圆角，如图 4-10a 所示。当工具为尖角时，一则由于放电间隙的等距性，工件上只能加工出以尖角顶点为圆心，放电间隙 S 为半径的圆弧；二则工具上的尖而并考虑二次放电时的工作轮廓线角本身因尖端放电蚀除的几率大而损耗成圆角，如图 4-10b 所示。采用高频窄脉宽精加工，放电间隙小，圆角半径可以明显减小，因而提高了仿形精度，可以获得圆角半径小于 0.01mm 的尖棱。

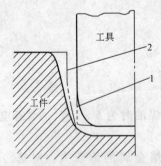 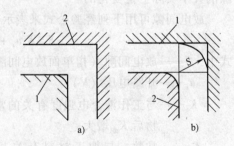

图 4-9　电火花加工时的加工斜度
1—电极无损耗时工具轮廓线　2—电极有损耗

图 4-10　电火花加工时尖角变圆
1—工件　2—工具

对于电火花线切割，机床的机械精度、控制系统精度对加工精度的影响是很大的；另外，电极丝入口处的工作液状况和出口处差别较大，因而放电间隙是不一致的，再加上走丝过程中电极丝的振动等，都会影响加工精度，这些影响在快速走丝时是比较大的。

目前，电火花穿孔加工的精度可达 0.01～0.05mm，型腔加工可达 0.1mm 左右，线切割加工可达 0.005～0.01mm。

四、电火花加工的表面质量

电火花加工的表面质量主要包括表面粗糙度、表面变质层和表面力学性能三部分。

(1) 表面粗糙度　电火花加工表面和机械加工的表面不同，它是由无数小坑和光滑的硬凸边所组成（如图 4-4 所示），特别有利于保存润滑油；而机械加工表面则存在着切削或磨削刀痕，具有方向性。两者相比，在相同的表面粗糙度和有润滑油的情况下，表面的润滑性能和耐磨损性能均比机械加工表面好，国内外的实验结果都证实了这一点。

与切削加工一样，电火花加工表面粗糙度通常用轮廓算术平均偏差 R_a 表示，也有用轮廓最大高度值 R_y 表示的。对表面粗糙度影响最大的是单个脉冲能量，因为脉冲能量大，每次脉冲放电的蚀除量也大，放电凹坑既大又深，从而使表面粗糙度恶化。表面粗糙度和脉冲能量之间的关系，可用如下实验公式来表示：

$$R_y = K_R t_e i_e \tag{4-8}$$

式中　R_y——实测的表面粗糙度（μm）；

K_R——常数，铜加工钢时常数为 2.3；

t_e——脉冲放电时间（μs）；

i_e——峰值电流（A）。

电火花加工表面粗糙度和加工速度之间存在着很大的矛盾，例如从 R_a 2.5μm 降低到 R_a1.25μm，加工速度要下降到 1/10。按目前的工艺水平，电火花成型加工要达到优于 R_a0.32μm 是比较困难的。目前，电火花成型、线切割的加工表面粗糙度为 R_a 1.25～0.32μm，电火花穿孔的表面粗糙度为 R_a 0.63～0.04μm，而类似电火花磨削的加工方法，其表面粗糙度可低于 R_a 0.04～0.02μm，这时加工速度很低。因此，一般加工到 R_a2.5～0.63μm 之后采用其他研磨方法改善其表面粗糙度比较经济。

工件材料对加工表面粗糙度也有影响，熔点高的材料（如硬质合金），在相同能量下加工的表面粗糙度要比熔点低的材料（如钢）好。当然，加工速度会相应下降。

精加工时，工具电极的表面粗糙度也将影响到加工表面粗糙度。由于石墨电极很难加工到非常光滑的表面，因此石墨电极的加工表面粗糙度较差。

(2) 表面变质层　电火化加工过程中，在火花放电的瞬时高温和工作液的冷却作用下，材料的表面层发生了很大的变化，粗略地可把它分为熔化层和热影响层，对于碳钢来说，熔化层在金相照片上呈现白色，故又称之为白层，如图4-11 所示。

1）熔化层。位于工件表面的最上层，它被放电时产生的瞬时高温熔化而滞留下来，受工作液快速冷却而凝固。它与基体金属完全不同，是一种树枝状的淬火铸态组织，与内层的结合也不甚牢固。熔化层中有渗碳（工作液和石墨电极中的碳元素）、渗金属（电极中的金属元素）、气孔及其他夹杂物。

熔化层的厚度随脉冲能量的增大而变厚，大约为 $(1 \sim 2)\delta_{max}$，但一般不超过 0.1mm。

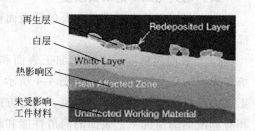

图 4-11　熔化层（500×）
材料：Cr12　$t_c = 50\mu s$　$t_0 = 35\mu s$　$i_c = 16A$

2）热影响层。它介于融熔化层和基体之间，热影响层的金属材料并没有熔化，只是受到高温的影响，使材料的金相组织发生了变化，它和基体材料之间并没有明显的界限。由于温度场分布和冷却速度的不同，对淬火钢，热影响层包括再淬火区、高温回火区和低温回火区；对未淬火钢，热影响层主要为淬火区。因此，淬火钢的热影响层厚度比未淬火钢大。

热影响层中靠近熔化层部分，由于受到高温作用并迅速冷却，形成淬火区，其厚度与加工条件有关，一般为 2～3 倍的最大微观不平度（即 δ_{max}）值。对淬火钢，与淬火层相邻的部分受到温度的影响而形成高温、低温回火区，回火区的厚度约为最大微观不平度的 3～4 倍。

不同金属材料的热影响层金相组织结构是不同的，耐热合金的热影响层与基体差异不大。

3）显微裂纹。电火花加工表面由于受到高温作用并迅速冷却而产生拉应力，往往出现显微裂纹。实验表明，一般裂纹仅在熔化层内出现，只有在脉冲能量很大情况下（粗加工时）才有可能扩展到热影响层。

脉冲能量对显微裂纹的影响是非常明显的，能量愈大，显微裂纹愈宽，延伸也愈深。脉冲能量很小时（例如加工表面粗糙度低于 $R_a 1.25\mu m$ 时），一般不出现裂纹。不同工件材料对裂纹的敏感性也不同，硬脆材料容易产生裂纹。工件预先的热处理状态对裂纹产生的影响也很明显，加工淬火材料要比加工淬火后回火或退火的材料容易产生裂纹，因为淬火材料的原始内应力较大。

（3）表面力学性能

1）显微硬度及耐磨性。电火花加工表面的熔化层硬度一般均比较高，对某些淬火钢，也可能稍低于基体硬度。对未淬火钢，特别是原来碳含量多的钢，热影响层的硬度都比基体材料高；对淬火钢，热影响层中的再淬火区硬度稍高或接近于基体硬度，而回火区的硬度比基体低，高温回火区又比低温回火区的硬度低。因此，一般来说，电火花加工表面最外层的硬度比较高，耐磨性好。但对于滚动摩擦，由于是交变载荷，如果是干摩擦，则因熔化层和基体的结合不牢固，容易剥落而磨损。

电火花线切割过程中，加工区有可能暴露在空气中，含碳较高的钢有可能产生表面脱碳现象而使熔化层的硬度大大降低。

2）残留应力。电火花加工表面存在着由于热作用而形成的残留应力，而且大部分表现为拉应力。残留应力的大小和分布，主要和材料在加工前的热处理状态及加工时的脉冲能量有关。因此，对表面层要求质量较高的工件，应尽量避免使用较大的加工规准。

3）耐疲劳性能。电火花加工表面存在着较大的拉应力，还可能存在显微裂纹，因此其耐疲劳性能比机械加工表面低许多。采用回火处理、喷丸处理等，有助于降低残留应力，或使残留拉应力转变为压应力，从而提高其疲劳性能。

试验表明，当表面粗糙度在 $R_a0.32 \sim 0.08\mu m$ 范围内时，电火花加工表面的耐疲劳性能将与机械加工表面相近，这是因为电火花精微加工表面所使用的加工规准很小，熔化层和热影响层均非常薄，不会出现显微裂纹，而且表面的残留应力也非常小的原因。

第三节　电火花加工设备

一、电火花成形加工机床

电火花成形加工机床主要由主机（包括自动调节系统的执行机构）、脉冲电源、自动进给调节系统、工作液净化及循环系统几部分组成。

（1）机床主体部分　主机主要包括：主轴头、床身、立柱、工作台及工作液槽几部分，机床的整体布局，按机床型号的大小，可采用如图 4-12 所示结构，图 4-12a 为分离式，图 4-12b 为整体式，油箱与电源放入机床内部成为整体。一般以分离式的较多。

近年来，由于工艺水平的提高及微型计算机、数控技术的发展，已生产有三坐标伺服控制的，以及主轴和工作台回转运动并加三向伺服控制的五坐标数控电火花机床，机床还带有工具电极库，可以自动更换电极，机床的坐标位移精度为 $2\mu m$。

（2）主轴头　主轴头是电火花成型机床中最关键的部件，是自动调节系统中的执行机构，对加工工艺指标的影响极大。对主轴头的要求是：结构简单、传

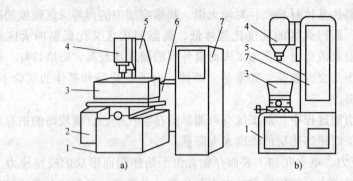

图 4-12　电火花穿孔成形加工机床
1—床身　2—液压油箱　3—工作液槽
4—主轴头　5—立柱　6—工作液箱　7—电源箱

动链短、传动间隙小、热变形小、具有足够的精度和刚度，以适应自动调节系统的惯性小、灵敏度好、能承受一定负载的要求。主轴头主要由进给系统、导向防扭机构、电极装夹及其调节环节组成。我国目前生产的电火花成型机床大多采用液压主轴头。

液压主轴头结构有两种：一种是液压缸固定、活塞连同主轴上下移动；另一种是活塞固定，液压缸体连同主轴上下移动。前者结构简单，但刚件差，主轴导向部分为滑动摩擦，灵敏度低。后者结构复杂，刚性好，灵敏度高。图 4-13 为液压主轴。

（3）工具电极　工具电极的装夹及调节形式较多，常用的有十字铰链和球面铰链式。

（4）工作液循环、过滤系统　工作液的循环过滤系统包括工作液、箱、电动机、泵、过滤装置工作液槽、油杯、管道阀门及测量仪表等。

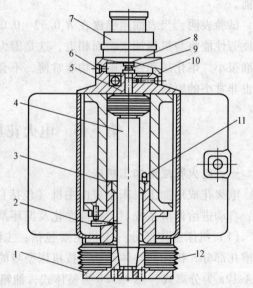

图 4-13　DYT—2 型液压主轴
1—法兰端盖　2—管接头　3—轴套　4—活塞杆
5—上油腔　6—观察窗口　7—电-机械转换器　8—挡板
9—喷嘴　10—螺钉　11—下油腔油路　12—皮罩

二、数控电火花加工机床

和普通电火花加工机床相比，数控电火花加工机床的加工精度、加工自动化程度、加工工艺的适应性、多样性等都大为提高，在生产中得到广泛应用。数控电火花成型加工机床主要由机床本体、脉冲电源和机床电气系统、自动进给调节系统、数控系统、工作液循环过滤系统及工具电极等部分组成。图 4-14 所示为 SC400 型数控电火花成型加工机床的外观，图 4-15 所示为数控电火花成型加工机床组成示意图。

机床本体是指构成机床的机械实体，主要由床身、立柱、主轴头、工作台及

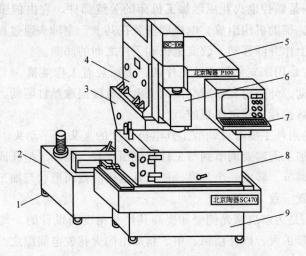

图 4-14　SC400 型数控电火花成型加工机床
1—机床垫铁　2—油箱　3—底座　4—滑枕　5—数控电源柜
6—主轴箱　7—控制台　8—工作液槽　9—床身

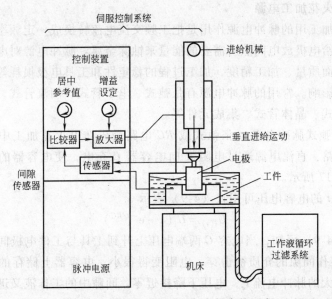

图 4-15　数控电火花成形加工机床的组成

润滑系统等部分组成。附件包括用以实现工件和电极的装夹、固定和调整其相对位置的机械装置、电极自动交换装置（ATC 或 AEC）等。

1）床身和立柱是机床的基础结构。由它确保电极与工作台、工件之间的相对位置。其结构应合理，有较高的刚度，能承受主轴负重和运动部件突然加速运动的惯性，还应能减小温度变化引起的变形。

2）主轴头是数控电火花成形加工机床的关键部件，它由伺服进给机构、导向和防扭机构、辅助机构组成，电极即安装在其上，主轴头通过自动进给调节系统带动在立柱上作升降移动，改变电极和工件之间的间隙。

3）工作台是用来支承和安装工件的，上面装有工作液槽，工作台可作纵向和横向进给运动，分别由直流或交流伺服电动机经滚珠丝杠驱动。运动轨迹是靠数控系统通过数控程序控制实现的。

4）机床的附件主要有可调节工具电极角度的夹头和平动头。装夹在主轴头下的电极，在加工前需要调节到与工件基准面垂直，在加工型孔或型腔时，还需要在水平面内调节、转动一个角度，使工具电极的截面形状与加工的工件型孔或型腔的预定位置一致。

5）平动头是为解决修光侧壁和提高其尺寸精度而设计的，其运动半径通过调节可由零逐步扩大，以补偿粗、中、精加工的火花放电间隙之差，从而达到修整型腔的目的。其每一个质点运动轨迹的半径就称为平动元。

6）电极自动交换装置与数控加工中心的自动换刀装置相似，具有在多电极加工时自动选择、交换电极的功能。

三、电火花加工电源

电火花加工用的脉冲电源作用是把工频交流电流转换成一定频率的单向脉冲电流，以供给电极放电间隙所需的能量来蚀除金属。脉冲电源对电火花加工的生产率，表面质量、加工精度，加工过程的稳定性和工具电极损耗等技术经济指标有很大的影响。常用的脉冲电源有张弛式、电子管式、闸流管式，脉冲发电机式、晶闸管式、晶体管式、集成元件等。

（1）张弛式脉冲电源　张弛式或 RC 电路最先在电火花加工中应用。如图 4-16 所示电路，直流电源通过电阻 R 向电容器 C 充电，使电容器的电压不断升高，如图 4-17 所示。

在瞬时 t 的电容电压可用式（4-9）表示

$$U_{i(t)} = \hat{U}_i(1 - e^{-t/RC}) \tag{4-9}$$

从式（4-9）可知，当电容 C 两端电压上升到工具与工件电极间隙的击穿电压 U_d 时，工作间隙的介质被击穿，电阻变得很小，电容器上储存的能量瞬时释放，形成较大的脉冲电流 i_e，电压下降接近零。间隙中的工作液又迅速恢复绝缘状态。此后电容再次充电，又重复上述过程。

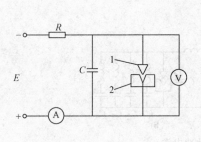

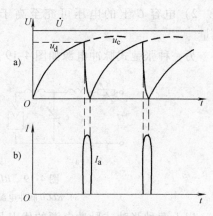

图 4-16　*RC* 线路脉冲电源
1—工具电极　2—工件

图 4-17　*RC* 线路脉冲电压
a) 电流　b) 波形图

RC 线路脉冲电源的优点是：

1) 结构简单、工作可靠、成本低。

2) 在小功率时可以获得很窄的脉宽（小于 $0.1\mu s$）和很小的单个脉冲能量，可用作光整加工和微细加工。

RC 线路脉冲电源的缺点是：

1) 电源利用效率低，最大不超过 36%，大部分能量经过电阻 *R* 转化为热能而损失。

2) 生产效率低，因为电容器的充电时间 t_c 比放电时间 t_e 长，脉冲间歇系数太大。

3) 工艺参数不稳定。因为两电极间隙一直存在电压，击穿的随机性很大，随时受到极间隙大小，绝缘性能，脉冲频率和能量的影响。

4) 由于放电回路存在寄生电感的影响，有反向脉冲的影响，所以工具损耗大。

（2）*RLC* 线路脉冲电源　为改进 *RC* 线路电能利用效率低和脉冲间隙系数大等缺点，把充电电阻一分为二，其中一部分电阻限制短路电流；另一部分电阻用电感 *L* 代替，如图 4-18 所示。单纯电感虽对交流阻力很小，但对交流或脉冲电流却具有感抗能力起限流作用，它并不会引起发热而消耗电能，所以 *RLC* 线路脉冲电源的电能利用效率可达 60%～80%。

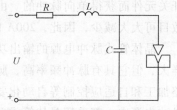

图 4-18　*RLC*线路脉冲电源

RLC 线路电源的主要优点是：

1) 大大缩短了电容 *C* 的充电时间，即缩短了脉冲间隙时间，从而提高脉冲频率。

2）电容 C 上的电压可充至高于直流电源电压 U，因而提高了单个脉冲能量。

另一种张弛式脉冲电源如图 4-19 所示。

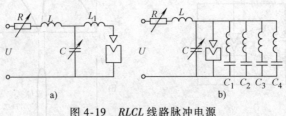

图 4-19　RLCL 线路脉冲电源

a) RLCL 脉冲电源　b) RLC-LC 脉冲电源

以上两种张弛式脉冲电源的优点是线路简单可靠，成本低廉，但它们的共同缺点是生产率低，工具损耗大。此外是稳定性差，因为这类电源本身并不"独立"形成和发生脉冲，而是受极间介质、间隙、电蚀产物等情况影响充放电过程，随时有放电的可能，并容易转为电弧放电。针对这些缺点，人们研制出了放电间隙和直流电源各自独立的脉冲电源。它们可以极大地减少电极间隙物理状态参数变化的影响。这些电源称为独立脉冲电源，如闸流管式，电子管式、晶闸管式、晶体管式等脉冲电源。

（3）闸流管式和电子管式脉冲电源　闸流管式和电子管式脉冲电源属于独立式脉冲电源，它们以末级功率级起开关作用的电子元件而命名。闸流管和电子管均为高阻抗开关元件，因此主回路中常为高压小电流，必须采用脉冲变压器变换为大电流的低压脉冲，才能用于电火花加工。

闸流管式和电子管式脉冲电源由于受到末级功率管以及脉冲变压器的限制，脉冲宽度比较窄，脉冲电流也不能大，且能耗也大，故主要用于冲模类穿孔加工等精加工场合，不适于型腔加工；因此，已为晶体管式、晶闸管式脉冲电源所替代。

（4）晶闸管式、晶体管式脉冲电源　晶闸管式脉冲电源是利用晶闸管作为开关元件而获得单向脉冲的。由于晶闸管的功率较大，脉冲电源所采用的功率管数目可大大减少，因此，200A 以上的大功率粗加工脉冲电源，一般采用晶闸管。

晶体管式脉冲电源的输出功率及其最高生产率不易做到晶闸管式脉冲电源那样大，但它具有脉冲频率高、脉冲参数容易调节、脉冲波形较好、易于实现多回路加工和自适应控制等自动化要求的优点，所以应用非常广泛，特别在中、小型脉冲电源中，都采用晶体管式电源。故本节主要介绍晶体管式脉冲电源。

晶体管式脉冲电源是利用功率晶体管作为开关元件而获得单向脉冲的。目前晶体管的功率都还较小（和晶闸管相比），因此在脉冲电源中，功率晶体管都采用多管分组并联输出的方法来提高输出功率。

图 4-20 为自振式晶体管脉冲电源方框原理图，主振级 Z 为一不对称多谐振荡器，它发出一定脉冲宽度和停歇时间的矩形脉冲信号，以后经放大级 F 放大，最后振动本级功率晶体管导通或截止。末级晶体管起着"开、关"的作用。它导通时，直流电源电压 U 即加在电极间隙上，击穿工作液进行火花放电。当晶体管截止时，脉冲即行结束，工作液恢复绝缘，准备下一脉冲的到来。为了加大功率，和可调节粗、中、精加工规准，整个功率级由几十只大功率高频晶体管分为若干路并联，精加工只用其中一或二路。为了在放电间隙短路时不致损坏晶体管，每只晶体管均串联有限流电阻 R，并可以在各管之间起均流作用。图 4-20 为晶体管脉冲电源某一路主回路的电路简图。

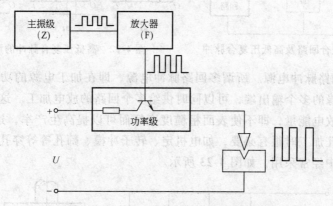

图 4-20　自振式晶体管脉冲电源方框图

近年来随着电火花加工技术的发展，为进一步提高有效脉冲利用率，达到高速、低耗、稳定加工以及一些特殊需要，在晶闸管式或晶体管式脉冲电源的基础上，派生出不少新型电源和线路，如高、低压复合脉冲电源，多回路脉冲电源以及多功能电源等。

（5）各种派生脉冲电源

1）高低压复合脉冲电源。复合回路脉冲电源示意图见图 4-21。与放电间隙并联两个供电回路，一个为高压脉冲回路，其脉冲电压较高（300V 左右），平均电流很小，主要起击穿间隙的作用，也就是控制低压脉冲的放电击穿点，保证前沿击穿，因而也称之为高压引燃回路，另一个低压脉冲回路，其脉冲电压比较低（60~80V），电流比较大，起着蚀除金属的作用，所以称之为加工回路。二极管用以阻止高压脉冲进入低压回路。所谓高低压复合脉冲，就是在每个工作脉冲电压（60~80V）波形上再叠加一个小能量的高压脉冲（300V），使电极间隙先击穿引燃而后再放电加工，大大提高了脉冲的击穿率和利用率，并使放电间隙变大，排屑良好，加工稳定，在"钢打钢"时显出很大的优越性。

近年来在生产实验中，在复合脉冲的形式方面，除了高压脉冲和低压脉冲同时触发加到放电间隙上之外，如图 4-22a 所示，还出现了两种低压脉冲比高压脉冲滞后一短时间 Δt 触发的形式，如图 4-22b、c 所示，此 Δt 时间是可调的。一般图 4-22b、c 的效果比图 4-22a 更好，因为高压方波加到电极间隙上去之后，往往也需有一小段延时才能击穿，在高压击穿之前低压脉冲不起作用，而在精加工窄脉冲时，高压不提前，低压脉冲往往来不及起作用而成为空载脉冲，为此，应使高压脉冲提前触发，与低压同时结束，如图 4-22c 所示。

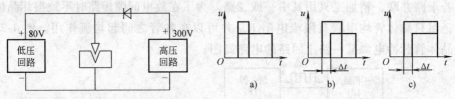

图 4-21　复合回路及高低压复合脉冲　　　图 4-22　高低压复合脉冲的形式

2）多回路脉冲电源。所谓多回路脉冲电源，即在加工电源的功率级分割出相互隔离绝缘的多个输出端，可以同时供给多个回路的放电加工。这样不依靠增大单个脉冲放电能量，即不使表面粗糙度变坏而可以提高生产率，这在大面积、多工具、多孔加工时很有必要，如电机定、转子冲模、筛孔等等穿孔加工以及大型腔模加工中经常采用，如图 4-23 所示。

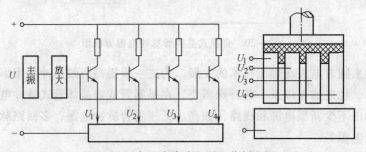

图 4-23　多回路脉冲电源和分割电极

多回路电源总的生产率并不与回路数目完全成正比增加，因为多回路电源加工时，电极进给调节系统的工作状态变坏，当某一回路放电间隙短路时，电极回升，全部回路都得停止工作。回路数愈多，这种相互牵制干扰损失也愈大，因此回路数必须选取得当，一般常采用二至四个回路，加工愈稳定，回路数可取得愈多。多回路脉冲电源中，同样还可采用高低压复合脉冲回路。

3）等脉冲电源。所谓等脉冲电源是指每个脉冲在介质击穿后所释放的单个脉冲能量相等。对于矩形波脉冲电流来说，由于每次放电过程的电流幅值基本相同，因而等脉冲电源的每个脉冲放电电流持续时间也完全相同。

前述的独立式、等频率脉冲电源，虽然电压脉冲宽度和脉冲间隔在加工过程中保持不变，但每次脉冲放电所释放的能量往往不相等。因为放电间隙物理状态总是不断变化的，每个脉冲的击穿延时随机性很大，各不相同，结果使实际放电的脉冲电流宽度发生变化，影响单个脉冲能量，因而也就影响加工表面粗糙度。等脉冲电源能自动保持脉冲电流宽度相等，用相同的脉冲能量进行加工，从而可以在保证一定表面粗糙度情况下，进一步提高加工速度。

为了获得等脉冲输出，通常是利用火花击穿讯号来控制电源的脉冲发生器，作为脉冲电流的起始时间，经过一定的单稳延时之后，立即中断脉冲输出，切断火花通道，从而完成一个脉冲输出。经过一定的脉冲间隔，又发出下一个脉冲电压，开始第二个脉冲输出过程。这样所获得的极间放电电压和电流波形，如图4-24 所示。

4）自适应控制脉冲电源。自适应控制脉冲电源有一个较完善的控制系统，能不同程度地代替人工监控功能，即能根据某一给定目标（保证一定表面粗糙度下提高生产率）来连续不断地检测放电加工状态，并与最佳模型（数学模型或经验模型）进行比较运算，然后用其计算结果控制有关参数，以获得最佳加工效果，如图4-25 所示。这类脉冲电源实际上已是一个自适应控制系统，它的参数是随加工条件和极间状态而变化的。当工件和工具材料、粗、中、精不同的加工规范、工作液的污染程度与排屑条件、加工深度及加工面积等条件变化时，自适应控制系统都能自动地、连续不断地调节有关脉冲参数，如脉间和进给、抬刀参数，以达到生产率最高的最佳稳定放电状态。

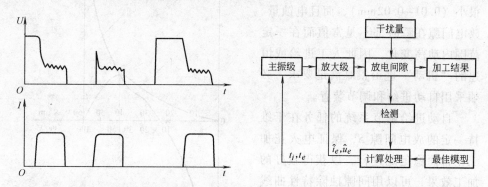

图 4-24 等脉冲电源的工作电压和电流波形　　图 4-25 自适应控制脉冲电源方框

由此可知，自适应控制电源已超出了一般脉冲电源的研究范围，实际上它已属于自动控制系统的研究范围。要实现脉冲电源的自适应控制，首要问题是极间放电状态的识别与检测；其次是建立电火花加工过程的预报模型，找出被控量与控制讯号之间的关系，即建立所谓的"评价函数"；然后根据系统的评价函数设计出控制环节。

5）高频分组和梳形波脉冲电源。高频分组脉冲和梳形波脉冲电源波形分别如图4-26 和图4-27 所示，这两种波形在一定程度上都具有高频脉冲加工表面粗

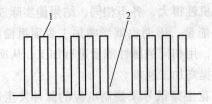

图 4-26　高频分组脉冲电源波形
1—高频脉冲　2—分组间隔

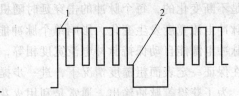

图 4-27　梳形波脉冲电源波形
1—高频高压脉冲　2—低频低压脉冲

糙度值小和低频脉冲加工速度高、电极损耗低的双重优点，得到了普遍的重视。梳形脉冲波不同于分组脉冲波之处在于大脉宽期间电压不过零，始终加有一较低的正电压，其作用为当负极性精加工时，使正极工具能吸附碳膜获得低损耗。

四、电火花加工自动进给调节系统

1. 自动进给调节系统的作用、技术要求和分类

电火花加工时，如果工具和工件的间隙过大，则不会产生放电，必须使电极工具进给靠拢；在放电过程中，电极工具工件不断被蚀除，间隙逐渐增大，必须使工具补偿进给，以维持所需的放电间隙；当工具工件间短路时，必须使工具反向离开，随即再重新进给调节到所需的放电间隙，这是正常加工所必需解决的问题。由于电火花加工放电间隙很小（0.01~0.02mm），而且电蚀量、放电间隙在瞬时都不是常值而在一定范围内动荡变化，因此人工进给或恒速的"机动"进给很难满足要求，必须采用自动进给和调节装置。

自动进给调节系统的任务在于维持一定的放电间隙 S，保证电火花加工正常而稳定地进行，以获得较好的加工效果，可以用间隙蚀除特性曲线和进给调节特性曲线来说明。

图 4-28 中放电间隙 S 值与蚀除速度 v_w 有密切的关系。当间隙太大时，极间介质不易击穿，使有效脉冲利用率降低，因而使蚀除速度降低。当间隙太小时，又会因电蚀产物难于及时排除，产生二次放电，短路率增加，蚀除速度也将明显下降，甚至还会引

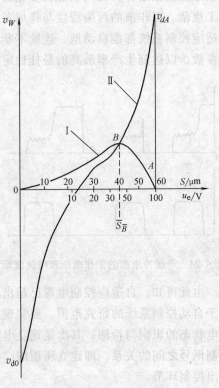

图 4-28　间隙蚀除特性与调节特性曲线
Ⅰ—蚀除特性曲线　Ⅱ—调节特性曲线

起短路和烧伤，使加工难以进行。因此，必有一最佳放电间隙 S_B 对应于最大蚀除速度 B 点，图 4-28 中上凸的曲线 I 即间隙蚀除特性曲线，图中横坐标为放电间隙 S 或间隙平均电压 $\overline{u_e}$（因 $\overline{u_e}$ 与 S 成对应关系），纵坐标为加工速度 v_W。如果粗、精加工采用的规准不同，S 和 v_W 的对应值也不同，但趋势是大体相同的。

自动进给调节系统的进给调节特性曲线见图 4-28 中倾斜曲线 II，纵坐标为电极进给或回退速度。当间隙过大，例如大于等于 $60\mu m$，为 A 点的开路电压时，电极工具将以较大的空载速度 v_{dA} 向工件进给。随着放电间隙减小和火花率的提高，向下进给速度也逐渐减小，直至为零。当间隙短路时，工具将反向以 v_{d0} 高速回退。实际电火花加工时整个系统将力图自动趋向处于两条曲线的交点，因为只有在此交点上，进给速度等于蚀除速度，才是稳定的工作点和稳定的放电间隙（交点之右，进给速度大于蚀除速度，放电间隙将逐渐变小；反之，交点之左，间隙将逐渐变大）。在设计自动进给调节系统时，应根据这两特性曲线来使其工作点交在最佳放电间隙 S_B 附近，以获得最高加工速度。此外，空载时（间隙在 A 点或更右），应以较快速度 v_{dA} 接近最高加工速度区（B 点附近），一般 $v_{dA} = (5 \sim 15) v_{dB}$；间隙短路时也应以较快速度 v_{d0} 回退。一般认为，v_{d0} 为 $200 \sim 300 mm/min$ 时，即可快速有效地消除短路。

对自动进给调节系统的一般要求如下：

（1）有较广的速度调节跟踪范围　在电火花加工过程中，加工规范、加工面积等条件的变化，都会影响其进给速度，调节系统应有较宽的调节范围，以适应加工的需要。

（2）有足够的灵敏度和快速性　放电加工的频率很高，放电间隙的状态瞬息万变，要求进给调节系统根据间隙状态的微弱信号能相应地快速调节。为此整个系统的不灵敏区、时间常数、可动部分的质量等惯性要求要小，放大倍数应足够，过渡过程应短。

（3）有必要的稳定性　电蚀速度一般不高，加工进给量也不必过大，所以应有很好的低速性能，均匀、稳定地进给，避免低速爬行，超调量要小，传动刚度应高，传动链中不得有明显间隙，抗干扰能力要强。

此外，自动进给装置还要求体积小、结构简单可靠及维修操作方便等。

目前电火花加工用的自动进给调节系统的种类很多，按执行元件，大致可分为：

1）电液压式 $\begin{cases} 喷嘴-挡板 \\ 伺服阀 \end{cases}$

2）步进电动机；

3）宽调速力矩电动机；

4）直流伺服电动机；

5）交流伺服电动机。

虽然它们类型构造不同，但都是由几个基本环节组成的。

2. 自动进给调节系统的基本组成部分

电火花加工用的进给调节和其他任何一个完善的调节装置一样，也是由测量环节、放大环节、执行环节等几个主要环节组成，图4-29是其基本组成部分方框图。实际上根据电火花加工机床的简、繁或不同的完善程度，基本组成部分可能略有增减。

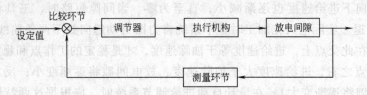

图 4-29　自动进给调节系统的基本组成方框图

（1）测量环节　直接测量电极间隙及其变化是很困难的，都是采用测量与放电间隙成比例关系的电参数来间接反映放电间隙的大小。常用的信号检测方式有两种：一种是平均值测量法（见图4-30），图4-30b是带整流桥的检测电路，其输入端可不考虑间隙的极性；另一种是取脉冲电压的峰值信号（即峰值检测法），包括图4-31a击穿电压检测法、图4-31b击穿延时检测法，以及放电波形检测法（即同时检测击穿电压和击穿延时两个信号）。检测电路中的电容 C 为信号储存电容，它充电快，放电慢，记录峰值的大小；二极管 V1 的作用是阻止负半波以及防止电容 C 所记录的电压信号再向输入端倒流放掉；稳压管 V2 能阻止和滤除比其稳压值低的火花维持电压，从而突出空载峰值电压的控制作用，亦即只有出现多次空载波时才能输出进给信号。

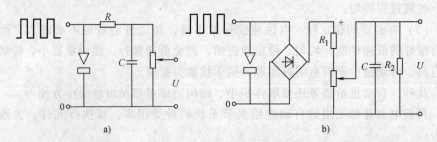

图 4-30　平均值检测电路

对于弛张式脉冲电源，一般可采用平均值检测法。独立式脉冲电源则采用峰值检测法，因为在脉冲间歇期间，两极间电压总是为零，故平均电压很低，对极间距离变化的反映不及峰值电压灵敏。

更合理的是应检测间隙间的放电状态。通常放电状态有空载、火花、短路三

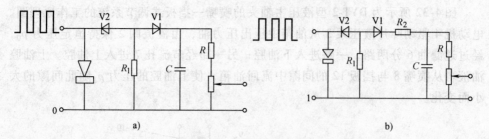

图 4-31　峰值检测电路

a）击穿电压检测法　b）击穿延时检测法

种，更完善一些还应能检测、区分电弧和不稳定电弧（电弧前兆）等。

（2）比较环节　比较环节用以根据"给定值"来调节进给速度，以适应粗、中、精不同的加工规范。实质上是把从测量环节得来的信号和"给定值"的信号进行比较，再按此差值来控制加工过程。大多数比较环节包含或合并在测量环节之中。

（3）放大环节　由测量环节获得的信号，一般都很小，难于推动执行元件，必须要有一个放大环节，通常称它为放大器。为了获得足够的推动功率，放大器要有一定的放大倍数，然而，放大倍数过高也不好，它将会使系统产生过大的超调，即出现自激现象，使工具电极时进时退，调节不稳定。

常用的放大器主要是晶体管放大器和电液压放大器。

（4）执行环节　执行环节也称执行机构，它根据控制信号的大小及时地调整工具电极的进给，以保持合适的放电间隙，从而保证电火花加工正常进行。由于它对自动调节系统有很大影响，通常要求它的机电时间常数尽可能小，以便能够快速反映间隙状态变化；机械传动间隙和摩擦力应当尽量小，以减少系统的不灵敏区；具有较宽的调速范围，以适应各种加工规范和工艺条件的变化。

3. 电液自动进给调节系统

在电液自动进给调节系统中，液压缸、活塞是执行机构，事实上它已和机床主轴连成一体。由于传动链短及液体的基本不可压缩性，所以传动链中无间隙、刚度大、不灵敏区小；又因为加工时进给速度很低，所以正、反向惯性很小，反应迅速，特别适合于电火花加工等的低速进给，故 20 世纪 80 年代前得到了广泛的应用。按照控制方式，又可分为喷嘴—挡板式和伺服阀式两种，在国内，以喷嘴—挡板式应用最广。

喷嘴—挡板式电液自动进给系统的工作原理是：测量环节从放电间隙检测出电压信号，与给定值进行比较后输出一个控制信号，再经放大、传输给电—机械转换器，它使液压放大器中的喷嘴挡板有一个成比例的位移，因而改变喷嘴的出油量，造成液压缸上下油腔压力差变化，从而使主轴相应运动，调节放电间隙大小。

图 4-32 所示为 DYT-2 型液压主轴头的喷嘴—挡板式调节系统的工作原理图。电动机 4 驱动叶片液压泵 3 从油箱中压出压力油，由溢流阀 2 保持恒定压力 p_0，经过滤油 6 分两路，一路进入下油腔；另一路经节流孔 7 进入上油腔。上油腔油液可从喷嘴 8 与挡板 12 的间隙中流回油箱，使上油腔的压力 p_1 随此间隙的大小而变化。

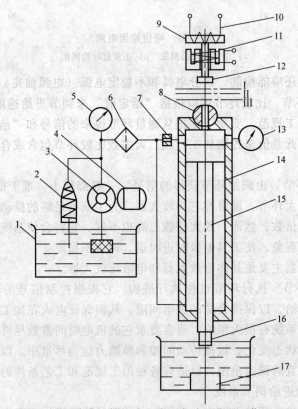

图 4-32　喷嘴—挡板式电液压自动调节器工作原理

1—油箱　2—溢流阀　3—叶片液压泵　4—电动机　5—压力表　6—过滤器
7—节流孔　8—喷嘴　9—电-机械转换器　10—动圈　11—静圈　12—挡板
13—压力表　14—液压缸　15—活塞　16—工具电极　17—工件

电-机械转换器 9 主要由动圈（控制线圈）10 与静圈（励磁线圈）11 等组成。动圈处在励磁线圈的磁路中，与挡板 12 连成一体。改变输入动圈的电流，可使挡板随着而移动，从而改变挡板与喷嘴间的间隙。当动圈两端电压为零，此时动圈不受电磁力的作用，挡板处于最高位位置Ⅰ，喷嘴与挡板间开口为最大，使油液流经喷嘴的流量最大，上油腔的压力降亦为最大，压力 p_1 下降到最小值。设 A_2、A_1 分别为上、下油腔的工作面积，G 为活塞等执行机构移动部分的重量，这时 $p_0 A_1 > G + p_1 A_2$，活塞杆带动工具上升。当动圈电压为最大时，挡板下移处于最低位置Ⅲ，喷嘴的出油口全部关闭，上、下油腔压力相等，使 $p_0A_1 < G + p_1A_2$，活塞上的向下作用力大于向上作用力，活塞杆下降。当挡板处于平衡位置Ⅱ时，$p_0A_1 = G + p_1A_2$，活塞处于静止状态。由此可见，主轴的移动是由电-机械转换器中控制线圈电流的大小来实现的。控制线圈电流的大小则由加工间隙的电压或电流信号来控制，因而实现了进给的自动调节。

4. 电-机械式自动调节系统

电-机械式自动调节系统在 20 世纪 60 年代是采用普通直流伺服电动机的形式，由于其机械减速系统传动链长、惯性大、刚性差，因而灵敏度低，20 世纪 70 年代被电液自动调节系统所替代。20 世纪 80 年代以来，采用步进电动机和力矩电动机的电-机械式自动调节系统得到迅速发展。由于它们的低速性能好，可直接带动丝杠进退，因而传动链短、灵敏度高、体积小、结构简单，而且惯性小，有利于实现加工过程的自动控制和数字程序控制，因而在中、小型电火花机床中得到越来越广泛的应用。

图 4-33 是步进电动机自动调节系统的原理方框图。检测环节对放电间隙进行检测后，输出一个反映间隙状态的电压信号。变频电路则将该信号加以放大，并转换成不同频率的脉冲，为环形分配器提供进给触发脉冲。同时，多谐振荡器发出恒频率的回退触发脉冲。根据放电间隙的物理状态，两种触发脉冲由判别电路选其一种送至环形分配器，决定进给或是回退。当极间放电状态正常时，判别电路通过单稳电路打开进给与门 1；当极间放电状态异常（短路或形成有害的电弧）时，则判别电路通过单稳电路打开回退与门 2，分别驱动相对应的环形分配器的相序，使步进电动机正向或反向转动，使主轴进给或退回。

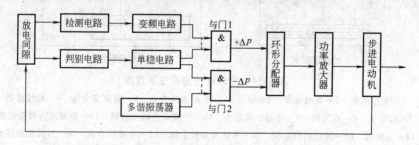

图 4-33　步进电动机自动调节系统的原理方框图

在步进电机自动调节系统中，应注意脉冲当量（步矩）的选择。脉冲当量是输入一个脉冲信号时，步进电机转动一"步"时主轴的位移量。它的大小与电火花加工工艺密切有关，脉冲当量太大，会常短路，使加工稳定性和加工速度明显降低；脉冲当量太小，又会影响主轴的进给和回退速度，特别是在放电间隙发生短路或有害电弧时，使电极来不及快速回退而导致电极与工件的烧伤。

近年来随着数控技术的发展，国内外的高档电火花加工机床均采用了高性能直流或交流伺服电机,并采用直接拖动丝杆的传动方式。再配以光电码盘、光栅、磁尺等作为位置检测环节。因而大大提高了机床的进给精度、功能和自动化程度。

5. 电火花加工用工作液过滤系统

电火花加工机床的工作液过滤系统是整机的重要组成部分。其作用主要有两点:①向加工区域输送干净的工作液,以满足电火花加工对液体介质的要求;②根据加工工艺的要求,实现各种冲抽液的方式。

(1) 主要组成部分和作用　电火花加工用工作液过滤系统主要由工作液泵、工作液箱、过滤器、管道、冲抽液方式控制部分及工作液压力调整部分等组成,其原理如图 4-34 所示。

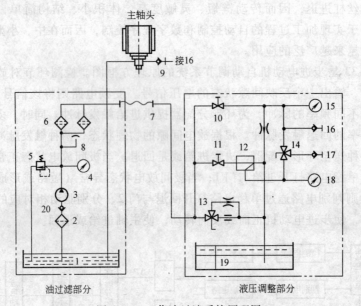

图 4-34　工作液过滤系统原理图

1—工作液箱　2—粗过滤器　3—涡流泵　4—进液压力表　5—溢流安全阀　6—精过滤器

7—管接头．8—放气阀　9—冲液快换接头　10—冲液压力调节旋钮　11—抽液压力调整旋钮

12—真空阀　13—进液调整手柄　14—冲抽液切换手柄　15—冲液压力表　16—冲液快换接头

17—冲抽液快换接头　18—抽液压力表　19—工作液槽　20—单向阀

其工作过程是:工作液箱中的工作液首先经粗过滤器 2、单向阀 20 吸入涡流泵 3,再经过精过滤器 6,将工作液输向机床工作台面上的工作液槽 19,待工作液注到规定高度位置时,多余的工作液从溢流口回到工作液箱 1 中,形成循环系统。溢流安全阀 5 是控制系统工作压力的,可根据实际需要进行调整,但最高工作压力不超过 0.3MPa,其压力值由进液压力表 (0 ~ 0.6MPa) 4 显示。快速进液调整手柄 13 用来改变进液流量,同时还可配合冲抽液压力调整旋钮改变系

统压力从而改变冲抽液压力。冲抽液切换手柄 14 用来改变工作液槽中冲抽液接口的工作方式。当手柄放在冲液位置时，接口也跟着变为冲液，并通过冲液压力调节旋钮 10 调节冲液接口中的压力，由冲液压力表（0～0.2MPa）15 显示压力值；当手柄放在抽液位置时，接口也跟着变为抽液，真空阀 12 与抽液接口接通，压力工作液穿过真空阀 12，利用流体速度产生负压，实现抽液的目的，此时调节进液调整手柄 13 加大系统压力，同时旋转抽液压力调整旋钮 11 改变抽液负压的大小，由抽液压力表（-0.1～0MPa）18 显示压力值。放气阀 8 的作用是新机床启用或每次更换新纸芯后，过滤桶内存有空气，在涡流泵 3 打开前需将放气阀 8 首先旋松（注意旋松 2～3 圈即可，不要全部取下），然后启动涡流泵 3，此时会有气体从放气阀 8 中排出，当空气放完后，会有少许工作液流出，此时马上将放气阀 8 旋紧，即完成放气过程。在其后的使用中无须再放气。

　　工作液冲液方式按蚀除产物的排出方式可分为上冲液、下冲液、上抽液、下抽液、侧喷液五种，如图 4-35 所示。冲液图 a、图 b 是把过滤的清洁工作液经涡流泵加压，强迫冲入电极与工件之间的放电间隙里，将蚀除产物随同工作液一起从放电间隙中排出，以维持稳定加工。在加工时，冲液压力可根据不同工件和几何形状及加工深度随时改变，一般压力选在 0～0.2MPa 之间。抽液图 c、图 d 为上、下抽液，直接将放电间隙中蚀除产物抽出，并将清洁工作液补充在放电间隙中，这种方式必须在特定的附件抽液装置上完成。对不通孔加工采用图 a 和图 c 方式，从图中可看出，采用冲液方法循环效果比抽液更好，特别在型腔加工中大都采用这种方式。侧喷液（图 e）是在电极和工件都不易加工冲/抽液孔的情况下

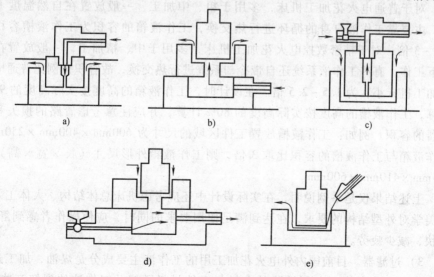

图 4-35　工作液循环方式示意

a) 上冲液　b) 下冲液　c) 上抽液　d) 下抽液　e) 侧喷液

使用，特别适宜深窄槽的加工。

(2) 工作液过滤系统设计的要求

1) 国家标准对工作液过滤系统设计的要求。为保证操作者的健康安全和减少对环境的污染，国家颁布的《安全生产法》、《清洁生产促进法》对此做了明确的规定，并且《电火花加工机床 安全防护技术要求》国家标准对工作液过滤系统的设计提出了明确要求，现说明如下。

① 机床使用的可燃性工作液的闪点必须在 70℃ 以上。使用可燃性工作液的机床，应进行下列防燃措施设计：采用可靠的液面高度自动监测装置（液面控制器），并与相应的控制装置联锁；液面不在规定的高度以上，机床不能放电加工；采用可靠的液温自动监测装置（液温控制器），并与相应的控制装置联锁；在工作液温度≥60℃时，机床不能放电加工。

② 工作液循环和过滤系统包括管路、阀、容器、管接头等处不得渗漏。

③ 工作液管路耐压。管路系统应承受 1.5 倍的最大工作压力，以避免管路可能崩裂时造成机械故障和高压流体的喷射危险。

2) 工作液箱。电火花在加工过程会产生大量的热量，特别是粗加工产生的热量更大（如加工电流为 40A，工作液容积为 162L，粗加 1h 后工作液温度可达 45℃），如不及时将加工区域的热量带走，就会影响加工效果和加工精度，也会影响工件的材质。电火花加工过程产生的热量是靠工作液系统的强迫循环而带走的。

工作液箱是储存工作液的，其容积的大小直接影响加工过程中热交换的效果。对于普通电火花加工机床，多用于粗、中加工，一般放置在自然温度下工作，主要靠工作液自身的循环进行热交换，工作液箱的容积为工作液槽容积的 2.5~3 倍；对于精密数控电火花加工机床，多用于中、精加工，一般放置在恒温下工作，有些工作液系统还自带冷却系统进行热交换，故容积比例比普通电火花加工机床小，为 1.5~2.5 倍。在设计时，工作液箱的高度按实际高度的 90% 计算，工作液槽的高度按实际高度的 80% 计算，并应注意考虑管路的损失和过滤器的容积。例如：工作液槽放置工件区域的尺寸为 600mm×400mm×250mm，工作液箱与工作液槽的容积比取 3 倍，则工作液箱外形尺寸（长×宽×高）为 655mm×410mm×600mm。

上述结果仅是举例说明，在实际设计中还应考虑机床总体结构、人体工效学及美学对外型结构的要求，在达到满足使用要求的同时，应使操作者感到舒适、愉快，减少疲劳。

3) 过滤器。目前国内外电火花加工用的工作液主要成分是煤油，加工过程中产生的蚀除产物（包括蚀除的电极与工件材料微粒及工作液的裂解产物等）颗粒很小，若不及时去除，悬浮在工作液的微小颗粒将会导致加工不稳定，影响加工效率和加工表面质量。为解决这些问题，工作液系统必须采用过滤装置，保持工作液的清洁，使放电过程稳定持续地进行。过滤器有介质过滤器、离心式过滤器、静电式过滤器等结构。

① 介质过滤器。纸芯过滤器是介质过滤器的一种，是用一种特殊的纸张介质作为材料制成的过滤器，其结构形式如图 4-36a 所示。

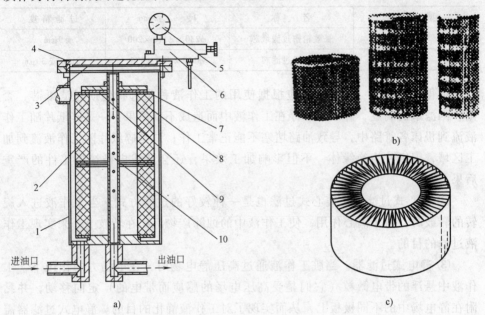

图 4-36　纸芯过滤器结构
a）结构形式　b）过滤纸芯　c）过滤纸芯断面结构
1—滤桶　2—过滤纸芯　3—桶盖　4—螺钉　5—压力表
6—溢流阀　7—压板　8—螺母　9—密封垫　10—芯轴

　　它的优点是过滤精度较高，阻力小，更换方便，本身耗油量少，适合于各类电火花加工机床。目前已由专业生产厂制成标准配件，故现已被设计者大量应用。过滤纸芯的外形结构如图 4-36b 所示，它是将滤纸折成内外交错的齿轮状（图 4-36c），以增加过滤面积、减少过滤阻力，使污物均匀地沉积在滤纸表面。为提高其承受工作液压力的能力，在纸芯内有一金属骨架。还有采用硅藻土作为介质制成的过滤器，其特点是介质稳定，对工作液无腐蚀，过滤精度较高，过滤能力大。

　　过滤纸芯一般有以下两种材质。

　　a. 棉浆纸。其特点是致密，可制成过滤精度为 $2 \sim 3\mu m$ 的过滤器，用于水基工作液过滤。

b. 木浆纸。其特点是耐油，可制成过滤精度≤9μm 的过滤器，用于油基工作液过滤。

目前常用的过滤纸芯有 ZG 系列长效精密过滤纸芯、H 系列火花机过滤芯等，其规格、参数见表 4-1。

表 4-1　过滤纸芯的主要规格、参数

型　　号	名　　称	尺　　寸/mm	过滤精度
4ZG4	长效精密过滤纸芯	φ230 × φ110 × 200	9μm
H1519	火花机过滤芯	φ150 × φ32 × 375	20μm 或 30μm

值得注意的是：选择时，应根据使用的工作液种类选择优质过滤纸芯，否则，因滤纸的腐烂，碎纸片悬浮在工作液中而造成不良后果：一是碎纸片随工作液流到机床各管路中，导致油路堵塞不能正常工作；二是碎纸片随工作液流到加工区域，因纸片为绝缘体，不但影响加工效果，还会造成电极撞击工件的严重后果。

② 离心式过滤器。离心式过滤也是一种较好的过滤方式。当工作液进入旋转的转鼓时，由于离心作用，使工作液中的蚀除产物沉积在转鼓上，来实现工作液过滤的目的。

③ 静电式过滤器。当脏工作液通过高压静电场时，在电场力的作用下，工作液中悬浮的带电微粒（它们是受高压电场的感应而带电的）定向移动，并黏附在静电场中的不同极板上，从而实现了对工作液静化的目的。静电式过滤器需要高压电源，电压一般为 6000 ~ 8000V，电流在 0.5mA 以下。

静电式过滤器的优点是：过滤效果好，使用期限长，油和压力损失小，清理容易，缺点是：使用的电压很高，不太安全。另外，流量、流速也受到一定限制。

4）工作液泵。工作液泵是工作液过滤系统中的关键部件，必须给予重视。由于电火花加工的特点，工作液中混有许多颗粒很小的悬浮物，故在选择工作液泵时，应不同于普通金属切削机床。在选择时应从以下几方面考虑。

① 耐磨性、耐腐蚀性高。

② 有足够的流量。由于工作液泵是向工作液槽输送工作液，其流量的大小决定上液速度和上液时间，影响加工辅助时间。一般情况下，应在 3 ~ 5min 注满工作液槽规定的最高液位；但到达规定液位后进行补液时，一方面保持正常循环，将热量和蚀除产物带走，另一方面要求输送平稳，不产生剧烈振动，补液流量一般为 40 ~ 60L/min。为达到上述要求，工作台面宽度 $B ≤ 400$mm，选择单工作液泵供液方式，流量为 40 ~ 60L/min；工作台面宽度 $B > 400$mm，可选择两个或多个工作液泵供液方式，其中一个工作液泵流量为 40 ~ 60L/min 用于补液，另

一个工作液泵的流量可根据需要选择。

③ 低噪声。国家标准规定机床整机噪声声压级≤83dB。由于工作液泵在加工中始终旋转，是产生噪声的主要声源，应选择低噪声的工作液泵。另外，在安装结构设计时应采取减振措施，如加减振橡胶板；工作液泵的安装基板有一定强度，以免因颤动引起共振造成更大的噪声。

④ 漏电流小。机床总的漏电流是由各个部件叠加而成，应选择漏电流较小的工作液泵。

目前，常用的工作液泵有国产 XJB 系列自吸式涡流泵、意大利产 CP 系列佩德罗泵等。XJB 系列自吸式涡流泵和 CP 系列佩德罗泵主要规格和参数见表 4-2 和表 4-3。

常用于表示压力单位的有：标准大气压（kgf/cm^2）、扬程（m）、兆帕（MPa）；其换算关系为：

$$1 \text{ 标准大气压 }（kgf/cm^2）= 0.1013MPa = 9.8 \text{ 扬程 }（m）$$

表 4-2 XJB 系列自吸式涡流泵（部分）

型　号	流量/L·min^{-1}	压力/MPa	功率/kV·A	出油口 Q	噪声/dB
XJB40	40	0.3	0.35	G3/4	≤50
XJB60	60	0.4	0.75	G3/4	≤50
XJB100	100	0.5	1.1	G1	≤50
XJB200	200	0.6	1.5	G1½	≤50

表 4-3 CP 系列佩德罗泵（部分）

型号	流量/L·min^{-1}	最大扬程/m	功率/kV·A	出油口 DN1	出油口 DN2
CP100	60	16	0.25	G1	G1
CP130	80	23	0.37	G1	G1
CP132B	100	20	0.45	G1	G1
CP150	120	29.5	0.75	G1	G1
CP200	150	58	2.2	G1¼	G1

（3）工作液的选择　前面介绍了工作液的作用，工作液与脉冲电源及控制系统一样，也是实现正常电火花加工不可缺少的条件。工作液不仅对加工效率、精度、电极损耗等工艺指标有直接的影响，也对环保、安全、使用寿命有直接的影响，因此对工作液提出了更高要求。对工作液物理化学性质的含义及对电火花加工影响的正确了解，会帮助我们合理的选用工作液。

目前电火花成形加工工作液大致可分为两大类。一类是来自天然石油的碳氢化合物，其成分主要由碳和氢元素组成。另一类是人工合成的工作液，这种工作液与第一类比较，虽然价格较高，但具有稳定性好、闪点和着火温度都较高、挥发性小，且无腐蚀性、无毒害等优点。

1）工作液的主要物理化学性质及作用如下。

① 闪点和自动着火温度。闪点指当工作液暴露在空气中时，工作液表面分

子蒸发，形成工作液蒸气，当工作液蒸气和空气的比例达到某一数值并与外界火源接触时，其混合物会产生瞬时爆炸，此时的温度就是该工作液的闪点。自动着火温度指在工作液温度不断上升过程中，无外界点火源的情况下工作液自动着火燃烧的现象，此时着火燃烧的温度就是该工作液的自动着火温度。

一般来说，工作液的闪点低于自动着火温度。闪点越高，成分稳定性越好，使用寿命也越长。闪点应大于70℃。

② 粘度。粘度是液体流动阻力大小的一种量度。粘度值较高的液体其流动性差，流动缓慢而呈现粘滞性。粘度通常用动力粘度、运动粘度来表示。粘度随温度的上升而降低，且流动性变好。

工作液的粘度对电火花加工过程有很大影响，因为低粘度有利于加工间隙中工作液的流动，将蚀除产物及加工产生的热量带走，使加工间隙及时恢复正常状态。适用的运动粘度为 $2.2 \sim 3.6 mm^2/s$（40℃）。

③ 氧化稳定性。工作液的氧化是由于工作液成分和氧产生化学反应而引起的，表示其成分已变质。氧化作用随温度的升高或某些金属（例如铜）的催化作用而加速，也随时间而增强，同时使工作液的粘度增大。因此氧化的稳定性是工作液性能的重要标志。

④ 酸值。工作液的酸值或酸性表示出该工作液的使用期限（或寿命）达到何种程度。在使用过程中，可以对工作液的酸值进行检测。工作液酸值的容许量最大为 $0.5 mg \cdot g^{-1}$，如超过此值则表示此工作液已不能继续使用，必须更换。工作液的酸值也是其氧化稳定性的一种量度。酸值越低，稳定性越高，工作液的使用期限越长。

⑤ 挥发率。工作液的挥发率（即挥发速度）也是一项重要的性能指标。工作液的挥发率应尽量小，低挥发率的工作液自损耗量少，对操作人员的健康有利。

⑥ 苯胺点及芳香烃含量。工作液的苯胺点是衡量它对其他物质溶解能力的一种量度。苯胺点越高，其溶解能力越弱；反之则小。对于苯胺点很低的工作液，含芳香烃类的成分较多，溶解能力很强，所以电火花机床中的软管、密封圈、垫片等塑料、橡胶制品与其接触时会发生溶解作用，导致损坏，或者很快老化，还可能引起工作液管路系统等部分的泄漏。任何油类其芳香烃含量如超过0.05%都是极有毒害的。芳香烃类化合物的主要成分是甲苯和苯，在电火花加工工作液中的含量不能超标。

⑦ 导电性或介电常数。工作液的导电性（或绝缘性）也是影响电火花加工过程的重要因素。根据电火花加工机理，要求工作液具有较好的绝缘性能。绝缘性能用介电常数值来评价。值越小，其绝缘性能越好，越有利于加工过程中产生正常连续的火花放电。反之绝缘性能差，易产生拉弧现象，烧伤电极和工件。工

作液中杂质或污物，特别是水分越多，其介电常数值越大。电火花加工工作液的介电常数值通常在 2 左右，绝缘强度大于 50kV。

⑧ 密度。工作液的密度对电火花加工有很大影响。密度过大，则工作液较稠密，电火花加工时产生的金属颗粒就会悬浮于工作液中，停留很长时间而不易沉降，使工作液呈混浊状态，导致火花放电时产生拉弧现象，或者二次放电。严重影响加工稳定性。电火花加工工作液的密度应在 0.65g/mL 左右。

⑨ 含硫量和气味。电火花加工工作液的含硫量必须很低，因为硫富于化学活性和腐蚀性并产生气味，特别是加工过程生成的烟雾，对大气环境会造成影响。工作液的含硫量不能超过 3×10^{-6}。另外，工作液的气味也是衡量其质量的一项指标。如工作液带有类似燃料油之类的气味或其他溶剂的气味，则表明该工作液质量差，或已变质，不能使用。

⑩ 颜色。高质量的电火花加工工作液应是无色、澄清、透明的。

目前，电火花加工工作液还未制定技术标准，各公司都是根据各自对工作液的要求而制成专用的工作液，因此，必须重视对工作液的物理化学性质及其成分的研究工作并加以推广，使工作液朝着专用化和统一化的方向发展。

2）工作液的选择原则。目前，国内大部分厂家主要使用普通煤油或电火花加工专用液作为工作液，在选用时，应根据工作液的主要物理化学性质的性能要求进行选择，选择环保、安全的电火花加工专用液。表 4-4 给出了普通煤油与电火花加工专用液主要差异及优劣比较，表 4-5 给出了几种电火花加工专用液的性能指标，供选择时参考。

表 4-4 普通煤油与电火花加工专用液主要差异及优劣比较

项　　目	普 通 煤 油	电火花加工专用液
色泽及嗅味	气味重，使用后设备发黄	无味、无色
人体嗅觉适应性	易造成头晕、不适感觉，有毒、伤皮肤	无反应，无毒，对人体无影响
闪点（开口）	40℃，易燃，危险	90～110℃，不易燃，安全
挥发性及厂房环境	高挥发性，因高油雾性，厂房地板易有油、打滑，环境差	低挥发性，因低油雾性，厂房地板油污少，环境较好
耗用量及使用寿命	易被工件带走且用量多，是电火花加工液的 4 倍，利用率低，寿命短	被工件带走少，需量是煤油的 1/4 倍，利用率高，寿命高
防锈性及相容性	防锈性差，与防锈油相容性差	防锈性好，与防锈油相容性好
热传导性	普通，油温升高快	优，不致使工件回火
环保性及附加价值	易污染环境，环保性差，并且会造成过滤器频繁更换	环保性好

3）工作液的使用注意事项如下。

① 防止溶解水带入。当空气的温度和湿度较高时，空气中的水分一部分被吸附在油中而成为溶解水。溶解水的出现常引起工作台的锈蚀和油品混浊，也影响油品的介电性能。

表 4-5 电火花加工专用液的性能指标

项　　目	性　能　指　标					
	LP-180	LP-200	LP-250	EDM-1	美孚	飞登
闪点(闭口)/℃	>70	>80	>120	110	98	83
密度/g·cm⁻³	0.749	0.7950	0.801		0.762	0.760
运动黏度(40℃)	<1.3	<2.4	<3.6	2.0~2.1	1.83	2.00
凝点/℃	<24	<-5	<-5	10		
酸值(KOH)/mg·g⁻¹	<0.01			0.01		0.01
色泽	无色透明			无色透明		无色透明
嗅味(感官)	极微			无异味	无异味	无异味

防止油品带溶解水的措施有如下几种。

a. 加油时，防止将桶底的沉积水加入工作液箱；加完油后，必须使油在工作液箱中静置 8h 以上，使带入油中的微量溶解水沉降到工作液箱底部，从放油口放掉。

b. 当机床长时间停用而再次使用时，须从放油口排水以防止溶解水存积。

c. 机床安装在恒温干燥的空间及减少工作液外露面积均可减少溶解水的出现。

② 预防人体皮肤过敏。据实验，当皮肤长时间接触油时，可引起皮肤干燥、皱裂及过敏（习惯上叫烧皮肤）。因此，当皮肤喷溅上油时应及时用水加洗涤剂洗净，当衣服沾染较多油时应及时换下，并将身上沾的油洗净。

第四节　电火花加工应用

电火花成形穿孔加工是用工具电极对工件进行复制加工的工艺方法，可归纳为：

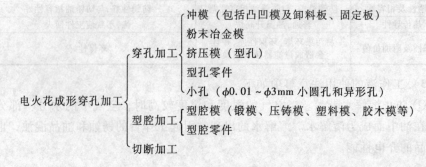

一、冲模电火花加工

冲模是生产上应用最多的一种模具，由于形状复杂和尺寸精度要求高，所以它的制造已成为生产上关键技术之一。特别是凹模，应用一般的机械加工是困难的，在某些情况下甚至不可能，而靠钳工加工则劳动量大，质量不易保证，常因淬火变形而报废，采用电火花加工能较好地解决这些问题、冲模采用电火花加工工艺比机械加工有如下优点。

1）可以在工件淬火后进行加工，避免了热处理变形的影响。

2）冲模的配合间隙均匀，刃口耐磨，提高了模具质量。

3）不受材料硬度的限制，可以加工硬质合金等冲模，扩大了模具材料的选用范围。

4）对于复杂的凹模可以不用镶拼结构，而采用整体式，简化了模具的结构，提高了模具强度。

对一副凹模来说，主要质量指标是尺寸精度，冲头与凹模的配合间隙 δ_p，刃口斜度 β 和落料角 α（图4-37）。β 角一般为 $5' \sim 10'$。根据模具的使用要求，凹模的材料一般为 T10A、T8A、Cr12、GCr15 等，其中 Cr12 采用较多。

（1）冲模的电火花加工工艺方法　凹模的尺寸精度主要靠工具电极来保证，因此，对工具电极的精度和表面粗糙度都应有一定的要求。如凹模的尺寸为 L_2，工具电极相应的尺寸为 L_1（图4-38），单面火花间隙值为 S_L，则

$$L_2 = L_1 + 2S_L \tag{4-10}$$

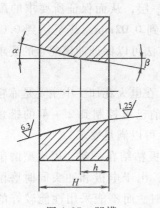

图 4-37　凹模

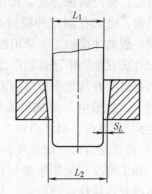

图 4-38　凹模的电火花加工

其中火花间隙值 S_L 主要决定于脉冲参数与机床的精度，只要加工规准选择恰当，保证加工的稳定性，火花间隙值 S_L 的误差是很小的，因此，只要工具电极的尺寸精确，用它加工出的凹模也是比较精确的。

对冲模，配合间隙 δ_p 是一个很重要的质量指标，它的大小与均匀性都直接影响冲件的质量及模具的寿命，在加工中必须给予保证。达到配合间隙的方法有

很多种，除用线切割加工外，电火花穿孔加工的常用方法有：直接配合法、间接配合法、冲头修配法和二次电极法等。

1）冲头修配法。这种方法是把冲头和电极分别用机械加工方法制出，以达到配合间隙的要求。这种方法的优点是电极材料的选择不受电极制造方法的限制，可以选用电蚀性较好的材料（如纯铜、黄铜等）作为工具电极；配合间隙是靠修配的方法达到的，所以各种不同大小的配合间隙的模具都可以加工出来。其缺点是很难得到均匀的配合间隙，模具质量较差；研配劳动量大，生产率低，冲头和电极分开制造，工时多，周期长，经济性差。因而冲头修配法只适合于加工形状较简单或配合间隙较大的冲模。

2）直接配合法。这种方法是直接用加长的钢冲头作为电极加工凹模，加工后将电极损耗部分切除。配合间隙靠调节脉冲参数、控制火花放电间隙来保证。这样，电火花加工后的凹模就可以不经任何修正而直接与冲头配合。这种方法可以获得均匀的配合间隙。模具质量高。电极制造方便以及钳工工作量少的优点。但由于冲头和工具电极用同一个砂轮磨出，因而工具电极的材料只能采用钢，而不能采用紫铜、黄铜等非铁（有色）金属，这样，对电火花机床的脉冲电源及自动调节和控制系统的要求就比较严格。这是因为铸铁打钢或"钢打钢"时工具电极和工件都是磁性材料，在直流分量的作用下易产生磁性，电蚀下来的金属屑被吸附在电极放电间隙的磁场中而形成不稳定的二次放电，使加工过程很不稳定。当冲模的配合间隙很小，减小火花放电间隙不易保证时，可采用把已加工好的电极经过酸浸腐蚀方法，把电极均匀地蚀除一层，从而保证所要求的配合间隙。目前，电火花加工冲模时的单边间隙可小到 0.02mm，甚至达到 0.01mm，所以对一般的冲模加工，采用控制火花间隙的方法可以保证冲模配合的要求，故直接配合法在生产中已得到广泛的应用。

刃口斜度 β 角是指刃口斜面与轴线的夹角，在电火花加工中主要是靠精规范加工时"二次放电"形成的锥角来保证的，目前已可控制到 $2' \sim 4'$ 的锥角，一般可达到 $10'$ 以内，而 β 角则为 $5' \sim 10'$，基本上可以满足要求。

3）间接配合法。间接配合法是将冲头和电极粘结在一起，用成型磨削同时磨出。加工情况和使用效果与直接配合法相同，由于电极和冲头同时磨削，因此，电极材料同样受到限制，只能采用铸铁或钢，而不能采用性能较好的非铁（有色）金属或石墨。

由于电火花线切割加工技术的发展，冲模加工已主要采用线切割加工，但电火花穿孔加工冲模可以达到比电火花线切割更好的配合间隙、表面粗糙度和刃口斜度，因此，一些要求较高的冲模仍采用电火花穿孔加工工艺。

（2）工具电极

1）电极材料的选择。正如前述生产中广泛采用了直接配合法加工冲模，为了使冲头和工具电极能用同一砂轮磨出，工具电极的材料只能选用生铁和钢。它们两者相比较，从电蚀性能来看，生铁比钢略好一些，生铁电极加工时容易稳定、生产率高、成本低；钢电极则生产率较低、稳定性差、易起弧。但钢电极也有它的优点，耗损较生铁小；在同样电规范下，加工后表面粗糙度比生铁加工的略好，而且电极和冲头可做成整体，简化了电极的加工过程，电极的强度比生铁的好。因此，应根据具体情况来选择。

2）电极的设计。由于凹模的精度主要决定于工具电极的精度，因而对它有较为严格的要求，要求工具电极的尺寸精度和表面粗糙度比凹模高一级，一般精度不低于 IT7，平面粗糙度 R_a 小于 $1.25\mu m$，并直线度、平面度和平行度在100mm 长度上不大于 0.01mm。

电极结构有整体式、镶拼式和组合式三种类型。整体式是最常用的，镶拼式结构用于机械加工困难时，电极采用分块加工再镶拼成整体。组合电极是将多个电极组合在一起，用于一次加工多孔落料模、级进模等。

工具电极的长度 L 可用下列公式进行估算（图 4-39）：

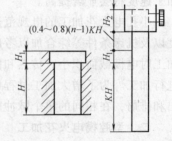

$$L = KH + H_1 + H_2 + (0.4 \sim 0.8)(n-1)KH$$

$$(4-11)$$

图 4-39　电极长度计算说明图

式中　H——凹模需电火花加工的厚度；

　　　H_1——当模板后部挖空时，电极所需加长部分；

　　　H_2——一些小电极端部不宜开连接螺孔，而必须用夹具夹持电极尾部时，需增加的夹持部分长度（约 $10 \sim 20mm$）；

　　　n——一个电极使用的次数；

　　　K——与电极材料、加工方式、型孔复杂程等因素有关的系数。对不同电极材料，K 值选取的经验数据如下：纯铜（$2 \sim 2.5$）、黄铜（$3 \sim 3.5$）、石墨（$1.7 \sim 2$）、铸铁（$2.5 \sim 3$）、钢（$3 \sim 3.5$）。

若加工硬质合金时，由于电极损耗较大，电极还应适当加长。

工具电极的截面轮廓尺寸要比预定加工的型孔尺寸均匀地缩小一个加工间隙。

设计电极时，还应考虑到工具电极与主轴连接后，其重心应位于主轴中心线上，这对于较重的电极尤为重要，否则附加的偏心矩使电极轴线偏斜，影响模具的精度。应尽可能减轻电极重量，以利于提高加工过程的稳定性，一般是采用开减轻孔的方法来减轻电极的重量。减轻孔不能开通孔，通孔会影响工作液的强迫循环。

3）电极的制造。冲模电极的制造，一般先经普通机械加工，然后成型磨削。一些不易磨削加工的材料，可在机械加工后，由钳工精修。目前，直接用电火花线切割加工电极的方法已获得广泛应用。

采用钢冲头（凸模）直接作为电极时，可用成型磨削磨出。如果凸凹模配合间隙不在电火花加工间隙范围内，则作为电极的部分必须在此基础上增大或缩小。常用的如化学浸蚀的办法作出一段台阶，均匀减小到尺寸要求。或采用镀铜、镀锌的办法扩大到要求的尺寸。

为了改善小孔加工时排屑条件，使加工过程稳定，常采用电磁头振动头，使工具电极丝沿轴向振动，或采用超声波振动头，使工具电极轴向高频振荡，进行电火花超声波复合加工，可以大大提高生产率。如果所加工的小孔直径较大，允许采用空心电极（如空心不锈钢管或黄铜管），则可以用较高的压力强迫冲油，加工速度将会显著提高。

小孔电火花加工的电规范选择，主要根据加工孔径大小、精度要求、加工深度以及机床条件等综合加以考虑，一般都采用一挡精规范加工到结束。由于小孔加工时电极截面积小、传热和散热条件很差，只能用单个脉冲能量很小的精规范进行加工。为了增大加工过程中火花放电时的瞬时爆炸力，有利于熔化材料的抛出和排屑，在相同的单个脉冲能量下，应选择峰值电流大，脉冲宽度窄的规准。

二、型腔模电火花加工

（1）型腔模电火花加工的工艺方法　型腔模包括锻模、压铸模、胶木模、塑料模、挤压模等，它的加工比较困难，主要因为均是不通孔加工，工作液循环和电蚀产物排除条件差，工具电极损耗后无法靠进给补偿精度，金属蚀除量大；其次是加工面积变化大，加工过程中电规范的调节范围也较大，而且由于型腔复杂，电极损耗不均匀，对加工精度影响很大。因此，对型腔模的电火花加工，既要求蚀除量大，加工速度高，又要求电极损耗低，并保证所要求的精度和表面粗糙度。

型腔模电火花加工主要有单电极平动法、多电极更换法和分解电极加工法等。

1）单电极平动法。单电极平动法在型腔模电火花加工中应用最广泛。它采用一个电极完成型腔的粗、中、精加工。首先采用低损耗（$\theta < 1\%$）、高生产率的粗规范进行加工，然后利用平动头作平面小圆运动，如图4-40所示，按照粗、中、精的顺序逐级改变电规范。与此同时，依次加大电极的平动量，以补偿前后两个加工规范之间型腔侧面放电间隙差和微观平面度差，实现型腔侧面仿型修光，完成整个型腔模的加工。

单电极平动法的最大优点是只需一个电极、一次装夹定位，便可达到±0.05mm的加工精度，并方便了排除电蚀产物。它的缺点是难以获得高精度的型腔模，特别是难以加工出清棱、清角的型腔。因为平动时，使电极上的每一个点都按平动头的偏心半径作圆周运动，清角半径由偏心半径决定。此外，电极在粗加工中容易引起不平的表面龟裂状的积炭层，影响型腔表面粗糙度。为弥补这一缺点，可采用精度较高的重复定位夹具，将粗加工后的电极取下，经均匀修光后，再重复定位装夹，再用平动头完成型腔的终加工，可消除上述缺陷。

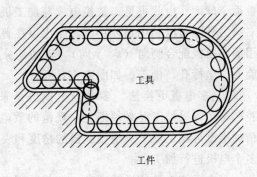

图 4-40　平动头扩大间隙原理图

　　采用数控电火花加工机床时，是利用工作台按一定轨迹做微量移动来修光侧面的，为区别于夹持在主轴头上的平动头的运动，通常将其称作摇动。由于摇动轨迹是靠数控控制器产生的，所以具有更灵活多样的模式，除了小圆轨迹运动外，还有方形、十字形运动，因此更能适应复杂形状的侧面修光的需要，尤其可以做到尖角处的"清根"，这是平动头所无法做到的。图 4-41a 为基本摇动模式，图 4-41b 为工作台变半径圆形摇动，主轴上下数控联动，可以修光或加工出

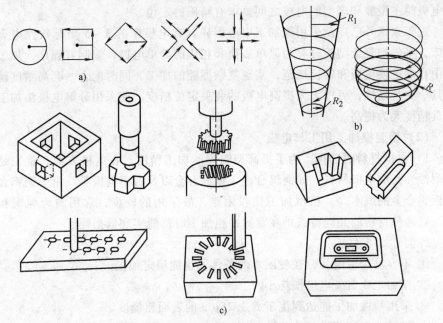

图 4-41　几种典型的摇动模式和加工实例

a）基本摇动模式　b）锥度摇动模式　c）数控联动加工实例

R_1—起始半径　R_2—终了半径　R—球面半径

锥面、球面。由此可见，数控电火花加工机床更适合单电极法加工。

另外，可以利用数控功能加工出以往普通机床难以或不能实现的零件。如利用简单电极配合侧向（x、y 向）、转动、分度等多轴控制，可加工复杂曲面、螺旋面、坐标孔、槽等，如图 4-41c 所示。

2）多电极更换法。多电极更换法是采用多个电极依次更换加工同一个型腔，每个电极加工时必须把上一规范的放电痕迹去掉。一般用两个电极进行粗、精加工就可满足要求；当型腔模的精度和表面质量要求很高时，才采用三个或更多个电极进行加工。

多电极加工的仿形精度高，尤其适用于尖角、窄缝多的型腔模加工。但要求多个电极的一致性好、制造精度高；另外，更换电极时要求定位装夹精度高，因此一般只用于精密型腔的加工，例如盒式磁带、收录机、电视机等机壳的模具，都是用多个电极加工出来的。

3）分解电极法。分解电极法是单电极平动加工法和多电极更换加工法的综合应用。根据型腔的几何形状，把电极分解成主型腔和副型腔电极分别制造。先加工出主型腔，后用副型腔电极加工尖角、窄缝等部位的副型腔。此方法的优点是可以根据主、副型腔不同的加工条件，选择不同的加工规范，有利于提高加工速度和改善加工表面质量；同时还可以简化电极制造，便于修整电极。缺点是更换电极时主型腔和副型腔电极之间要求有精确的定位。

近年来国外已广泛采用像加工中心那样具有电极库的 3～5 坐标数控电火花机床，事先把复杂型腔分解为简单表面和相应的简单电极，编制好程序，加工过程中自动更换电极和转换规范，实现复杂型腔的加工。同时配合一套高精度辅助工具、夹具系统，可以大大提高电极的装夹定位精度，使采用分解电极法加工的模具精度大为提高。

（2）型腔模加工用工具电极

1）电极材料的选择。为了提高型腔模的加工精度，在电极方面，首先是寻找耐蚀性高的电极材料，如铜钨合金、银钨合金以及石墨电极等。由于铜钨合金和银钨合金的成本高，机械加工比较困难，故采用的较少，常用的为纯铜和石墨，这两种材料的共同特点是在宽脉冲粗加工时都能实现低损耗。

纯铜有如下优点：

① 不容易产生电弧，在较困难的条件下也能稳定加工。

② 精加工比石墨电极损耗小。

③ 采用精微加工能达到优于 $R_a 1.25\mu m$ 的表面粗糙度。

④ 经锻造后还可做其他型腔加工用的电极，材料利用率高。但其机械加工性能不如石墨好。

石墨电极的优点是：

① 机械加工成型、修正容易。

② 电火花加工的性能也很好，在宽脉冲大电流情况下具有更小的电极损耗。

石墨电极的缺点是容易产生电弧烧伤现象，因此在加工时应配合有短路快速切断装置；精加工时电极损耗较大，表面粗糙度只能达到 $R_a 2.5\mu m$。对石磨电极材料的要求是颗粒小、组织细密、强度高和导电性好。

2）电极的设计。加工型腔模时的工具电极尺寸，一方面与模具的大小、形状、复杂程度有关，而且与电极材料，加工电流、深度、余量及间隙等因素有关。当采用平动法加工时，还应考虑所选用的平动量。

与主轴头进给方向垂直的电极尺寸称为水平尺寸（见图 4-37），可用下式确定

$$a = A \pm Kb \tag{4-12}$$

式中　a——电极水平方向尺寸；

A——型腔图样上名义尺寸；

K——与型腔尺寸注法有关的系数［直径方向（双边）$K = 2$，半径方向（单边）$K = 1$］；

b——电极单边缩放量（或平动头偏心量，一般取 0.7 ~ 0.9mm）。

$$b = S_L + H_{max} + h_{max} \tag{4-13}$$

式中　S_L——电火花加工时单面加工间隙；

H_{max}——前一规范加工时表面微观平面度最大值；

h_{max}——本规范加工时表面微观平面度最大值。

式（4-12）中的"±"号按缩放原则确定，如图 4-42 中计算 a_1 时用"－"号计算 a_2 时用"＋"号。

电极总高度 H 的确定如图 4-43 所示，可按下式计算

$$H = l + L \tag{4-14}$$

式中　H——除装夹部分外的电极总高度；

l——电极每加工一个型腔，在垂直方向的有效高度，包括型腔深度和电极端面损耗量，并扣除端面加工间隙值；

L——考虑到加工结束时，电极夹具不和模块或压板发生接触，以及同一电极需重复使用而增加的高度。

3）排气孔和冲油孔设计。型腔加工一般均为不通孔加工，排气、排屑状况将直接影响加工速度、稳定性和表面质量。一般情况下，在不易排屑的拐角、穿缝处应开有冲油孔；而在蚀除面积较大以及电极端部有凹入的部位开排气孔。冲油孔和排气孔的直径一般为 $\phi 1 \sim \phi 2mm$。若孔过大，则加工后残留的凸起太大，

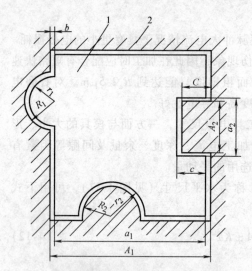

图 4-42　电极水平截面尺寸缩放示意图
1—工具电极　2—工件型腔

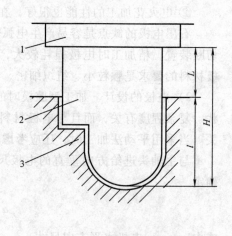

图 4-43　电极总高度确定说明图
1—夹具　2—电极　3—工件

不易清除。孔的数目应以不产生蚀除物堆积为宜。孔距在 20 ~ 40mm 左右，孔要适当错开。

（3）工作液强迫循环的应用　型腔加工是不通孔加工，电蚀产物的排除比较困难，电火花加工时产生的大量气体如果不能及时排除，积累起来就会产生"放炮"现象。采用排气孔，使电蚀产物及气体从孔中排出。当型腔较浅时尚可满足工艺要求，但当型腔小且较深时，光靠电极上的排气孔，不足以使电蚀产物、气体及时排出，往往要采用强迫冲油。这时电极上应开有冲油孔。

当加工不通孔，或在五坐标电火花机床上采用单个圆柱电极仿形加工复杂型腔时，往往采用空心圆管强迫冲油，以改善排屑条件。为了消除冲油孔在工件表面上所造成的残留突起，可采用如图 4-44 所示的办法，图 4-44a 表示在圆管电极内布满小铜管；图 4-44b 为在圆管电极内安置一根方轴，工作液从方轴和孔间隙中送入加工区。小铜管或方轴都和圆管电极同时旋转。

采用的冲油压力一般为 20kPa 左右，可随深度的增加而有所增加。冲油对电极损耗有影响，其关系如图 4-45 所示。从图中可见，随着冲油压力的增加，电极损耗也增加了。这是因为冲油压力增加后，对电极表面的冲刷力也增加，因而使电蚀产物不易反粘到电极表面以补偿其损耗。同时由于游离碳浓度随冲油而降低，因而影响了黑膜的生成，且流场不均，电极局部冲刷和反粘及黑膜厚度不同，严重影响加工精度。

电极的损耗又将影响到型腔模的加工精度，故对要求很高的锻模（如精锻

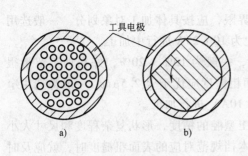

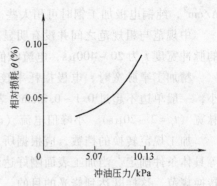

图 4-44　冲油孔中安置小铜管　　　　图 4-45　冲油压力对电极损耗的影响
或方轴以消除残留突起

电极材料：纯铜　工件材料：CrWMn

电极尺寸：　　$\phi 40mm$

脉冲宽度：1200μs　峰值电流：48A

齿轮的锻模）往往不采用冲油而采用定时抬刀的方法来排除电蚀产物，以保证加工精度，但生产率有所降低。

（4）电规范的选择、转换，平动量的分配　图 4-46 所示为采用复合式晶体管脉冲电源加工时，脉冲宽度和电极损耗的关系的试验结果，采用的峰值电流 $i_e = 80A$。由图 4-46 可见，当脉冲宽度大于 500μs 时，电极损耗在 1%以下。

脉冲峰值电流增加，则生产率也增加，图 4-47 所示为其相互关系。但峰值电流的增加会增加电极的损耗，且与脉冲宽度有关，见本章第三节。

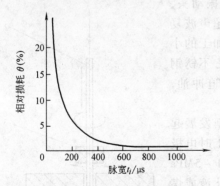

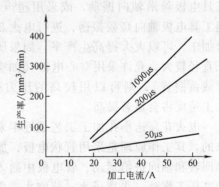

图 4-46　脉冲宽度与电极损耗的关系　　　图 4-47　脉冲峰值电流和生产率的关系
电极材料：纯铜　工件材料：CrWMn　极性：负极性　　电极材料：纯铜负极性加工　工具材料：CrWMn
加工深度：5mm　电极尺寸：$\phi 40mm$

在粗加工时，要求高生产率和低电极损耗，这时应优先考虑采用较宽的脉冲宽度（例如在 400μs 以上），然后选择合适的脉冲峰值电流。并应注意加工面积和加工电流之间的配合关系。通常，石墨电极加工钢时，最高电流密度为 3~5

A/cm^2，纯铜电极加工钢时可稍大些。

中规范与粗规范之间并没有明显的界限，应按具体加工对象划分。一般选用的脉冲宽度 t_i 为 $20 \sim 400\mu s$、电流峰值 i_e 为 $10 \sim 25A$ 进行中加工。

精加工窄脉宽时，电极损耗率较大，一般为 $10\% \sim 20\%$，好在加工留量很小，一般单边不超过 $0.1 \sim 0.2mm$。表面粗糙度应优于 $R_a 2.5\mu m$，一般都选用窄脉宽（$t_i = 2 \sim 20\mu s$）、小峰值电流（$i_e < 10A$）进行加工。

加工规范转换的档数，应根据所加工型腔的精度，形状复杂程度和尺寸大小等具体条件确定。当加工表面刚好达到本档规范对应的表面粗糙度时，就应及时转换规范，这样既达到修光的目的，又可使各档的金属蚀除量最少，得到尽可能高的加工速度和低电极损耗。

平动量的分配是单电极平动加工法的一个关键问题，主要取决于被加工表面由粗变细的修光量，此外还和电极损耗、平动头原始偏心量、主轴进给运动的精度等有关。一般，中规范加工平动量为总平动量的 $75\% \sim 80\%$，中规范加工后，型腔基本成型，只留很少余量用于精规范修光。

三、小孔电火花加工

小孔加工由于工具电极截面积小，容易变形，不易散热，排屑又困难，因此电极损耗大。工具电极应选择刚性好、容易矫直、加工稳定性好和损耗小的材料，如铜钨合金丝、钨丝、钼丝、黄铜丝等。加工时为了避免电极弯曲变形，还需设置工具电极的导向装置。

为了改善小孔加工时的排屑条件，使加工过程稳定，常采用电磁振动头，使工具电极丝沿轴向振动，或采用超声波振动头，使工具电极轴向高频振荡，进行电火花超声波复合加工，可以大大提高生产率。如果所加工的小孔直径较大，允许采用空心电极（如空心不锈钢管或黄铜管），则可以用较高的压力强迫冲油，加工速度将会显著提高。

电火花高速小孔加工工艺是近年来新发展起来的。其工作原理是采用管状电极，加工时电极作回转和轴向进给运动，管电极中通入 $1 \sim 5MPa$ 的高压工作液（去离子水、蒸馏水、乳化液或煤油），见图 4-48。由于高压工作液能迅速将电极产物排除，且能强化火花放电的蚀除作用，因此这一加工方法的最大特点是加工速度高，一般小孔加工速度可达 $60mm/min$ 左右，比普通钻孔速度还要快。这种加工方法最适合加工 $0.3 \sim 3mm$ 左右的小孔且深径比适应范围可超过 100。国外

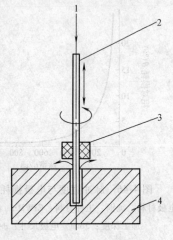

图 4-48　电火花高速小孔加工
原理示意图

1—高压工作液　2—管电极
3—导向器　4—工件

某公司加工出的样品中有一例是加工直径为 φ3mm 深达 330mm 的深孔零件，且孔的尺寸精度和圆柱度均很好。这种方法还可以在斜面和曲面上打孔。目前，这种加工方法已被应用于加工线切割零件的预穿丝孔、喷嘴、以及耐热合金等难加工材料的小孔加工中，并且会日益扩大其应用领域。

四、异形孔电火花加工

电火花加工不但能加工圆形小孔，且能加工多种异形小孔，图 4-49 为喷丝板异形孔的几种孔形。

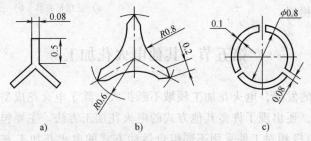

图 4-49　喷丝板异形孔的几种孔形

a) 三叶形　b) 变形三角形　c) 中空形

加工微细而又复杂的异形小孔，加工情况与圆形小孔加工基本一样，关键是异形电极的制造，其次是异形电极的装夹。

制造异形小孔电极，主要有下面几种方法：

（1）冷拔整体电极法　采用电火花线切割加工工艺并配合钳工修磨制成异形电极的硬质合金拉丝模，然后用该模具拉制成异形截面的电极。这种方法效率高，用于较大批量生产。

（2）电火花线切割加工整体电极法　利用精密电火花线切割加工制成整体异形电极。这种方法的制造周期短、精度和刚度较好，可以修磨抛光，保证型孔加工质量。

（3）电火花反拷加工整体电极法　如图 4-50 即为电火花反拷加工制造异形电极的示意图。用这种方法制造的电极定位装夹方便。

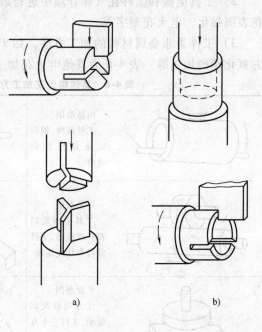

图 4-50　电火花反拷加工异形电极示意图

a) 一次加工　b) 二次加工

212

由于加工异形小孔的工具电极结构复杂、装夹、定位比较困难，需采用专用夹具。图 4-51 为三叶形异形孔电极的专用夹具示意图。电极在装夹前需要清洗修光、细研磨后装入夹具内紧牢。夹具装在机床主轴上，应调好电极与工件的垂直度及对中性。异形小孔加工时的规范选择基本与圆形小孔加工相似。

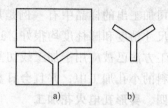

图 4-51　异形孔电极三角
形夹具示意图
a）三角形夹具　b）三叶形电极

第五节　其他电火花加工

随着生产的发展，电火花加工领域不断扩大，除了电火花成型加工、电火花线切割加工外，还出现了许多其他方式的电火花加工方法。主要包括：

1）工具电极相对工件采用不同组合运动方式的电火花加工方法，如电火花磨削、电火花共轭回转加工，电火花展成加工等。随着计算机技术和数控技术的发展，出现了微型计算机控制的五坐标数控电火花机床，把上述各种运动方式和成型、穿孔加工组合在一起。

2）工具电极和工件在气体介质中进行放电的电火花加工方法，如金属电火花表面强化，电火花刻字等。

3）工件为非金属材料的加工方法，如半导体与高阻抗材料聚晶金刚石、立方氮化硼的加工等。表 4-6 为其他电火花加工方法的图示及说明。

表 4-6　其他电火花加工方法的图示及说明

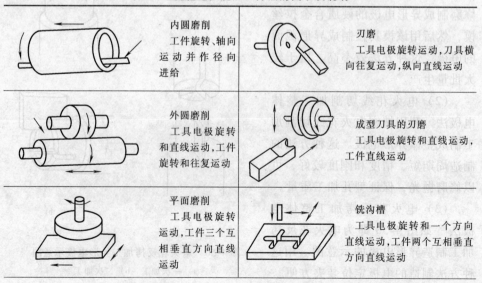

（续）

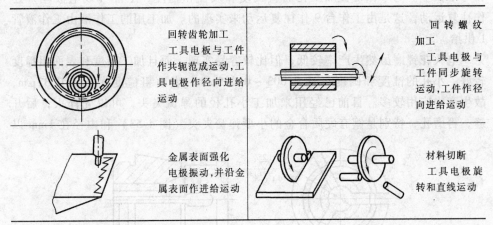

	回转齿轮加工 工具电极与工件作共轭范成运动，工具电极作径向进给运动	回转螺纹加工 工具电极与工件同步旋转运动，工件作径向进给运动
	金属表面强化 电极振动，并沿金属表面作进给运动	材料切断 工具电极旋转和直线运动

现将几种典型加工方法介绍如下。

一、电火花小孔加工

在生产中往往遇到一些较深较小的孔，而且精度和表面粗糙度要求较高，工件材料（如磁钢、硬质合金、耐热合金等）的机械加工性能很差。这些小孔采用研磨方法加工时，生产率太低，采用内圆磨床磨削也很困难，因为内圆磨削小孔时砂轮轴很细，刚度很差，砂轮转速也很难达到要求，而且磨削效率下降，表面粗糙度变差。例如磨 $\phi1.5\text{mm}$ 的内孔，砂轮外径为 1mm，取线速度为 15m/s，则砂轮的转速为 $3\times10^5\text{r/min}$ 左右，制造这样高速的磨头比较困难。采用电火花磨削或镗磨能较好地解决这些问题。

电火花磨削可在穿孔、成型机床上附加一套磨头来实现，使工具电极作旋转运动，如工件也附加一旋转运动，则磨得的孔可更圆。也有设计成专用电火花磨床或电火花坐标磨孔机床的，也可用磨床、铣床、钻床改装，工具电极作往复运动，同时还自转。在坐标磨孔机床中，工具还作公转，工件的孔距靠坐标系统来保证。这种办法操作比较方便，但机床结构复杂、精度要求高。

电火花镗磨与磨削的不同之点是只有工件的旋转运动、电极的往复运动和进给运动，而电极工具没有转动运动。图 4-52 所示为加工示意图，工件 5 装夹在三爪卡头 6 上，有电动机带动旋转，电极丝 2 由螺钉 3 拉紧，并保证与孔的旋转中心线相平行，固定

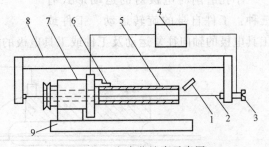

图 4-52　电火花镗磨示意图
1—工作液管　2—电极丝（工具电极）　3—螺钉
4—脉冲电源　5—工件　6—三爪卡头
7—电动机　8—弓形架　9—工作台

在弓形架上。为了保证被加工孔的直线度和表面粗糙度，工件（或电极丝）还作往复运动，这是由工作台 9 作往复运动来实现的。加工用的工作液由工作液管 1 供给。

　　电火花镗磨虽然生产率较低，但比较容易实现，而且加工精度和表面粗糙度较好，小孔的锥度和圆度可达 $0.003 \sim 0.005\,\text{mm}$，表面粗糙度优于 $R_a 0.32\,\mu\text{m}$，故生产中应用较多。目前已经用来加工小孔径的弹簧夹头，可以先淬火，后开缝，再磨孔，特别是镶有硬质合金的小型弹簧夹头（图 4-53）和内径在 1mm 以

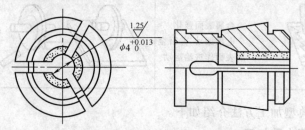

图 4-53　硬质合金弹簧夹头

下、锥度和圆度均在 0.01mm 以内的钻套及偏心钻套，还用来加工粉末冶金用压模，这类压模材料多为硬质合金。图 4-54 所示的硬质合金压模，其圆度和锥度均小于 0.003mm。另外，如微型轴承的内环、冷挤压模的深孔、液压件深孔等等，采用电火花磨削镗磨，均取得了较好的效果。

二、小孔及深孔的电火花磨削

　　小孔一般指直径在 3mm 以下的孔；深孔一般指深径比 $L/D > 5 \sim 8$ 的孔，其中，L 为孔深，D 为孔径。

　　1. 小孔磨削的原理与特点

　　小孔磨削时电极对的运动形式有三种：工件自身的旋转运动、工件或

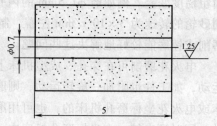

图 4-54　粉末冶金压模

工具电极的轴向往复运动及工件或工具电极的径向进给运动（图 4-55）。

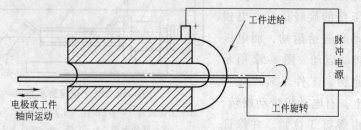

图 4-55　电极对运动示意

在小孔磨削时，工具电极与工件不直接接触，不存在机械力，不会产生因切削力引起的变形。而在机械磨削中，因加工的孔小，所使用的磨削砂轮小，且砂轮轴细，在机械切削力作用下，极易产生变形、振动，故难于保证工件的加工精度和表面粗糙度。

2. 电火花小孔磨削机床

（1）小孔磨削机床　电火花小孔磨削机床有两种：一种是利用机械加工机床（如磨床、车床等）改造而成；一种是专为适应电火花小孔磨削加工特点制造的专用机床。

机床有卧式和立式两种结构，一般由床身、坐标工作台、工件夹持装置、工具电极夹持器及工作液循环系统等组成。典型机床有 D6310 电火花小孔磨削机床，该机床由电气箱和机床两大部分组成。电气箱包括脉冲电源与加工控制系统。机床磨削孔径为 $\phi 0.3 \sim 10\,mm$，最大磨削长度为 $80 \sim 100\,mm$。磨削精度：孔径为 $\phi 0.8 \sim 1\,mm$ 时为 6 级精度以上，孔径为 $\phi 1 \sim 10\,mm$ 时为 5 级精度以上，圆度、锥度不大于 $0.002 \sim 0.003\,mm$，磨削表面粗糙度为 $R_a 0.4 \sim 0.1\,\mu m$。

（2）自动控制系统　自动控制系统的作用是为了保证工具电极与工件之间总是保持着一定的放电间隙。这与电火花成型加工的伺服控制系统很相似。但是电火花成型加工的伺服控制系统的进给与回退灵敏度较高，短路时电极的回退速度很快，加工方式近似于仿形加工。由于仿形加工具有一定局限性，采用这种加工方式加工预孔不圆的工件时，就很难将工件修圆。由此可见，小孔磨削的自动控制系统应具备两大特点：一是要具备通常的伺服加工功能，以保持较高的加工效率；二是采用限位伺服的方法，这样可防止仿形现象的出现，逐渐将工件修圆。图 4-56 为一种自动控制系统的方框图。

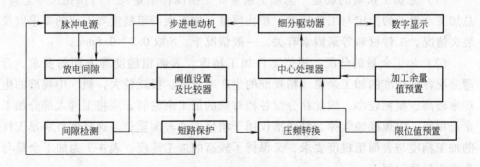

图 4-56　自动控制系统方框图

控制系统取间隙的平均电压作为检测信号，通过对该信号进行衰减、积分后与设置的进给阈值比较，如果该信号的电压值大于阈值，电压信号通过压频转换电路，将模拟的电压信号转变为数字信号，通过中心处理器和细分驱动器控制步进电动机进给；间隙电压的高低决定步进电动机进给的快慢。当该信号的电压值大于并接近阈值时，电极进给速度逐渐变慢；当该信号的电压值小于阈值时，电极回退，使工件和电极之间总是保持一定的放电间隙。同时，为了有效地消除预孔的高点，使工件逐渐趋近于圆，采用限位伺服的方式进行加工。首先将加工余量分成若干段作为限位伺服的控制点，每一段的加工仅对该加工进给范围内的高点进行伺服加工；然后判别这一段是否加工到位，由中心处理器判别放电的概率是否小于所设置的值，如小于所设置的值就转入下一段加工。采用这种方式加工不会像仿形加工那样对高低点同时蚀除，而是加工开始阶段首先对高点进行放电加工，逐渐使工件的高点减小。对于低点，由于达不到放电所需的间隙状态，电极受到限位伺服的控制也不能再向前进给，所以对于低点不再放电加工。通过这样逐渐的矫正以达到将工件修圆的目的。

（3）脉冲电源　电火花小孔及深孔磨削加工的脉冲电源应有以下特点。

1）脉冲电源有较强的短路过载能力。

2）放电能量较小，具有精加工和微细加工的效能。

3）可进行粗、中、精加工规准的转换。

目前多采用晶体管或场效应管脉冲电源、晶体管或场效应管控制的RC脉冲电源和弛张式脉冲电源。晶体管或场效应管脉冲电源在小孔磨削时，粗、中加工的速度较高，但所能达到的表面粗糙度值较高（$R_a 0.8 \sim 1.6 \mu m$）。因此在线路中可附加 RC 脉冲电源，以补充晶体管或场效应管脉冲电源的不足。其用于精加工（$R_a 0.1 \sim 0.4 \mu m$）时，虽然加工速度低，但保证了小孔及深孔的高精度和低粗糙度的要求。

3. 小孔电火花磨削加工的应用

（1）总加工余量的确定　总加工余量 S 是指图样给定尺寸与预孔尺寸之差。总加工余量 S 的给定与工件长度、预孔质量、加工表面粗糙度等方面的要求以及装夹情况、工件材料等诸因素有关。一般情况下，S 取 $0.2 \sim 0.8 mm$。

（2）加工余量的分配　根据工件加工精度、表面粗糙度等方面的要求，合理分配各档规准的加工余量。精规准的生产率较低、损耗较大，粗、中规准的生产率较高、损耗较小，因此在分配各档对应的加工余量时，应将工件大部分加工余量用粗、中规准蚀除掉，精规准仅用于精修工件表面质量。这样既可满足工件的加工精度与表面粗糙度要求，又保持了较高的加工速度。表 4-7 为加工余量与表面粗糙度对照表。

表 4-7　加工余量与表面粗糙度对照表

表面粗糙度 $R_a / \mu m$	12.5	6.4	3.2	1.6	0.8	0.4	0.2
加工余量/mm	0.20	0.10	0.04	0.02	0.02		0.01

（3）工艺中的其他措施

1）工作液通常使用煤油或50%煤油和50%变压器油的混合液。在细长孔的加工中，工作液供给应当充分。由于工具电极很细，要注意工作液引入角度，否则影响电极运动。

2）工具电极常采用纯铜、黄铜材料。如可用漆包线里的纯铜丝，用时将漆皮烧掉、拉直、打光，其来源方便，加工稳定。铜丝可以用来加工更小的孔。在利用 RC 脉冲电源加工时，使用铁丝效果也较好。表4-8 为选用电极直径与加工孔径关系的参考表。

表4-8　选用电极直径与加工孔径关系参考表

孔径 ϕ/mm	$6 < \phi \leqslant 10$	$1 < \phi \leqslant 6$	$\phi \leqslant 1$
电极直径 ϕ/mm	1.5 ~ 2	1	$\leqslant 0.5$

（4）加工实例

1）弹簧夹头磨削。小孔径弹簧夹头（图4-57）是机械、仪表、模具等工业制造部门常用的机床附件，精度高，用量大。为了进一步提高耐磨性，延长寿命，很多弹簧夹头的工作部分已硬质合金化，用电火花磨削可得到满意的加工精度和表面粗糙度。

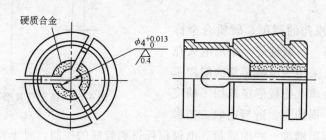

图 4-57　弹簧夹头磨削

2）微型轴承内环磨削。微型轴承内环（图4-58）的特点是精度高、批量大、孔径小。采用普通高速磨头磨削时，磨头内高速旋转轴承及工具砂轮损坏严重，而且效率低；操作者精神紧张，眼睛极易疲劳。现采用小孔电火花磨削，可将 30 ~ 40 件组合一次装夹，同时进行加工，效率大为提高；同时，质量稳定，劳动强度低；另外，由于工件被加工面有密实小凹坑，易蓄油，有利于延长工件的使用寿命。

3）偏心钻套磨削。材料为 CrWMn 的偏心钻套（图4-59），特点是孔径小，深度长，壁厚不均匀

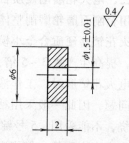

图 4-58　微型轴承内环磨削

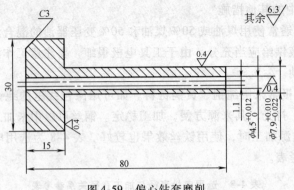

图 4-59　偏心钻套磨削

（最薄处只有 0.2mm）。该零件电火花小孔磨削时采用 RLCL 弛张式脉冲电源。

4）挤形模具磨削。由于电火花磨削机床复位精度较高，因此在修旧利废中可发挥很大作用。图 4-60 为挤形模具实例。工件孔径为 φ1.13mm，使用后磨损孔径变大，出口处呈喇叭口。现利用外圆和端面定位，将孔磨成直径 φ1.16mm 规格的挤形模具，使其变为合格品。

5）冷墩模孔的磨削。硬质合金冷墩模具硬度高、耐磨性好，采用电火花磨削效果好。采用线电极切割磨削加工直壁硬质合金模孔比成形穿孔加工精度高、成本低、周期短。适当选取工艺参

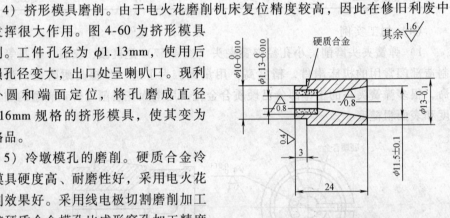

图 4-60　挤形模具磨削

数，可使表面粗糙度、表面质量、电极损耗得到较好的控制。对于高硬度粉末冶金材料，宜采用高电压（400V）、高峰值电流（50A）及窄脉冲宽度（8 ~ 32μs）加工，同时注意落料余量、工作液、电极丝的选择。

三、电火花磨削硬质合金齿轮滚刀

用金刚石磨轮磨削整体硬质合金小模数齿轮滚刀的齿形，既费工又费钱。采用电火花铲磨硬质合金小模数齿轮滚刀的齿形，已开始用于齿形的粗加工和半精加工，提高生产率 3 ~ 5 倍，成本降低 80% 左右。

电火花铲磨时，工作液是浇注到加工间隙中去的，所以要考虑油雾所引起的燃烧问题，因此一般采用粘度较大，燃点较高的油。单纯的煤油由于燃点低，容易燃烧，不能采用。5 号锭子油的电火花磨削性能与煤油相近，加工表面粗糙度略好而生产率稍低，但能避免油雾所引起的燃烧问题，所以比较安全。

工具电极采用纯铜磨轮时，具有磨削性能好、损耗较小、生产率、表面粗糙

度也较好等优点。但纯铜磨轮用梳刀修正时很困难，故也有一定局限性。从电火花磨削性能来看，采用石墨磨轮比较合理。用梳刀修正石墨磨轮时，梳刀磨损较小，进行电火花磨削时损耗小，生产率较高，但表面粗糙度稍差些。

四、电火花共轭同步回转加工螺纹

过去在淬火钢或硬质合金上电火花加工内螺纹，是按图 4-61 所示的方法，利用导向螺母使工具电极在旋转的同时作轴向进给。这种方法生产效率极低，而且只能加工出带锥度的粗糙螺纹孔。南京江南光学仪器厂创造了新的螺纹加工方法，并研制了 JN—2 型、JN—8 型内、外螺纹加工机床等，已用于精密内、外螺纹环规，内锥螺纹，内变模数齿轮等的制造。

电火花加工内螺纹的新方法综合了电火花加工和机械加工方面的经验，采用工件与电极同向同步旋转，工件作径向进给来实现（和用滚压法加工螺纹的方法有些类似），如图 4-62 所示。工件基孔按螺纹内径制作，工具电极的螺纹尺寸及其精度按工件图样的要求制作，但电极外径应小于工件基孔 0.3 ~ 2mm。加工时，电极穿过工件基孔，保持两者轴线平行，然后使电极和工件以相同的方向和转速旋转（图 4-62a），同时工件向工具电极径向切入进给（图 4-62b），从而复制出所要求的内螺纹。为了补偿电极的损耗，在精加工规范转换前，电极轴向移动一个相当于工件厚度的螺距倍数值。这种加工方法的优点是：

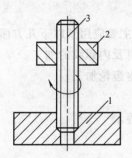

图 4-61 电火花加工螺纹
1—工件 2—导向螺母 3—工具

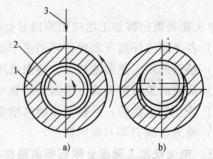

图 4-62 电火花加工内螺纹的示意图
1—工件 2—工具电极 3—进给方向

1）由于电极贯穿工件，且两轴线始终保持平行，因此加工出来的内螺纹没有通常用电火花攻螺纹（如前述方法）所产生的喇叭口。

2）因为电极外径小于工件内径，而且放电加工一直只在局部区域进行，加上电极与工件同步旋转时对工作液的搅拌作用，非常有利于电蚀产物的排除，所以能得到好的几何精度和表面粗糙度，维持高的稳定性。

3）可降低对电极设计和制造的要求。对中径和外径尺寸精度无严格要求。另外，由于电极外径小于工件内径，使得在同向同步回转中，电极与工件电蚀加工区域的线速度不等，存在微量差动，对电极螺纹表面局部的微量缺损有均匀化的作用，故减轻了对加工质量的影响。

用上述工艺方法设计和制造的电火花精密内螺纹机床，可加工 M6 ~ M55 的多种牙形和不同螺距的精密内螺纹，螺纹中径误差小于 0.004mm，也可精加工到 $\phi 4$ ~ $\phi 55mm$ 的圆柱通孔，圆度小于 0.002mm，其表面粗糙度可达 $R_a 0.063\mu m$。

由于采用了同向同步旋转加工法，对螺纹的中径尺寸没有什么高的要求，但在整个工具电极有效长度内的螺距精度、中径圆度、锥度和牙形精度都应给予保证，工具电极螺纹表面粗糙度小于 $R_a 2.5\mu m$，螺纹外径对两端中心孔的径向跳动不超过 0.005mm。一般电极外径比工件内径小 0.3 ~ 2mm。这个差值愈小愈好，差值愈小，齿形误差就愈小，电极的相对损耗也愈小，但必须保证装夹后电极与工件不短路，而且在加工过程中作自动控制和调节时进给和退回有足够的活动余地。

工具电极材料使用纯铜或黄铜比较合适，纯铜电极比黄铜电极损耗小，但在相同电规范下，黄铜电极可得到较好的表面粗糙度。

一般情况下，电规范的选择，应采用正极性加工，工作电压 70 ~ 75V，脉冲宽度 16 ~ 20μs。加工接近完成前改用精规范，此时可将脉冲宽度减小至 2 ~ 8μs，同时逐步降低电压，最后采用 RC 线路弛张式电源加工，以获得较好的表面粗糙度。

电火花共轭回转加工的应用范围日益扩大。目前主要应用于以下几方面：

1) 各类螺纹环规及塞规，特别适于硬质合金材料及内螺纹的加工。

2) 精密的内、外齿轮加工，特别适用于非标准内齿轮加工。

3) 精密的旋转圆弧面、锥面等的加工。

4) 静压轴承油腔、回转泵体的高精度成型加工等。

5) 梳刀、滚刀等刀具的加工。

五、电火花加工聚晶金刚石等高阻抗材料

聚晶金刚石被广泛用作拉丝模、刀具、磨轮等材料，它的硬度仅稍次于天然金刚石。金刚石虽是碳的同素异构体，但天然金刚石几乎不导电，聚晶金刚石是将人造金刚石微粉用铜、铁粉等导电材料作为粘结剂，搅拌、混合后加压烧结而成。因此整体仍有一定的导电性能，可以用电火花加工。

电火花加工聚晶金刚石的要点是：

1) 要采用 400 ~ 500V 较高的峰值电压，使其有较大的放电间隙，易于排屑。

2) 要用较大的峰值电流，一般瞬时电流需在 50A 以上。为此可以采用 RC 线路脉冲电源，电容放电时可输出较大的峰值电流，增加爆炸抛出力。

电火花加工聚晶金刚石的原理是靠火花放电时的高温将导电的粘结剂熔化、气化蚀除掉，同时电火花高温使金刚石微粉"碳化"为可加工的石墨，也可能

因粘结剂被蚀除掉后而整个金刚石微粒自行脱落下来。有些导电的工程陶瓷及立方氮化硼材料也可用类似的原理进行电火花加工。

六、电火花表面强化和刻字

（1）电火花强化工艺　图 4-63 是金属电火花表面强化的加工原理示意图。在工具电极和工件之间接上直流或交流电源，由于振动器的作用，使电极与工件之间的放电间隙频繁变化，工具电极与工件间不断产生火花放电，从而实现对金属表面的强化。

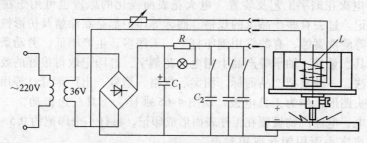

图 4-63　金属电火花强化加工原理图

电火花强化过程如图 4-64 所示。当电极与工件之间距离较大时，如图 4-64a 所示，电源经过电阻 R 对电容器 C 充电，同时工具电极在振动器的带动下向工件运动。当间隙接近到某一距离时，间隙中的空气被击穿，产生火花放电（图 4-64b），使电极和工件材料局部熔化，甚至气化。当电极继续接近工件并与工件接触时（图 4-64c），在接触点处流过短路电流，使该处继续加热，并以适当压力压向工件，使熔化了的材料相互粘结、扩散形成熔渗层。图 4-64d 为电极在振动作用下离开工件，由于工件的热容量比电极大，使靠近工件的熔化层首先急剧冷凝，从而使工具电极的材料粘结、覆盖在工件上。

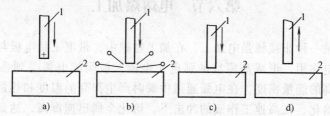

图 4-64　电火花表面强化过程示意图

1—工具电极　2—工件

电火花表面强化层具有如下特性：

1）当采用硬质合金作电极材料时，硬度可达 1100 ~ 1400HV（约 70HRC 以上）或更高。

2）当使用铬锰、钨铬钴合金、硬质合金作工具电极强化 45 钢时，其耐磨性比原表层提高 2 ~ 2.5 倍。

3）用石墨作电极材料强化 45 钢，用食盐水作腐蚀性试验时，其耐腐蚀性提高 90%。用 WC、CrMn 钢作电极强化不锈钢时，耐蚀性提高 3～5 倍。

4）耐热性大大提高，提高了工件使用寿命。

5）疲劳强度提高 2 倍左右。

6）硬化层厚度约为 0.01～0.08mm。

电火花强化工艺方法简单、经济、效果好，因此广泛应用于模具、刃具、量具、凸轮、导轨、水轮机和涡轮机叶片的表面强化。

（2）电火花刻字工艺及装置　电火花表面强化的原理也可用于在产品上刻字、打印记。过去有些产品上的规格、商标等印记都是靠涂蜡及仿形铣刻字，然后用硫酸等酸洗腐蚀，有的靠用钢印打字。工序多，生产率低，劳动条件差。国内外在刃具、量具、轴承等产品上用电火花刻字，打印记取得很好的效果。一般有两种办法，一种是把产品商标、图案、规格、型号、出厂年月日等用钢片或铁片做成字头图形，作为工具电极，如图 4-65 那样，工具一边振动，一边与工件间火花放电，电蚀产物镀覆在工件表面形成印记，每打一个印记约 0.5～1s；另一种不用现成字头而用钼丝或钨丝电极，按缩放尺或靠模仿形刻字，每件时间稍长，约 2～5s。如果不需字形美观整齐，可以不用缩放尺而成为手刻字的电笔。图 4-65 中用钨丝接负极，工件接正极，可刻出黑色字迹，若工件是镀黑或表面发黑处理过的，则可把工件接负极，钨丝接正极，可以刻出银白色的字迹。

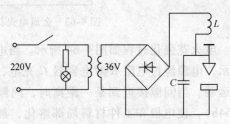

图 4-65　电火花刻字打印装置线路

L—振动器线圈　ϕ0.5mm 漆包线 350 匝

铁心截面约 0.5cm² 　C—纸介电容 0～0.1μs　200V

第六节　电熔爆加工

电熔爆是一种非接触强电加工，在加工过程中，带电工具电极与工件表面间产生特殊的电作用，形成高密度的强电子电流，极间的电弧受到强烈的收缩效应，达到很高的能量密度，在电弧通道中瞬时产生很高的温度和热量，使工件表层局部迅速熔化，在高速工作液的冲击下，熔化金属迅速爆离，达到零件加工要求的尺寸精度和表面粗糙度。

一、电熔爆加工原理、特点

（1）电熔爆的加工原理　电熔爆加工的原理如图 4-66 所示。电磨头（工具电极安装在上面）接阴极，被加工的工件作为阳极。该加工方法采用低电压（≤30V）、大电流（可达 3000A）非接触脉冲直流放电，配以良好的冷却功能，使得工件表面局部的高温和热量来不及过多地传导和扩散到其他部分，不会使整个工件发热，不会像持续电弧放电那样，使工件表面"烧糊"。由于工件内部不受热

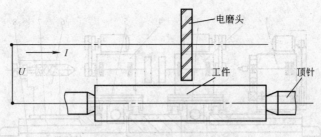

图 4-66　电容爆加工的原理示意图

的影响，因此，工件不会产生变形和改变金相组织，加工表面硬度有所提高。

（2）电熔爆的加工特点　电熔爆加工技术是一种新型的金属加工方法。其加工特点主要表现为如下几点。

1）适用于导电材料的高效率粗加工。每小时熔爆切削质量可达 10kg 以上，提高生产率 5～10 倍。

2）被加工件的表面变化层深度 0.05～0.33mm。工件表面不产生裂纹、不改变原力学性能。

3）非接触式加工，工件不变形，机床受力小，比传统机械加工可提高机床使用寿命 5 倍。

4）加工尺寸可控，精加工尺寸精度可达到 ±0.05mm，精加工表面粗糙度可达到 $R_a0.4\mu m$。

5）对工件前期处理要求低。工件可以是锻件、铸件、堆焊和喷焊件等。

6）加工时噪声较大。

二、电熔爆加工设备

目前，电熔爆加工设备有外圆、内圆、平面、端面、各种异形面以及开槽、切割等专用机床。

电熔爆加工设备由机床、电源装置、工作液供给装置三部分组成。工件接电源正极，安装在机床卡盘上，负极接在可以旋转的轮盘电极上，作为刀具。在加工过程中，工作液自始至终充分注入工件和刀具之间，工件和刀具各依选定的速度相对旋转并保持一定的间隙。图 4-67 所示的 DK9032 数控外圆电熔爆磨削复合加工机床的总机床外形图，主要组成部件见图 4-68。

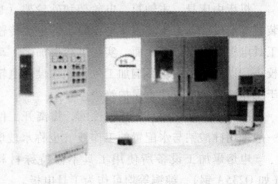

图 4-67　DK9032 电熔爆机床外形图

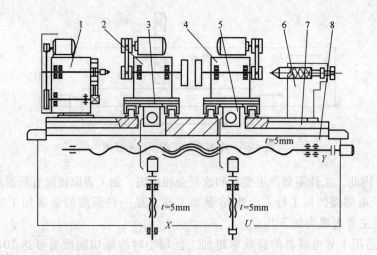

图 4-68 DK9032 数控电熔爆磨削复合加工机床传动系统图

1—头架 2—放电盘架 3—放电盘架横向进给机构 4—砂轮架

5—砂轮架横向进给机构 6—尾架 7—工作台 8—床身

其具体加工过程是：放电盘对工件进行电熔爆加工（根据工艺要求可分几次走刀）——切断直流电源——退出放电盘——砂轮对工件进行磨削加工（根据工艺要求可分几次走刀）。该方案可使工件在一次装夹中完成粗精加工，具有生产效率高，可加工范围大和调整方便等特点。

电源装置的作用是将 380V 的交流电变为电压为 0~30V、电流为 0~3000A 的直流电。电源装置由整流装置供电单元、冷却水泵控制单元、冷却风机控制单元、加工方式选择单元、整流装置报警单元、整流管温度监控装置单元及熔爆电压和熔爆电流显示单元组成。加工方式选择主要是根据工件材料、加工要求（粗、中、精加工）确定加工参数。

机床由床身、主轴箱、电轮架和砂轮架（也称动力头）、溜板和滑板及绝缘装置等组成。动力头装置将电源输出的电流传输和转换为机械脉冲和电脉冲，由工具电极发射至工件表面，实现电熔爆加工。动力头装配时应进行动平衡试验和校正，以免转动不稳影响加工效果。在设计电轮架时，应确保与滑板绝缘，并由于工作液含水，应注意保护绝缘。

冷却液使熔化的金属热胀冷缩，爆离开工件，从而达到加工的目的。冷却液一般采用硅酸钠与水配置的工作液（也称水玻璃工作液）。

电熔爆加工设备所使用工具不需特殊材料制造或特殊要求，普通的钢材（如 Q235A 钢）、纯铜等均可作为工具电极。

三、电熔爆加工应用

（1）电熔爆加工工艺的影响因素 电熔爆加工电压、电流、工件旋转速度、工具电极旋转速度和操作技巧等因素对加工速度、表面质量及工具电极的损耗影响很大。根据加工余量的大小，选取合适的加工电压和进给速度，控制加工电流和放电间隙在合理的范围，以取得最高生产效率。

加工电压和加工电流与表面粗糙度成反比；电压越高，电流越大，表面粗糙度值大和尺寸精度越差，反之则好。

电流密度大，加工速度高，反之，加工速度低。加工电压、工具电极运动速度、进给速度、电极间隙、工作液供给量对加工速度均有影响。

随着加工电流增大，工具电极损耗率减小，电流过高，工具电极损耗率不断增高。

（2）电熔爆加工的应用范围

1）轧辊修造：使用过的冷、热轧辊经高硬度、高耐磨焊丝修复后，表面粗糙度尺寸差较大，使用电熔爆加工技术修造是非常经济的方法。

2）石油化工、铝冶炼企业的高压泵柱塞的制造：采用热喷、电熔爆加工，比机械加工降低成本90%。

（3）轧辊修造的加工实例 轧辊是冶金行业高消耗零件，表面一旦开裂、剥落，很难修复。图4-69是采用电熔爆加工技术修复的轧辊。采用传统工艺修复轧辊，因受加工设备限制，堆焊材料的硬度一般在洛氏硬度50HRC以下，修复后的轧辊的使用寿命有限。电熔爆加工因不受材料硬度的限制，为在轧辊修造中采用高硬度耐磨药芯焊条创造了条件，对堆焊后高低不平的表面有很高的加工效率。使

图4-69　用电容爆加工技术修复的轧辊

用寿命是新轧辊的3~6倍，而成本仅为新轧辊的1/2。并使产品质量提高，节约了大量换辊时间，提高了生产效率。

第五章　电火花线切割加工

在 20 世纪 50 年代末，电火花线切割加工（Wire cut EDM）是在电火花加工基础上，最早在前苏联发展起来的一种新的工艺形式。这是用线状电极（钼丝或铜丝）靠火花放电对工件进行切割，故称为电火花线切割，简称线切割。它已获得广泛的应用，目前国内外的线切割机床已占电加工机床的 60% 以上。

第一节　电火花线切割加工原理、特点及应用范围

一、线切割加工的原理

电火花线切割加工的基本原理，是利用移动的细金属导线（铜丝或钼丝）作电极丝对工件进行脉冲火花放电切割成型的。图 5-1 为电火花线切割工艺及装置的示意图。利用钼丝（或铜丝）4 作工具电极进行切割，贮丝筒 7 使钼丝作正反向交替移动，加工能源由脉冲电源 3 供给。在电极丝 4 和工件 2 之间浇注工作液介质，工作台在水平面两个坐标方向按预定的控制程序，根据火花间隙状态作伺服进给移动，从而合成各种曲线轨迹，把工件切割成型。

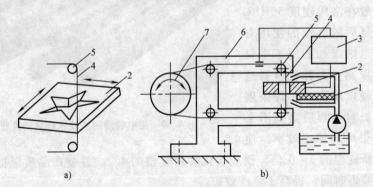

图 5-1　电火花线切割工艺及装置

a）工艺　b）装置

1—绝缘底板　2—工件　3—脉冲电源　4—电极丝　5—导向轮　6—支架　7—贮丝筒

根据电极丝的运行速度，电火花线切割机床通常分为两大类：一类是高速走丝电火花线切割机床（WEDM—HS），这类机床的电极丝作高速往复运动，一般走丝速度为 8～10m/s，这是我国生产和使用的主要机种，也是我国独有的电火花线切割加工模式；另一类是低速走丝电火花线切割机床（WEDM—LS），这类

机床的电极丝作低速单向运动，一般走丝速度低于 0.2m/s，这是国外生产和使用的主要机种。

此外，按控制方式分为靠模仿形控制、光电跟踪控制、数字程序控制等；按加工尺寸范围分为大、中、小型，以及普通型与专用型等。目前国内外 95% 以上的线切割机床都已采用数控化，而且采用不同水平的微型计算机数控系统，从单片机、单板机到微型计算机系统，有的还有自动编程功能。

二、线切割加工的特点

分析电火花线切割加工过程的工艺和机理，与电火花穿孔成型加工既有共性，又有特性。

1. 电火花线切割加工与电火花成形加工的共性表现

1）线切割加工的电压、电流波形与电火花加工的基本相似。单个脉冲也有多种形式的放电状态，如开路、正常火花放电、短路及相互转换等。

2）线切割加工的加工机理、生产率、表面粗糙度等工艺规律，材料的可加工性等也都与电火花加工基本相似，可以加工硬质合金等一切导电材料。

2. 线切割加工与电火花加工的特点比较

1）采用水或水基工作液不会引燃起火，容易实现安全无人运转；但由于工作液的电阻率远比煤油小，因而在开路状态下，仍有明显的电解电流。电解效应对改善加工表面粗糙度有一定作用。

2）一般没有稳定电弧放电状态。因为电极丝与工件始终有相对运动，尤其是快速走丝电火花线切割加工，因此，线切割加工的间隙状态可以认为是由正常火花放电、开路和短路这三种状态组成。往往在单个脉冲内有多种放电状态，有"微开路"、"微短路"现象。

3）电极与工件之间存在着"疏松接触"式轻压放电现象。近年来的研究结果表明，当柔性电极丝与工件接近到通常认为的放电间隙（例如 8~10μm）时，并不发生火花放电，甚至当电极丝已接触到工件，从显微镜中已看不到间隙时，也常常看不到火花，只有当工件将电极丝顶弯，偏移一定距离（几微米到几十微米）时，才发生正常的火花放电。就是说，每进给 1μm，放电间隙并不减小 1μm，而是电极丝增加一点张力，向工件增加一点侧向压力，只有电极丝和工件之间保持一定的轻微接触压力，才形成火花放电。可以认为，在电极丝和工件之间存在着某种电化学反应产生的绝缘薄膜介质，当电极丝被顶弯所造成的压力和电极丝相对工件的移动摩擦，使这种介质减薄到可被击穿的程度，才发生火花放电。放电发生之后产生的爆炸力可能使电极丝局部振动而脱离接触，但宏观上仍是轻压放电。

4）省掉了成型的工具电极，大大降低了成型工具电极的设计和制造费用，缩短了生产准备时间，加工周期短，这对新产品的试制是很有意义的。

5）由于电极丝比较细，可以加工微细异形孔、窄缝和复杂形状的工件。由于切缝很窄，且只对工件材料进行"套料"加工，实际金属去除量很少，材料的利用率很高，这对加工、节约贵重金属有重要意义。

6）由于采用移动的长电极丝进行加工，使单位长度电极丝的损耗较少，从而对加工精度的影响比较小，特别在低速走丝线切割加工时，电极丝一次使用，电极损耗对加工精度的影响更小。

电火花线切割加工有许多突出的长处，因而在国内外发展都较快，已获得了广泛的应用。

三、线切割加工的应用范围

线切割加工为新产品试制、精密零件及模具制造开辟了一条新的工艺途径。它主要应用于以下几个方面。

（1）加工模具 适用于各种形状的冲模，调整不同的间隙补偿量，只需一次编程就可以切割凸模、凸模固定板、凹模及卸料板等，模具配合间隙、加工精度通常都能达到要求。此外，还可加工挤压模、粉末冶金模、弯曲模、塑压模等带锥度的模具。

（2）加工电火花成形加工用的电极 一般穿孔加工的电极以及带锥度型腔加工的电极。对于铜钨、银钨合金之类的材料，用线切割加工特别经济，同时也适用于加工微细复杂形状的电极。

（3）加工零件 在试制新产品时，用线切割在板料上直接割出零件，例如切割特殊微电机硅钢片定转子铁心。由于不需另行制造模具，可大大缩短制造周期、降低成本。另外修改设计、变更加工程序比较方便，加工薄件时还可多片叠在一起加工。在零件制造方面，可用于加工品种多、数量少的零件，特殊难加工材料的零件，材料试验样件，各种型孔、凸轮、样板、成形刀具。同时还可进行微细加工，异形槽和标准缺陷的加工等。

第二节　电火花线切割加工设备

电火花线切割加工设备主要由机床本体、脉冲电源、控制系统、工作液循环系统及机床附件等几部分组成。图 5-2 和图 5-3 分别为高速和低速走丝线切割加工设备组成图。由于线切割的控制系统比较重要，且内容较多，故在本章第三节作专门介绍。

一、机床本体

机床本体由床身、坐标工作台、运丝机构、丝架、工作液箱、附件及夹具等几部分组成。

（1）床身部分 床身一般为铸件，是坐标工作台、绕丝机构及丝架的支承和固定基础。通常采用箱式结构，应有足够的强度和刚度。床身内部安置电源和工作液箱。考虑电源的发热和工作液泵的振动、有些机床将电源和工作液箱移出床身外另行安放。

（2）坐标工作台部分　电火花线切割机床都是通过坐标工作台与电极丝的相对运动，来完成对零件加工的。为保证机床精度，对导轨的精度、刚度和耐磨性有

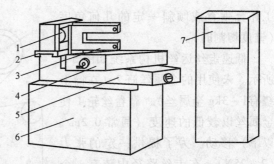

图 5-2　高速走丝线切割加工设备组成
1—贮丝筒　2—走丝溜板　3—丝架　4—上滑板
5—下滑板　6—床身　7—电源控制柜

较高的要求。一般都采用"十"字滑板、滚动导轨和丝杠杆传动副，将电动机的旋转运动变为工作台的线性运动，通过两个坐标方向各自的进给移动，可合成获得各种平面图形曲线轨迹。为保证工作台的定位精度和灵敏度，传动的丝杆和螺母之间必须消除间隙。

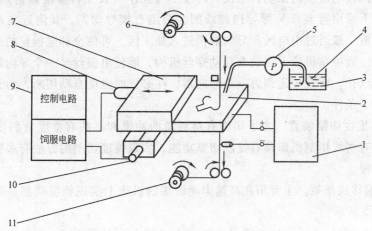

图 5-3　低速走丝线切割加工设备组成
1—脉冲电源　2—工件　3—工件箱液　4—去离子水　5—泵　6—放丝卷筒
7—工作台　8—x轴电动机　9—数控装置　10—y轴电动机　11—收丝卷筒

（3）走丝机构　走丝系统使电极丝以一定的速度运动并保持一定的张力。在高速走丝机床上，一定长度的电极丝平整地卷绕在贮丝筒上（见图5-2），电极丝张力与排绕时的拉紧力有关（为提高加工精度、近年来已研制恒张力装置），贮丝筒通过联轴器与驱动电机相连。为了重复使用该段电极丝，电动机由专门的换向装置控制作正反向交替运转。走丝速度等于贮丝筒周边的线速度，通常为 6～10m/s。在运动过程中，电极丝由丝架支撑，并依靠导轮保持电极丝与

工作台垂直或倾斜一定的几何角度（锥度切割时）。

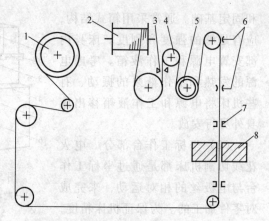

低速走丝运丝机构系统如图 5-4 所示。未使用的金属丝筒 2（在筒上绕有 1~3kg 金属丝）、靠卷丝轮 1 使金属丝以较低的速度（通常 0.2m/s 以下）移动。为了提供一定的张力（2~25N），在走丝路径中装有一个机械式（张力电动机 4）或电磁式张力机构（电极丝张力调节轴 5）。为实现断丝时可能自动停车并报警，走丝系统中通常还装有断丝检测微动开关。用过的电极丝集中到卷丝筒上或送到专门的收集器中。

图 5-4　低速走丝运丝机构系统示意图
1—卷丝轮　2—未使用的金属丝筒　3—拉丝模
4—张力电动机　5—电极丝张力调节轴
6—退火装置　7—导向装置　8—工件

为了减轻电极丝的振动，应使其跨度尽可能小（按工件厚度调整）。通常在工件的上下采用蓝宝石 V 形导向器或圆孔金刚石模导向器，其附近装有引电部分，工作液一般通过引电区和导向器再进入加工区，可使全部电极丝的通电部分都能冷却。近年在机床上还装有自动穿丝机构，能使电极丝经一个导向器穿过工件上的穿丝孔，而被传送到另一个导向器，在必要时也能自动切断，为无人连续切割创造了条件。

（4）锥度切割装置　为了切割有落料角的冲模和某些有锥度（斜度）的内外表面，有些线切割机床具有锥度切割功能。实现锥度切割的方法有多种，下面只介绍两种。

1）偏移式丝架。主要用在高速走丝线切割机床上实现锥度切割。其工作原理如图 5-5 所示。

图 5-5a 为上（或下）丝臂平动法，上（或下）丝臂沿 X、Y 方向平移。此法锥度不宜过大，否则导轮易损，工件上有一定的加工圆角。图 5-5b 为上、下

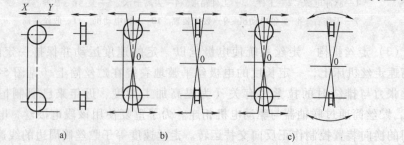

a)　　　　　　　　b)　　　　　　　　c)

图 5-5　偏移式丝架实现锥度加工的方法

丝臂同时绕一定中心移动的方法，如果模具刃口放在中心"0"上，则加工圆角近似为电极丝半径。此法加工锥度也不宜过大。图5-5c为上、下丝臂分别沿导轮径向平动和轴向摆动的方法。此法加工锥度不影响导轮磨损，最大切割锥度通常可达1.5°。

2）双坐标联动装置。在低速走丝线切割机床上广泛采用，主要依靠上导向器亦能作纵横两轴（称 U、V 轴）驱动，与工作台的 X、Y 轴驱动一起构成 NC 四轴同时控制（图5-6）。这种方式的自由度很大，依靠强有力的软件，可以实现上下异形截面形状的加工。最大的倾斜角度一般为 ±5°，有的甚至可达30°（与工件厚度有关）。

在锥度加工时，保持导向间距（上下导向器与电极丝接触点之间的直线距离）一定，是获得高精度的主要因素。为此有的机床具有 Z 轴设置功能，并且一般采用圆孔方式的无方向性导向器。

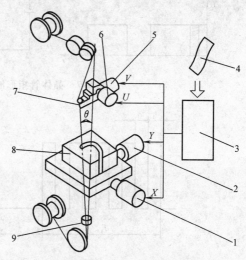

图 5-6　四轴联动锥度切割装置
1—X 轴驱动电动机　2—Y 轴驱动电动机　3—控制装置　4—数控纸带　5—V 轴驱动电动机　6—U 轴驱动电动机　7—上导向器　8—工件　9—下导向器

二、脉冲电源

电火花线切割加工脉冲电源与电火花成形加工所用的脉冲电源在原理上相同，不过受加工表面粗糙度和电极丝允许承载电流的限制，线切割加工脉冲电源的脉宽较窄（2~60μs），单个脉冲能量、平均电流（1~5A）一般较小，所以线切割加工总是采用正极性加工。脉冲电源的形式品种很多，如晶体管矩形波脉冲电源、高频分组脉冲电源、并联电容型脉冲电源及低损耗电源等。

（1）晶体管矩形波脉冲电源　其工作方式与电火花成形加工类同，如图5-7所示。广泛用于高速走丝线切割机床。过去在低速走丝机床上用得不多，因为低速走丝时排屑条件差，要求采用窄脉宽和高峰值电流，这样势必要用到高速大电流的开关元件，电源装置也要大型化；但近来随着半导体元件的进展，这种方式的电源也可用于低速走丝机床上。

（2）高频分组脉冲电源　高频分组脉冲波形如图5-8所示，它是矩形波派生的一种波形，即把较高频率的脉冲分组输出。

矩形波脉冲电源对提高切割速度和改善表面粗糙度这两项工艺指标是互相矛

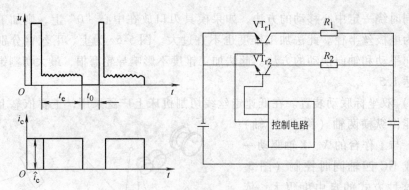

图 5-7　晶体管矩形波脉冲电源

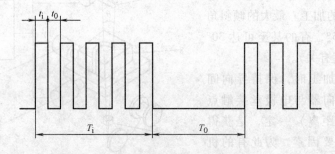

图 5-8　高频分组脉冲波形

盾的，即欲提高切割速度，则表面粗糙度差；若要求表面粗糙度好，则切割速度下降很多。高频分组脉冲波形在一定程度上能解决这两者的矛盾，在相同工艺条件下，可获得较好的加工工艺效果，因而得到了越来越广泛的应用。

图 5-9 为高频分组脉冲电源的电路原理方框图。图中的高频脉冲发生器、分组脉冲发生器和门电路生成高频分组脉冲波形，然后经脉冲放大和功率输出，把高频分组脉冲能量输送到放电间隙。一般取 $t_0 \geqslant t_i$，$T_i = (4 \sim 6) t_i$。

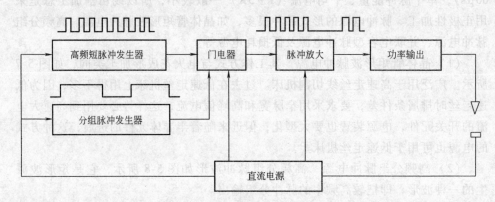

图 5-9　高频分组脉冲电源的电路原理方框图

三、工作液循环系统

在线切割加工中，工作液对加工工艺指标的影响很大，如对切割速度、表面粗糙度、加工精度等都有影响。低速走丝线切割机床大多采用去离子水作工作液，只有在特殊精加工时才采用绝缘性能较高的煤油。高速走丝线切割机床使用的工作液是专用乳化液，目前供应的乳化液有好多种，各有其特点。有的适合于精加工，有的适合于大厚度切割，也有的是在原来工作液中添加某些化学成分，以提高其切割速度或增加防锈能力等。不管哪种工作液都应具有下列性能：

（1）具有一定的绝缘性能　火花放电必须在具有一定绝缘性能的液体介质中进行。工作液的绝缘性能可使击穿后的放电通道压缩，局限在较小的通道半径内火花放电，形成瞬时、局部高温熔化、气化金属；放电结束后又迅速恢复放电间隙成为绝缘状态。绝缘性能太低，将产生电解而形不成击穿火花放电；绝缘性能太高，则放电间隙小，排屑难，切割速度低。一般电阻率在 $10^3 \sim 10^4 \Omega \cdot cm$ 为宜。

（2）具有较好的洗涤性能　所谓洗涤性能，是指液体有较小的表面张力，对工件有较大的亲和附着力，能渗透进入窄缝中去，此外，还要有一定的去除油污的能力。洗涤性能好的工作液，切割时排屑效果好，切割速度高，切割后表面光亮清洁，割缝中没有油污粘糊。洗涤性能不好的则相反，有时切割下来的料芯被油污糊状物粘住，不易取下来，切割表面也不易清洗干净。

（3）具有较好的冷却性能　在放电过程中，尤其是大电流加工时，放电点局部瞬时温度极高。为防止电极丝烧断和工件表面局部退火，必须充分冷却。为此，工作液应有较好的吸热、传热和散热性能。

（4）对环境无污染，对人体无危害　在加工中不应产生有害气体，不应对操作人员的皮肤、呼吸道产生刺激等反应，不应锈蚀工件、夹具和机床。

此外，工作液还应具有配制方便、使用寿命长、乳化充分、冲制后不能油水分离、储存时间较长及不应有沉淀或变质现象等特点。

由于线切割切缝很窄，顺利排除电蚀产物是极为重要的问题，因此工作液的循环与过滤装置是线切割加工不可缺少的部分。其作用是充分地、连续地向加工区供给清洁的工作液，及时从加工区域中排除电蚀产物，对电极丝和工件进行冷却，以保持脉冲放电过程能稳定而顺利地进行。工作液循环装置一般由工作液泵、液箱、过滤器、管道及流量控制阀等组成。对高速走丝机床，通常采用浇注式供液方式；而对低速走丝机床，近年来有些采用浸泡式供液方式。

第三节　电火花线切割控制系统和编程技术

一、线切割控制系统

控制系统是进行电火花线切割加工的重要环节。控制系统的稳定性、可靠性、控制精度及自动化程度，都直接影响到加工工艺指标和工人的劳动强度。

控制系统的主要作用是在电火花线切割加工过程中，按加工要求自动控制电极丝相对工件的运动轨迹和进给速度，来实现对工件的形状和尺寸加工。当控制系统使电极丝相对于工件按一定轨迹运动时，同时还应该实现进给速度的自动控制，以维持正常的稳定切割加工。它是根据放电间隙大小与放电状态自动控制的，使进给速度与工件材料的蚀除速度相平衡。

电火花线切割机床控制系统的主要功能如下：

（1）轨迹控制　即精确控制电极丝相对于工件的运动轨迹，以获得所需的形状和尺寸。

（2）加工控制　主要包括对伺服进给速度、电源装置、走丝机构、工作液系统以及它的机床操作控制。此外，失效安全及自诊断功能也是一个重要的方面。

电火花线切割机床的轨迹控制系统，曾经历过靠模仿形控制、光电跟踪仿形控制，现已普遍采用数字程序控制，并已发展到微型计算机直接控制阶段。

数字程序控制（NC 控制）电火花线切割的控制原理是：把图样上工件的形状和尺寸编制成程序信号，一般通过键盘或使用穿孔纸带或磁带，输给电子计算机，计算机根据输入指令控制驱动电动机，由驱动电动机带动精密丝杠，使工件相对于电极丝作轨迹运动。图 5-10 所示为数字程序控制过程方框图。

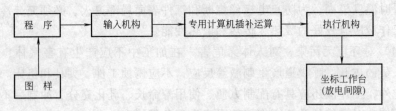

图 5-10　数字程序控制过程方框图

数字程序控制方式与靠模仿形和光电跟踪仿形控制不同，它无需制作精密的模板描绘精确的放大图，而是根据图样形状尺寸，经编程后用计算机进行直接控制加工。因此，只要计算机的运算控制精度比较高、就可以加工出高精度的零件，而且生产准备时间短，机床占地面积小。目前高速走丝电火花线切割机床的数控系统大多采用较简单的开环系统；而低速走丝线切割机床的数控系统则大多是半闭环系统，仅在一些少量的超精密线切割机床上采用了全闭环数控系统。

（1）轨迹控制原理　常见的工程图形都可分解为直线和圆弧的组合。用数字控制技术来控制直线和圆弧组合成的轨迹，有逐点比较法、数字积分法、矢量判别法及最小偏差法等。每种插补方法各有其特点。数控线切割大多采用简单易行的逐点比较法。目前的线切割数控系统，X、Y 两个方向不能同时进给，只能按行线的斜度或圆弧的曲率来交替地、一步一个微米地分步"插补"进给。采用逐点比较法时，X 或 Y 每进给一步，每次插补过程都要进行以下四个节拍：

第一拍：偏差判别。判别加工坐标点对规定几何轨迹的偏离位置，然后决定滑板的走向。一般用 F 代表偏差值，$F=0$，表示加工点恰好在线（轨迹）上；$F>0$，加工点在线的上方或左方；$F<0$，加工点在线的下方或右方，以此来决定第二拍进给的轴向和方向。

第二拍：进给。控制某坐标工作台沿 $+X$ 向、$-X$ 向、$+Y$ 向或 $-Y$ 向进给一步，向规定的轨迹靠拢，缩小偏差。

第三拍：偏差计算。按照偏差计算公式，计算进给一步后，新的坐标点对规定轨迹的偏差，作为下一步判别走向的依据。

第四拍：终点判断。根据计数长度判断是否到达程序规定的加工终点。若到达终点则停止插补，否则再回到第一拍。如此不断地重复上述循环过程，就能加工出所要求的轨迹和轮廓形状。

在用单片机或单板机构成的线切割数控系统中，进给的快慢取决于放电间隙、采样变频电路得到的进给脉冲信号，用它向 CPU 申请中断。CPU 每接受一次中断申请，就进行一次上述四个节拍的运行，使 X 或 Y 方向进给一步；然后通过并行 I/O 接口芯片，驱动步进电动机带动工作台进给 $1\mu m$。

（2）加工控制功能　线切割加工控制和自动化操作方面的功能很多，并有不断增强的趋势，这对节省准备工作量、提高加工质量很有好处。主要有下列几种：

1）进给控制。能根据加工间隙的平均电压或放电状态的变化，通过取样、变频电路，不定期地向计算机发出中断申请，自动调整伺服进给速度，保持某一平均放电间隙，使加工稳定，提高切割速度和加工精度。

2）短路回退。经常记忆电极丝经过的路线，发生短路时，改变加工条件并沿原来的轨迹快速后退，消除短路，防止断丝。

3）间隙补偿。线切割加工数控系统所控制的是电极丝中心移动的轨迹。因此，加工有配合间隙冲模的凸模时，电极的中心轨迹应向图形之外"间隙补偿"，以补偿放电间隙和电极丝的半径；加工凹模时，电极丝的中心轨迹应向图形之内"间隙补偿"。

4）图形的缩放、旋转和平移。利用图形的任意缩放功能，可以加工出任意比例的相似图形；利用任意角度的旋转功能，可使齿轮、电动机定转子等类零件的编程大大简化；而平移功能则极大地简化了跳步模具的编程。

5）适应控制。在工件厚度变化的场合，改变规准之后，能自动改变预置进给速度或电参数（包括加工电流、脉冲宽度、间隔），不用人工调节就能自动进行高效率、高精度的加工。

6）自动找中心。使孔中的电极丝自动找正并停止在中心处。

7）信息显示。可动态显示程序号、计数长度等轨迹参数，较完善地采用
CRT 屏幕显示，还可以显示电规准参数和切割轨迹图形等。

此外，线切割加工控制系统还具有故障安全和自诊断等功能。

二、线切割数控编程要点

线切割机床的控制系统是按照人的"命令"去控制机床加工的。因此必须
事先把要切割的图形，用机器所能接受的"语言"编排好"命令"，并告诉控制
系统。这项工作叫做数控线切割编程，简称编程。

为了便于机器接受"命令"，必须按照一定的格式来编制线切割机床的数控
程序。目前高速走丝线切割机床一般采用 3B（个别扩充为 4B 或 5B）格式，而
低速走丝线切割机床通常采用国际上通用的 ISO（国际标准化组织）或 EIA（美
国电子工业协会）格式。为了便于国际交流和标准化，已建议我国生产的线切
割控制系统逐步采用 ISO 代码。

以下介绍我国高速走丝线切割机床应用较广的 3B 程序的编程要点。

一般数控线切割机床在加工之前，应先按工件的形状和尺寸编出程序，将此
程序打出穿孔纸带，再由纸带进行数控线切割加工。

常见的图形都是由直线或圆弧组成的，任何复杂的图形，只要分解为直线和
圆弧就可依次分别编程。编程时需用的参数有五个：切割的起点或终点坐标 x，
y 值；切割时的计数长度 J（切割长度在 X 轴或 Y 轴上的投影长度）；切割时的
计数方向 G；切割轨迹的类型，称为加工指令 Z。

（1）程序格式　我国数控线切割机床采用统一的五指令 3B 程序格式，即

$$BxByB_JGZ$$

其中　B——分隔符，用它来区分、隔离 x、y 和 J 等数码，B 后的数字如为 0
（零），则此 0 可以不写；

x，y——直线的终点或圆弧起点的坐标值，编程时均取绝对值，以 μm 为
单位；

J——计数长度，亦以 μm 为单位，以前编程时必需填写满六位数，例如
计数长度为 $4560 \mu m$，则应写成 004560。现在的微型计算机控制器，
则不必用 0 填满六位数；

G——计数方向，分 G_x 或 G_y，即可按 X 方向或 Y 方向计数，工作台在该
方向每走 $1 \mu m$ 即计数累减 1，当累减到计数长度 J＝0 时，这段程序
即加工完毕；

Z——加工指令，分为直线 L 与圆弧 R 两大类。直线又按走向和终点所在
象限而分为 L_1、L_2、L_3、L_4 四种；圆弧又按第一步进入的象限及走
向的顺、逆圆而分为 SR_1、SR_2、SR_3、SR_4 及 NR_1、NR_2、NR_3、
NR_4 八种，如图 5-11 所示。

（2）直线的编程

1）把直线的起点作为坐标的原点。

2）把直线的终点坐标值作为 x、y，均取绝对值，单位为 μm，亦可用公约数将 x、y 缩小整倍数。

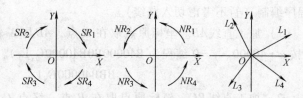

图 5-11　直线和圆弧的加工指令

3）计数长度 J，按计数方向 G_x 或 G_y，取该直线在 X 轴或 Y 轴上的投影值，即取 x 值或 y 值，以 μm 为单位。决定计数长度时，要和选择计数方向一并考虑。

4）计数方向的选取原则，应取此程序最后一步的轴向为计数方向。不能预知时，一般选取与终点处的走向较平行的轴向作为计数方向，这样可减小编程误差与加工误差。对直线而言，取 x、y 中较大的绝对值和轴向作为计数长度 J 和计数方向。

5）加工指令按直线走向和终点所在象限不同而分为 L_1、L_2、L_3、L_4，其中与 +X 轴重合的直线作为 L_1，与 +Y 轴重合的直线作为 L_2，与 -X 轴重合的直线作为 L_3，其余类推。与 X、Y 轴重合的直线，编程时 x、y 均可作 0，且在 B 后可不写。

（3）圆弧的编程

1）把圆弧的圆心作为坐标原点。

2）把圆弧的起点坐标值作为 x、y，均取绝对值，单位为 μm。

3）计数长度 J 按计数方向取 X 或 Y 轴上的投影值，以 μm 为单位。如果圆弧较长，跨越两个以上象限，则分别取计数方向 X 轴（或 Y 轴）上各个象限投影值的绝对值相累加，作为该方向总的计数长度，也要和选择计数方向一并考虑。

4）计数方向同样也取与该圆弧终点时走向较平行的轴向作为计数方向，以减少编程和加工误差。对圆弧来说，取终点坐标中绝对值较小的轴向作为计数方向（与直线相反）。最好也取最后一步的轴向为计数方向。

5）加工指令对圆弧而言，按其第一步所进入的象限可分为 R_1、R_2、R_3、R_4；按切割走向又可分为顺圆 S 和逆圆 N，于是共有 8 种指令，即 SR_1、SR_2、SR_3、SR_4；NR_1、NR_2、NR_3、NR_4，见图 5-11。

（4）整个工件的编程举例　设要切割图 5-12 所示的轨迹，该图形由三条直线和一条圆弧组成，故分四条

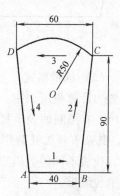

图 5-12　编程图形

程序编制（暂不考虑切入路线）。

1）加工直线$\overline{AB}$。坐标原点取在A点，$\overline{AB}$与X轴正重合，x、y均可作0计（按 x = 40000、y = 0 编程为 B40000B0B40000G_xL_1），故程序为

$$BBB40000G_xL_1$$

2）加工直线$\overline{BC}$。坐标原点取在B点，终点C的坐标值是 x = 10000、y = 90000，故程序为

$$B1B9B90000G_yL_1$$

3）加工圆弧$\overline{CD}$。坐标原点应取在圆心O，这时起点C的坐标为 x = 30000、y = 40000，故程序为

$$B30000B40000B60000G_xNR_1$$

4）加工直线$\overline{DA}$。坐标原点应取在D点，终点A的坐标为 x = 10000、y = 90000，故程序为

$$B1B9B90000G_yL_4$$

整个工件的程序见表 5-1，穿孔纸带见图 5-13。

表 5-1　程序表

程序	B	X	B	Y	B	L	G	Z
1	B		B		B	40000	G_2	L_1
2	B	1	B	9	B	90000	G_2	L_1
3	B	30000	B	40000	B	60000	G_2	NR_1
4	B	1	B	9	B	90000	G_2	L_1
5	B		B		B			D

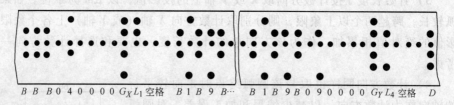

$BB\ B0\ 4\ 0\ 0\ 0\ 0\ G_X L_1$ 空格　$B1B9B\cdots$　　$B\ 1\ B\ 9\ B\ 0\ 9\ 0\ 0\ 0\ 0\ G_Y L_4$ 空格　D

图 5-13　穿孔纸带

（5）纸带格式　上述程序需用穿孔形式记录在纸带上，方能输入专用读出装置为计算机所识别。我国线切割机床采用五单位标准纸带，纸带编码格式见图 5-14。有黑圈的表示打穿成孔，共有六排孔，其中有一排小孔称为同步孔，记为I_0，其余五排大孔分别记为I_1、I_2、I_3、I_4、I_5。五排大孔的有或无，按二进制编排，代表不同的数码或信号，称为纸带编码。今后采用国际 ISO 代码编程后将用八单位纸带。

上述编码中，除停机码 D 和废码 φ 以外，所有代码的孔数都用 I_5 凑成双数

名称	数码										加工指令												输入指令			停机码	废码
记号	0	1	2	3	4	5	6	7	8	9	SR_1	SR_2	SR_3	SR_4	NR_1	NR_2	NR_3	NR_4	L_1	L_2	L_3	L_4	B	G_X	G_Y	D	ϕ
I_5																											
I_4																											
I_0																											
I_3																											
I_2																											
I_1																											

图 5-14　纸带编码格式

（偶数），以便当纸带破损或光电管损坏后，奇偶校验机构能立即报警停机，防止加工出废品。

纸带输入一段程序后，机床即按此切割加工。每加工完一段程序，纸带能继续输入下一段程序。每两段程序间，穿孔时适当留些空格。整个工件切割程序结束后，应在纸带上打一停机码 D，使自动停止加工。打穿孔纸带出错需修改时，可将该有错误那行打成废码（五个大孔），在下一行再打正确的编码。

纸带的穿孔，以前靠人工操纵键盘由穿孔机完成。近年来用微型计算机自动编程，可将整个程序清单通过接口电路用打印机打印出来和用穿孔机打出纸带，有的可由计算机编程后，直接控制线切割机床加工，省去穿孔纸带。

实际线切割加工和编程时，要考虑钼丝半径 r 和单面放电间隙 S 的影响。对于切割孔和凹体，应将编程轨迹减小偏移（$r+S$）距离；对于凸体，则应偏移增大（$r+S$）距离。

三、自动编程

（1）自动编程原理　数控线切割编程是根据图样提供的数据，经过分析和计算，编写出线切割机床能接受的程序单。数控编程可分为人工编程和自动编程两类。人工编程采用各种数学方法，使用一般的计算工具（包括电子计算器），人工地对编程所需的数据进行处理和运算。通常是根据图样把图形分割成直线段和圆弧段，并且把每段的起点、终点、中心线的交点、切点的坐标一一定出，按这些直线的起点、终点，圆弧的中心、半径、起点、终点坐标进行编程。当零件的形状复杂或具有非圆曲线时，人工编程的工作量大、并容易出错。在人工编程技术领域内，已出现了多种方法：三角法、解析法、增量法、表格法、六边形法、求点算式法、轨迹法、几何法、典型化法等。

为了简化编程工作，利用电子计算机进行自动编程是必然趋势。自动编程使用专用的数控语言及各种输入手段，向计算机输入必要的形状和尺寸数据，利用专门的应用软件即可求得各交、切点坐标及编写数控加工程序所需的数据，编写出数控加工程序，并可由打印机列出加工程序单，由穿孔机穿出数控纸带。即使是数学知识不多的人也照样能简单地进行这项工作。

为了把图样中的信息和加工路线输入计算机，要利用一定的自动编程语言（数控语言）来表达，构成源程序。源程序输入后，必要的处理和计算工作则依靠应用软件（针对数控语言的编译程序）来实现。自动编程的过程如图 5-15 所示。

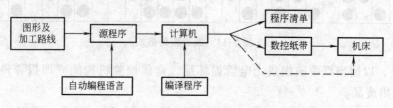

图 5-15 自动编程过程

一般说来，数控自动编程语言的处理程序主要分为两部分：

1）主处理程序。包括编译部分和计算部分，可把数控语言编写的源程序转化为由机器指令组成的目标程序，并根据图形和加工路线进行必要的计算。

2）后置处理程序。将计算结果变换为数控机床的运动或者控制专门功能的部分。对于不同的数控装置有其不同的程序段指令格式，因此这段程序应针对特定的数控机床。

为了既满足进出口机床的需要，又符合国内多数线切割机的要求，近来已出现了可输出三种格式（ISO、EIA 和 3B）的自动编程机。目前自动编程用的计算机以微型机为主，功能简单的编程也可在袖珍计算机上实现。

（2）数控编程语言　自动编程中的应用软件（编译程序）是针对数控编程语言开发的，所以研制合适的语言系统是重要的先决条件。从 20 世纪 70 年代初起，我国研制了多种自动编程软件（包括数控语言和相应的编译程序），如 XY、SKX-1、SXZ-1、SB-2、SKG、XCY-1、SKY、CDL、TPT 等。近年来又研制了一些适用于在袖珍计算机上应用的语言。通常经后置处理可按需要显示或打印出 3B（或 4B、5B 扩展型）格式的程序清单，或由穿孔机制出数控纸带。在国际上主要采用 APT 数控编程语言，但一般根据线切割机床控制的具体要求作了适当简化，使语言表达更为简单、直观、便于掌握；输出的程序格式为 ISO 或 EIA。

（3）自动编程机的主要功能

1）处理直线、圆弧、非圆曲线和列表曲线所组成的圆形。

2）能以相对坐标和绝对坐标编程。

3）能进行图形旋转、平移、对称（镜像）、比例缩放、加线径补偿量、加过渡圆和倒角等。

4）操作方便，常采用提示的"菜单"加人机对话方式；屏幕编辑功能强，可显示输入的加工程序和进行增、删、改。

5）输出方式多，CTR 显示、打印图表、绘图机作图、穿孔纸带等。

第四节　线切割加工工艺及应用

电火花线切割加工已广泛用于国防和民用的生产和科研工作中，用于加工各种难加工材料、复杂表面和有特殊要求的零件、刀具和模具。图 5-16 所示为采用数控电火花线切割机床时的加工工艺路线图。下面介绍电火花线切割加工的几个工艺问题。

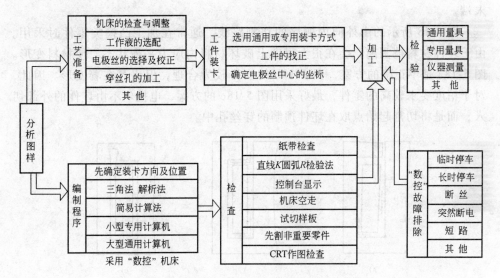

图 5-16　数控电火花线切割加工工艺路线图

1. 工件材料内部残留应力对加工的影响

对热处理后的坯件进行电火花线切割加工时，由于大面积去除金属和切断加工，会使材料内部残留应力的相对平衡状态受到破坏，从而产生很大的变形，破坏了零件的加工精度，甚至在切割过程中，材料会突然开裂。

为了减少这些情况，应选择锻造性能好、淬透性好、热处理变形小的材料，如以线切割为主要工艺的冷冲模具，尽量选用 CrWMn。Cr12Mo、GCr15 等合金工具钢，并要正确选择热加工方法和严格执行热处理规范。另外，在电火花线切割加工工艺上也要作合理安排，例如：要选择合理的切割路线，如图 5-17 所示，其中图 5-17a 的切割路线是错误的，按此加工，切割完第一道工

242

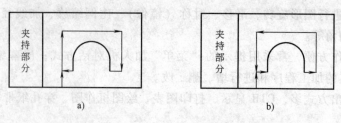

图 5-17　切割路线的确定

a) 错误的切割路线　b) 正确的切割路线

序，继续加工时，由于原来主要连接的部位被割离，余下的材料与夹持部分连接较少，工件刚度大为降低，容易产生变形，而影响加工精度；如按图 5-17b 的切割路线加工，可减少由于材料割离后残留应力重新分布而引起的变形。所以一般情况下，最好将工件与其夹持部分分割的线段安排在切割总程序的末端。

图 5-18 所示的由外向内顺序的切割路线，通常在加工凸模类零件时采用。由于坯件材料被割离，会在很大程度上破坏材料内应力平衡状态，使材料变形。图 5-18a 是不正确的方案，图 5-18b 的安排较为合理，但仍存在着变形。因此，对于精度要求较高的零件，最好采用图 5-18c 的方案，电极丝不由坯件的外部切入，而是将切割起始点取在坯件预制的穿丝孔中。

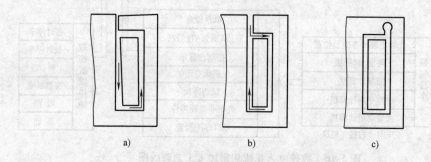

图 5-18　切割起始点和切割路线的安排

a) 不正确的方案　b) 可用的方案　c) 最好的方案

切割孔类工件，为减少变形，可采用如图 5-19 所示的两次切割法。第一次粗加工型孔，诸边留量 0.1 ~ 0.5mm，以补偿材料原来的应力平衡状态受到的破坏；第二次切割为精加工，这样可以达到较满意的效果。

2. 电极丝初始位置的确定

在线切割加工中，需要确定电极丝相对工件的基准面、基准线或基准孔的坐标位置。对加工要求较低的工件，可直接目测来确定电极丝和工件的相互位置；也可借助于 2 ~ 8 倍的放大镜进行观测；也可采用火花法，即利用电极丝与工件在一定间隙下发生放电的火花，来确定电极丝的坐标位置。

对加工要求较高的零件，可采用电阻法，利用电极丝与工件基面由绝缘到短路接触的瞬间，两者间电阻突变的特点来确定电极丝相对工件基准的坐标位置。

微处理机控制的数控电火花线切割机床，一般具有电极丝自动找中心坐标位置的功能，其原理如图 5-20 所示。设 P 为电极丝在穿丝孔中的起始位置，先沿 x 坐标

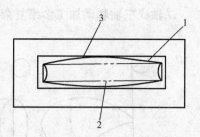

图 5-19　二次切割法图例
1—第一次切割路线　2—第一次切割
后实际图形　3—第二次切割的图形

进给；当与孔的圆周在 A 点接触后，立即反向进给并开始计数；直至和孔周边的另一点 B 点接触时，再反向进给二分之一距离，移动至 AB 间的中点位置 C；然后再沿 y 坐标进给，重复上述过程，最后自动在穿丝孔的中心 O 点停止。

3. 电规范的选择

由于线切割加工一般都选用晶体管高频脉冲电源，因此用单脉冲能量小、脉宽窄、频率高的电参数进行正极性加工。要求获得较好的表面粗糙度时，所选的电规范要小；若要求获得较高的切割速度，脉冲参数要选大一些，但加工电流的增大受到电极丝断面积的限制，过大的电流将引起断丝。

加工大厚度工件时，为了改善排屑条件，宜选用较高的脉冲电压、较大的脉宽

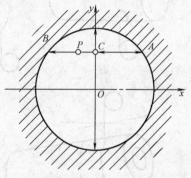

图 5-20　电极丝自动对中心原理图

和峰值电流，以增大放电间隙，帮助排屑和工作液进入加工区。在容易断丝的场合（如切割初期加工面积小、工作液中电蚀产物浓度过高，或是调换新钼丝时），都应增大脉冲间隙时间，减小加工电流，否则将会导致电极丝的烧断。

4. 直纹曲面的电火花线切割加工

电火花线切割加工一般只用于切割二维曲面，即用于切割型孔，不能加工立体曲面（即三维曲面）。然而一些由直线组成的直纹面，如回转端面曲线型面、螺纹面、双曲面等，电火花线切割加工是可以实现的，但需增加一些附具，工件装在用步进电动机驱动的回转工作台上，采取极坐标方式编程，即可完成这一加工工艺。图 5-21 示出电火花线切割加工直纹曲面，工件数控转动 θ 和 X、Y 数控二轴或三轴联动加工多维复杂曲面。

二轴或三轴联动加工多维复杂曲面。

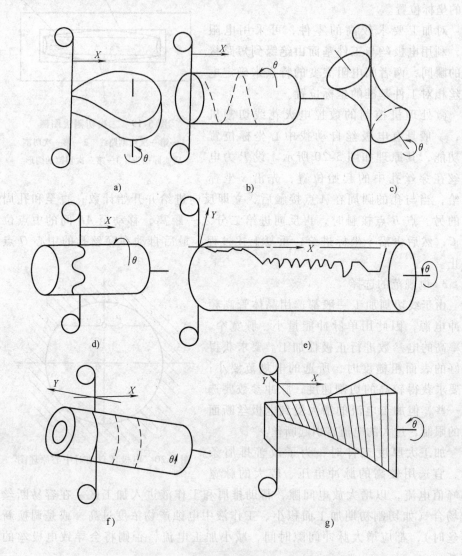

图 5-21　电火花线切割加工直纹曲面

a）加工平面凸轮　b）加工螺旋面　c）加工双曲面　d）加工回转端面曲线（如
正弦曲线）或端面凸轮　e）加工宝塔　f）加工窄螺纹槽　g）加工扭转锥台

第六章 激 光 加 工

激光是 20 世纪 60 年代初出现的一种光源。"激光"（Laser，即 Light Amplification by stimulated Emission of Radiation 的缩写），意思是利用辐射受激得到的加强光。

激光加工（Laser Beam Machining）就是把激光的方向性好和输出功率高的特性应用到材料的加工领域中去。短脉冲激光束断面功率输出大约为 $10kW/cm^2$。用聚焦的方法，可以把激光束会聚到 $(1/100)mm^2$ 大小的部位上，其功率密度可达 $10^5 kW/cm^2$。这就能提供足够的热量来熔化和气化任何一种已知的高强度工程材料，具有可以进行非接触加工，适合各种材料的微细加工。

第一节 激光加工的理论、原理和特点

一、激光的物理概念

直到近代，人们才认识到光既有波动性，又具有粒子性，光具有波粒二象性。

根据光的电磁学说，可以认为光实质上是在一定波长范围内的电磁波。同样也有波长 λ，频率 γ，波速 c，它们三者之间的关系为：

$$\lambda = c/\gamma \tag{6-1}$$

如果把所有的电磁波按波长（频率）依次进行排列，就可得到电磁波的波谱（图 6-1）。

人们平常可看到的光称为可见光，它的波长为 $0.4 \sim 0.76\mu m$。可见光可根据波长的不同分为红、橙、黄、绿、蓝、青、紫等七种光，波长大于 $0.76\mu m$ 的光称为红外光或红外线，小于 $0.4\mu m$ 的光称为紫外光或紫外线。

根据光的量子学说，光是一种以光速运动具有一定能量的粒子流。这种具有一定能量的粒子称为光子。光子的能量与光的频率成正比。即

$$E = h\gamma \tag{6-2}$$

式中 E——光子能量；

γ——光的频率；

h——普朗克常数。

二、激光的产生

（1）原子发光 我们知道，物质都是由原子、离子或分子等微观粒子组成。

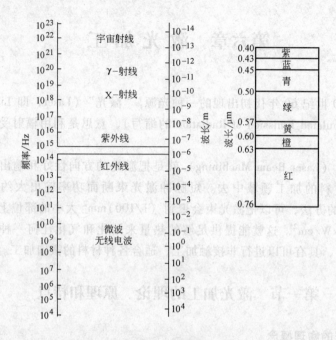

图 6-1　电磁波波谱图

原子内部的电子通过与外界交换能量从一种运动状态改变为另一种运动状态。对于每一种状态，原子具有确定的原子的内部能量值，每个内部能量值称为一个能级。原子的内部能量不是连续变化的。习惯上把能量值大的能级叫高能级（处于激发态），把能最值小的能级叫低能级，最小的能级叫基态。如图 6-2 所示。处于 E_2、E_3、$\cdots$、E_8 等高能级的原子称为激发态，各种原子激发到各种能级的可能性百分比也不同，一般越是处于较高能级的原子，其数目较少，可高能级的原子是很不稳定的，它总是力图回到较低的能级去，原子向低能级运动的过程称为"跃迁"。

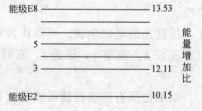

图 6-2　氢原子的能级

　　当原子从高能级跃迁到低能级或基态时，常常会以光子的形式辐射出能量。所放出光的频率 γ 与普朗克常数 h、高能态 E_n 和低能态 E_1 之间有如下关系：

$$\gamma = (E_n - E_1)/h \tag{6-3}$$

原子从高能态跃迁到低能态而发光的过程称为自发辐射，日光灯、氙灯等光源都是由于自发辐射而发光。由于各个受激原子自发跃迁返回基态时在时间上相差较大，而激发的能级多，所以自发辐射出来光的频率和波长不同，所以单色性很差，辐射时间也不一致。

物质的发光，除自发辐射外，还存在一种受激辐射。当一束光入射到具有大量激发态原子的系统中，若这束光的频率 γ 与 $(E_2 - E_1)/h$ 很接近，则处在激发能级上的原子，在这束光的刺激下会跃迁到较低能级，同时发出一束光，这束光与入射光有着完全相同的特性，它的频率、相位、传播方向、偏振方向都是完全一致的。相当于把入射光放大了，这样的发光过程称为受激辐射。

（2）激光的产生　某些具有亚稳态能级结构的物质，在一定外来光子能量激发下，会吸收光能，使处于较高能级（亚稳态）的原子或粒子数目大于处于低能级（基态）的原子数目，在这种状态下，如果有一束光照射该物体，而光子的能量恰好等于这两个能级相对应的能量差。这时仅能产生受激辐射，输出大量的光能。

例如人工晶体红宝石，基本成分是氧化铝，其中掺杂 0.05%（质量分数）的氧化铬，铬离子是可发射激光的。当脉冲氙灯照射红宝石时，处于 E_1 的铬离子大量激发到 E_n 状态，由于 E_n 状态寿命很短，E_n 状态的铬离子又很快回跳到寿命较长的亚稳态 E_2。这时当有频率为 $\gamma = (E_2 - E_1)/h$ 的光子去"刺激"它时，就可以产生从能级 E_2 到能级 E_1 的受激辐射跃迁，发出频率 $\gamma = (E_2 - E_1)/h$ 的光子。而这些光子又继续"刺激"别的亚稳态原子发出光来，这样互为因果，连锁反应，在极短的时间内可以使受激原子的能量以同一频率 $\gamma = (E_2 - E_1)/h$ 的单色光辐射出来，可以达到很高的能量密度，这就是激光。

三、激光的基本特性

激光也是一种光，它具有一般光的共性（如光的反射、折射、绕射以及光的干涉等），也有其他的特性。激光的发射是以受激辐射为主，而发光物质中大量的发光中心基本上是有组织的，相互关联地产生光发射的，各个发光中心发出的光波具有相同的频率、方向、偏振状态和严格的位相关系。因此它具有强度高、单色性好、相干性好和方向性好的基本特性。

（1）强度高　光的强度指单位时间内通过单位面积的能量，光强度用 W/cm^2 作单位。光源的亮度通常是在光源表面的单位面积上，在垂直于表面的方向，单位时间在单位立体角内发射的光能，用 $W/(cm^2 \cdot sr)$ 作单位。

从表 6-1 中可看到，一台红宝石脉冲激光器的亮度比高压脉冲氙灯高 370 亿倍，比太阳表面亮度高 200 多亿倍。激光的强度和亮度之所以如此高，原因在于激光可以实现在空间上和时间上的高度集中。

就光能在空间上集中而言，如能将分散在 180° 立体角范围内的光能全部压缩到 0.18° 立体角内发射，则当总发射功率不变的情况下，其功率就可提高 100 万倍。

表 6-1 光源亮度比较

光　　源	亮度/熙提	光　　源	亮度/熙提
蜡烛	约 0.5	高压脉冲氙灯	约 10^5
电灯	约 470	每平方厘米输出功率为一千	约 3.7×10^{15}
炭弧	约 9000	兆瓦,发散角为毫弧度的红宝石	
超高压水银灯	约 1.2×10^5	巨脉冲激光器	
太阳	约 1.65×10^5		

　　就光能在时间上集中而论,将 1s 发射的光压缩在亚毫秒数量级发射,形成短脉冲,则瞬时脉冲功率又可以提高几个数量级。

　　(2) 单色性好　"单色"是指光的频率或波长为一确定的数值,实际上严格的单色是不存在的。波长为 λ_0 的单色光指中心波长为 λ_0。$\Delta\lambda$ 称为该单色光的谱线宽,它是衡量单色性好坏的尺度,$\Delta\lambda$ 越小,单色性越好。

　　(3) 方向性好　任何一个光源,总有一个发光面,由于光线是直线传播的,在无穷多的光线中,两光线之间的最大夹角称为该光源发出光的发散角 2θ,日光灯的发散角为 $180°$,而激光则不同。激光器的发光面上仅仅是一个圆光斑,如一般的氦氖激光器,这一光斑的半径仅 1/10mm,而其发散角 $2\theta = 0.18°$,仅为毫弧数量级。

　　发散角小说明光的方向性强。发散角可以用立体角来表示。激光束在空间传播呈一圆锥状,如图 6-3 所示,如面积为 S 的一球面对 O 点所张的立体角为 ω,则 ω 与球半径 R 的平方成反比,即

$$\omega = S/R^2 \qquad (6\text{-}4)$$

当 θ 角很小时,其立体角为

$$\omega = \pi(\theta R)^2/R^2 = \pi\theta^2 \quad (6\text{-}5)$$

　　一般激光器的发散角 $\theta = 10^{-3}$

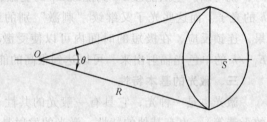

图 6-3　立体角

rad 量级,这时,$\omega = \pi \times 10^{-6}$。而一般光源的发散角为 4π 时,那么,其立体角相差达 100 万倍以上,由此可见激光的方向性是很强的。

四、激光加工的基本原理

　　日常生活中,人们知道太阳光经过凸透镜可以聚焦成一个很小的光点,其聚焦点的温度可达 300℃ 以上。然而,直接利用聚焦太阳能进行机械加工是困难的。这是由于太阳光能的能量密度不大,此外它是由各种不同波长组合成非单色光,通过透镜折射时因折射率不同,焦距各不同,难以聚焦成很细的光束,更不能聚成直径只有几十个 μm 的小光点。这样就不可能在聚焦点附近获得很大的能量密度和极高的温度来加工工件。

激光则不同，由于它强度高，方向性好，颜色单纯，可以通过一系列的光学系统，把激光束聚焦成一个极小的光斑，直径仅有几微米到几十微米，获得 $10^8 \sim 10^{10}\,\mathrm{W/cm^2}$ 的能量密度以及 10000℃ 以上的高温，从而能在千分之几秒甚至更短的时间内使各种物质熔化和气化，以达到蚀除被加工工件的目的。

激光加工大多数都是基于光对非透明体材料的热作用过程，此过程大致可分为如下几个阶段：光的吸收与能量传输；材料的无损加热；材料的破坏及作用终止后的冷凝。

(1) 光的吸收及能量传输　我们知道，光束辐射到被加工材料表面上时，总是部分被吸收，部分被反射，部分被透射。对于不透明的固体材料，其透过率为零，因此，材料的吸收率 A：

$$A = 1 - R \tag{6-6}$$

式中　R——材料反射率。

对多数金属而言，在光学波段上有高的反射率（$R = 70\% \sim 95\%$），主要与材料本身的性能及其表面粗糙度有关，也与激光的波长及激光辐照时间有关。一般来说，随着表面粗糙度的降低反射率增大。但粗糙的表面不一定就是很好的吸收表面，因为它可能通过其表面上凹凸不平的小平面来散射光束。在表面粗糙度一定的条件下，不同材料对光的反射情况也不一样。由图 6-4 可知，不同的金属材料对 1.06mm 波长的激光反射率在 0.5 ~ 0.98 之间变化。同时，可知，大多数金属的反射率随波长的增加而增加。但当激光脉冲辐照光亮金属表面时，瞬间反射率都较大，但持续时间很短（约 100μs）。由于受热表面与大气之间发生化学反应，同时材料表面由固态向液态转变也使反射率降低，这时材料能迅速吸收光能。一旦气化开始，材料表面上空经气

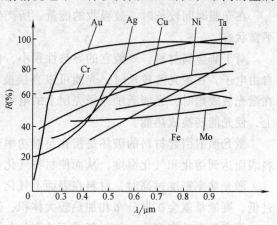

图 6-4　各种材料的反射率

化的物质的散射将吸收大量光能，使反射率急剧降低，但这并不能增加材料对光能的有效吸收。

所以在激光加工中，为有效利用光能，根据不同的加工材料选择合适的激光波长，另外，还要使被加工表面作发黑处理，以增加材料对光能的吸收。

对金属材料，光能主要是被导电电子所吸收，一般在 $10^{-11} \sim 10^{-10}\,\mathrm{s}$ 的时间内把吸收的能量转化为晶格的热振荡。根据布格—拉姆别尔定律，在单位时间内

消耗在单位面积上的光能大小,即功率密度 q 的变化是:

$$q(x) = q_0 A e \times p\left(-\int_0^x \alpha(x)\mathrm{d}x\right) \tag{6-7}$$

式中　q_0——入射材料表面的初始功率密度;

　　$\alpha(x)$——材料的吸收系数（坐标 x 为深度）;

　　　A——材料吸收率。

如果 $A=1$，$\alpha(x)$ 在 10^{-5} mm 数量级,并设吸收层深度为功率密度下降到初始值的 $1/e$ 的深度,由上式可求出吸收层深度约为 10^{-5} mm。可见,光能是在一个"表层深度"(毫微米级)内被吸收掉的。在此深度内,材料把吸收的光能转变为热能,随着温度的提高,又以热传导方式把热能传到材料内部中去。

(2) 材料的无损加热和破坏　材料的加热是光能转换成热能的过程。

首先,光能量照射金属表面时,一部分被金属表面反射,另一部分被吸收。这个吸收过程仅发生在被照射金属材料厚度为 $0.01 \sim 0.1 \mu m$ 的范围内,这个现象就是金属的浅肤效应。激光束在很薄的金属表面层内被吸收,使金属中自由电子的热运动能增加;并在与晶格碰撞中的很短时间内 ($10^{-11} \sim 10^{-10}$ s) 把电子的能量转化为晶格的热振动能,引起材料温度升高,然后按热传导的机理向四周或内部传播,改变材料表面及内部各加热点的温度。

在光照时间较长时,被吸收的能量、所产生的温度、导热和热辐射之间达到平衡状态。

对于非金属材料,一般它的导热性很小,在激光的照射下,其加热不是依靠自由电子。在激光波较长时,光能可以直接被材料的晶格吸收而使热振荡加剧。在激光波较短时,光能激励原子壳层上的电子,这种激励通过碰撞而传播到晶格上,使光能转换成热能。

激光照射引起材料的破坏是指在足够功率密度的激光束照射下,使被加工材料表面达到熔化和气化温度,从而使材料气化蒸发或熔融溅出。

激光功率密度过高时,材料在表面上气化,而不在深处熔化。如果功率密度过低,则能量就会扩散分布和加热较大体积,这时会使焦点处熔化深度很小。

提高激光功率密度,使材料表面达到气化温度,部分材料被气化。被气化材料的量取决于被吸收的功率密度的大小,如图 6-5 所示。由于激光进入材料的深度很小,所以在激光光点中央,表面温度迅速提高,利用激光脉冲可以达到 10^{10} ℃/s 的加热速度,产生 10^6 ℃/cm 的温度梯度,所以可在极小区域达到材料的熔化和气化温度而破坏材料。

在多个脉冲激光的作用下,首先是一个脉冲被材料表面吸收,由于材料表层的温度梯度很陡,表面上先产生熔化区域,接着产生气化区域,当下一个脉冲来临时,光能量在熔融状材料的一定厚度内被吸收,此时较里层材料中就能达到比表面气化温度更高的温度，使材料内部气化压力加大，促使材料外喷，把熔融状的材料也一起喷了出来。所以在一般情况下，材料是以蒸气和熔融状两种形式被去除的。功率密度更高而脉宽很窄时，这就会在局部区域产生过热现象，从而引起爆炸性的气化，此时材料完全以气化的形式被去除而几乎不出现熔融状态。

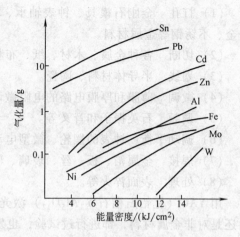

图 6-5　几种材料气化量与能量密度的关系

至于非金属材料在激光照射下的破坏，则完全是另外一些效应，这些效应很复杂，不同的非金属材料又有很大区别。一般非金属材料的反射率比金属低得多，因而进入非金属材料内部的激光能量就比金属多得多。有机材料一般具有较低的熔点或软化点，有些有机材料由于吸收了光能，内部分子振荡十分激烈，以致使通过聚合作用形成的巨分子又起解聚作用，部分材料迅速变成了气体状态，激光切割有机玻璃就是这种情况。有些有机材料，如硬塑料和木材、皮革等天然材料，在激光加工中会形成高分子沉积和加工位置边缘碳化。对于无机非金属材料，如陶瓷、玻璃等，在激光的照射下几乎能吸收激光的全部光能，但由于其导热性很差，加热区很窄，会沿着加工路线产生很高的热应力，从而产生无法控制的破碎和裂缝。另外，材料的热膨胀系数也是衡量激光对其加工可行性的一个重要因素，如石英的热膨胀系数很小，激光切割和焊接石英材料就不成问题，而玻璃的热膨胀系数大，加工中常常出现碎裂。

五、激光加工的特点

1）由于激光加工是将高平行度、高能量密度的激光聚焦到工件表面上来进行热加工，所以激光光点的直径在理论上可达 $1\mu m$ 以下，能进行非常微细的加工。

2）由于激光加工的功率密度非常高，可达到 $10^7 W/cm^2$ 以上，并能做得更高，故对那些用以往的方法难于加工的材料都能用激光加工。

3）由于能把工件离开加工机，以适当的距离进行非接触式加工，所以不会污染材料。另外，加工变形及热变形也很小。

4）通过选择适当的加工条件能用同一装置进行打孔和焊接。

5）能通过透明体进行加工。

6）与电子束加工机相比，不需要真空，也不需要 X 射线进行防护。因此装置简单，工作性能良好。

目前已把激光的这些特性用于各种加工领域，其中有：

（1）打孔　金刚石模具、钟表轴承、陶瓷、橡胶、塑料等非金属以及硬质合金、不锈钢等金属材料。

（2）切断　各种金属、木材、纸、布料、皮革、塑料、陶瓷等。

（3）划线　半导体材料、陶瓷。

（4）微调　薄膜和厚膜电路的电阻微调。

（5）调频　石英振子和音叉等。

（6）调动平衡　钟表的摆轮、微型电动机、汽轮机。

（7）焊接　金属箔、板、丝、玻璃、硬质合金等。

（8）处理　表面淬火等。

用 YAG（钇铝石榴石 $Y_3Al_5O_{12}$）激光加工微小孔和焊接，不论是对金属材料还是对非金属材料，都进行过试验，也发表了许多加工实例。特别是金刚石模具及钟表轴承打孔，钟表零件和电子零件的焊接等现已被用到实际生产线中，并正在为提高效率、降低成本以及省力等方面作出特殊贡献。此外也被应用于半导体材料的划片、集成电路电阻的微调方面、激光加工作为一种新兴加工技术业已奠定了牢固的基础。

激光这一新兴的加工技术，有效的利用它自身的优点，正在改变着过去的生产方式，使生产效率急剧提高。我们深信，激光加工的新用途将会不断的涌现出来，并且随着激光器的改进而得到更大的发展。

第二节　激光加工设备

激光加工的基本设备主要由激光器、光学系统、电源及机械系统等四大部分组成。其结构原理如图 6-6 所示。

1）激光器是激光加工的重要设备，它是把电能转变为光能，产生所需要的激光束。

2）激光器电源根据加工工艺要求，为激光器提供所需要的能量，包括电压控制、储能电容组、时间控制及触发器等。

图 6-6　激发加工机原理

3）光学系统将光束聚焦并观察和调整焦点位置，包括显微镜瞄准，激光束聚焦及加工位置在投影仪上显示等。

4）机械系统主要包括床身，能在三坐标范围内移动的工作台及机电控制系统等。根据产生的材料种类的不同，激光大致分为固体激光、气体激光、液体激光和半导体激光。实用的固体激光材料有红宝石、钕玻璃、钨酸钙（$CaWO_4$）

和 YAG。气体激光主要用 CO_2，也有部分是用 Ar 或 He-Ne 的。现将这些用于加工的激光器列于表 6-2 中并作一比较。

表 6-2 加工用激光器的种类

种　　类		母体	活性离子	激光波长/μm	激光形式
固体	红宝石	Al_2O_3	Cr^{3+}	0.6943	脉冲
	YAG	$Y_3Al_5O_{12}$		1.065	脉冲,连续(CW)
	钕玻璃	玻璃	Nd^{3+}	1.065	脉冲,连续(CW)
	$CaWO_4$	$CaWO_4$		1.065	脉冲,连续(CW)
气体	CO_2	CO_2-He-Ne	CO_2	10.63	连续(CW)

　　在微细加工中主要使用固体激光，其中 YAG 激光用得较多。YAG 激光是把掺有 Nd 离子的 YAG 晶体作为发光材料，它是四能级激光器的代表，与三能级的红宝石激光器相比具有容易起振的特性。并且与同样也是四能级的钕玻璃激光器和 $CaWO_4$ 激光器相比，产生激光所需的输入功率也最小，即使在常温下也能产生连续激光。而且 YAG 激光器可以产生 10kHz 以上的高频激光脉冲。此外它和红宝石激光器一样，也能产生通常的激光脉冲，供各种不同用途的加工使用。总之 YAG 激光器与其他激光器相比有许多优点，在激光加工装置中，它的前景是很广阔的。图 6-7 所示即为 YAG 激光加工机的一例。

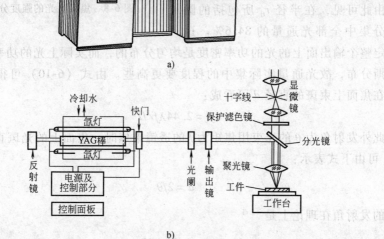

图 6-7　YAG 激光加工机

a) 激光打孔机　b) 构成

气体激光器一般只能产生连续激光，这从本质上说，对加工是不利的，而且其装置体积也比固体激光器大得多。不过也有用 He-Ne 激光器的高频激光脉冲来切割薄膜的。此外，最近又发展了大功率 CO_2 激光器，可用于对玻璃、陶瓷、塑料、木材等非金属材料进行高速切割加工。

第三节　激光加工的基本规律

虽然激光具有强度高、单色性好、方向性好的优点，但从激光器发出的光通量一般都不大，只有进入激光的谐振腔光才能以固定的波长和固定方向发射，将其聚焦后可得到极大的功率密度。

将波长为 λ、束径为 D、输出面上的功率密度 P 的平行光线，用焦距为 f 的透镜聚焦，则能得到同心状的衍射象，由衍射理论可知，在这个焦点平面上，距光轴为 y 的某一点的光强度 $I(r)$ 由下式表示

$$I(r) = I_0 \left[(2J_1(\pi Dr/\lambda f)/(\pi Dr/\lambda f) \right] \tag{6-8}$$

式中　J_1 为一次贝赛尔函数，I_0 为 $r = 0$ 的点即焦点上的光强度，可用下式表示

$$I_0 = \pi/[4(D/\lambda f)P] \tag{6-9}$$

图 6-8 表示焦面上光束强度的分布
状态，使 $I(r)$ 第一次为 0 的半径 r_0，
r_0 可由 $J_1(1.22\lambda) = 0$ 得到：

$$r_0 = 1.22\lambda f/D \tag{6-10}$$

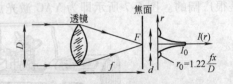

图 6-8　焦面上光的强度分布

由此可见，在半径 r_0 所包括的圆形部分集中全部光通量的 84.6%。这里假定整个输出面上的光的功率密度是均匀分布的，而实际上光的功率密度近似于高斯分布，故光通量实际集中的程度要更高些。由式（6-10）可得到激光聚焦时在焦面上束斑的直径 d 可看成：

$$d = 2.44\lambda f/D \tag{6-11}$$

此外发射角为 θ 的光束用焦矩为 f 的透镜聚焦时，焦面上的光斑直径 d 见图 6-9，可由下式表示：

$$d = 2f\theta \tag{6-12}$$

激光的发射角在理论上是

$$\theta = 1.22\lambda/D \tag{6-13}$$

例如使用直径 10mm 的红宝石棒来产生激光，其发射散角为 10^{-4} rad，按理

光点的直径可聚焦到 1μm 左右，可是现用的结晶棒由于材料质量不均匀以及棒内的温度分布不均匀等因素而产生多重振荡或偏心振荡，使激光发散角度为 $10^{-2} \sim 10^{-3}$ rad 左右，因此即使使用焦矩为 10μm 的透镜来聚焦，其束斑直径也要在 100μm 左右。不过由于焦面上光的强度分布如图 6-9 所示，这样在进行激光加工时，就存在着一

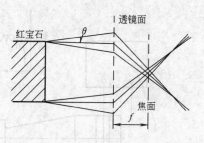

图 6-9　发射角与最小束斑直径

个能用来进行加工的功率密度的门限值，因此也能够打出比束斑直径更小的孔来。

第四节　激光加工应用

一、激光打孔

利用激光加工微小型孔，目前已应用于火箭发动机和柴油机的燃料喷嘴加工、化学纤维的喷丝头、仪表及钟表中宝石轴承孔、金刚石拉丝模加工等方面。

如钟表行业中宝石轴承孔加工，$\phi 0.12 \sim 0.18mm$，深 $0.6 \sim 1.2mm$，采用自动输送工件，每分钟可连续加工几十个工件；又如采用硬质合金制成的喷丝板，一般要在 $\phi 100mm$ 的喷丝板上打出 12000 多个直径为 60μm 的小孔。

激光打孔后，被蚀除的材料要重新凝固，除大部分飞溅出来变为小颗粒外，还有一部分粘附在孔壁，甚至有的还要粘附到聚焦物镜及工件表面。为此，大多数激光加工机多采用了吹气或吸气措施，以帮助排除蚀除物。有的还在聚焦物镜上装有一块透明的保护膜，以免聚焦物镜损坏。

采用超声调制的激光打孔，是把超声振动的作用和激光加工复合起来，可以增加打孔的深度，改善孔壁的表面粗糙度，提高激光打孔的效果。因为一定功率的激光束加工时，如果只延长激光照射时间，则既不能增加孔深，还将降低孔壁质量。原因是只有在激光照射的初期，高温气体突然膨胀，有很强的冲击波和抛出力。到了激光照射较长时间的中后期，即使是已熔化和气化了的金属，也会因缺乏冲击波和爆炸力将其抛出，冷却后仍能留在孔底和孔壁。如果使一次激光调制成断断续续的多次脉冲性的照射，就可以多次爆炸抛出。

超声调制激光打孔的原理见图 6-10，把激光谐振腔的全反射镜安装在超声换能器、变幅杆的端面上。当全反射镜面作超声振动时，由于谐振腔长度的变化和多普勒效应，可使输出的激光脉冲尖峰波形由原来不规则、较平坦的排列，调制、细化成多个尖峰激光脉冲，如图 6-10 中所示。

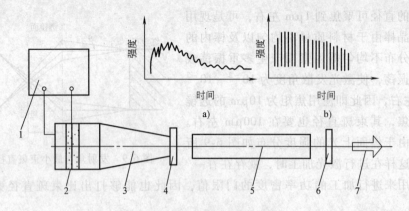

图 6-10　超声调制激光打孔原理

a) 调制前　b) 调制后

1—超声发生器　2—换能器　3—变幅杆　4—全反射镜

5—工作物质　6—半反射镜　7—激光

二、激光切割

激光切割的原理和激光打孔原理基本相同，都是基于聚焦后的激光具有极高的功率密度而使工件材料瞬时气化蚀除。所不同的是，工件与激光束要相对移动，在生产实践中，一般都是移动工件，如果是直线切割，还可借助于柱面透镜将激光束聚焦成线，以提高切割速度。激光切割大都采用重复频率较高的脉冲激光器或连续振荡的激光器。但连续输出的激光束会因热传导而使切割效率降低，同时热影响层也较深。因此，在精密机械加工中，一般都采用高重复频率的脉冲激光器。

YAG 激光器输出的激光已成功地应用于半导体划片，重复频率为 5 ~ 20Hz，划片速度为 10 ~ 30mm/s，宽度 0.06mm，成品率达 99% 以上，比金刚石划片优越得多，可将一平方厘米的硅片切割几十个集成电路块或几百个晶体管管芯。同时，还用于化学纤维喷丝头的型孔加工，精密零件的窄缝切割与划线以及雕刻等。

大功率二氧化碳气体激光器所输出的连续激光，可以切割钢板、钛板、石英、陶瓷以及塑料、木材、布匹、纸张等，其工艺效果都较好。

大量的生产实践表明，切割金属材料时，采用同轴吹氧工艺，可以大大提高切割速度。而且表面粗糙度也有明显改善。切割布匹、纸张、木材等易燃材料时，则采用同轴吹保护气体（二氧化碳、氩气、氮气等），能防止烧焦和缩小切缝。

英国生产的二氧化碳激光切割机附有氧气喷枪，切割 6mm 厚的钛板，速度达 280cm/min 以上。美国已用激光代替等离子体切割，速度可提高 25%，费用降低75%。目前国外动向是发展大功率连续输出的二氧化碳激光器。

三、激光焊接

　　激光焊接与激光打孔的原理稍有不同，焊接时不需要那么高的能量密度使工件材料气化蚀除，而只要将工件的加工区"烧熔"使其粘合在一起。因此，激光焊接所需要的能量密度较低，通常可用减小激光输出功率来实现。如果加工区域不需要限制在微米级的小范围内，也可通过调节焦点位置来减小工件被加工点的能量密度。

　　脉冲输出的红宝石激光器和钕玻璃激光器适合于点焊，而连续输出的二氧化碳激光器和YAG激光器适合于缝焊。此外，氩离子激光器用于集成电路的引线焊接效果也相当好，因它的波长是488nm的蓝色可见光，便于观察调节。

　　激光焊接有如下优点：

　　1）激光照射时间短，焊接过程极为迅速，它不仅有利于提高生产率，而且被焊接材料不易氧化，热影响区极小，适合于对热敏感很强的晶体管元件焊接。

　　2）激光焊接既没有焊渣，也不需去除工件的氧化膜，甚至可以透过玻璃进行焊接，宜用于微型精密仪表中的焊接。

　　3）激光不仅能焊接同种材料，而且还可以焊接不同的材料，甚至还可以焊接金属与非金属材料。例如用陶瓷作基体的集成电路，由于陶瓷熔点很高，又不宜施加压力，采用其他焊接方法很困难，而且激光焊接是比较方便的。当然，激光焊接不是所有的异种材料都能很好焊接，而是有难有易。就金属材料而言，其焊接性如图6-11所示。

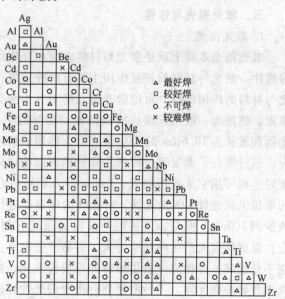

图6-11　激光对各种金属的焊接性

　　激光这一新兴的加工技术，有效地利用自身的优点，改变着过去的生产方式，使生产效率急剧提高。

四、激光热处理

　　激光热处理的过程是将激光束扫射零件表面，其红外光能量被零件表面吸收而迅速形成极高的温度，使金属产生相变甚至熔融。随着激光束离开零件表面，零件表面的热量迅速向内部传递而形成极高的冷却速度。作为表面相变硬化，只需加热到金属的临界点以上，而激光合金化则要求表面有熔融状态层。所以激光热处理实际上只是一种表面处理技术，它与火焰淬火，感应淬火等成熟工艺相比具有以下优点：

1）加热快。半秒钟内可以将工件表面从室温加热到临界点以上，因而热影响区小，工件变形小，热处理后不需修磨只需精磨。

2）由于激光束传递方便，便于控制，可以对形状复杂的零件或局部进行处理。如不通孔底部、深孔内壁、小槽等。

3）因加热点小，散热快，形成自淬火，不需冷却介质，不仅节省能源，并且工作环境清洁。

但是激光热处理也有其弱点，例如硬化层较浅，一般小于1mm。它只是一种表面处理方法。另外在目前的情况下设备投资和维护费用较高。因此采用激光热处理必须选准待处理的零件。

根据激光的功率密度和作用时间的不同，目前已研究的激光热处理技术有：表面相变硬化，表面合金化，表面非晶态化，激光"上亮"和表面冲击硬化等。

五、激光抛光与修整

1. 激光抛光

激光抛光本质上就是激光与材料表面相互作用，它遵从激光与材料作用的普遍规律。激光与材料的相互作用主要有两种效果：热作用和光化学作用。根据激光与材料的作用机理，可把激光抛光简单分为两类：一类为热抛光，另一类为冷抛光。热抛光一般用连续长波长激光，抛光时主要用波长为 $1.06\mu m$ 的 YAG 激光器和波长为 $10.6\mu m$ 的 CO_2 激光器，作用的机理是激光与材料相互作用的热效应，通过熔化、蒸发等过程来去除材料表面的成分，因此，只要材料的热物理性能好，都可用它来进行抛光。Udrea 等人利用一台 10W、功率密度为 $140W/cm^2$ 的单模纵流连续 CO_2 激光器，对光纤的端表面进行了抛光，使表面粗糙度从 $3\mu m$ 减少到 100nm。但是，这些红外波段的激光在材料表面抛光过程中，由于热效应，温度梯度大产生的热应力大，容易产生裂纹，效果不是很好，抛光达到的级别不是很高。冷抛光一般用短脉冲短波长激光，抛光时主要用紫外准分子激光器或飞秒脉冲激光器。飞秒激光器有很窄的脉冲宽度，它和材料作用时几乎不产生热效应。准分子激光波长短，属于紫外和深紫外光谱段，有强的脉冲能量和光子能量、高的重复频率、窄的脉冲宽度。大多数的金属和非金属材料对紫外光有强烈的吸收系数。冷抛光主要是通过"消融"作用，即光化学分解作用。作用的机理是"单光子吸收"或"多光子吸收"，材料吸收光子后，材料中的化学键被打断或者晶格结构被破坏，材料中成分被剥离。在抛光过程中，热效应可以忽略，热应力很小，不产生裂纹，不影响周围材料，材料去除量易控制，所以，特别适合精密抛光，尤其适合硬脆材料。冷抛光能完成激光热抛光不能完成的一些工作，因此，在微细抛光、硬脆性材料和高分子材料抛光等方面具有无法比拟的优越性。Folwaczny 等人利用 308nm 的 XeCl 准分子激光对瓷器表面进行了抛光的研究，使表面粗糙度从 4.14μm 减少到了 1.13μm。Gloor 等人利用 193nm 的 ArF 准分子激光对金刚石薄膜进行了抛光，使表面粗糙度从 3.6μm 减少到了 1μm 左右。

激光有 4 大特性：单色性、相干性、方向性和高能量密度。这些性质使激光在加工方面具有独特的优势，激光可经聚焦产生巨大的功率密度（或能量密度），这使激光抛光成为了可能。激光抛光有以下特点：

1）它是非接触式抛光，接触式抛光在样品上施加了外力，样品在外力下容易破裂；而非接触式激光抛光则不会对样品施加任何压力。

2）激光抛光有很高的灵活性，它不仅能对平面进行抛光，还由于激光抛光是非接触式加工，故运用计算机三维控制能够对各种曲面进行抛光，如是对称曲面效果则更好，激光能够抛光的面形有：平面、球面、椭球面、抛物面等。

3）抛光样品时，不需要其他的辅助药剂，故对环境的污染很小。

4）可以实现精密的抛光；材料表面经激光抛光后可以达到纳米级，甚至亚纳米级。

5）特别适合超硬材料和脆性材料粗抛光后的精抛光。

6）可实现微细抛光，对选定的微小区域进行局部抛光。

7）抛光需要的工作环境比较简单，一般在室温下进行，不需要特殊的工作环境。

表 6-3 给出了激光抛光与其他抛光技术的比较。

表 6-3　激光抛光与其他主要抛光技术的对比情况

名称	机理	能够抛光的面形	温度	特殊环境要求	环境污染	设备成本	样品尺寸要求	抛光时间	最高粗糙度等级	抛光费用	表面污染
激光抛光	烧蚀	平面、曲面	室温	无	没有	高	无	较短	纳米级	中等	有
机械抛光	磨蚀	平面	室温	无	有	低	有	长	纳米级	低	有
超声波抛光	磨削	平面	室温	有	有	低	有	长	纳米级	低	有
离子束抛光	溅射刻蚀	平面、曲面	室温	有	没有	高	有	长	亚纳米级	高	有
代学抛光	氧化	平面	高温	无	有	低	有	短	纳米级	低	有

2. 激光修整

激光加工具有高功率密度、高注入速度、高加工效率、无工具损耗、非接触、易控制和无公害等特点。理论上激光的功率密度可以达到 $10^8 \sim 10^{10} \text{W/cm}^2$，从而能在千分之几秒甚至更短的时间内使各种材料熔化或气化，以达到去除材料的目的。因此，激光可以用来修整所有磨料和结合剂的砂轮。用激光修整金刚石砂轮时，如果激光功率密度足够高，可以同时去除砂轮表面的金刚石磨粒和结合剂材料，达到整形砂轮的目的；另一方面，金刚石磨料与结合剂材料的光学和热物理性能相差较大，利用激光可控制性好的特点，通过合理调整激光加工参数，可以选择性地去除砂轮表面的结合剂材料，使金刚石磨粒具有一定的突出高度，达到修锐砂轮的目的。

　　与一般激光加工中材料的去除过程类似，激光修整金刚石砂轮时，结合剂材料的去除过程也要经过激光照射和光能吸收、光能转换和材料加热、材料破坏或去除几个阶段。激光照射在砂轮表面时，由于金刚石对激光的吸收率一般在 $0.1 \sim 0.3$，青铜和铸铁等金属结合剂对激光的实际吸收率可达 0.7 以上，树脂结合剂激光的吸收率可达 0.9 以上。所以，砂轮结合剂要比金刚石磨粒吸收更多的激光能量。此外，金刚石和结合剂材料在热物理性能方面的差别很大，金刚石的热导率为 $146W/(m \cdot ℃)$，分别是青铜和树脂结合剂的 3 倍和 350 倍，其热扩散率是 $82mm^2/s$，分别是青铜和树脂结合剂的 5 倍和 400 倍，金刚石的熔点也远高于结合剂材料。所以在激光照射的极小区域内，结合剂材料表面温度迅速升高，并产生很大的温度梯度。理论计算表明，在相同的激光作用时间内，金刚石达到熔点所需的激光功率密度比金属结合剂材料高 $1 \sim 2$ 个数量级，比树脂结合剂材料（软化或分解）高 3 个数量级以上。因此，可以通过控制激光参数选择性地去除砂轮表面的结合剂材料，而不损伤金刚石磨粒，使砂轮表面具有一定的磨粒突出高度和容屑空间。由于激光的作用时间极短，热影响区很小，对基体中的磨粒和结合剂不会产生损伤或破坏。不同的结合剂材料在激光作用下的去除机理有所不同。当激光作用于青铜结合剂金刚石砂轮表面时，青铜结合剂材料的表面温度迅速升高，并产生很大的温度梯度，固态金属结合剂首先熔化；由于熔化的金属对激光的吸收率增大，使金属温度进一步升高，达到蒸发点，继而出现气相，金属蒸气携带液相一起喷出；金属蒸气的形成时间较激光脉冲宽度短得多，金属气化后，激光仍继续提供能量，金属蒸气对激光的吸收比固态金属要强得多，这时金属被继续强烈加热，使开始相变区域形成更强烈的喷射，产生液相金属的飞溅。激光作用停止后，部分溅出的液相金属形成再结晶的球状物附着在砂轮表面，熔化而未溅出的液相金属在凹坑周围和底部形成再结晶层，如图 6-12a 所示。当激光作用于树脂结合剂金刚石砂轮表面时，由于树脂结合剂为高分子材料，没有固定熔点，一般温度超过 350℃ 就会发生碳化分解。所以，即使在激光功率密度很小、激光作用时间很短的情况下，树脂结合剂的温度也能远远超出其分解温度，树脂材料以气化形式被去除，在砂轮表面形成一定深度的凹坑，表面下的磨粒暴露出来，如图 6-12b 所示。

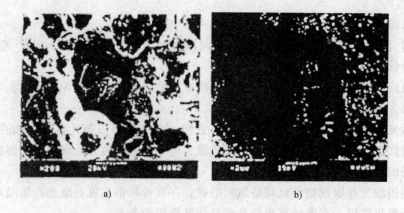

a)   b)

图 6-12 单个激光脉冲作用后金刚石砂轮表面所形成的凹坑形貌

a）青铜结合剂金刚石砂轮 b）树脂结合剂金刚石砂轮

六、激光冲击强化

激光冲击强化是利用高功率密度（10^8 W/cm^{2}以上）、短脉冲击（20 ~ 3ns）激光束照射涂有擦层的金属表面，诱导产生向金属内部传播的强压力冲击波。当冲击波的峰压超过材料的动态屈服强度时，会使金属产生塑性变形、位错，从而达到改变材料力学性能的目的。激光冲击能够改善金属材料的强度、耐磨和耐腐蚀性能，特别是能有效地提高金属材料的疲劳寿命。

其强化机理有两点：

1）从组织结构上看，激光冲击细化了晶粒，诱导产生了均匀、稳定、密集的位错。

2）激光冲击在强化层内形成了残留压应力。

有资料报道，高能量激光脉冲与金属表面相互作用产生一个高温密集等离子体。当等离子体膨胀时，产生的冲击波向金属内部传播。通过限制激光产生的等离子体就能获得表面残留压应力。A H Clauer 和 J H Holbrook 发现激光冲击作用下，残留应力场的深度可选 1 ~ 2mm。S C Ford 认为激光冲击产生的残留应力会更早地萌生疲劳裂纹，但它也大大地降低了裂纹扩展速度。有报道认为，如果激光诱导的冲击波贮藏的弹性变形能大于或等于材料所需的屈服、塑性变形能，就会在金属内部产生残留压应力。由于平均应力效应，这种残留压应力会增加材料的抗疲劳性能。激光冲击增加了显微裂纹萌生的阻力，因而大大地提高了疲劳寿命。激光冲击处理在金属表面产生一个短脉冲高幅值的压力冲击波，改变了金属的显微结构和应力状态，从而提高了金属的力学性能。显微组织分析表明：激光冲击引起的位错结构与爆炸冲击 7075 铝合金获得的位错极其相似。

激光冲击对激光系统的基本要求如下。

1）激光冲击强化需要波长为 1.06μm 的激光，脉宽要求为 20ns 以上，光束的能量密度分布要求均匀，变化范围为 $40 \sim 100J/cm^2$。

2）激光脉冲重复率要高，即脉冲间隔时间要短，以满足实际生产的需要，从而降低成本，提高生产率。

目前能满足上述要求的激光器为高功率、低脉宽的 Nd：YAG 激光器。

七、激光存储

激光存储就是利用激光进行视频、音频、文字资料以至计算机信息的存取。它是近代激光技术、光学系统、精密机械、电子控制和信息处理等多方面技术综合应用的产物。

利用激光存取视频信息就是激光电视，存取音频信息就是激光音乐唱片，和电子计算机联机，存取计算机信息就是计算机用的光盘。

激光电视是指利用激光刻录、激光拾取的激光反射式视唱系统，它用电视机来显示图像，用激光电视唱片作为图像信息和音响载体。

激光电视重放的图像逼真，色彩鲜艳，音质优美，它广泛用于家庭娱乐、教育和训练、商业广告、储存文献资料、图片、档案等，它可以长期保存，而且便于随机检索。

激光电视录像的基本原理是在录制电视唱片时，先用电视摄像机和话筒将节目的活动图像与声音转换成电信号，电信号经过一系列的信息处理后被送至激光调制器，使一束激光随着电信号的变化而时断时续。这束经调制的激光射到一张旋转着的表面镀有一层极薄金属膜的玻璃圆盘上。由于激光束的能量密度相当大，照射在金属膜上足以使金属气化，从而形成一连串椭圆形凹坑，凹坑的长度与凹坑间的间隔是随电信号而变化的，电视节目的图像与声音就被记录进玻璃圆盘。在玻璃圆盘旋转的同时，经调制的激光束也相应地沿着玻璃圆盘的半径方向缓慢地由内向外移动，在玻璃圆盘上形成一条极细密的螺旋轨迹。目前的录制密度已经能在一张外径为 30cm 的圆片上，单面记录下 60min 的电视节目。

录制好的玻璃圆盘即为电视唱片的原版。采用类似于制作普通唱片模板的工艺，制成与原版表面上的凸凹相反的电视唱片模板，然后用模板去印压受热而软化的塑料薄膜，最后制成与原版表面上凹凸相同的电视唱片。

在放像时，电视唱片上的凹凸信号被激光读出头检出，并转换成电信号，这些电信号经信息处理后，再转换成电视信号，将其送进电视机，就能在屏幕上显示出有声有色的节目。

由于激光可以将光束聚焦到微米级，其存储单元可以以平方微米来计，且用激光来存、取信息可以非接触式地进行，所以，光盘存储具有下列特点：

（1）存储密度高　光存储容量比磁存储容量可以大一个数量级。这可使一张 300mm 直径的光盘的存储容量高达 $10^{10} \sim 10^{11}$bit，即可录进 2h 的电视节目，也可存储五万页图书资料或十年的《人民日报》。

（2）数据存取速度快　光盘存储可以随机存取，存取数据时间只需 0.1s 左右。

（3）存储寿命长　光盘存储为非接触式存取，存储介质表面涂上保护层，其存储寿命可达十年之久，而且光盘要求存放条件低。

（4）介质成本低　目前，光盘存储已在文化娱乐、商业信息流通和工业生产中得到广泛应用。

第五节　激光微细加工

一、激光微细加工概述

激光加工的传统范围，包括切割、热处理、焊接等。除了在这些应用中继续发展外，激光技术还将在其他新的应用方面发展，尤其对大量具有小孔或微细沟槽复杂结构的电子器件、医疗器件和汽车制品更具有重大意义。因为随着工业和技术的不断发展，这些制品孔的直径和沟槽尺寸越来越小，而这些尺寸的公差越来越严格。只有用激光方法才能满足对零件提出的从 $1\mu m$ 到 1mm 的所有要求。与加工材料的普通技术相比，激光加工材料减小了热作用区域，能准确地控制加工范围和深度，保证高的重复性，具有良好的边缘和广泛的通用性。

激光微细加工在激光技术应用方面具有举足轻重的作用。激光加工在今后的发展，取决于是否能用激光制备或改造一些适合新技术需用的材料以及激光能否在大规模的微细加工中应用。

1. 微细加工技术

（1）微细加工技术的分类及应用

1）光刻法。这种方法首先在基质材料上涂覆光致抗蚀剂（光刻胶），然后利用极限分辨率极高的能量束来通过掩模对光致蚀层进行曝光（或称光刻）。显影后，在抗蚀剂层上获得了与掩模图形相同的极微细的几何图形。最后，再利用其他方法，便可在工件材料上制造出微型结构。

2）刻蚀法。通过光刻工艺在光刻胶上产生图形后，光刻胶下面的薄膜常采用刻蚀的方法得到图形。在微电子技术中。刻蚀包括湿法和干法。湿法刻蚀主要包括一般化学刻蚀和电化学刻蚀。干法刻蚀是利用活性气体与材料反应而生成挥发性化合物来进行的加工，包括离子刻蚀、等离子刻蚀、反应等离子刻蚀等，它是今后微电子技术中一种非常有用的刻蚀方法。

3）LIGA 技术是采用同步辐射 X 射线在专用丙酮类抗蚀剂上曝光图形的微电子加工技术。

综上所述，微细加工技术正以绝对的优势发挥着其他技术所无以替代的作用。首先，汽车、电子、航空航天、光学和医疗机械中的许多零件均具有小于

1mm 的整体尺寸和微米级的内部结构尺寸，微细加工技术是制造这类微型零件的惟一手段；其次，除了 IC 技术外，液晶显示器（LCD）技术、微机械技术和光电子技术的发展同样也离不开微细加工技术水平的提高。人们越来越感到以微细加工技术为支柱的微电子技术正在成为国际竞争的焦点。因此许多发达国家目前都加大了在微细加工技术研究方面的投资力度，以期取得微细加工技术领域的领先地位。

（2）微细加工技术的国内外发展现状

1）国外微细加工技术发展现状。近年来，国外微细加工技术在 IC 工业方法取得了很大的成就。1990 年加工技术的生产水平是 100～0.8μm。到 1994 年，16MDRAM、64MDRAM、256MDRAM 相继投入生产。其中 256MDRAM 用 0.25μm 的加工技术。目前，已推出 1000MDRAM 的产品，采用 0.1～0.08μm 的微细加工技术。

国外的微细加工技术在半导体器件研究方面也取得了很大的成就。1993 年，日本东芝公司的研究开发中心研制成功门长度仅为 0.04μm 的 n 沟道 MOSFET，并且可在室温下工作。

国外的微细加工技术在光刻技术方面也有了很大的发展。目前，用光刻的方法刻蚀集成电路可达 0.35μm 的尺寸。在 10 年内，光刻尺寸将达到 0.13μm 的极限，使用新的加工方法可刻蚀出具有几十纳米尺寸的图形。

国外在 IC 工业、半导体器件以及光刻技术等研究方面所取得的成就无一不得益于微细加工技术的发展。可以说，国外的微细加工技术正在朝着物理加工极限发展。

2）国内微细加工技术发展现状。我国自从 1985 年研制出第一块 IC 芯片以来，微细加工技术取得了较大的进步。在 DRAM 研制方面，1986 年研制出 64KDRAM，1990 年研制出 1M 汉字 ROM，1986 年开始批量生产 5μm 技术产品，1994 年开始批量生产 3μm 技术产品。可以清楚地看到，我国的微细加工技术水平与国外存在着较大的差距。

（3）光刻技术（photo-etching）的研究现状　光刻技术总的来说可以分成紫外和远紫外光刻技术、电子束直写技术、激光直写技术、X 射线光刻技术和其他方法。

1）紫外和远紫外光刻技术。这种光刻是使用接触法、近距离法或投影曝光法将图像在光刻胶上成像，特别适合于大规模流水线生产。对于生产大规模集成电路，光刻的极限线宽在 0.4μm 左右，当然在精细控制的条件下，可以将线宽控制在 0.2μm 左右。

2）电子束直写技术。电子束光刻比紫外线光刻具有更高的分辨率，因为 10～50keV 的电子具有更短的波长。电子光刻系统的分辨率不是由衍射极限而是由电子在胶中的散射和电子聚焦系统的像差决定。因为其图形写入的特性、生产量要比紫外线光刻小得多。然而，对于研究和一些特殊的应用场合，还是需要电子束直写图形的。

3）激光直写技术。激光直接写入工艺与电子束直接写入工艺相似，只是将电子束改为近紫外激光去曝光光刻胶，由于激光的波长比电子束的长，因此聚焦后的焦斑也比电子束大，加工精度稍逊于电子束直写。但是由于激光直写设备结构简单、经济，因此，目前国际上有较多的研究机构正致力于这一领域的研究。

4）X射线光刻技术。在普通紫外线光刻中我们就知道通过减小波长可以降低衍射效率和提高分辨率。如果波长减小得太多，所有的光学材料都变得不透明，但是在X射线领域，透过率又提高了。在X射线光刻中，X射线光源照在掩模上，并投射在涂胶的基板上。在很大波长范围内，具有密度ρ和原子数Z的材料其吸收系数为$\rho Z^4 \lambda^3$。随着X射线的吸收产生大量的光电子，因而导致X射线光刻胶曝光。这些光电子的能量是比较小的（$0.3 \sim 3keV$），因而几乎没有近距离效应，这样就可以得到非常高的分辨率。

5）离子束光刻技术。离子束光刻系统分为扫描聚焦系统和掩模束系统两类。用离子束对光刻胶进行曝光，由于散射效应比较小，可以得到比电子束曝光更高的分辨率。另外，光刻胶对离子束的灵敏度比对电子束高。如果离子束对基板选定的区域进行注入或溅射，就有可能对基板进行无掩模加工。

（4）刻蚀技术（etching）的研究现状　刻蚀加工可分为湿法刻蚀和干法刻蚀。湿法刻蚀采用化学溶剂进行表面腐蚀，是各向同性，刻蚀精度不高，有严重的侧向扩蚀，图形边缘粗糙，不适合于线条细小、精度要求高的微光学加工。干法刻蚀直接将待刻材料变成气体或挥发性物质，刻蚀是各向异性的。干法刻蚀又可分为等离子体刻蚀、离子束刻蚀、X射线刻蚀、激光刻蚀等。

1）湿法刻蚀技术。湿法化学刻蚀的基本步骤包括材料表面氧化（或溶解）和将溶解的反应产物移走。刻蚀速率受扩散在表面的活性刻蚀物质或溶解产物的扩散性质的刻蚀称为扩散控制刻蚀。这种类型的刻蚀表现出明显的各向同性性质，因为由于刻蚀液的扩散使得在掩模边界下面的物质被掏蚀。反应产物的溶解率可以通过对溶液的搅拌来增加。这种扩散限制的刻蚀速率对温度没有很强的敏感。扩散控制的刻蚀一般不用于器件的制作，因为刻蚀速率对混合液的搅动非常敏感，这样在大规模流水工序中就难以控制速率。如果表面的化学反应是受控过程，一般就称为反应受控刻蚀。例如对于Ⅲ～Ⅴ族材料，由于包括两种不同的微晶结构，就会在不同的方向出现不同的刻蚀速率，表现出一定的各向同性，反应受控刻蚀通常对搅拌不敏感而对温度具有很强的依赖性：

$$ER = Ke^{E_n/kT} \tag{6-14}$$

式中，ER是材料的刻蚀速率；K是温度系数；E_n是激活能；k是Boltzmann常数；T是溶液的热力学温度。这种刻蚀溶液因为具有反复的可控制性，所以适合于器件生产。根据实际的刻蚀液和应用条件，可以通过加热或降温来控制刻蚀速率。显然这比扩散控制刻蚀通过控制大面积表面流速要容易得多。

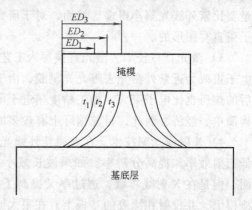

　　湿法刻蚀的各向异性程度可以通过图 6-13 得到。图中刻蚀液将完全只对层 2 和掩模中间的层 1 选择刻蚀，对其他材料没有影响。层 1 的垂直高度为 ED_2，随着刻蚀时间的增加，水平刻蚀深度从 ED_1 增加到 ED_3。刻蚀速率比定义为水平刻蚀速率与垂直刻蚀速率之比，对于完全各向同性刻蚀，该比例为零。

图 6-13　湿法刻蚀中的各向异性现象

　　虽然湿法刻蚀具有许多缺点，但是在实际器件制作过程中，有时要求的线条宽度尺寸比较大，并且要求不是很高时还是常用湿法刻蚀，毕竟该方法的工艺相对简单，成本低。而且有些研究表明，只要通过合理的控制和选择，湿法刻蚀已经可以用于亚微米的超微细加工技术之中。有理由相信这种传统的刻蚀技术在将来的技术发展中还会有很强的生命力。

　　2）干法刻蚀技术。相比之下，以等离子体为基本模式的干法刻蚀具有较多的优点，例如具有更好的各向异性刻蚀传递，具有刻蚀更细图形的能力，具有更低的表面粗糙度和具有更好的刻蚀控制性等。

　　二、激光微细加工方法及特点

　　1. 激光微细加工方法

　　激光微细加工方法，可归纳为激光去除加工、激光强化、激光焊接、激光加工半导体及其他技术等几大类。

　　（1）激光去除加工　常用方法有激光打孔、激光切割、激光刻蚀等。加工的物理基础是激光辐射区域内部分材料的蒸发和分离。其中激光打孔和激光切割可加工很多传统的加工方法所不能加工的材料，而激光刻蚀是当前激光微细加工最先进的技术之一。它是利用激光辐射放在氯气中的硅片，使之形成带正电荷的硅原子，硅原子与氯原子形成挥发性的气体四氯化硅，于是硅片受到腐蚀。与常用化学刻蚀工艺相比，工序减少到只有原来的 1/7，生产成本降低到 1/10，而且不易损伤图形，图形轮廓光洁；线宽达到 $0.5\mu m$，理论上可达 $0.125\mu m$，非常适合于类似超大规模集成电路之类的图形制作。

　　（2）激光强化　金属制品表面的激光强化技术是一项高新技术。通过激光强化可以显著地提高硬度、强度、耐磨性、耐蚀性和高温性能等，从而大大提高产品的质量，成倍地延长产品使用寿命和降低成本，取得巨大经济效益。

激光强化技术包含激光淬火（相变硬化）、激光合金化、激光涂覆、激光非晶化和微晶化、激光冲击硬化、激光成形加工等多种工艺。它们共同的理论基础是激光与材料的相互作用规律，它们各自的特点是主要是作用于材料的激光能量密度不同。

激光淬火技术，也称激光相变硬化（Laser Beam Quenching）。激光淬火是通过激光束扫描工件表面，使工件表面迅速升温到相变温度以上、熔化温度以下，然后停止或移开激光束，热量从工件表面向基体内部快速传导，表面得以急剧冷却，实现自冷淬火。

激光合金化是在高能束激光作用下，将一种或多种合金元素与基材表面快速冷凝，从而使廉价材料表层具有预定的高合金特性的技术——即利用激光改变金属及合金表面化学成分的技术。显然，激光合金化的广泛应用必将获得巨大的经济效益和社会效益。

激光涂覆与激光合金化有许多相似之处，其主要区别在于激光作用后，其涂层的化学成分基本不变化，即基体成分几乎没有进入涂层内。

激光非晶化是激光作用于材料，使材料表面薄层熔化，然后将液体以大于一定的临界冷却速度急冷到低于某一特征温度，以抑制晶体形核和生长，以获得非晶态固体。与现有的形成非晶的方法比较，激光表面非晶化有突出的优点，它能够高效率、易控制地在形状复杂的制品表面大面积形成非晶层，这将扩大非晶材料的实际应用领域。

激光加热隆起造型是很新的激光微细加工技术，利用激光辐射材料目标，材料表面重凝成形，它和传统的激光微细成形方法激光刻蚀相比具有一些优点。

1）对加工环境无特殊要求，加工工艺相对于激光刻蚀来说比较简单，加工成本低。

2）零件表面成形是在不破损材料的前提下，即没有材料的蚀除，不会降低材料的强度，而激光蚀除加工后的材料蚀除部分在受力磨损较严重的环境下使用有一定限制。

（3）激光加工半导体 半导体的激光微细加工技术具有"直接写入"、"低温处理"等独特的优越性，在微电子、光电子、集成光学及光电混合集成等领域有着广泛的应用。如制作 OEIC（光电混合集成）器件时，可以把电路和光路部分分开来做，即先在半导体衬底上做好集成电路，再利用激光微细加工的直接写入功能，一次性"写入"P-N 结和欧姆接触，可以避免高温热损伤半导体基片和集成电路，从而可以使 OEIC 的整体性能提高，因此，自 20 世纪 70 年代末期以来，国内外在这方面的研究都比较活跃。

　　激光用于半导体加工的技术主要有激光微调、激光余量元件修复以及激光掩模修正等。

　　激光微调是激光在大规模集成电路生产中最为成熟的工艺。如利用激光在电阻上刻划出一系列交迭槽，可使电阻值达到期望值，且激光微调电阻精度高达 ±(0.1% ~0.01%)。

　　激光余量元件修复技术是指在电路制造时，多制造 2 ~4 排与列余量元件，芯片尺寸约增加 3% ~5%。采用激光修正后，合格率提高 1.4 ~30 倍。

　　激光掩模修正正是在高硬度光学掩模表面进行缺陷修理的惟一手段，也是当前半导体制造工艺中的关键技术。当前可采用的方法有激光脉冲熔化、汽化以及激光化学气相沉积等方法。

　　(4) 其他技术　LCVD (Laser Chemical Vapor Deposition) 技术，即激光化学气相沉积技术，是在传统化学气相沉积 CVD 的基础上发展起来的，利用激光诱导的化学反应产生游离原子或分子在基材表面形成薄膜的技术。此项技术重点应用在集成电路和超大规模集成电路的制作方面。

　　激光掺杂是通过激光束以光热分解或光化学分解的方式使源物质分解产生杂质原子，同时又对衬底定域加热，使杂质原子得以掺入，以获得满意的器件参数和功能的一种技术。广泛应用于微电子及光电子加工中。

　　激光快速成形是用激光束控制某些液态聚合物的光化学反应，使之按人们的要求凝固，从而产生模型的方法。

　　光造型法 (Photofabrication) 是将三维 CAD 数据以单位薄圆片形数据的形式来取出，用激光一层一层按顺序光硬化，使其以积层的方式制造树脂三维立体模型的方法。这个方法称为快速成形法 (Rapid Protortyping)，或积层造型法 (Mulitiayered Formation)。光造型技术是添加加工，比起去除加工能简单地制造出复杂物体，因此作为外观设计、组装机构、模具制造等试制工程的完全自动化技术被重视。图 6-14 所示的是光造型法系统结构。系统是由激光器、激光扫描装置，提升装置 (z 轴移动)、光硬化性树脂等组成。该方法是以三维薄圆盘叠加来近似地替代三维物体的。激光采用紫外准分子激光器、He-Cd 激光器、亚离子激光器等。

　　2. 激光微细加工的特点

　　激光技术是 20 世纪中后期发展起来的一门新兴技术，应用于材料加工方面，逐步形成了一种崭新的加工方法——激光加工。近年来，由于激光光源性能的提高，激光微细加工技术得到了迅速发展，广泛应用于加工各种金属、陶瓷、玻璃、半导体等材料的具有微米级尺寸的微型零件或装置，在激光技术应用方面具有举足轻重的作用，是一种极有前途的微细加工方法，激光微细加工具有以下特点。

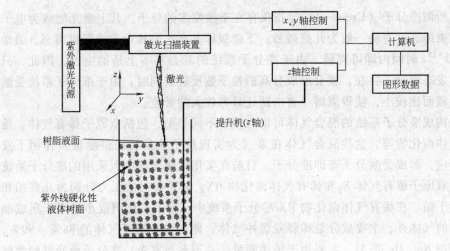

图 6-14 三维光造型法系统的结构

1）加工精度高。激光束光斑直径可达 $1\mu m$ 以下，可进行超微细加工；同时它又是非接触式加工，无明显机械作用力，加工变形小，易保证较高加工精度。

2）加工材料范围广泛。激光微细加工的对象包括各种金属和非金属材料，对陶瓷、玻璃、宝石、金刚石、硬质合金、石英等难加工材料的加工效果非常好。

3）加工性能好。激光加工对加工场合和工作环境要求不高，不需要真空环境，也不用对 X 射线进行保护；激光加工还可透过玻璃等透明材料进行，可以方便地在某些特殊工况下进行加工，如在真空管内进行焊接加工等。

4）加工速度快、效率高。

5）无污染。

虽然激光加工具有上述优点，但由于激光加工是一种热加工，影响因素较多，因此其精密微细加工精度（尤其是重复精度和表面粗糙度）不易保证。加工时必须反复试验，选择合理参数，才能达到加工要求。由于光的透射作用，对于一些透明材料的加工必须预先进行色化或毛化处理。

三、准分子激光微细加工

自从首次报道准分子激光能获得快速、高分辨光刻以来，人们在 20 世纪 80 年代即对准分子激光光刻进行了大量研究。尽管电子束、X 射线、离子束具有更短的波长，在提高分辨率方面有更多好处，但曝光源、掩模、抗蚀剂、成像光学系统方面存在极大的困难。而相反，准分子光刻有着明显的经济性和现实性，它将光学光刻扩展至 DUV 和 VUV，其高功率大大缩短了基片曝光时间，分辨率易获得亚微米线宽，掩模和抗蚀剂问题易解决，因此人们从来未停止对准分子光刻设备的开发。

所谓准分子（Excimer），是指仅存在于激发态的分子，其上激光能级为电子受激束缚态，寿命一般为几毫微秒；下能级即基态，是排斥态或弱束缚态，通常在 10^{-12} s 时间内即可离解。由于准分子系统的基态基本上是抽空的，因此，只要激发态有分子存在，就会形成分高的粒子数反转。同时，由于准分子系统受激发射截面比较小，使得束缚—自由跃迁具有较大的带宽。

构成准分子系统的混合气体可以有多种不同类型，包括双原子稀有气体、稀有气体卤化物等。这些混合气体在泵（为实现粒子数反转提供能量）作用下发生反应，形成受激分子态即准分子。目前在实用化激光器中所采用的准分子系统多为双原子稀有气体 R_2 和稀有气体卤化物 RX，其工作时的压力分别为几兆帕和几百千帕。在稀有气体卤化物 RX 准分子系统中，除了占比例很小的用于形成准分子的气体外，主要成分是稀释或缓冲气体，约占整个混合气体的 88% ~ 99%，多采用 Ne、He 或 Ar，主要用于传递能量，并不参与发光。准分子激光器的激射波长完全取决于构成准分子系统的混合气体种类，如表 6-4 所示。

表 6-4　各种准分子系统的激射波长与泵方式

准分子系统		激射波长/nm	泵方式
稀有气体	液 Xe	175	E
	Xe₂	172	E
	Kr₂	145	E
	Ar₂	125	E
稀有气体氧化物	XeO	535,545	E
	KrO	558	E
	ArO	558	E
水银卤化物	HgBr	502	E,D,L
	HgCl	558	E,D
	HgI	443	E,D
稀有气体卤化物	KrF	248	E,EC,D
	XeCl	308	E,D,M
	XeBr	282	E,D
	XeF	351,353	E,D,P
	ArF	193	E,D
	KrCl	222	E,D
	ArCl	175	D
	Xe₂Cl	518	E
	Kr₂F	430	E

注：E—电子束；D—放电；L—光；M—微波；P—质子束；EC—电子束调制。

准分子激光器由一根充有激活气体的管子，泵系统通过它对气体进行激励。由于激活气体在运行时要逐渐变质，视气体种类和具体条件的不同，只能激射 10^5 ~ 10^8 次，因此激光器均设有气体更换系统或净化处理系统。另一方面，为了提高激光脉冲重复率和输出功率，大多数准分子激光器将部分激活气体存储在激光区域之外的储气室中，并可以通过循环系统流动。激光谐振腔设计成密封形式，长度约在1m以下，标准结构为一稳定共振腔。由于增益高，这种腔能产生相当强的激射光束。但为了得到细而均匀的光束，往往选择非稳腔，尽管这将以降低输出功率为代价。与多数其他气体准分子激光器一样，后腔镜是高反射率的。由于增益很高，输出反射镜通常不必镀膜。

1. 准分子激光器的泵方式和特点

（1）激励要求 准分子激光器能量转移的详细动力学过程是很复杂的。其最小泵功率为

$$P = Kg_0 \nu^3 \Delta\nu \qquad (6\text{-}15)$$

式中 K——常数，$K = 8\pi h/C\nu$；

g_0——小信号增益；

ν——跃迁频率；

$\Delta\nu$——辐射宽度。

带宽 $\Delta\nu$ 与 ν 之间的关系依赖于加宽类型。对多普勒加宽 $\Delta\nu \propto \nu$，所以 $P \propto \nu^4$。故为达到同样的增益 g_0，实现激光器振荡所要求的泵功率随波长的缩短而急剧增加。

建立粒子数反转的必要条件是泵引起的上能级粒子数增加速率大于自发辐射的衰减率，即 $P\omega > n/\tau$，其中 ω 为单位功率作用下，单位时间达到上能级的粒子数密度，n 为反转粒子数密度，τ 为自发辐射寿命。当 P 是从零开始的时间函数时，则 $P\omega \leq n/\tau$ 的泵部分对于实现反转无效，故要求泵源具有快的上升速率；τ 越小，要求上升速率越快。相对电子束对准分子体系具有很高的泵速率，1990年底我国原子能研究所利用相对电子束作泵源，获得了百焦耳量级输出的 KrF 准分子激光。

总之，要获得短波长激光必须采用具有高功率和极短上升时间（脉宽 ≤ 100ns）的泵源。

（2）主要泵方式 将能量沉积到激活气体中的方法主要有电子束泵、放电泵、微波泵、质子束泵等。表6-5列出了它们的特点。最为常用的是放电泵，虽然转换效率略低，但简单可靠，能实现较高的激光脉冲重复率。电子束泵电能量转换成激光能量的效率高达5%，但电子束发生器庞大沉重、复杂而昂贵，且自身效率低，使的电—光转换效率反而比放电泵更低，同时它不能在较高的重复频率下工作。但电子束泵的主要特点是可以获得高达 10^4J 的激光脉冲能量。微波泵的主要特点是可以获得数百纳秒到微秒量级的宽脉冲激光。然而它的转换效率更低，目前仅达 0.1% 左右，只能得到毫瓦量级的激光输出。

表 6-5　准分子激光器的泵方式与特点

泵 方 式		重复频率	输出功率		激光器
			单脉冲	平均	
放电泵	UV 预电离	500Hz	500mJ	300W	XeCl
	X 射线预电离	100Hz	4J	400W	XeCl
电子束泵			10.5kJ		KrF
微波泵		400Hz	(200ns)	1mW	XeCl
质子束泵			40mJ		XcF

1）电子束泵。电子束泵适用于双原子稀有气体和稀有气体卤化物等准分子系统，是利用高能量（$10^2 \sim 10^3 keV$）、高密度（$10 \sim 100A/cm^2$）的电子束直接辐照激活气体，实现能量转移以形成准分子态。

利用电子束泵的激光器可获得较高激光器脉冲能量和较长的激光脉冲宽度。例如利用电流密度 $20A/cm^2$、电子能量 575keV、电子束横截面 110cm × 200cm、脉冲时间 550ns 的电子束泵稀有气体卤化物 KrF 准分子系统，可获得能量为 10.5kJ、脉宽 500ns 激光输出。

2）放电泵。目前大多数商品化准分子激光器都采用放电泵，与电子束泵相比这种方式结构简单，成本较低，并可以获得较高的激光脉冲重复频率。它适用的激活气体主要是稀有气体卤化物如 KrF、XeCl、ArF 等。放电泵的准分子激光器采用激光光轴、放电电流和激活气体的流动方向相互垂直（即所谓横向放电的）的三轴正交结构，如图 6-15 所示。

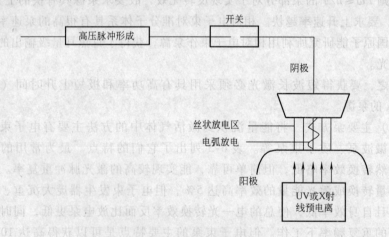

图 6-15　横向放电泵原理

采用放电泵的激光器为获得较高的激射效率，激活气体应保持较高气压，并运行于高压电场之下。由于放电过程可能生成的电弧和电子流会破坏空间电荷均匀性与放电的稳定性，影响激光输出功率和光束质量，所以为了在高压气压下获得均匀而有效的放电，通常要对激活气体实行预电离。它可以改善能量转移的动力学过程，获得泵激光器的雪崩放电，从而达到体均匀自持放电触发。激活气体一般要进行起始电子密度 $n_e \geqslant 10^5 \mathrm{cm}^{-5}$ 的预电离，然后再施加主泵脉冲。预电离的主要方式为紫外线（UV）预电离和 X 射线预电离。因为结构简单、成本较低，紫外线自动预电离应用更广泛。但它不太容易获得好的预电离空间均匀性，难以提高每次激光输出的稳定性，由于产生紫外线的电弧放电加速了气体的劣化。电弧列阵亦妨碍气体流动，因而使激活气体的寿命和激光脉冲的重复率受到限制。目前 X 射线预电离也受到日益重视。

3）其他泵方式。除了常用的电子束泵与放电泵以外，已开展研究的还有微波泵、质子束泵以及光泵等。这些泵方式都有其各自的特点，例如采用微波泵的准分子激光器，因其能量转移由微波传递，不存在电极和放电，因此激活气体具有较长的寿命，并能在高重复率和较宽的激光脉冲下工作。目前已获得激光脉冲重复率为 400Hz、脉宽 320ns 的微波泵准分子激光器。

2. 用于微细加工的准分子激光器

准分子激光是采用脉冲放电泵稀有气体卤化物的紫外激光器，其辐射波长比较短，在 193～351nm 的紫外波段，它们的输出功率可达 200W。KrF 激光器（$\lambda = 248\mathrm{nm}$）和 XeCl 激光器（$\lambda = 308\mathrm{nm}$）具有传统的工作寿命长的特点。但辐射紫外波段（$\lambda = 193\mathrm{nm}$）的 KrF 激光器使被加工元件的寿命变短。与其他工业用激光器相比，准分子激光器波长最短，能实现最细的聚焦和更小尺寸的加工。

它可以用于微电子部件（主要是柔性电子学电路）上的钻孔、切割、开槽和打标等。由于准分子激光产生的是短波长激光，脉冲时间又短，因此属于"冷加工"形式，不会对基板产生热效应。日本松下公司设计了一台准分子激光在印制电路板上打孔的设备，激光器以 500Hz 重复率运转。用传统方法，每秒打直径为 100μm 孔 5～10 个，采用准分子激光可以打 0.5μm 小孔，如要打大孔可用小光束扫描，现在每秒能打孔 20 个，比传统方法提高效率 2～4 倍，而且不产生热效应，使产品质量提高。

这种微加工的原理是激光脉冲能量密度在材料表面达到一定阈值以后，材料会在很薄一层内发生汽化。表 6-6 给出不同材料消融阈值及消融速率。

表 6-6 紫外准分子激光消融阈值和消融速率

材　　料	消融阈值	最佳能量密度	消融速率
聚合物	约 0.2J/cm²	0.2～2J/cm²	0.1～0.5μm/脉冲
玻璃、陶瓷、硅	约 1J/cm²	2～20J/cm²	0.05～0.2μm/脉冲

电子元器件表面的标记可用激光打标方法来实现，用几十微焦耳的脉冲能量就可以将数字、字母和符号标刻在硼酸盐玻璃上，标刻深度约为 $1 \sim 15\mu m$，它是将激光束像一支笔一样在玻璃表面上"书写"，书写的字母和图案由计算机控制。

当脉冲能量较大时，准分子激光的另一个重要应用是细导线的剥线。许多导线外部绝缘层的剥除要求无刻划痕，尤其是在军事和航空应用中。激光处理是非接触而不是机械式，满足无刻痕要求不成问题。

在很细导线的应用上，机械技术很易弄坏导线。若在显微镜下手工操作，则过程单调易使操作者失误。通过使用 CCD 成像光学观察系统和精密移动设备，并引用两束分成 180°角的光可以获得精确的激光剥除效果。

四、光学材料激光微细加工

1. 光学材料的加工

常用的光学材料有：光学塑料（聚合物）、各种类型的玻璃、熔凝石英、金刚石材料、蓝宝石、单晶硅及各种光学薄膜。光学材料传统的加工方法有很多，但加工周期一般比较长，加工精度的控制难度大。如果要进行复杂面形加工或内部微结构的构造，难度就更大。激光加工是一种无接触加工，它有很多优点：加工面形状控制容易、无切削力、热影响小、污染小，并且容易实现高精度的微加工。多年来人们对光学材料的激光微细加工进行了大量的研究工作。光学塑料（主要有 PMMA、PC 等）的带隙比较窄、键能比较小，一般的准分子激光器就可以烧蚀它。各种类型的玻璃性质差异比较大，激光与玻璃之间的作用机制比较复杂，但实验证明准分子激光器比较适合加工类似光学玻璃这样易碎的材料。熔融石英和相关的硅玻璃是光电子和微电子领域最重要的材料之一，它具有对从紫外光到红外光的高透过率、高硬度、极好的热稳定性、高的电绝缘性和高的化学稳定性。如此卓越的性质使这类材料的精密微加工难度较大。金刚石材料也具有一系列独特的性质：宽光谱区透明、硬度大、耐磨性、化学惰性和高激光损伤阈值，它也是比较优良的光学材料。现在人们的注意力主要集中在各种玻璃、熔融石英、金刚石、光学晶体等硬脆的透明材料，寻找更好的激光加工系统和加工方法。表 6-7 是光学材料在紫外波长中的光子吸收系数。

2. 光学材料加工用激光器

在光学材料的激光微加工中，一般使用脉冲激光器，主要有短波长紫外激光器和超短脉冲（皮秒、飞秒）激光器，只有在少数情况下才使用别的激光器。

短波长纳秒激光器包括准分子激光器和纳秒紫外固体激光器，但以准分子激光器为主。准分子激光器辐射波长短，在 $157 \sim 351nm$ 的紫外波段，光子能量比较大，图 6-16 给出了各种准分子激光器的波长、光子能量。准分子激光器加工

表 6-7　光学材料在紫外波长中的光子吸收系数　　　　（单位：cm·W^{-1}）

材　　料	禁带宽度 E_G/eV	波长/nm	
		248	193
烧融石英	7.8	4.5×10^{-11}	2.2×10^{-9}
BaF$_2$	9.1	1.1×10^{-19}	
SrF$_2$	9.5	1.1×10^{-11}	
CaF$_2$	10.0	8.3×10^{-12}	
LiF	11.5	$< 1.3 \times 10^{-12}$	

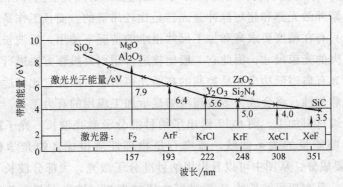

图 6-16　一些典型材料的带隙能量与准分子激光波长的关系

材料主要是通过熔融作用。与其他工业用激光器的这种精细加工的能力是由于会聚光斑的最小直径直接正比于激光的波长（由于衍射），更短波长意味着更高的空间分辨率，因此短波长的纳米激光器特别适合于小尺寸的微加工。

　　超短脉宽（或超快）激光器由于脉冲特别短，它产生的热扩散长度小，热影响区也小。加工过程基本消除了对周围物质的热流动，可避免在多数标准加工技术中常发生的热致基质破坏，因此就更容易实现精密加工。它对材料的去除由以往用微秒、纳秒脉冲熔融去除变成用飞秒脉冲气化或升华，产生的碎片和表面污染显著减少，在这个过程中多光子吸收和分裂等非线性光学作用是重要的。超快激光微加工主要特点如下：

　　1）在透明或宽带隙材料中产生非线性吸收机理。

　　2）间接损害最小。

　　3）在短脉冲时间内没有等离子体发展，所有激光能量都到达材料表面。

　　4）与材料相互作用体积小于 $1\mu m^3$。

　　5）直写加工法的灵活性。

　　6）用于精密加工时，有可再现的烧蚀阈值。

　　超短光脉冲与物质作用的阈值现象允许超快激光器以小于光波长的特征尺寸进行材料的微加工。虽然超快激光为光学材料的成形加工提供了令人激动的前景，但一些不好的影响也存在，比如加工的窗口很贫乏。而且下面的这些作用在加工时需要更多的控制：

1）孵化作用（缺陷产生的）改变了烧蚀率，使恒定烧蚀出现误差。

2）自聚焦小于遮蔽影响。

3）随着脉冲数的增加，柔的烧蚀相和硬的烧蚀相都发展了。

4）前脉冲和消隐脉冲电平作用。

5）出现比较差的形态，周期性的表面纹理、熔化物、残留物、表面膨胀等。

6）振动导致的微裂纹。用皮秒或飞秒激光加工必须克服这些困难。

短波长紫外激光器和超短脉冲激光器是比较昂贵的，而且工作条件有时要求比较苛刻。只有在精度要求高和加工尺寸很小的情况下使用，短波长准分子激光一般有比较大的光束尺寸，因此它一般比较适合用面具投影方法进行微加工。而超快红外激光有典型低功率和易控制的高斯光束形状，因此它比较适合用光束扫描进行直写和刻蚀，将会成为多数超微细显示加工应用的有力工具，实现真正意义上的纳米级材料加工。图 6-17 给出了纳秒准分子激光波长、光子能量及一些典型材料带隙能量的关系曲线。蓝宝石是物理性质很优良的光学材料，它以 Al_2O_3 为主要成分，从图中可以看出用纳秒准分子激光，大部分波长不适合对它进行微加工，只有超短波长的 F_2 激光器才比较理想。熔融石英和普通光学玻璃以 SiO_2 为主要成分。对于含有多种混合成分的普通光学玻璃，波长较短的准分子激光较适合对它进行微加工，如果用超短波长 F_2 准分子激光则能够产生更好的表面形貌，烧蚀深度也能够精确控制，并且不受孵化作用、表面膨胀或振动导致微裂纹等的限制。

对于宽带隙透明玻璃材料的微加工，图 6-17 给出了激光波长、脉冲宽度和

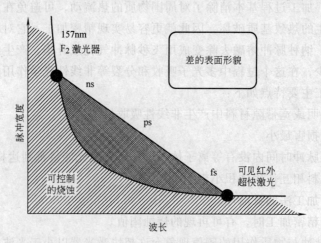

图 6-17　激光波长、脉冲宽度与加工质量之间的关系曲线

加工质量之间的关系曲线。斜线阴影区域是可控制的烧蚀区域，在这个区域特别适合于透明材料的精密微加工；灰色阴影区域到目前为止还不能很好地定义它，情况比较复杂，有时作为加工也是可以的，但质量控制难度较大；而上面的白色区域是加工质量比较差的区域，一般不适合于精密微加工透明的玻璃材料。

3. 增强光学材料表面透过率或反射率的激光微加工

（1）激光微区抛光加工　在工业与医学应用中高功率激光的传输与耦合要用到大量的光纤，在光通信中也经常遇到光纤的连接与耦合。这时渴求连接的光纤有一个平滑的端表面使散射光最小、耦合效率高、连接损耗低。对光纤微小的端面用传统抛光加工比较困难，而且容易在材料表面引入一些内含物，吸收部分入射光（尤其是紫外光）造成损耗。激光微区抛光加工是一种非接触式抛光加工，有很高的灵活性。它尤其适合硬度较大的光纤端表面抛光。

（2）表面微尘粒的激光清洗去除　大型光学元件（如太空望远镜）表面尘粒的去除是个很困难的问题，天文学家一直在寻找更有效的方法清洗遥远的超大望远镜的镜片。光学基片表面微尘粒的激光清洗技术的出现，为这一难题的解决提供了可能。

五、硅激光微细加工

随着 VLSI 的发展，它的设计和制造愈来愈复杂，在 VLSI 电路制造的各阶段中会出现差错。因此，必须对这些差错进行局部修改。采用激光直接加工方法就可以进行这种修改。激光直接加工方法是利用强聚焦的激光束促使表面进行化学反应的，这类化学反应包括常见的热激活反应（如化学腐蚀）和少见的光化学反应。强聚焦的紫外光和可见激光光束能够穿透结构稠密的、化学性能活泼的相，并能有选择性地进行激光反应加工。激光直接加工的最大特点是不用光刻掩模，只要几步工序就能进行精确的表面修改。采用扫描光束能在电路或器件的选定区域迅速地对结构进行小的修改或删减。

激光直接加工设备包括一个精确聚焦的紫外光束或可见光激光束，以及一个受控的蒸气或液体环境。图 6-18 为激光直接加工的设备部件图。

激光直接加工设备的关键部件是：一个可见光或紫外激光器、一架高倍光学显微镜、用于基片定位的移动台、一个真空系统和一个充气系统，以及一台专用计算机控制器。对于激光光源，应当首先考虑它的激光横模的质量，其次是平均功率、峰值功率和波长。

硅是最基本的微机械加工材料，微细加工技术一般都要涉及硅材料。从表6-8 可以看出，硅具有极好的力学性能（包括强度、硬度、热导率和线膨胀系数等）的材料，此外，硅对许多效应敏感，因此也是传感器的首选材料之一，再加上硅微加工技术易于兼容，集成为系统；所以硅微加工技术将成为 MEMS 加工技术的主流。

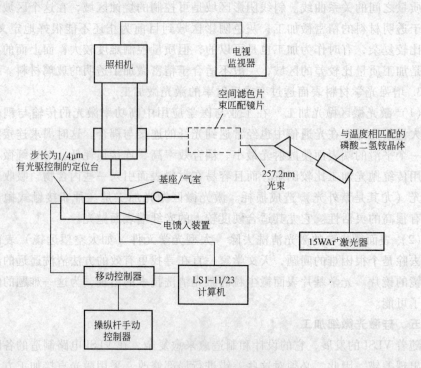

图 6-18　激光直接加工的设备部件

表 6-8　硅及其他典型加工材料的物理特性

材料	屈服极限 /GPa	硬度 /GPa	弹性模量 /GPa	密度 /g·cm^{-3}	热导率 /W·cm^{-1}·℃$^{-1}$	线膨胀系数 /10^{-5}℃$^{-1}$
Si	7	8.5	190	2.3	1.51	2.33
不锈钢	2.1	5.5	200	7.9	0.329	17.3
铁	12.5	4.0	195	7.8	0.803	12
Si$_3$N$_4$	14	34.85	385	3.1	0.19	0.8
金刚石	53	70.0	1035	3.5	20	1
Al	0.17	1.3	17	2.7	2.35	25
W	41	4.85	410	19.3	1.78	4.5
Mo	2.1	2.75	343	10.3	1.38	5
SiC	21	2.4	700	3.2	3.5	3.3

　　对微机械加工而言，常用的方法是激光腐蚀。激光腐蚀的特点是腐蚀效果具有各向异性。这种特性一旦与激光腐蚀加工所具有的高速度相结合，就能很快地腐蚀出深度为 1～1000μm 的图形，同时具有较大的纵横尺寸比。

　　在对 Si 进行激光直接腐蚀的过程中，用可见光或紫外光的激光对 Cl$_2$ 或含有卤族元素的气体（如 HCl）进行光解，可以获得高分辨率、高密度的气相活性

Cl 原子的产生补充了 Si 表面对激离 Cl_2 的吸附。在纯光学激活的情况下，不同晶面的激活率有很大差别，例如（100）与（111）晶向的速率比超过了两个数量级，如果局部激光加热使表面温度升至 Si 的熔点，由于液态 Si 的激活率很高，因而可取得较大的腐蚀速率。

若激光腐蚀采用 HCl 气体，当硅衬底温度超过 1000℃，气体可与硅进行化学反应：

$$4HCl + Si \longrightarrow 2H_2 + SiCl_4$$

在 HCl 或 Cl_2 气氛中，用功率为 20～30MW/cm^2 的 Ar^+ 激光辐照硅片，当扫描速率为 90μm/s 时，可产生出 3μm 的深槽。

六、激光微细加工在半导体材料加工中的应用

激光加工半导体材料技术随着大规模集成电路技术的进步，发展极为迅速。大规模集成电路发展的主流是：线条越来越细，集成度越来越高，芯片尺寸越来越大，线条已进入亚微米级。激光所具有的突出特性恰好能满足大规模集成电路发展的需要。激光束良好的方向性和干涉性，可将光束聚焦至 1μm 或亚微米量级，对材料进行微细加工和处理，使用光束扫描激光器或脉冲激光器，加热时间可短到 10^{-9}～10^{-12}s。此外，激光的单色性可对加工深度进行控制，在复合材料上可进行选择性加工，激光的以上优点为微细加工提供了有利的条件。

20 世纪 70 年代，激光已成功地用于硅片划片、打标记及电阻微调等。近十年来，激光又成功地用于高密度存储器的修正、掩模修正等。另一个领域是"激光退火"。1974 年，前苏联科学家成功地进行了离子注入激光局部退火的研究工作，不久即吸引了许多半导体材料科学工作者卷入。激光光化学加工也是半导体材料加工中引人注目的领域，光束能直接与半导体材料相互作用，进行光化学沉积、掺杂与刻蚀，由此发展了激光直接写技术等。

1. 激光与半导体相互作用机理

半导体材料激光加工的本质是材料吸收了光束能量。由于半导体材料中的电子可与光子耦合，因此相互作用总是从电子激励开始。电子与光子的耦合强度与激光波长及材料特性关系密切。激励过程的吸收系数与自由载流子的密度有关，重掺杂材料的材料温度越高，吸收越强，因此时平衡态的空穴—电子对浓度高。激光束入射到半导体材料表面，由于材料表面反射的存在只有一部分被材料吸收，反射率也和激光波长有关。

光与半导体材料的相互作用过程只包含了材料中的电子激励，它们都不能使材料加热，即使材料中原子产生运动、晶格产生振动。激光能量增加了电子与空穴的密度，同时使它们加热，不过，能量仍然在电子系统中。只有当电子用所产生的声子将能量耦合到晶格上，材料才变热。

2. 半导体材料的激光加工模式与方法

(1) 加工模式 半导体材料的加工模式目前有两种：一是热模式；二是等离子体模式。热模式是将激光束看成强局部热源，激光能在材料上形成稳态热点，接着使受破坏的材料形成无相变的原子重新排列；如果材料中的最高温度高于熔点，则材料熔化后再凝固可形成新的结晶体。解释这种热模型的实验由 Auston 等人完成。Q 开关激光脉冲对半导体材料加工的另一种解释为等离子体效应。在 Q 开关激光脉冲激励下，电子和空穴生成率很高，载流子的浓度相当高，使它们可直接从晶格上分离。声子的形成过程变慢，高密度等离子体与半导体材料产生了相互作用。

(2) 加工方法 连续激光束用透镜聚焦至几十微米，则在焦点上可获得很高的功率密度，形成很强的局部热源。直接吸收光能区域在表层形成一圆柱形热源，并通过热传导方式向材料深处传递能量。若加热的半导体置于吸热体上且能量可传递到吸热体上，则圆柱形热源及其周围的材料在约 $10\mu s$ 时间内达到稳态。

由于热导率与温度有关，则计算稳态时的温度分布 Lax 给出了一种将热导率与温度有关等价为与温度无关的求解方法。

3. 应用与展望

(1) 激光直接写技术 激光直接写技术（LDW）是激光诱发化学反应在半导体加工中的一个应用。按现有的工艺，集成电路的制造工艺过程复杂，工序繁多。首先必须用光刻法形成图形，然后沉积各种类型薄膜，或为导体、绝缘体，或为半导体；再对某些部分进行选择性掺杂，或用刻蚀法形成图形，不断地重复进行上述操作直至电路制成。其中形成图形必须采用掩模，而该制造方法特别费时。若采用激光诱发化学反应技术制造样片或修改样片，则只需花费几分钟。图 6-19 给出了一种典型直接写装置方框图。激光束可用紫外光、可见光，甚至红外光。图形可以通过计算机控制的工作台载着工件移动形成，或用光束扫描形成。工件置于工件盒中，盒内或充满反应气体，或充满液体反应介质，激光束可通过光学系统直接作用到材料表面。

(2) 用于软 X 射线光刻的激光加热等离子体源 X 射线光刻被认为是很有前途的亚微米图形转移技术，该技术除用大规模集成电路生产外，已扩展到微机械、集成光学、生命科学等领域。特别是 LIGA（深度 X 射线光刻、电铸和模铸的德文缩写）加工技术的开发和应用，将大大改善微细加工技术的现状。研究性能好，价格低廉的软 X 射线源具有十分重要的意义，也是很有前途的。

采用软 X 射线光刻的主要优点如下：

1）线条细，可达亚微米级，最小线宽小于 $0.25\mu m$。

2）因可忽略驻波及近似效应，则线条边缘陡峭，线宽易控制。

3）放大倍率易变化。

4）工作距离较大，且对灰尘不敏感，可减少光刻缺陷等。

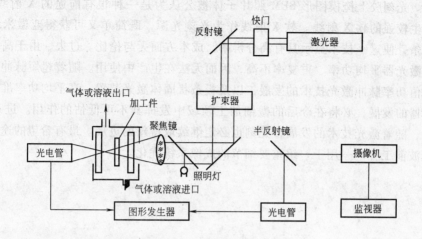

图 6-19　直接写装置框图

图 6-20 表示了激光产生等离子体 X 射线源的装置示意。该装置主要采用 Nd：YAG 激光器输出的基波，能量范围为 0.2～300mJ，脉冲宽度为 0.2～5ns，靶为一旋转的圆柱体，在激光辐射过程中不断地提供新材料。当高功率激光束照射至靶材料上时，脉冲前缘在靶表面产生等离子体。

当前和未来的光刻工艺对分辨率的要求还不是如此富有进取性，以致它们还不能满足今天技术的需要。电子束和 X 射线光刻技术二者都显示出分辨率还有

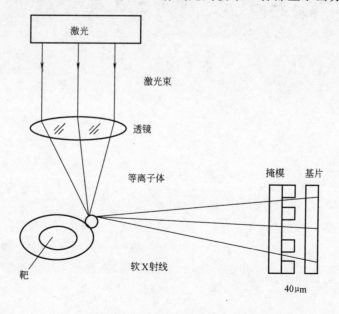

图 6-20　软 X 射线产生器试验装置

富余。光刻胶上掩模图形 SEM 照片子体被公认为是一种很有前途的 X 射线源，可产生较强的软 X 射线。软 X 射线作为光刻光源，既简单又可获得亚微米级的细线条，使这一技术显示具有高分辨率，成本方面无与伦比。过去，由于高峰值功率激光器平均功率、重复率不高，因而无法在生产中使用。随着超短脉冲及巨大峰值功率脉冲激光技术的发展，以及板条状固体激光装置、高平均功率准分子激光器的发展，必将在今后的微细加工领域中发挥其不可低估的作用。进入 21 世纪，随着激光技术的发展，光刻也必定继续取得新的进展。最有希望的途径可能是波前工程——用于一组重要细节的成像系统优化。

第七章　电子束、离子束加工

电子束加工和离子束加工（Electron Beam Machining & ion Beam Machining）是近年来得到较大发展的新兴特种加工。它们在精密微细加工方面，尤其是在微电子学领域中得到较多的应用。目前，电子束在许多工业领域中因其具有许多特殊的性能，得到特别的应用。电子束加工主要用于打孔、焊接等热加工和电子束光刻化学加工。这些特性中，最重要的是具有高的分解力和长的电场深度，电场是由于高能电子的短波产生的，另外，其具超常的能量（例如功率密度达 $10^6 \mathrm{kW}/\mathrm{cm}^2$）。离子束加工则主要用于离子刻蚀、离子镀膜和离子注入等加工。近期发展起来的亚微米加工和毫微米加工技术，主要是用电子束加工和离子束加工。

在 20 世纪 30 年代后期，在真空中，将聚集的电子束用于加工电子显微镜的孔。1950 年，斯太格瓦尔德（Steiqerwald）和其同事 P H 卡尔（P H Cars）在德国进行该项实验。1960 年 E B 巴斯（E B Bas）在红宝石晶体上钻出微小孔。

第一节　电子束加工

一、电子束加工的原理和特点

（1）电子束加工的原理　如图 7-1 所示，电子束加工是在真空条件下，利用聚焦后能量密度极高（$10^6 \sim 10^9 \mathrm{W}/\mathrm{cm}^2$）的电子束，以极高的速度冲击到工件表面极小的面积上，在极短的时间（几分之一微秒）内，其能量的大部分转变为热能，使被冲击部分的工件材料达到几千摄氏度以上的高温，从而引起材料的局部熔化或气化，并被真空系统抽走。

控制电子束能量密度的大小和能量注入时间，就可以达到不同的加工目的，如果只使材料局部加热就可进行电子束热处理；使材料局部熔化可进行电子束焊接；提高电子束能量密度，使材料熔化和气化，就可进行打孔、切割等加工；

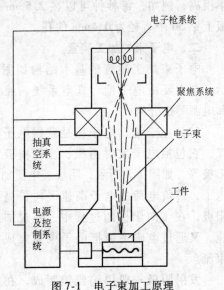

图 7-1　电子束加工原理

利用较低能量密度的电子束轰击高分子材料时产生化学变化的原理，进行电子束光刻加工。

(2) 电子束加工的特点

1) 由于电子束能够极其微细地聚焦，如电流为 1～10mA 时，能聚焦到 10～100μm，电流为 1mA 时，能聚焦到 0.1μm。所以加工面积可以很小，能加工微孔、窄缝、半导体集成电路等，是一种精密微细的加工方法。

2) 由于电子束能量密度很高，使照射部分的温度超过材料的熔化和气化温度，去除材料主要靠瞬时蒸发。又由于电子束加工是非接触式加工，工件不受机械力作用，不易产生宏观应力和变形，所以加工材料范围很广，对脆性、韧性、导体、非导体及半导体材料都可加工。

3) 可以通过磁场或电场对电子束的强度、位置、聚焦等进行直接控制，所以整个加工过程便于实现自动化。特别是在电子束曝光中，从加工位置找准到加工图形的扫描，都可实现自动化。在电子束打孔和切割时，可以通过电气控制加工异形孔，实现曲面弧形切割等。

4) 由于电子束加工是在真空中进行的，因而产生的污染少，加工表面在高温时也不易氧化，特别适用于加工易氧化的金属及合金材料，以及纯度要求极高的半导体材料。

5) 电子束加工需要一整套专用设备和真空系统，价格较贵。目前生产应用有一定局限性。

6) 电子束的能量密度高，因而加工生产率很高，例如，每秒钟可以在 2.5mm 厚的钢板上钻 50 个直径为 0.4mm 的孔。

二、电子束的加工装置

电子束加工装置的基本结构如图 7-2 所示，它主要由电子枪、真空系统、控制系统和电源等部分组成。

(1) 电子枪　电子枪是获得电子束的装置，它包括电子发射阴极、控制栅极和加速阳极等。如图 7-3 所示，阴极经电流加热发射电子，带负电荷的电子高速飞向带高电位的阳极，在飞向阳极的过程中，经过加速极加速，又通过电磁透镜把电子束聚焦成很小的束流。

发射阴极一般用钨或钽制成，在加热状

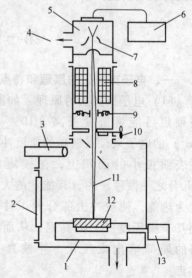

图 7-2　电子束加工装置结构示意图
1—移动工作台　2—工件更换盖及观察窗
3—观察筒　4—抽气口　5—电子枪
6—加速电压　7—束流强度控制
8—束流聚焦控制　9—束流位置控制
10—更换工件用截止阀　11—电子束
12—工件　13—驱动电动机

态下发射大量电子。小功率时用纯钨或钽做成丝状阴极，如图7-3a所示，大功率时用钨或钽做成块状阴极，如图7-3b所示。在电子束打孔装置中，电子枪阴极在工作过程中受到损耗，因此每过 10~30h 就得进行定期更换。控制栅极为中间有孔的圆筒形，其上加以较阴极为负的偏压，既能控制电子束的强弱，又有初步的聚集作用。加速阳极通常接地，而在阴极加以很高的负电压以驱使电子加速。

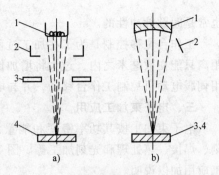

图 7-3　电子枪
1—发射电子的阴极　2—控制栅极
3—加速阳极　4—工件

（2）真空系统　真空系统是为了保证在电子束加工时达到 $1.33 \times 10^{-2} \sim 1.33 \times 10^{-4}$ Pa 的真空度。因为只有在高真空时，电子才能高速运动。为了消除加工时的金属蒸气影响电子发射，使其产生不稳定现象，需要不断地把加工中产生的金属蒸气抽去。

真空系统一般由机械旋转泵和油扩散泵或涡轮分子泵两级组成，先用机械旋转泵把真空室抽至 1.4~0.14Pa 的初步真空度，然后由油扩散或涡轮分子泵抽至 0.014~0.00014Pa 的高真空度。

（3）控制系统和电源　电子束加工装置的控制系统包括束流聚焦控制、束流位置控制、束流强度控制以及工作台位移控制等。

束流聚焦控制是为了提高电子束的能量密度，使电子束聚焦成很小的束流，它基本上决定着加工点的孔径或缝宽。聚焦方法有两种，一种是利用高压静电场使电子流聚焦成细束。另一种是利用"电磁透镜"靠磁场聚焦。后者比较安全可靠。所谓电磁透镜，实际上为一电磁线圈，通电后它产生的轴向磁场与电子束中心线相平行，径向磁场则与中心线相垂直。根据左手定则，电子束在前进运动中切割径向磁场时将产生圆周运动，而在圆周运动时在轴向磁场中又将产生径向运动，所以实际上每个电子的合成运动为一半径愈来愈小的空间螺旋线而聚焦交于一点。根据电子光学的原理，为了消除像差和获得更细的焦点，常再进行第二次聚焦。

束流位置控制是为了改变电子束的方向，常用电磁偏转来控制电子束焦点的位置。如果使偏转电压或电流按一定程序变化，电子束焦点便按预定的轨迹运动。另外，常在束流强度控制极上加上比阴极电位更低的负偏压来实现束流强度控制。

束流强度控制是为了使电子流得到更大的运动速度，常在阴极上加上 50~150kV 以上的负高压。电子束加工时，为了避免热量扩散至工件上不加工部位，常使电子束间歇脉冲性地运动（脉冲延时为一微秒至数十微秒），因此加速电压也常是间歇脉冲性的。

工作台位移控制是为了在加工过程中控制工作台的位置。因为电子束的偏转距离只能在数毫米之内，过大将增加像差和影响线性。因此在大面积加工时需要用伺服电动机控制工作台移动，并与电子束的偏转相配合。

三、电子束加工应用

电子束加工按其功率密度和能量注入时间的不同，可用于打孔、切割、蚀刻、焊接、热处理和光刻加工等。图 7-4 是电子束的应用范围。下面仅其主要加工应用加以说明。

（1）高速打孔　电子束打孔已在生产中实际应用，目前最小加工直径可达 0.003mm 左右，例如喷气发动机套上的冷却孔、机翼上吸附屏的孔，不仅孔的密度可连续变化，孔数达数百万个，而且有时还可改变孔径，最宜用电子束高速打孔。高速打孔可在工件运动中进行，例如在 0.01mm 厚的不锈钢上加工直径 0.2mm 的孔，速度为每秒 3000 孔。玻璃纤维喷丝头要打 6000 个直径 0.8mm、深度 3mm 的孔，用电子束打孔可达每秒 20 孔。

在人造革、塑料上用电子束打大量微孔，可以具有如真皮革

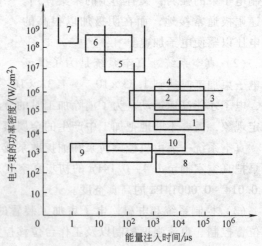

图 7-4　电子束的应用范围

1—淬火硬化　2—熔炼　3—焊接　4—打孔
5—钻、铣　6—刻蚀　7—升华　8—塑料聚合
9—电子抗蚀剂　10—塑料打孔

那样的透气性。现在生产上已出现了专用塑料打孔机，将电子枪发射的片状电子束分成数百条小电子束同时打孔，其速度可达每秒 50000 孔，孔径 120 ~ 40μm 可调。

电子束打孔还能加工深孔，孔的深径比大于 10:1，如在叶片上打深度 5mm、直径 0.4mm 的孔。

用电子束加工玻璃、陶瓷、宝石等脆性材料时，由于在加工部位的附近有很大的温差，容易引起变性以至破裂，所以在加工前和加工时，需用电阻炉或电子束进行预热。采用电子束预热零件时，加热用的电子束称为回火电子束，图 7-5 为每小时加工 1600 颗宝石轴承的双枪电子束自动钻孔机的原理图。钻孔电子束是靠磁透镜精细聚焦的脉冲电子束。回火束是散发的电子束，用以加热整个宝石，钻孔直径为 3μm。

（2）加工型孔及特殊表面　图 7-6 所示为用电子束加工喷丝头型孔的一些实例。出丝口的窄缝宽度为 0.03 ~ 0.07mm，长度为 0.80mm，喷丝板厚度为 0.6mm。为了使人造纤维具有光泽、松软有弹性、透气性好，喷丝头的型孔都是一些特殊形状的截面。

电子束可以用来切割或截割各种复杂型面，切口宽度为 3 ~ 6μm，边缘表面粗糙度可控制在 0.5μm。

离心过滤机，造纸化工过滤设备中钢板上的小孔，纵截面希望为锥孔（上小下大），这样可防止堵塞，并便于反冲清洗，用电子束在 1mm 厚不锈钢板上打 φ0.13mm 的锥孔，每秒可打 400 孔，在 3mm 厚的不锈钢板上打中 φ1mm 的锥形孔，每秒可打 20 孔。

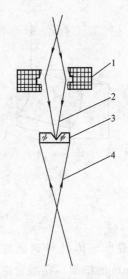

图 7-5　电子束加工宝石轴承

1—电磁透镜　2—钻孔束

3—工件（宝石轴承）　4—回火束

燃烧室混气板及某些透平叶片需要大量的不同方向的斜孔，使叶片容易散热，从而提高发动机的输出功率。如某种叶片需要打斜孔 30000 个，使用电子束加工能廉价地实现。燃气轮机上的叶片、混气板和蜂房消声器等三个重要部件已用电子束打孔代替电火花打孔。

电子束不仅可以加工各种直的型孔和成型表面，而且也可以加工弯孔和立体曲面。利用电子束在磁场中偏转的原理，使电子束在工件内部偏转。控制电子速度和磁场强度，即可控制曲率半径，就可以加工出弯曲的孔。如果同时改变电子束和工件的相对位置，就可进行切割和开槽等加工。如图 7-7 所示，图 7-7a 是对长方形工件 1 施加磁场之后，若

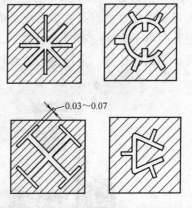

图 7-6　电子束加工的喷丝头异形孔

一面用电子束 3 轰击，一面依箭头 2 方向移动工件，就可获得如实线所示的曲率半径的表面。经图 7-7a 所示的加工后，改变磁场极性再进行加工，就可获得图 7-7b 所示的工件。同样原理，可加工出图 7-7c 所示的弯缝。如果工件不移动，只改变偏转磁场的极性进行加工，则可获得如图 7-7d 所示的入口为一个而出口有两个的弯孔。

（3）刻蚀　在微电子器件生产中，为了制造多层固体组件，利用电子束对

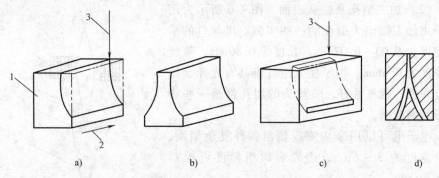

图 7-7 电子束加工曲面、弯孔
1—工件 2—工件运动方向 3—电子束

陶瓷或半导体材料刻出许多微细沟槽和孔来，如在硅片上刻出宽 2.5μm，深 0.25μm 的细槽，在混合电路电阻的金属镀层上刻出 40μm 宽的线条。还可在加工过程中对电阻值进行测量校准，这些都可用计算机自动控制完成。

电子束刻蚀还可用于制板，在铜制印滚筒上按色调深浅刻出许多大小与深浅不一的沟槽或凹坑，其直径为 70～120μm，深度为 5～40μm，小坑代表浅色，大坑代表深色。

（4）焊接 电子束焊接是利用电子束作为热源的一种焊接工艺。如图 7-8 为电子束焊机，当高能量密度的电子束轰击焊件表面时，使焊件接头处的金属熔融，在电子束连续不断地轰击下，形成一个被熔融金属环绕着的毛细管状的蒸气管，如果焊件按一定速度沿着焊件接缝与电子束作相对移动，则接缝上的蒸气管

图 7-8 电子束焊机

由于电子束的离开而重新凝固，使得焊件之间形成一条焊缝。

由于电子束的能量密度高，焊接速度快，所以电子束焊接的焊缝深而窄，焊件热影响区小，变形小。电子束焊接一般不用焊条，焊接过程在真空中进行，因此焊缝化学成分纯净，焊接接头的强度往往高于母材。

电子束焊接可以焊接难熔金属如钽、铌、铝等。也可焊接钛、锆、铀等化学性能活泼的金属。对于普通碳钢、不锈钢、合金钢、铜、铝等各种金属也能用电子束焊接。它可焊接很薄的工件，也可焊接几百毫米厚的工件。

电子束焊接还能焊接一般焊接方法难以完成的异种金属焊接。如铜和不锈钢的焊接，钢和硬质合金的焊接，铬、镍和钼的焊接等。

由于电子束焊接对焊件的热影响小，变形小，可以在工件精加工后进行焊接。又由于它能够实现异种金属焊接，所以就有可能将复杂的工件分成几个零件，这些零件可以单独地使用最合适的材料，采用合适的方法来加工制造，最后利用电子束焊接成一个完整的工件，从而可以获得理想的技术性能和显著的经济效益。

(5) 热处理　电子束热处理也是把电子束作为热源，控制电子束的功率和功率密度大小，使金属表面加热而不熔化，达到热处理的目的。电子束热处理的加热速度和冷却速度都很高，在相变过程中，奥氏体化时间很短，只有几分之一秒乃至千分之一秒，奥氏体晶粒来不及长大，因而能获得一种超细晶粒组织，可使工件获得用常规热处理不能达到的硬度。硬化深度可达 0.3~0.8mm。

电子束热处理与激光热处理类同，但电子束的电热转换效率高，可达 90%，而激光的转换效率只有 7%~10%。电子束热处理在真空中进行，可以防止材料氧化，电子束设备的功率可以做得比激光功率大，所以电子束热处理工艺是很有发展前途的工艺。

如果用电子束加热金属达到表面熔化，可在熔化区加入添加元素，使金属表面形成一层很薄的新的合金层，从而获得更好的力学物理性能。铸铁的熔化处理可以产生非常细的索氏体结构，其特点是抗滑动磨损。铝、钛、镍的各种合金几乎全可进行添加元素处理，从而得到很好的耐磨性能。

(6) 光刻　电子束光刻加工是利用低能量密度的电子束照射高分子材料，由于入射电子和高分子相碰撞，使分子的链被切断或重新聚合而引起相对分子质量的变化，这一步骤称为电子束曝光，如图 7-9a 所示。按规定图形进行电子束照射就会产生潜像。若再将它浸入适当的溶剂中，则由于相对分子质量不同而溶解速度不一样，就会使潜像显影出来，如图 7-9b 所示。如果将这种方法与其他处理工艺并用，如图 7-9c、d 所示，就能在金属掩模或材料的表面上进行刻槽，如图 7-9e、f 所示。

由于可见光的波长大于 0.4μm，故曝光的分辨率小于 1μm 较难，用电子束

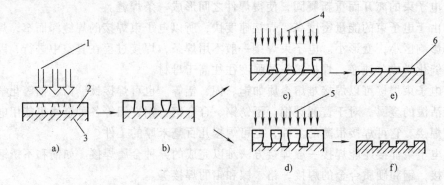

图 7-9 电子束曝光加工过程

a) 电子束曝光 b) 抗蚀显影 c) 蒸镀 d) 离子刻蚀 e)、f) 去掉抗蚀剂

1—电子束 2—电子抗蚀剂 3—基板 4—金属蒸气 5—离子束 6—金属

光刻曝光最佳可达到 $0.25\mu m$ 的线条图形分辨率。

电子束曝光可以用电子束扫描，即将聚焦到小于 $1\mu m$ 的电子束斑在大约 $0.5 \sim 5mm$ 的范围内自由扫描，可曝光出任意图形。另一种"面曝光"的方法是使电子束通过原版，这种原版是用别的方法制成的比加工目标的图形大几倍的模板。再以 $1/5 \sim 1/10$ 的比例缩小投影到电子抗蚀剂上进行大规模集成电路图形的曝光。它可以在几毫米见方的硅片上安排十万个晶体管或类似的元件。

第二节 离子束加工

一、离子束加工原理、分类和特点

（1）离子束加工的原理和物理基础 离子束加工的原理和电子束加工基本类似，也是在真空条件下，将离子源产生的离子束经过加速聚焦，使之打到工件表面。不同的是离子带正电荷，其质量比电子大数千、数万倍，如氩离子的质量是电子的 7.2 万倍，所以一旦离子加速到较高速度时，离子束比电子束具有更大的撞击动能，它是靠微观的机械撞击能量、而不是靠动能转化为热能来加工的。

离子束加工的物理基础是离子束射到材料表面时所发生的撞击效应、溅射效应和注入效应。具有一定动能的离子斜射到工件材料（靶材）表面时，可以将表面的原子撞击出来，这就是离子的撞击效应和溅射效应。如果将工件直接作为离子轰击的靶材，工件表面就会受到离子刻蚀（也称离子铣削）。如果将工件放置在靶材附近，靶材原子就会溅射到工件表面进行溅射沉积吸附，使工件表面镀上一层薄膜。如果离子能量足够大并垂直工件表面撞击时，离子就会钻进靶材表面，这就是离子的注入效应。

（2）离子束加工分类 离子束加工按照其所利用的物理效应和达到目的的

不同，可以分为四类，即利用离子撞击和溅射效应的离子刻蚀、离子溅射沉积和离子镀，以及利用注入效应的离子注入。图 7-10 是各类离子加工的示意图。

1）离子刻蚀是用能量为 0.5～5keV 的氩离子轰击工件，将工件表面的原子逐个剥离。

如图 7-10a 所示。其实质是一种原子尺度的切削加工，所以又称离子铣削。这就是近代发展起来的毫微米加工工艺。

2）离子溅射沉积也是采用能量为 0.5～5keV 的氩离子，轰击某种材料制成的靶，离子将靶材原子击出，沉积在靶材附近的工件上，使工件表面镀上一层薄膜，如图 7-10b 所示。所以溅射沉积是一种镀膜工艺。

3）离子镀也称离子溅射辅助沉积，是用 0.5～5keV 的氩离子，在镀膜时，同时轰击靶材和

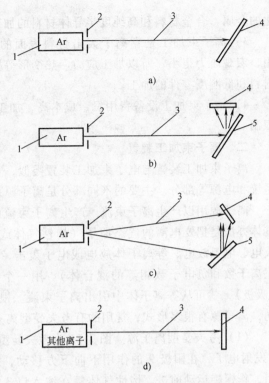

图 7-10　各类离子加工示意图

a）离子刻蚀　b）溅射沉积　c）离子镀　d）离子注入

1—离子源　2—吸极（吸收电子，引出离子）

3—离子束　4—工件　5—靶材

工件表面，如图 7-10c 所示。目的是为了增强膜材与工件基材之间的结合力。也可将靶材高温蒸发，同时进行离子镀。

4）离子注入是采用 5～500keV 能量的离子束，直接轰击被加工材料，由于离子能量相当大，离子就钻进被加工材料的表面层，如图 7-10d 所示。工件表面层含有注入离子后，就改变了化学成分，从而改变了工件表面层的力学物理性能。根据不同的目的选用不同的注入离子，如磷、硼、碳、氮等。

（3）离子束加工的特点

1）由于离子束可以通过电子光学系统进行聚焦扫描，离子束轰击材料是逐层去除原子的，离子束流密度及离子能量可以精确控制，所以离子刻蚀可以达到毫微米（0.001μm）级的加工精度。离子镀膜可以控制在亚微米级精度，离子注入的深度和浓度也可以精确地控制。可以说，离子束加工是所有特种加工方法中最精密、最微细的加工方法，是当代毫微米加工（纳米加工）技术的基础。

2）由于离子束加工是在高真空中进行的，所以污染少，特别适用于对易氧

化的金属、合金材料和高纯度半导体材料的加工。

3）离子束加工是靠离子轰击材料表面的原子来实现的。它是一种微观作用，宏观压力很小，所以加工应力、热变形等极小，加工质量高，适合于对各种材料和低刚度零件的加工。

4）离子束加工设备费用贵、成本高，加工效率低，因此应用范围受到一定限制。

二、离子束加工装置

离子束加工装置与电子束加工装置类似，它也包括离子源、真空系统、控制系统和电源等部分。主要的不同部分是离子源系统。

离子源用以产生离子束流。产生离子束流的基本原理和方法是使原子电离。具体办法是把要电离的气态原子（惰性气体或金属蒸气）注入电离室，经高频放电、电弧放电、等离子体放电或电子轰击，使气态原子电离为等离子体（即正离子数和负电子数相等的混合体）。用一个相对于等离子体为负电位的电极（吸极），就可从等离子体中引出离子束流。根据离子束产生的方式和用途的不同，离子源有很多形式，常用的有考夫曼型离子源和双等离子管型离子源。

（1）考夫曼型离子源 图 7-11 为考夫曼型离子源示意图，它由灼热的灯丝2 发射电子，在阳极 9 的作用下向下方移动，同时受电磁线圈 4 磁场的偏转作用，作螺旋运动前进。惰性气体氩在注入口 3 注入电离室 10，在电子的撞击下被电离成等离子体，阳极 9 和引出电极（吸极）8 上各有 300 个直径为 0.33mm 的小孔，上下位置对齐。在引出电极 8 的作用下，将离子吸出，形成 300 条准直的离子束，再向下则均匀分布在直径为 5cm 的圆面积上。

（2）双等离子体型离子源 如图 7-12 所示的双等离子体型离子源是利用阴极和阳极之间低气压直流电弧放电，将氩、氪或氙等惰性气体在阳极小孔上方的低真空中（0.1~0.01Pa）等离子体化。中间电极的电位一般比阳极电位低，它和阳极都用软铁制成，因此在这两个电极之间形成很强的轴向磁场，使电弧放电局限在这中间，在阳极小孔附近产生强聚焦高密度的等离子体。引出电极将正离子导向阳极小孔以下的高真空区（$1.33 \times 10^{-5} \sim 1.33 \times 10^{-6}$Pa），再通过静电透镜形成密度很高的离子束去轰击工件表面。

三、离子束加工的应用

离子束加工的应用范围正在日益扩大、不断创新。目前用于改变零件尺寸和表面物理力学性能的离子束加工有：用于从工件上作去除加工的离子刻蚀加工；用于给工件表面添加的离子镀膜加工；用于表面改性的离子注入加工等。

（1）刻蚀加工 离子刻蚀是从工件上去除材料，是一个撞击溅射过程。当离子束轰击工件，入射离子的动量传递到工件表面原子，传递能量超过了原子间的键合力时，原子就从工件表面撞击溅射出来，达到刻蚀的目的。为了避免入射

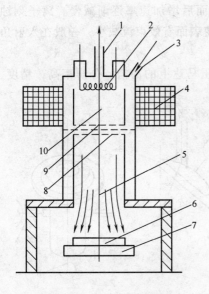

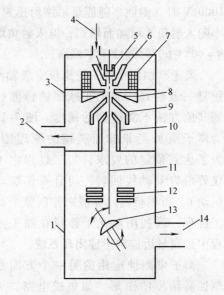

图 7-11 考夫曼型离子源
1—真空抽气口 2—灯丝
3—惰性气体氩注入口 4—电磁线圈
5—离子束流 6—工件 7—阴极
8—引出电极 9—阳极 10—电离室

图 7-12 双等离子体型电子源
1—加工室 2—至第一真空泵 3—离子枪
4—氩气 5—阴极 6—中间电极 7—电磁铁
8—阳极 9—控制电极 10—引出电极
11—离子束 12—静电透镜 13—工件
14—至第二真空泵

离子与工件材料发生化学反应，必须用惰性元素的离子。氩气的原子序数高，而且价格便宜，所以通常用氩离子进行轰击刻蚀。由于离子直径很小（约十分之几个纳米）可以认为离子刻蚀的过程是逐个原子剥离的，刻蚀的分辨率可达微米甚至亚微米级，但刻蚀速度很低，剥离速度大约每秒一层到几十层原子，表7-1列出了一些材料的典型刻蚀率。

表 7-1　典型刻蚀率

靶材料	刻蚀率/nm·min^{-1}	靶材料	刻蚀率/nm·min^{-1}	靶材料	刻蚀率/nm·min^{-1}
Si	36	Ni	54	Cr	20
AsGa	260	Al	55	Zr	32
Ag	200	Fe	32	Nb	30
Au	160	Mo	40		
Pt	120	Ti	10		

注：条件：1000eV，1mA/cm^2 垂直入射。

刻蚀加工时，对离子入射能量、束流大小、离子入射到工件上的角度以及工作室气压等都能分别调节控制，根据不同加工需要选择参数，用氩离子轰击被加工表面时，其效率取决于离子能量和入射角度。离子能量从 100eV 增加到

1000eV 时，刻蚀率随能量增加而迅速增加，而后增加速率逐渐减慢。离子刻蚀率随入射角 θ 增加而增加，但入射角增大会使表面有效束流减小，一般在入射角 $\theta = 40° \sim 60°$ 时刻蚀效率最高。

离子刻蚀用于加工陀螺仪空气轴承和气压马达上的沟槽，分辨率高，精度、重复一致性好。加工非球面透镜能达到其他方法不能达到的精度。图 7-13 为离子束加工非球面透镜的原理图，为了达到预定的要求，加工过程中不仅要沿自身轴线回转，而且要作摆动运动 θ。可用精确计算值来控制整个加工过程，或利用激光干涉仪在加工过程中边测量边控制形成闭环系统。

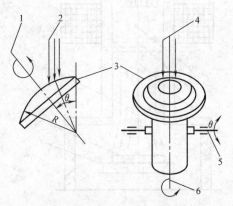

图 7-13　离子束加工非球面透镜原理
1—回转轴　2—离子束　3—工件
4—离子束　5—摆动角　6—回转轴

离子束刻蚀应用的另一个方面是刻蚀高精度的图形，如集成电路、声表面波器件、磁泡器件、光电器件和光集成器件等微电子学器件亚微米图形的离子束刻蚀。

由波导、耦合器和调制器等小型光学元件组合制成的光路称为集成光路。离子束刻蚀已用于制作集成光路中的光栅和波导。

用离子束轰击已被机械磨光的玻璃时，玻璃表面 $1\mu m$ 左右被剥离并形成极光滑的表面。用离子束轰击厚度为 0.2mm 的玻璃，能改变其折射率分布，使之具有偏光作用。玻璃纤维用离子轰击后，变为具有不同折射率的光导材料。离子束加工还能使太阳能电池表面具有非反射纹理表面。

离子束刻蚀还用来制薄材料，用于制薄石英晶体振荡器和压电传感器。制薄探测器探头，可以大大提高其灵敏度，如国内已用离子束加工出厚度为 $40\mu m$ 并且自己支撑的高灵敏探测器头。用于制薄样品，进行表面分析，如用离子束刻蚀可以制薄月球岩石样品，从 $10\mu m$ 至薄到 10nm。能在 10nm 厚的 Au-Pb 膜上刻出8nm 的线条来。

（2）镀膜加工　离子镀膜加工有溅射沉积和离子镀两种。离子镀时工件不仅接受靶材溅射来的原子，还同时受到离子的轰击，这使离子镀具有许多独特的优点。

离子镀膜附着力强、膜层不易脱落。这首先是由于镀膜前离子以足够高的动能冲击基体表面，清洗掉表面的玷污和氧化物，从而提高了工件表面的附着力。其次是镀膜刚开始时，由工件表面溅射出来的基材原子，有一部分会与工件周围气氛中的原子和离子发生碰撞而返回工件。这些返回工件的原子与镀膜的膜材原子同时到达工件表面，形成了膜材原子和基材原子的共混膜层。而后，随膜层的增厚，逐渐过渡到单纯由膜材原子构成的膜层。此混合过渡层的存在，可以减少由于膜材与基材两者膨胀系数不同而产生的热应力，增强了两者的结合力，使膜层不易脱落。镀层组织致密，针孔气泡少。

用离子镀的方法对工件镀膜时，其绕射性好，使基板的所有暴露的表面均能被镀覆。这是因为蒸发物质或气体在等离子区离解而成为正离子，这些正离子能随电力线而终止在负偏压基片的所有边。离子镀的可镀材料广泛，可在金属或非金属表面上镀制金属或非金属材料，各种合金、化合物、某些合成材料、半导体材料、高熔点材料均可镀覆。

离子镀技术已用于镀制润滑膜、耐热膜、耐蚀膜、耐磨膜、装饰膜和电气膜等。如在表壳或表带上镀氮化钛膜，这种氮化钛膜呈金黄色，它的反射率与18开金镀膜相近，其耐磨性和耐腐蚀性大大优于镀金膜和不锈钢，其价格仅为黄金的1/60。离子镀装饰膜还用于工艺美术品的首饰、景泰蓝等，以及金笔套、餐具等的修饰上，其膜厚仅 $1.5 \sim 2\mu m$。

离子镀膜代替镀铬硬膜，可减少镀铬公害。$2 \sim 3\mu m$ 厚的氮化钛膜可代替 $20 \sim 25\mu m$ 的硬铬膜。航空工业中可采用离子镀铝代替飞机部件镀镉。

用离子镀方法在切削工具表面镀氮化钛、碳化钛等超硬层，可以提高刀具的耐用度。一些试验表明，在高速钢刀具上用离子镀镀氮化钛，刀具耐用度可提高 $1 \sim 2$ 倍，也可用于处理齿轮滚刀、铣刀等复杂刀具。

离子镀的种类有很多，常用的离子镀是以蒸发镀膜为基础的，即在真空中使被蒸发物质气化，在气体离子或被蒸发物质离子冲击作用的同时，把蒸发物蒸镀在基体上。空心阴极放电离子镀（HCD）具有较多的优越性，图7-14是空心阴极放电离子镀装置示意图，它是应用空心阴极放电技术，采用低电压（几十伏）、大电流（100A左右）的电子束射入坩埚，加热蒸镀材料并使蒸发原子电离，把蒸镀材料的蒸发与离化过程结合起来，使离化率高达22%～40%。是一种镀膜效率高、膜层质量好的方法。目前已做了大量试验研究工作并已用于工业生产。

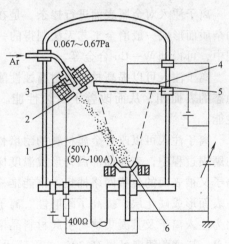

图7-14 空心阴极放电离子镀装置示意图
1—电子束 2—电子枪 3—空心阴极
4—基板台 5—基板 6—蒸发物

（3）注入加工 离子注入是向工件表面直接注入离子，它不受热力学限制，可以注入任何离子，且注入量可以精确控制，注入离子是固溶在工件材料中，含量可达 10% ~ 40%，注入深度可达 1μm 甚至更深。

离子注入在半导体方面的应用，在国内外都很普遍，它是用硼、磷等"杂质"离子注入半导体，用以改变导电形式（P 型或 N 型）和制造 P—N 结，制造一些通常用热扩散难以获得的各种特殊要求的半导体器件。由于离子注入的数量、P—N 结的浓度、注入的区域都可以精确控制，所以成为制作半导体器件和大面积集成电路的重要手段。

离子注入改善金属表面性能方面的应用正在形成一个新兴的领域。利用离子注入可以改变金属表面的物理化学性能，可以制得新的合金，从而改善金属表面的抗蚀性能、抗疲劳性能、润滑性能和耐磨性能等。表 7-2 是离子注入金属样品后，改变金属表面性能的例子。

表 7-2　离子注入金属样品

注入目的	离　子　种　类	能量/keV	剂量/离子·cm^{-2}
耐腐蚀	B C Al Ar Cr Fe Ni Zn Ga Mo In Ru Ce Ta Ir	20 ~ 100	>10^{17}
耐磨损	B C Ne N S Ar Co Cu Kr Mo Ag In Sn Pb	20 ~ 100	>10^{17}
改变摩擦因数	Ar S Kr Mo Ag In Sn Pb	20 ~ 100	>10^{17}

离子注入对金属表面进行掺杂，是在非平衡状态下进行的，能注入互不相溶的杂质而形成一般冶金工艺无法制得的一些新的合金。如将 W 注入到低温的 Cu 靶中，可得到 W—Cu 合金等。

离子注入可以提高材料的耐腐蚀性能。如把 Cr 注入 Cu，能得到一种新的亚稳态的表面相，从而改善了耐蚀性能。离子注入还能改善金属材料的抗氧化性能。

离子注入可以改善金属材料的耐磨性能。如在低碳钢中注入 N、B、Mo 等，在磨损过程中，表面局部温升形成温度梯度，使注入离子向衬底扩散，同时注入离子又被表面的位错网络捕集，不能推移很深。这样，在材料磨损过程中，不断在表面形成硬化层，提高了耐磨性。离子注入还可以提高金属材料的硬度，这是因为注入离子及其凝集物将引起材料晶格畸变、缺陷增多的缘故。如在纯铁中注入 B，其显微硬度可提高 20%。用硅注入铁，可形成马氏体结构的强化层。离子注入改善金属材料的润滑性能，是因为离子注入表层，在相对摩擦过程中，这些被注入的细粒起到了润滑作用，提高了材料的使用寿命。如把 C$^+$、N$^+$ 注入碳化钨中，其工作寿命可大大延长。此外，离子注入在光学方面可以制造光波导。例如对石英玻璃进行离子注入，可增加折射率而形成光波导。还用于改善磁泡材料性能、制造超导性材料，如在铌线表面注入锡，则成为表面生成具有超导性 Nb$_3$Sn 的导线。

第八章 化学、等离子体、快速成型、磁性磨料加工

第一节 化学加工

化学加工（Chemical Machining）是利用酸、碱、盐等化学溶液对金属产生化学反应，使金属腐蚀溶解，改变工件尺寸和形状（以至表面性能）的一种加工方法。

化学加工的应用形式很多，但属于成形加工的主要有化学蚀刻和光化学腐蚀加工法；属于表面加工的有化学抛光和化学镀膜等。

一、化学蚀刻加工

（1）化学蚀刻加工的原理、特点和应用范围　化学蚀刻加工又称化学铣切（Chemical Milling，简称 CHM），它的加工原理如图 8-1 所示。先把工件非加工表面用耐腐蚀性涂层保护起来，需要加工的表面露出来，浸入到化学溶液中进行腐蚀，使金属按特定的部位溶解去除，达到加工目的。

金属的溶解作用，不仅在垂直于工件表面的深度方向进行，而且在保护层下面的侧向也进行溶解，并呈圆弧状，如图 8-1 中的 H 和 R。金属的溶解速度与工件材料的种类及溶液成分有关。

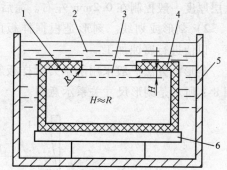

图 8-1　化学蚀刻加工原理
1—工件材料　2—化学溶液　3—化学腐蚀部分
4—保护层　5—溶液箱　6—工作台

化学蚀刻的特点：

1）可加工任何难切削的金属材料，而不受任何硬度和强度的限制，如加工钼合金、铝合金、钛合金、镁合金、不锈钢等。

2）适合于大面积加工，可同时加工多件。

3）加工过程中不会产生应力、裂纹、毛刺等缺陷，表面粗糙度可达 R_a = $2.5 \sim 1.25 \mu m$。

4）加工操作技术比较简单。

化学蚀刻的缺点：

1）不适宜加工窄而深的槽、型孔等。

2）原材料中缺陷和表面不平度、划痕等不易消除。

3）腐蚀液对设备和人体有危害，故需有适当的防护性措施。

化学蚀刻的应用范围：

1）主要用于较大工件的金属表面厚度减薄加工，例如：在航空和航天工业中常用于减轻结构件的重量；对大面积或不利于机械加工的薄壁、内表层的金属蚀刻更适宜采用。蚀刻厚度一般小于 13mm。

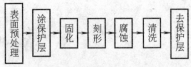

图 8-2　化学蚀刻工艺过程

2）用于在厚度小于 1.5mm 薄壁零件上加工复杂的型孔。

（2）化学蚀刻工艺过程　化学蚀刻的主要过程如图 8-2 所示，其中主要的工序是涂保护层、刻形和化学腐蚀。

1）涂覆。常用的保护层有氯丁橡胶、丁基橡胶、丁苯橡胶等耐蚀涂料。在涂保护层之前，必须把工件表面的油污、氧化膜等清除干净，并在相应的腐蚀液中进行预腐蚀。在某些情况下还要进行喷砂处理，使表面形成一定的粗糙度，以保证涂层与金属表面粘结牢固。保护层必须具有良好的耐酸、碱性能，并在化学蚀刻过程中粘结力不下降。

涂覆的方法有刷涂、喷涂、浸涂等。涂层要求均匀，不允许有杂质和气泡。涂层厚度一般控制在 0.2mm 左右。涂后需经一定时间和适当温度加以固化。

2）刻形或划线。刻形是根据样板的形状和尺寸，把待加工表面的涂层去掉，以便进行腐蚀加工。

刻形的方法一般采用手术刀沿样板轮廓切开保护层，并把不要的部分剥掉。图 8-3 所示是刻形尺寸关系示意图。

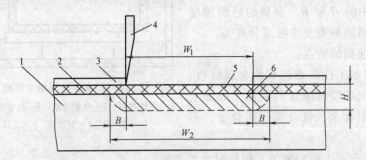

图 8-3　刻形尺寸关系示意图

1—工件材料　2—保护层　3—刻形样板　4—刻形刀　5—应切除的保护层　6—溶解部分

实验证明，当蚀刻深度达到某值时，其尺寸关系可用下式表示：

$$K = 2H/(W_2 - W_1) = H/B \tag{8-1}$$

或
$$H = KB$$

式中　K——腐蚀系数，根据溶液成分、浓度、工件材料等因素，由实验
　　　　确定；

　　　H——腐蚀深度；

　　　B——侧面腐蚀宽度；

　　　W_1——刻形尺寸；

　　　W_2——最终腐蚀尺寸。

刻形样板多采用 1mm 左右的硬铝板制作。

3）化学腐蚀。化学蚀刻的溶液随加工材料而异，其配方见表 8-1。表 8-1
中所列腐蚀速度，只是在一定条件下的平均值，实际上腐蚀速度受溶液浓度、温
度和金相组织等因素的影响。

表 8-1　加工材料及腐蚀溶液配方

加工材料	溶液成分	加工温度/℃	腐蚀速度/(mm/min)
铝、铝合金	NaOH150 ~ 300g/L(Al:5 ~ 50g/L)[①]	70 ~ 90	0.02 ~ 0.05
	FeCl₃120 ~ 180g/L	50	0.025
铜、铜合金	FeCl₃300 ~ 400g/L	50	0.025
	$(NH_4)_2S_2O_3$200g/L	40	0.013 ~ 0.025
	CuCl₂200g/L	55	0.013 ~ 0.015
镍、镍合金	HNO₃48% + H₂SO₄5.5% + H₃PO₄11% + CH₃COOH5.5%[②]	45 ~ 50	0.025
	FeCl₃34 ~ 38g/L	50	0.013 ~ 0.025
不锈钢	HNO₃3N + HCl₂N + HF₄N + C₂H₄O₂0.38N(Fe:0 ~ 60g/L)[①]	30 ~ 70	0.03
	FeCl₃35 ~ 38g/L	55	0.02
碳钢、合金钢	HNO₃20% + H₂SO₄5% + H₃PO₄5%[②]	55 ~ 70	0.018 ~ 0.025
	FeCl₃35 ~ 38g/L	50	0.025
	HNO₃10% ~ 35%(体积)	50	0.025
钛、钛合金	HF10% ~ 50%(体积)	30 ~ 50	0.013 ~ 0.025
	HF₃N + HNO₃2N + HCl0.5N(Ti:5 ~ 31g/L)[①]	20 ~ 40	0.001

① 为溶液中金属离子的允许含量。

② 百分数均为体积分数。

二、光化学腐蚀加工

光化学腐蚀加工简称光化学加工（Optical Chemical Machining，缩写 OCM），
是光学照相制版和光刻（化学腐蚀）相结合的一种精密微细加工技术。它与化
学蚀刻（化学铣削）的主要区别是不靠样板人工刻形、划线，而是用照相感光
来确定工件表面要蚀除的图形、线条，因此可以加工出非常精细的文字图案，目
前已在工艺美术、机械工业和电子工业中获得应用。

1. 照相制版的原理和工艺

（1）照相制版的原理　照相制版是把所需之图像摄影到照相底片上，并经过光化学反应，将图像复制到涂有感光胶的铜板或锌板上，再经过紧膜固化处理，使感光胶具有一定的抗蚀能力，最后经过化学腐蚀，即可获得所带图形的金属板。

照相制版不仅是印刷工业的关键工艺，而且还可以加工一些机械加工难以解决的、具有复杂图形的薄板、薄片，或在金属表面蚀刻图案、花纹等。

（2）工艺过程　图8-4为照相制版的工艺过程方框图。其主要工序包括：原图、照相、涂覆、曝光、显影、坚膜、腐蚀等。

1）原图和照相。原图是将所需图形按一定比例放大描

图8-4　照相制版工艺过程方框图

绘在纸上或刻在玻璃上，一般需放大几倍，然后通过照相，将原图按需要大小缩小在照相底片上。照相底片一般采用涂有卤化银的感光版。

2）金属版和感光胶的涂覆。金属版大多采用微晶锌版和纯铜版，但要求具有一定的硬度和耐磨性，表面光整、无杂质、无氧化层、无油垢等，以增强对感光胶膜的吸附能力。

常用的感光胶有聚乙烯醇、骨胶、明胶等。感光胶的配方见表8-2。

表8-2　感光胶的配方

配方	感光胶成分		方　法	浓度	备注
I	1. 聚乙烯醇（聚合度1000~1700）　80g 水　　　　　　　　　　　　600mL 烷基苯磺酸钠　　　　　　　4~8滴	各成分混合后，放容器内蒸煮至透明	1、2两液冷却后混合并过滤	1液加2液约800mL波美4度	放在暗处
	2. 重铬酸铵　　　　　　　　　12g 水　　　　　　　　　　　　200mL	溶化			
II	1. 骨胶（粒状或块状）　　　500g 水　　　　　　　　　　　1500mL	在容器内搅拌蒸煮溶解	1、2两液混合过滤	1液加2液约2300~2500mL波美8度	放暗处，（冬天用热水保温使用）
	2. 重铬酸铵　　　　　　　　　75g 水　　　　　　　　　　　　600mL	溶化			

3）曝光、显影和坚膜。曝光是将原图照相底片紧紧密合在已涂覆感光胶的金属版上。通过紫外光照射，使金属版上的感光胶膜按图像感光。照相底片上不透光部分，由于挡住了光线照射，胶膜不参与光化学反应，仍是水溶性的；照相底片上透光部分，由于参与了化学反应，使胶膜变成不溶于水的络合物。然后经

过显影，把未感光的胶膜用水冲洗掉，使胶膜呈现出清晰的图像。图 8-5 为照相制版曝光、显影示意图。

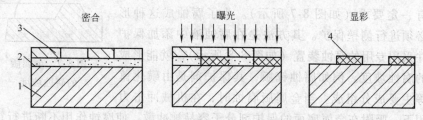

图 8-5　照相制版曝光、显影示意图
1—金属板　2—感光膜　3—照相底片　4—成像胶膜

为提高显影后胶膜的抗蚀性，可将制版放在坚膜液中进行处理，坚膜液成分和处理时间见表 8-3。

表 8-3　坚膜液成分和处理时间

感光胶	坚膜液		处理时间	备注
聚乙烯醇	铬酸酐　　400g 水　　4000mL	新坚膜液	春、秋、冬季 10s，夏季 5～10s	用水冲净、晾干、烘烤
		旧坚膜液	30s 左右	

4）固化。经过感光坚膜后的胶膜，抗蚀能力仍不强，必须进一步固化。聚乙烯醇胶一般在 180℃ 下固化 15min，即呈深棕色。因固化温度还与金属极分子结构有关，微晶锌版固化温度不超过 200℃，铜版固化温度不超过 300℃，时间 5～7min，表面呈深棕色为止。固化温度过高或时间太长，深棕色变黑，致使胶裂或碳化，丧失了抗蚀能力。

5）腐蚀。经固化膜后的金属版，放在腐蚀液中进行腐蚀，即可获得所需图像，其原理如图 8-6 所示。照相制版腐蚀液配方见表 8-4。

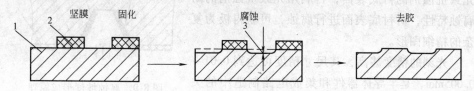

图 8-6　照相制版的腐蚀原理示意图
1—显影后的金属片　2—成像胶膜　3—腐蚀深度

表 8-4　照相制版腐蚀液配方

金属版	腐蚀液成分（质量分数）	腐蚀温度/℃	转速/(r/s)
微晶锌版	硝酸 10～11.5 波美度 + 2.5%～3% 添加剂	22～25	250～300
纯铜版	三氯化铁 27～30 波美度 + 1.5% 添加剂	20～25	250～300

注：添加剂是为防止侧壁腐蚀的保护层。

随着腐蚀的加深，在侧壁方向也产生腐蚀作用，影响到形状和尺寸精度。一般印制版的腐蚀深度和侧面坡度都有一定要求（如图 8-7 所示）。为了腐蚀成这种形状，必须进行侧壁保护。其方法是在腐蚀液中添加保护剂，并采用专用的腐蚀装置（如图 8-8 所示），就能形成一定的腐蚀坡度。例如腐蚀锌版，其保护剂是由磺化蓖麻油等主要成分组成。当金属版腐蚀时，在机械冲击力的作用下，吸附在金属底面的保护剂分子容易被冲散，使腐蚀作用不断进行；而吸附于侧面的保护剂分子，因不易被冲散，故形成保护层，阻碍了腐蚀作用，因此自然形成一定的腐蚀坡度，如图 8-9 所示。腐蚀铜版的保护剂由乙烯基硫脲和二硫化钾脒组成，在三氯化铁腐蚀液中腐蚀铜版时，能产生一层白色氧化层，可起到保护侧壁的作用。

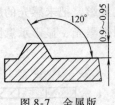

图 8-7　金属版
的腐蚀坡度

另一种保护侧壁的方法是所谓有粉腐蚀法，其原理是把松香粉刷嵌在腐蚀露出的图形侧壁上，加温熔化后松香粉附于侧壁表面，也能起到保护侧壁的作用。此法需重复许多次才能腐蚀到所要求的深度，操作比较费事，但设备要求简单。

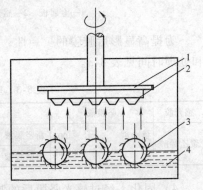

图 8-8　侧壁保护腐蚀装置
1—固定转盘　2—印制版
3—叶轮　4—腐蚀液

2. 光刻加工的原理和工艺

（1）光刻加工的原理、特点和应用范围　光刻是利用光致抗蚀剂的光化学反应特点，将掩模版上的图形精确的印制在涂有光致抗蚀剂的衬底表面，再利用光致抗蚀剂的耐腐蚀特性，对衬底表面进行腐蚀，可获得极为复杂的精细图形。

光刻的精度甚高，其尺寸精度可达到 0.01 ~ 0.005mm，是半导体器件和集成电路制造中的关键工艺之一。特别是对大规模集成电路、超大规模集成电路的制造和发展，起了极大的推动作用。

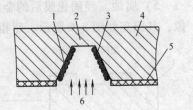

图 8-9　腐蚀坡度形成原理
1—侧面　2—底面　3—保护剂分子
4—金属版　5—胶膜　6—腐蚀液

利用光刻原理还可制造一些精密产品的零部件，如刻线尺、刻度盘、光栅、细孔金属网板、电路布线板、晶闸管元件等。

（2）光刻的工艺过程　图 8-10 所示为光刻的主要工艺过程。图 8-11 为半导体光刻工艺过程示意图。

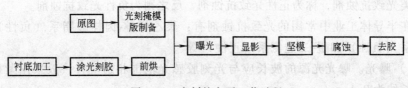

图 8-10　光刻的主要工艺过程

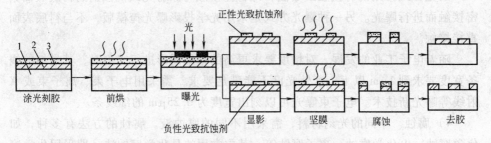

图 8-11　半导体光刻工艺过程示意图
1—衬底（硅）　2—光刻薄膜（SiO_2）　3—光致抗蚀剂

1）原图和掩模版的制备。原图制备：首先在透明或半透明的聚酯基板上，涂覆一层醋酸乙烯树脂系的红色可剥性薄膜；然后把所需的图形按一定比例放大几倍至几百倍，用绘图机绘图刻制可剥性薄膜，把不需要部分的薄膜剥掉而制成原图。

掩模版制备：如在半导体集成电路的光刻中，为了获得精确的掩模版，需要先利用初缩照相机把原图缩小制成初缩版；然后采用分步重复照相机将初缩精缩，使图形进一步缩小，从而获得尺寸精确的照相底版；再把照相底版用接触复印法，将图形印制到涂有光刻胶的高纯度铬薄膜板上，经过腐蚀，即获得金属薄膜图形掩膜版。

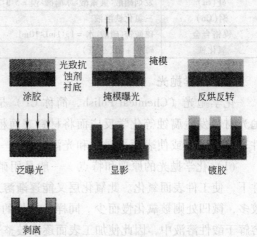

图 8-12　光致抗蚀剂的工作原理

2）涂覆光致抗蚀剂。光致抗蚀剂是光刻工艺的基础，它是一种对光敏感的高分子溶液。根据其光化学特点，可分为正性和负性两类。图8-12示出光致抗蚀剂的工作原理。

凡能用显影液把感光部分溶除，而得到和掩模版上挡光图形相同的抗蚀涂层的一类光致抗蚀剂,称为正性光致抗蚀剂,反之则为负性光致抗蚀剂。

在半导体工业中常用的光致抗蚀剂有:聚乙烯醇-肉桂酸脂系(负性)、双迭氮系(负性)和醌-二迭氮系(正性)等。

3)曝光。曝光光源的波长应与光刻胶感光范围相适应,一般采用紫外光,其波长约为 $0.4\mu m$。

曝光方式常用的有接触式曝法,即将掩模版与涂有光致抗蚀剂的衬底表面紧密接触而进行曝光。另一种曝光方式是采用光学投影曝光掩模版,不与衬底表面直接接触。

随着电子工业的发展,对精度要求更高的精细图形进行光刻时,其最细的线条宽度要求到 $1\mu m$ 以下,紫外光已不能满足要求,需采用电子束、离子束或 X 射线等曝光新技术。电子束曝光可以刻出宽度为 $0.25\mu m$ 的细线条。

4)腐蚀。不同的光刻材料,需采用不同的腐蚀液。腐蚀的方法有多种,如化学腐蚀、电化学腐蚀、离子腐蚀等,其中常用的是化学腐蚀法,即采用化学溶液对带有光致抗蚀剂层的衬底表面进行腐蚀。常用的化学腐蚀液见表 8-5。

表 8-5　常用的化学腐蚀液

被腐蚀材料	腐蚀液成分	腐蚀温度/℃
铝(Al)	质量分数为 80% 以上的磷酸	约 80
金(Au)	碘化铵溶液加少量碘	常温
铬(Cr)	高锰酸钾:氢氧化钠:水 = 3g:1g:100mL	约 60
二氧化硅(SiO₂)	氢氟酸:氟化铵:去离子水 = 3mL:6g:10mL	约 32
硅(Si)	发烟硝酸:氢氟酸:冰醋酸:溴 = 5:3:3:0.06(比体积)	约 0
铜(Cu)	三氯化铁溶液	常温
镍铬合金	硫酸铈:硝酸:水 = 1g:1mL:10mL	常温
氧化铁	磷酸 + 铝(少量)	常温

三、化学抛光

化学抛光(Chemical Polish,简称 CP)是指通过抛光料中的化学成分,与被抛光材料发生腐蚀等化学反应而将材料表面粗糙度降低的过程。其目的是改善工件表面粗糙度或使表面平滑化和光泽化。

(1)化学抛光的原理和特点　一般是用硝酸或磷酸等氧化剂溶液,在一定条件下,使工件表面氧化。此氧化层又能逐渐溶入溶液,表面微凸起处被氧化较快而较多,微凹处则被氧化慢而少。同样凸起处的氧化层又比凹处更多、更快地扩散,溶解于酸性溶液中,因此使加工表面逐渐被整平,达到表面平滑化和光泽化。

化学抛光的特点是:可以大面或多件抛光薄壁、低刚度零件,精度较高,抛光产生的破坏深度较浅,可以抛光内表面和形状复杂的零件,不需外加电源、设备,操作简单、成本低。其缺点是抛光速度很慢,容易导致抛光雾斑,化学抛光效果比电化学抛光效果差,且抛光液用后处理较麻烦。

（2）化学抛光的工艺要点及应用

1）金属的化学抛光。常用硝酸、磷酸、硫酸、盐酸等酸性溶液，抛光铝、铝合金、钼、钼合金，碳钢及不锈钢等。有时还加入明胶或甘油之类。

抛光时必须严格控制溶液温度和时间。温度从室温到90℃，时间自数秒到数分钟，要根据材料、溶液成分经试验后才能确定最佳值。

2）半导体材料的化学抛光。如锗和硅等半导体基片在机械研磨平整后，还要最终用化学抛光去除表面杂质和变质层。常用氢氟酸和硝酸、硫酸的混合溶液，或双氧水和氢氧化铵的水溶液。

四、化学镀膜

化学镀膜的目的是在金属或非金属表面镀上一层金属，起装饰、防腐蚀或导电等作用。

（1）化学镀膜的原理和特点　其原理是在含金属盐溶液的镀液中加入一种化学还原剂，将镀液中的金属离子还原后，沉积在被镀零件表面。

其特点是：有很好的均镀能力，镀层厚度均匀，这对大表面和精密复杂零件很重要；被镀工件可为任何材料，包括非导体，如玻璃、陶瓷、塑料等；不需电源，设备简单；镀液一般可连续、再生使用。

（2）化学镀膜的工艺要点及应用　化学镀铜主要用硫酸铜，镀镍主要用氯化镍，镀铬用溴化铬，镀钴用氯化钴溶液，以次磷酸钠或次硫酸钠作为还原剂，也有选用酒石酸钾钠或葡萄糖等为还原剂的。对特定的金属，需选用特定的还原剂。镀液成分、浓度、温度和时间都对镀层质量有很大影响。镀前还应对工件表面除油、去锈等净化处理。

应用最广的是化学镀镍、钴、铬、锌，其次是镀铜、锡。在电铸前，常在非金属的表面用化学镀镀上一层很薄的银或铜作为导电层和脱模之用。

第二节　等离子体加工

一、等离子体加工基本原理

等离子体加工（Plasma Arc Machining）又称等离子弧加工，是利用电弧放电，使气体电离成过热的等离子气体流束，靠局部熔化及气化来去除材料的。等离子体被称为物质存在的第四种状态。物质存在的通常三种状态是气、液、固三态。等离子体是高温电离的气体，它由气体原子或分子在高温下获得能量电离之后，离解成带正电荷的离子和带负电荷的自由电子所组成，整体的正负电荷数值仍相等，因此称为等离子体。

图8-13所示为等离子弧基本类型：

（1）非转移弧（图8-13a）　钨极接电源负极，喷嘴接电源正极，电源合闸

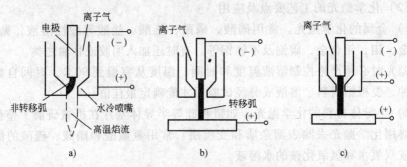

图 8-13　等离子弧基本类型

a）非转移弧　b）转移弧　c）联合型弧

后由高频振荡器或接触短路，使钨极和喷嘴之间引燃电弧，然后喷嘴中的离子气流将弧焰喷出喷嘴，形成等离子焰流。国外亦称非转移弧焊接。

（2）转移弧（图 8-13b）　钨极接电源负极，喷嘴和工件都接电源正极。可以用一套电源，也可以用两套电源。用一套电源时，在钨极和喷嘴之间的电回路内串联一个电阻，以获得小电流下降外特性。转移弧的产生是先在钨极和喷嘴之间形成非转移弧，待等离子焰流接触工件，立即形成钨极和工件之间的转移弧，同时切断非转移弧。大部分焊接和切割工作就是采用转移弧进行的。

（3）联合型弧（图 8-13c）　工作时，非转移弧和转移弧同时存在；小电流焊接时，都采用联合型弧，有助于电弧稳定。

图 8-14 为等离子体加工原理图。该装置由直流电源供电，钨电极 6 接阴极，工件 10 接阳极。利用高频振荡或瞬时短路引弧的方法，使钨电极与工件之间形成电弧。电弧的温度很高，使工质气体的原子或分子在高温中获得很高的能量，其电子冲破了带正电的原子核的束缚，成为自由的负电子，而原来呈中性的原子失去电子后成为正离子。这种电离化的气体，正负电荷的数量仍然相

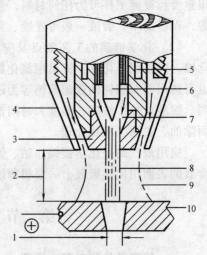

图 8-14　等离子体加工原理图

1—切缝　2—距离　3—喷嘴　4—保护罩
5—冷却水　6—钨电极　7—工质气体
8—等离子体电弧　9—保护气体屏
10—工件

等，从整体看呈电中性，称之为等离子体电弧。在电弧外围不断送入工质气体，回旋的工质气流还形成与电弧柱相应的气体鞘，压缩电弧，使其电流密度和温度大大提高。采用的工质气体有氮、氖、氩、氢或是这些气体的混合。

等离子体具有极高的能量密度，是由下列三种效应造成的：

（1）机械压缩效应　电弧在被迫通过喷嘴通道喷出时，通道对电弧产生机械压缩作用，而喷嘴通道的直径和长度对机械压缩效应的影响很大。

（2）热收缩效应　喷嘴内部通入冷却水，使喷嘴内壁受到冷却，温度降低，因而靠近内壁的气体电离度急剧下降，导电性差；电弧中心导电性好，电离度高。电弧电流被迫在电弧中心高温区通过，使电弧的有效截面缩小，电流密度大大增加。这种因冷却而形成的电弧截面缩小作用，就是热收缩效应。一般高速等离子气体流量越大，压力越大，冷却越充分，则热收缩效应越强烈。

（3）磁收缩效应　由于电弧电流周围磁场的作用，迫使电弧产生强烈的收缩作用，使电弧变得更细，电弧区中心电流密度更大，电弧更稳定而不扩散。

由于上述三种压缩效应的综合作用，使等离子体的能量高度集中，电流密度、等离子体电弧的温度都很高，达到 11000～28000℃（普通电弧仅 5000～8000℃），气体的电离度也随着剧增，并以极高的速度（约 800～2000m/s，比声速还高）从喷嘴孔喷出，具有很大的动能和冲击力。当达到金属表面时，可以释放出大量的热能，加热和熔化金属，并将熔化了的金属材料吹除。

等离子体加工有的叫做等离子体电弧加工或等离子体电弧切割。

也可以把图 8-14 中的喷嘴接直流电源的阳极，钨电极接阴极，使阴极钨电极和阳极喷嘴的内壁之间发生电弧放电，吹入的工质气体受电弧作用加热膨胀，从喷嘴喷出形成射流，称之为等离子体射流，使放在喷嘴前面的材料充分加热。由于等离子体电弧对材料直接加热，因而比用等离子体射流对材料的加热效果好得多。因此，等离子体射流主要用于各种材料的喷镀及加热处理等方面；等离子电弧则用于金属材料的加工、切割以及焊接等。

等离子弧不但具有温度高、能量密度大的优点，而且焰流可以控制。适当的调节功率大小、气体类型、气体流量、进给速度和火焰角度，以及喷射距离等，可以利用一个电极加工不同厚度的多种材料。

二、等离子体加工材料去除速度和加工精度

等离子体切割的速度是很高的，成形切割厚度为 25mm 的铝板时的切割速度为 760mm/min，而厚度为 6.4mm 钢板的切割速度为 4060mm/min。采用水喷时可增加碳钢的切割速度，对厚度为 5mm 的钢板，切割速度为 6100mm/min。切割速度分最快切割速度和最佳切割速度。切割速度过大，割口呈 V 形，割口表面有明显割纹，割口底部有割瘤。最佳切割速度时割口呈平行状态。图 8-15 示出最快切割速度和最

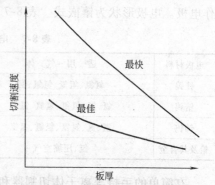

图 8-15　最快切割速度和最佳切割速度与板厚的关系

佳切割速度与板厚的关系。表8-6列出了等离子弧切割常用的工艺参数。

表8-6　等离子弧切割常用的工艺参数

工件厚度 /mm	气体种类	空载电压 /V	切割电压 /V	切割情况	备注
≤120	N_2	250~350	150~200	可以	常用
≤150	$N_2 + Ar[\varphi(N_2) = 10\% \sim 80\%]$	200~350	120~200	很好	切口较好
≤200	$N_2 + H_2[\varphi(N_2) = 50\% \sim 80\%]$	300~500	180~300	尚好	大厚度切割
≤200	$Ar + H_2[\varphi(H_2) \approx 35\%]$	250~500	150~300	很好	薄、中、厚板都可用

切边的斜度一般为2°~7°，当仔细控制工艺参数时，斜度可保持在1°~2°。对厚度小于25mm的金属，切缝宽度通常为2.5~5mm；厚度达150mm的金属，切缝宽度为10~20mm。

等离子体加工孔的直径在10mm以内，钢板厚度为4mm时，加工精度为±0.25mm；当钢板厚度达35mm，加工孔或槽的精度为±0.8mm。

加工后的表面粗糙度通常为$R_a1.6 \sim 3.2\mu m$，热影响层分布的深度为1~5mm，其值决定于工件的热学性质、加工速度、切割深度，以及所采用的加工参数。

三、等离子体加工设备

（1）切割电源　大多数切割工作都采用转移弧。电源都选用陡降或垂降外特性，比等离子弧焊电源空载电压高。国产切割电源的空载电压都在200V以上，水压缩等离子弧切割电源的空载电压为400V。

（2）割枪　与等离子弧焊枪相比，割枪的喷嘴孔道比较大，孔道直径更小，有利于压缩等离子弧。进气方式最好径向通入，有利于提高割枪喷嘴的使用寿命。由于孔道直径小，割枪要求电极和割嘴同心度好。

（3）电极　电极材料的选择与等离子弧焊接相同。但是，空气等离子切割时，空气对电极氧化作用大，因此不能选用钨作电极，只能选用铝或锆及其合金作电极。电极形状为镶嵌式。表8-7列出电极材料与适用气体。

表8-7　电极材料与适用气体

电极材料	适用气体	电极材料	适用气体
钍钨	氩、氮、氢氮、氢氩、氩	纯钨	氩、氢氩
锆钨	氩、氮、氢氮、氢氩、氮氩	锆及其合金	氮、压缩空气
铈钨	氩、氮、氢氰、氢氩、氮氩	石墨	空气、氮、氩或混合气体
铪及其合金	氮、压缩空气		

有简单的手持等离子体切割器和小型手提式装置；有比较复杂的程序控制和数字程序控制的设备，多喷嘴的设备；还有采用光学跟踪的。工作台尺寸达

13.4m×25m，切割速度为 50～6100mm/min。在大型程序控制成形切削机床上可安装先进的等离子体切割系统，并装备有喷嘴的自适应控制，以自动寻找和保护喷嘴与板材的正确距离。除了平面成形切割外，还有用于车削、开槽、钻孔和刨削的等离子体加工设备。

切割用的直流电源空载电压一般为 300V 左右，用氢气作为切割气体时空载电压可以降低为 100V 左右。常用的电极为铈钨或钍钨。用压缩空气作为工质气体切割时，使用的电极为金属锆或铪。使用的喷嘴材料一般为纯铜或锆铜。

四、等离子体加工应用

等离子体加工已广泛用于切割稀有金属；各种金属材料，特别是不锈钢、铜、铝的成形切割，已获得重要的工业应用；切割不锈钢、铝及其合金的厚度一般为 3～100mm；可以快速而较整齐地切割软钢、合金钢、钛、铸铁、钨、钼等，还用于金属的穿孔加工。此外，等离子体弧还作为热辅助加工。这是一种机械切削和等离子弧的复合加工方法，在切削前，用等离子弧对工件待加工表面进行加热，使工件材料变软，强度降低，从而使切削加工具有切削力小、效率高、刀具寿命长等优点，已用于车削、开槽、刨削等。

等离子体电弧焊接已得到广泛应用，使用的气体为氩气。用直流电源可以焊接不锈钢和各种合金钢，焊接厚度一般在 1～10mm，1mm 以下的金属材料用微束等离子弧焊接。近代又发展了交流及脉冲等离子体弧焊铝及其合金的新技术。等离子体弧还用于各种合金钢的熔炼，熔炼速度快，质量好。

等离子体表面加工技术近年来有了很大的发展，日本近年试制成功一种很容易加工的超塑性高速钢，就是采用这一技术实现的。采用等离子体对钢材进行预热处理和再结晶处理，使钢材内部形成微细化的金属结晶微粒。结晶微粒之间联系韧性很好，所以具有超塑性能，加工时不易碎裂。

采用等离子体表面加工技术，还可提高某些金属材料的硬度，例如使钢板表面渗氮，可大大提高钢材的硬度。在氧等离子体中，采用微波放电，可使硅、铝等进行氧化，制得超高纯度的氧化硅和氧化铝。采用无线电波放电，在氮等离子体中，对钛、铬、铌等金属进行渗氮，可制得氮化钛、氮化铝、氮化铌等化合物。由直流辉光放电发生的氩等离子体，使四氯化钛、氢气与甲烷发生反应，可在金属表面生成碳化钛，大大提高了材料的强度和耐磨性能。

等离子体还用于人造器官的表面加工，采用氨和氢-氮等离子体，对人造心脏表面进行加工，使其表面生成一种氨基酸，这样，人造心脏就不受人体组织排斥和血液排斥，使人造心脏植入手术获得成功。

等离子体加工的工作地点要求对噪声和烟雾进行控制，以及对眼睛的保护，常采用高速流动的水屏。高速流动的水通过一个围绕在切削头上的环喷出，这样就形成了一个水的屏幕或防护罩，从而大大减少了等离子体加工过程中产生的光、烟和噪声的不良影响。在水中混入染料，可以降低电弧的强光照射。但是由于下述原因等离子体加工应用受到限制：

（1）电弧作用区域的观察性差 等离子弧枪结构复杂，不仅比较重，而且手工焊时操作人员还较难观察焊接区域。

（2）双弧弊端 使用转移弧时，当工艺参数选择不当，或喷嘴结构设计不合理，或喷嘴多次使用后有损伤时，就会在钨极-喷嘴-工件之间产生串接电弧。这种旁弧与转移弧同时存在，成为双弧。产生双弧，说明弧柱与喷嘴之间的冷气膜遭到破坏，转移弧电流减小，这样就导致焊接过程不正常，甚至很快烧坏喷嘴。

（3）电弧可达性差 由于枪体比较大，钨极内缩在喷嘴里面，因此对某些接头形式是无能为力的。

（4）一次投资大 等离子体加工设备比较昂贵，但考虑到速度快、质量好，使用成本还是不太高的。

第三节 快速成型技术

一、快速成型技术概述

第二次世界大战以后，科学技术以前所未有的速度发展，并对人类社会产生了巨大影响。其中计算机科学与技术、微电子技术等代表了科技发展的前沿。在机械制造领域，计算机和微电子技术的发展，推动了制造自动化技术的出现和广泛应用，使低成本、小批量、多品种的柔性生产模式成为可能。另外，科技的发展推动了产品市场的国际化和全球化，如何以更快的速度设计制造性能更好、价格更低和更能满足用户需求的产品，已经成为企业的迫切需要。在这种情况下，一种新的 RPM（Rapid Prototyping Manufacturing）制造技术，即快速成型技术应运而生。

快速成型技术是指在计算机的控制下，根据零件的 CAD 模型或 CT 等数据，通过材料的精确堆积，制造原型或零件的一种基于离散、堆积成型原理的新的数字化成型技术。其主要过程可以描述如下：首先用 CAD 软件设计出零件的"电子模型"；然后根据具体工艺要求，将其按一定厚度分层（通常是沿 Z 轴，但目前已经发展到可沿任意轴），即将其离散为一系列二维层面，习惯上称为分层（Slicing）或切片；再将这些离散信息同加工参数相结合，生成 NC（数控）代码输入成型机。成型机根据 NC 代码，顺序加工成型单元体并使之彼此结合，从而得到与"电子模型"相对应的三维实体（又称物理模型或原理）。

RPM 技术是制造技术的一次重大变革，它从成型原理上提出一个全新的思维模式，为制造技术的发展创造了一个新的空间。传统的制造技术是从毛坯上去除多余的材料，形成所需的零件，故称之为"去除"加工法；而 RPM 的加工思想则与之完全相反，它是根据零件的三维模型数据，采用材料逐层或逐点堆积的方法，迅速而精确地制造出该零件，所以也叫"增加"加工法。RPM 技术是集 CAD 技术、数控技术、激光加工，以及材料工程科学等多学科和多种新技术为一体的新型的先进制造技术。与传统制造技术相比，RPM 技术没有采用传统的加工机床和工具，而只需传统加工方法的 30% ~ 50% 工时和 20% ~ 35% 成本，极大提高了零件的加工效率和制造成本。

1987 年 11 月，在美国底特律举办的制造自动化展览会上，出现第一台商业化的快速成型机。此机由美国 3D System 公司推出。

我国的第一台快速成型机—"M220 多功能试验平台"，于 1993 年诞生于清华大学。该机可完成 SSM（Slicing Solid Manufacturing）分层实体制造、SL（Stereo-lithography）立体光刻、SLS（Selective, Laser Sintering）选区激光烧结和冷冻成型等快速成型工艺。我国第一台出口的快速成型机是 1995 年清华大学生产的 SSM—500 机，该机采用涂敷纸作为成型材料。同年，我国第一台熔化沉积制造（Melted Extrusion Manufacturing）机 MEM—250 诞生，该机以特种蜡、ABS 和尼龙为耗材。1999 年又成功开发了世界最大的快速成型机 SSM—1600，并销往长春第一汽车制造厂。目前，快速成型机正在朝低消耗成本、大成形尺寸、高精度等方向发展。

国内从事该项研究的单位还有华中理工大学、南京航空航天大学、西安交通大学、浙江大学和北京龙源公司等。

自从 20 世纪 80 年代中期 SLA 光成形技术发展以来到 20 世纪 90 年代后期，研究人员开发出了许多快速成型技术，如光固化成型（SL）、粉末烧结成型（SLS）、层叠法成型（LOM）、熔积成型（FDM）、三维印制（3D-P）等多达十余种具体的工艺方法，但是 SLA、LOM、SLS 和 FDM 目前仍然是快速成型技术的主流。这些工艺方法都是在材料累加成型的原理基础上，结合材料的物理化学特性和先进的工艺方法而形成的，它与其他学科的发展密切相关，近年来研究和开发人员一直在不懈地探索新的更为先进的工艺方法。

图 8-16 为 LOM 工艺原理图。工作开始，供料卷筒把原料（塑胶的纸或纤维混合物）平铺在工作台的基面上，然后热压滚筒将料压平并粘在底层上，由激光器产生的激光束按控制计算机所给出的 x、y 信息指令运动，切割出工件截面形状的二维原料片，并把周围多余的材料切碎，然后工作台下降一个距离（原料片的层厚），供料卷筒再铺新层。如此反复，逐层粘切，直至把工件做出来，这种方法目前已可做 $8mm \times 558.8mm \times 508mm$ 的工件。采用 25W、40W、50W 的 CO_2 激光器，原料片层厚最小为 0.0127mm，精度达 0.238mm。

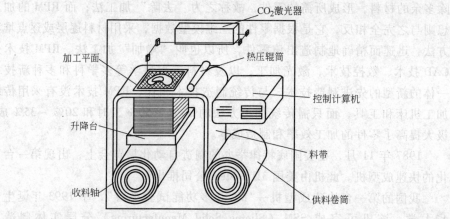

图 8-16 LOM 工艺原理图

图 8-17 所示是选区激光烧结法工作原理图。其结构也是由一个两维数控的激光头、工作台和上料装置三部分组成的。它以粉末状的塑料、蜡、陶瓷、金属粉末或其他复合材料为原料。

其工作台和上料装置为两个平台，一个供装粉末原料，另一个用于激光烧结成型。工作开始，铺料滚筒将粉末原料均匀地推铺在烧结成型的工作台上，激光束在计算机数控系统的控制下，透过激光窗口，以一定的速度和能量密度在选定区域（即工件截面）进行扫描烧结，经激光扫描过的区域被烧结成型。未经扫描过的则依然是

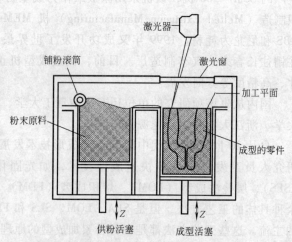

图 8-17 选区激光烧结法工作原理图

原来的粉末状原料，可回收再利用。扫描烧结完一层后，工作台下降一个层厚的高度，供料台上升一个层高，又开始铺新料。就这样逐层铺料烧结，最后得到所需的三维工件实体。目前国内的设备已能制造 $\phi300mm \times 400mm$ 的工件。采用 50W 的 CO_2 激光器，烧结层厚 0.1～0.25mm，激光定位精度达 ±0.1mm。这种办法材料利用率高，与光敏液相固化法相比，不需要搭任何支架即可形成那些具有悬空或"孤岛"结构的零件。

图 8-18 所示是选区挤塑法工作原理图。由数控喷射器、可升降的工作台和供料装置组成。以半流体状或线状熔融的热塑材料（ABS 塑料、铸造蜡、橡胶

等成型原料）为原料，开始时工作台处于高位，原料通过喷射器加热熔融后，按计算机数控系统的控制指令连续地挤喷在选定的区域（即工件截面上），随之冷却固化成型。随后工作台下降一个层厚的高度，接着再挤喷第二层，如此反复，直至工件成形。一般情况下用一个喷头，只在制造具有悬空或孤岛结构的复杂件时，才采用两个喷头，增加的一个用于挤喷支撑件。目前国内的设备能加工 260mm × 60mm ×

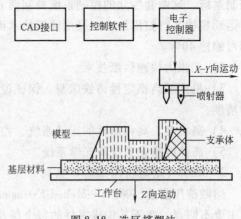

图 8-18　选区挤塑法

60mm 的工件，层厚为 0.05 ~ 0.8mm，层宽为 0.3 ~ 2mm，模型精度达 ±0.2mm。国外的设备 x、y 轴分辨率为 6.3μm，z 轴为 3.2μm，喷出的熔状原料尺寸为 0.076mm（冲击后扩散至宽度 0.1mm，高度 0.063mm），熔状物的中心距为 0.038mm，扫描速度 305mm/s。

从上述可见，RPM 技术是一项极具生命力的先进制造技术。

图 8-19　SSM1600 快速成型系统

二、快速成型技术设备

1. SSM1600

图 8-19 所示 SSM1600 快速成型系统，采用先进的并行加工方式，是目前世界上最大的快速成型设备。SSM1600 设备具有大尺寸、高精度、高效率、高可靠性的显著技术特点。该设备与精密铸造、凝固模拟等技术结合，可用于制造大型的快速模具，可广泛用于汽车摩托车、家电等行业。

SSM1600 的主要技术指标为：

1）成型空间：1600mm（长）×800mm（宽）×700mm（高）。

2）零件精度：0.15mm。

3）扫描速度：0 ~ 500mm/s。

4）激光器：SUW，配备两套高质量激光器。

SSM 1600 的主要技术特点为：

1）先进的分区并行加工方式。该设备的激光系统采用分布式控制和独立式控制系统。这两套独立的控制系统控制两套独立的激光系统，两套精巧设计的独立运动机构并行扫描加工。采用该项技术可以大幅度提高加工效率，整体加工时间可缩短40%。

2）无张力快速供纸技术。

3）机床式高稳定性铸铁床身，保证设备高速运动中的稳定性，提高加工件的精度。

4）高精度、高可靠性的运动系统、控制系统。

5）高性能激光系统及光学系统。

2. MEM（熔融挤压制造）系列

熔融挤压制造（MEM—Melted Extrusion Manufacturing）与其他快速成型工艺的主要不同点，在于其构成零件的每个层片是由材料丝的积聚形成的。成型过程中、成型材料加热熔融后在恒定压力作用下连续地挤出喷嘴，而喷嘴在扫描系统带动下能够进行二维扫描运动。当材料挤出和扫描运动同步进行时，由喷嘴挤出的材料丝堆积形成了材料路径。材料路径的受控积聚形成了零件的层片。堆积完一层后，成型平台下降一层片的厚度，再进行下一层的堆积，直至零件完成。

熔融挤压快速成型是各种快速成型工艺中发展速度最快的一种，它具有以下特点：

1）成型材料广泛，一般的热塑性材料如塑料、蜡、尼龙、橡胶等，作适当改性后都可用于熔融挤压快速成型。同一种材料可以作出不同的颜色，用于制造彩色零件。

2）成型设备简单、成本低廉，没有激光器及其电源，大大简化了设备。维护也相对容易，工作可靠。

3）成型过程对环境无污染，设备运行时噪声也很小。

4）容易向两极发展，制成桌面化和工业化快速成型系统。

① MEM250-Ⅱ 图 8-20 所示 MEM250-Ⅱ是小型化设备，它的主要技术指标为：

1）成型空间：250mm（长）×250mm（宽）×250mm（高）。

2）扫描速度：0～150mm/s。

3）成型精度：±0.15mm。

4）成型材料：ABS。

图 8-20　MEM 250-Ⅱ
快速成型制造系统

② MEM600 此设备采用先进的喷射技术，具有大尺寸、高精度、高效率、高可靠性的显著技术特点，适用于大型中空的快速原型制造。可广泛用于家电等行业，具有广阔的发展前景。

MEM600 的主要技术指标为：

1）成型空间：600mm（长）×500mm（宽）×560mm（高）。

2）零件精度：±0.15mm。

3）扫描速度：0~200mm/s。

4）成型材料：ABS。

3. M-RPMS 系列

多功能快速原型/零件制造系统（M-RPMS Multi-Functional RPM System），它能根据用户的需要，可分别采用不同的材料执行不同的工艺，大大提高了设备利用率和性能价格比，具有多种 RP 工艺的互补性，而且大大降低了运行成本，在这种多功能快速原型/零件制造系统上的每一种功能均达到单一功能 RP 设备的水平。

清华大学机械系激光快速成型中心创造性地提出了 M-RPMS 的概念和体系，并获得国家自然科学基金重点资助，其原理图见图 8-21。

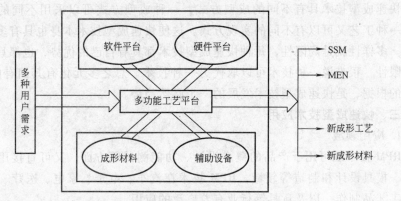

图 8-21　多功能快速原型制造系统原理图

多功能快速原型系统（M-RPMS）与单功能的成型系统相比，主要有以下优点：

1）性能价格比高。

2）工艺互补性和适应性强。该系统能同时实现两种工艺，SSM 适合制造块体零件，MEM 适合制造空心薄壁零件。

3）系统开放性好。不仅能完成多种快速成型工艺，还可以进行新成型工艺的研究和集成。

4）共用性强。高精度床身，扫描系统、工作台及升降系统、温控，以及输入、输出系统可以共用。

5）共享性好。RP'数据处理软件，控制软件可以共享。

多功能快速原型/零件制造系统从开发至今，已经历了三次改进，使系统可靠、稳定、达到了最优化的设计，图 8-22 所示为 M-RPMS-Ⅱ快速成型制造系统外形。

图 8-22　M-RPMS-Ⅱ快速成型制造系统外形

它们主要的技术指标为：

1）成型空间：600mm（长）×400mm（宽）×570mm（高）。

2）成型精度：±0.1mm（SSM），±0.2mm（MEM）。

3）扫描速度：0～500mm/s（SSM），0～200mm/s（MEM）。

4）激光器：国产 CO_2 激光器及激光电源（M-RPMS-Ⅱ），进口 CO_2 激光器及激光电源（M-RPMS-Ⅲ）。

5）材料：涂敷纸（高温、低温两种）——SSM 工艺，ABS—MEM 工艺。

快速成型技术具有不同的成型方式，一种成型方式可以采用不同的工艺路线，一种工艺又可以有不同的实现方式。这使快速成型技术本身也具有多样性的特点。多样性就是局限性，每种快速成型技术都具有自己的优势，也都具有自己的局限性，很难说一种技术可以取代另一种技术。总之多元化有其固有的根源，内在的根据，是快速成型技术发展的一个必然趋势。

三、快速成型技术应用

1. 应用领域

RPM 技术既可用于产品的概念设计、功能测试等方面，又可直接用于工件设计、模具设计和制造等领域，RPM 技术在汽车、电子、家电、医疗、航空航天、工艺品制作，以及玩具等行业有着广泛的应用。

（1）产品设计评估与功能测验　为提高设计质量，缩短试制周期，RPM 系统可在几小时或几天内，将图样或 CAD 模型转变成看得见、摸得着的实体模型。根据设计原型进行设计评估和功能验证，迅速地取得用户对设计的反馈信息；同时也有利于产品制造者加深对产品的理解，合理地确定生产方式、工艺流程和费用。与传统模型制造相比，快速成型方法不仅速度快、精度高，而且能够随时通过 CAD 进行修改与再验证，使设计更完善。

（2）快速模具制造　以 RPM 生成的实体模型作为模芯或模套，结合精铸、粉末烧结或电极研磨等技术，可以快速制造出产品所需的功能模具，其制造周期一般为传统的数控切削方法的 1/5～1/10。模具的几何复杂程度越高，这种效益越显著。

（3）医学上的仿生制造　医学上的 CT 技术与 RPM 技术结合，可复制人体骨骼结构或器官形状，整容，重大手术方案预演，以及进行假肢设计和制造。

（4）艺术品的制造　艺术品和建筑装饰品是根据设计者的灵感，构思设计出来的。采用 RPM 可使艺术家的创作、制造一体化，为艺术家提供最佳的设计环境和成型条件。

当前，快速成型逐渐向快速模具制造发展，用快速成型的方法制造各类模具已成为 RP 应用的热点问题。

2. 直接制模

（1）用 RPS 原型替代蜡模和铸造木模　通过 RP 技术只需在 CAD 完成造型设计后，就可以在 RPS 上自动地制成产品原型。利用 RPS 原型可直接作为汽化模，或替代蜡模进行熔模铸造，简化了制模工序，节省了制模时间。此外，也可用 RPS 原型代替木模制造砂型，这不仅降低了制模成本，还大大提高了模具的精度，可获得更好的力学性能，使模具受压、受热时不易翘曲和开裂。

（2）直接制造铸造砂型和熔模铸造的型壳　例如 DTM 公司应用新研制的材料 SandForm Zr 烧结成 SLS 原型，使之在 100℃烘箱中保温 2h 进行硬化后，可以直接用作铸造砂型；也可用类似方法，直接制出熔模铸造的型壳。

（3）直接制造金属模具　DTM 公司所开发的 Rapid-Steel 快速成型材料，为一种在微颗粒外表面裹覆一层很薄聚酯包衣的钢粉。它经 SLS 快速烧结成型后，使之在 300℃环境下烧失粘结剂包衣，在 700℃时使钢粉颗粒之间发生弱联结（Necking），在 1120℃时使熔化的铜在氢气气氛中渗入钢颗粒之中，以此工序来制作注塑模。这种模具中，钢的质量分数为 60%，铜的质量分数为 40%，其寿命高达数万件以上。

3. 间接制模

利用 RPS 原型可复制硅橡胶模。由于硅橡胶有很好的复印性能并可承受一定的高温，所以可将 RPS 制造的产品原型当作母模，复制出硅橡胶模，据此可生产低熔点金属件和塑料件。此外，还可以根据 RPS 制造环氧树脂靠模，用以加工制造出各种复杂的金属零件和模具。

第四节　磁性磨料研磨加工

磁性磨料研磨加工（Magnetic Abrasive Machining）简称磁性研磨加工。它是通过磁场的磁极将磁性磨料吸压在加工件表面；加工件表面与磁极之间可以有数毫米的间隙，磁性磨料在加工间隙中沿磁力线整齐排列，形成弹性磁刷，并压附在工件表面；旋转磁场或旋转加工件，使磁刷与加工件产生相对运动，从而精磨工件表面。磁性研磨加工的特点是不管加工件表面形状如何，只要使磁极形状与加工表面形状大体吻合，就可精磨有曲面的工件表面。因而磁性研磨加工适用于通常研削和研磨加工难以胜任的复杂形状零件表面的光滑加工，在精密仪器制造业中得到日益广泛的应用。

一、磁性研磨加工基本原理

磁性研磨主要有磁性磨料研磨和磁流体研磨两种。

1. 磁性磨料研磨原理

以圆柱面磁性磨料研磨加工为例，如图 8-23a 所示，工件处于一对磁极 N、S 所形成的磁场中间，在这个磁场中填充磁性磨料，工件置于磁性磨料中。研磨时，工件作回转运动，使磁性磨料与被加工表面之间产生相对运动。

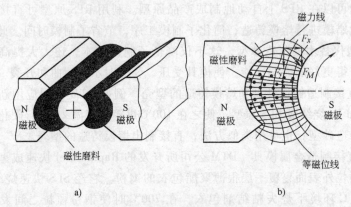

图 8-23 磁性磨料研磨加工机理

a) 工件位置 b) 磁场分布

作为磨具的磁磨粉，必须具有对磁场感应的性质，同时又具有对工件的切削能力。磁磨粉是一种平均直径大约为 150μm 的粒状体，由磁化率大的铁粉和磨削能力强的氧化铝粉或氮化硅粉等，按照一定比例混合而成。在磁性研磨加工中，只有在磁场保持力的作用下，才能使磁磨粉实现对工件的磨削加工。位于磁场中磁磨粉的每一个磨粒，沿着磁力线方向相互衔接形成"磁串"，由"磁串"进而形成"磁刷"，通过磁刷产生一个指向工件表面的"研磨压力"。因此，磁性研磨的磨削力是由磁场产生的，以研磨压力的作用形式来实现。改变电磁铁线圈电流、工作间隙以及工作间隙的结构等，都将影响研磨压力的大小。

在研磨导磁材料的工件时，加工区的磁场分布如图 8-23b 所示。在磁场内某一点上，一颗磨料将受到沿磁力线方向的力 F_x 以及受沿等势（位）方向的力 F_y 的作用，可分别表达为

$$F_x = \left(\frac{\pi D^3}{6}\right)\chi H\left(\frac{\partial H}{\partial x}\right) \qquad (8\text{-}2)$$

$$F_y = \left(\frac{\pi D^3}{6}\right)\chi H\left(\frac{\partial H}{\partial y}\right) \qquad (8\text{-}3)$$

式中　　　　　　D——磁性磨粒半径；

χ——磁化率；

H——磁场强度；

$(\partial H/\partial x)$、$(\partial H/\partial y)$——磁场变化率。

F_x和F_y的合力为F_M，其大小与此点的磁场强度、各方向磁场变化率成正比。

在磁性研磨过程中，工件加工表面上微小表面层面积ΔS_i上所承受的研磨压力F_i计算如下：

$$F_i = \frac{B_i^2}{3\mu_0}\left(1 - \frac{1}{\mu_r}\right) \tag{8-4}$$

$$\mu_r = \frac{\mu}{\mu_0} \tag{8-5}$$

式中　B_i——微小面积ΔS_i上的磁通密度（T）；

μ_0——真空磁导率（$4\pi \times 10^{-7}$N/m）；

μ_r——磁性研磨相对磁导率（H/m）；

μ——磁导率（H/m）。

2. 磁性磨料研磨加工特点

与传统的研磨、抛光等加工工艺相比，磁性磨料研磨加工工艺具有如下优点：

1）自锐性能好、磨削能力强、加工效率高。由于"磁刷"是由磁磨粉组成的具有一定刚性的柔性磨具，在磁场的作用下，加工过程中磨粒的位置在不断发生变更，"磁刷"在不断地重新排列，工件表面将始终能获得锐利磨刃的切削。因此，磁性研磨金属去除量大、切削能力强、加工效率高。

2）磁性研磨研磨温升小、工件变形小。在磁性磨料研磨加工过程中，每个磨粒的位置不断地在变更，就一颗磨粒磨刃而言，它与工件表面的作用时间很短，因此对回转工件表面层的温升影响较小，表面金相组织结构没有受到破坏，使工件变形小。

3）磁性研磨切削深度小，加工表面平整光洁。由于"磁刷"为具有一定刚性的柔性刷，而磨粒体积小、切削刃小，切入工件表面的切削深度t小于前道工序残留的加工痕迹，一般为$t = 0.1 \sim 0.6\mu m$，从而能够获得更为平整、光洁的表面。

4）工件表面交变励磁，提高了工件表面的物理和力学性能。在磁性磨料研磨加工过程中，回转的工件表面多次反复地受到磁极 N 和 S 的交变磁场作用，导电的磁性磨料产生的电动势，反复使工件表面充电，强化了表面的电化学过程，改变了表面的应力分布状态，从而提高了工件表面硬度，改善了工件的物理和力学性能。

5）无粉尘、废液和噪声污染，工作环境好。在加工过程中，由于磁性磨料保持在磁场中，同时切屑被吸入磁性磨料中，不会产生粉尘；加工过程中不需要工作液，因此不会产生废液；由于是"软磁刷"，加工过程中噪声较小。

6）加工范围广、工艺适应性强。加工的工件除内、外圆及平面表面外，还可以加工复杂形状零件的内外表面，特别适合型模的内、外表面加工。

7）加工装置简单，不需要砂轮、油石、传动带等。

8）磁性磨料更换方便。由于磁粒光整加工良好的柔性和适应性，其加工装置可以像普通机床的配附件一样使用普通的机床改造。需要说明的是，磁粒加工工具的良好柔性和自适应性，为其与数控技术结合起来进行复杂曲面（如空间自由曲面）的光整加工创造了有利条件。

二、磁性研磨加工设备和工具

一般都是用台钻、立钻或车床等改装，或者设计成专用夹具装置。目前还没有定型的商品化机床生产厂。

工件转速可在 200～2000r/min，工件轴向振动频率可在 10～100Hz，振幅可在 0.5～5mm 之间，根据工件大小和光整加工的要求而定。

小型零件的磁力系统可采用永磁材料以节省电能消耗；大中型零件的磁力系统则用导磁性较好的软钢、低碳钢，或硅钢片制成磁极、铁心回路，外加励磁线圈并通以直流电，即成为电磁铁。

磁性磨料是将铁粉或铁合金（如硼铁、锰铁或硅铁）的粉和磨料（如白色氧化铝或绿色刚玉碳化硅、碳化钨等），加入粘结剂搅拌均匀后加压烧结而成；也可将铁粉和磨料混合后用环氧树脂等粘结成块，然后粉碎、筛选成不同粒度。磨料在研磨过程中始终吸附在磁极间，一般不会流失。但研磨日久后，磨粒会破碎变钝，且磨料中混有大量金属微屑变脏而需更换。

目前国际上应用的磁性磨粒光整加工装置虽然种类繁多，但按磁场的形式可以划分为两大类：第一类是具有形成磁性加工工具的恒磁场，该磁场依靠磁性加工工具和加工表面相对移动来加工（见图 8-24 至图 8-33）；第二类是采用交变的或旋转的磁场，使磁性磨料与加工面之间产生相对运动，从而达到加工的目的（见图 8-34、图 8-35）。

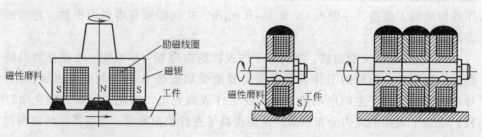

图 8-24　平面的磁粒光整加工　　　　图 8-25　凹槽和平面的磁粒光整加工

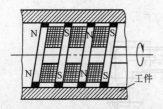

图 8-26 圆柱内表面磁粒光整加工

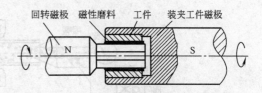

图 8-27 小孔内表面磁粒光整加工

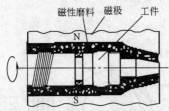

图 8-28 台阶面和螺纹面的磁粒光整加工

图 8-29 球面的磁粒加工

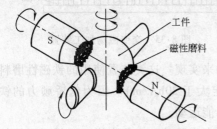

图 8-30 球形阀的磁粒光整加工

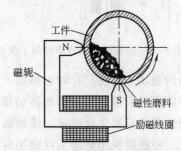

图 8-31 有色金属管内壁的磁粒加工

第一类磁性磨粒光整加工装置的特点是磁性磨料移动的距离小，光整加工有时靠加工表面与磁极的同时运动来完成（见图8-27、图8-29和图8-30）。图8-23所示的情况是一个例外，它的磁性磨料靠气体动力驱动，与工件表面产生相对运动。第一类装置采用易于磁化和退磁的铁磁性磨料，具有高的饱和磁化强度。这一类装置均含有一个作为磁场源的电磁线圈或永久磁铁、带磁极的磁轭，以及在磁极与工件之间充有铁磁性磨料的工作区。

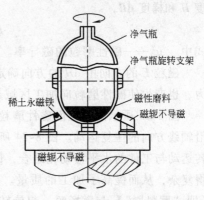

图 8-32 净气瓶内壁的光整加工

第二类装置（见图8-34和图8-35），铁磁性磨料的移动靠一个交变或者运

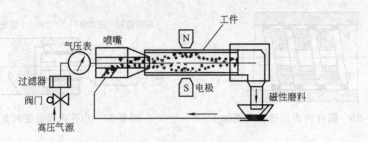

图 8-33　磁粒磨粒喷射加工装置

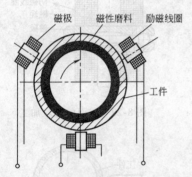

图 8-34　旋转磁场磁性磨粒加工装置

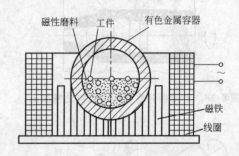

图 8-35　交变磁场加工装置

动的磁场来实现，有时也靠加工零件的移动来实现。这类装置使用的铁磁性磨料一定要具有强磁性，例如高的矫顽力（规定大于 20hA/m）。因为低矫顽力的铁磁性磨料易发生反磁化，使得磁粉实际上不能运动。

　　磁性磨粒光整加工以磁场对磁粒的作用力为基础。一般来说，磁场对磁粒的作用力 F 不仅取决于磁粒能够被磁化的程度和磁粒的体积 V，也取决于磁场的强度 H 和梯度 dH，

$$F = \mu_0 V H dH \tag{8-6}$$

式中　μ_0——磁性磨粒的磁导率。

　　磁粒 F 的方向由 dH 的方向确定。这个磁场力不仅产生磁粒对工件表面的压力，也产生使磁性磨粒向加工区域聚集和带动磁性磨粒运动的力。

　　图 8-23 所示的圆柱面磁性磨粒加工装置，工件在作旋转运动的同时，还作沿轴线方向的往复运动。图 8-24 所示的平面磨粒加工装置也是这样，磁极的旋转运动与工件的水平移动相结合，使得磁性磨粒在光整加工中的切削运动轨迹变得复杂，从而提高了加工的质量。有些磁性磨粒光整加工装置，磁性加工工具（即"磨料刷"）与磁场源一起旋转。其典型代表是借助磁场作用带动磁性磨料的抛光轮（见图 8-25、图 8-26），这种装置被用于黑色和有色金属零件的光整加工。在磁性磨粒光整加工装置中，表面与加工面等距的磁极是最常用的。这种磁

极能用来加工圆柱面（见图 8-25、图 8-27）、平面（见图 8-24）、台阶面、螺纹面、圆锥面（见图 8-26）和球面（见图 8-29、图 8-30）。这些装置都是通过磁极运动或工件运动，或磁极与工件同时运动来实现对加工表面的加工。有色金属管件内壁和不锈钢气瓶内壁，用常规加工手段难以进行加工，而磁性磨粒光整加工则能很容易地实现对它们的加工，如图 8-31 和图 8-32 所示。

值得一提的是，日本的 Shinmua 等人最近开发了旋转磁场磁性磨粒加工装置（见图 8-34），由于可以进行包括弯管在内的管内壁光整加工，解决了真空管、卫生管内壁抛光这一传统方法难以解决的加工难题。这种加工装置由于没有运动部件，其运行非常可靠。图 8-35 采用交变磁场加工装置也是如此，经常用于小型零件整个外表面的光整加工。

旋转磁场磁性磨粒加工装置虽然非常有效，但就其应用对象来说，其截面形状必须是圆形，对于截面是方形或其他形状工件的加工则无能为力。1997 年，韩国的 Jeong-Du Kim 等人提出了一种新的磁性磨粒光整加工装置——磁性磨粒喷射加工装置（见图 8-33），其原理是将混有磁性磨粒的气流喷射进被加工的管内，磁性磨粒在高压气流作用下向前飞速移动，磁性磨粒在前移的过程中，由于受到磁场的作用而贴向管的内壁，沿管的内壁前移并与之产生摩擦，从而起到对工件内壁的光整加工作用。这种新的磁性磨粒加工装置不仅可以加工截面形状是圆形的工件内壁，对其他截面形状的工件内壁也可以进行非常有效的加工。

三、磁性磨粒研磨加工应用

磁性磨料研磨加工适用于导磁材料的表面光整加工、棱边倒角和去毛刺等。既可用于加工外圆表面，也可用于平面或内孔表面，甚至齿轮齿面、螺纹和钻头等复杂表面的研磨抛光，见图 8-36。

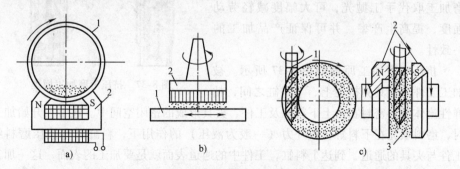

图 8-36　磁性磨料研磨应用实例示意图

a）研磨平面　b）研磨内孔　c）研磨钻头复杂表面

1—工件毛坯　2—磁极　3—磁性磨料

磁性磨料研磨技术正在精密加工领域逐渐推广应用，不仅对精密仪器仪表零件，光学仪器零件的精密研磨加工，而且对较大尺寸的机械传动零件，如机床主轴、齿轮轴、凸轮轴、丝杆等零件，作为最终加工应用都是十分可行的。随着科学技术的进步，机械零件的精度要求会越来越高，不断开发和推广磁性研磨加工这一新技术、新工艺，将会获得十分理想的经济效益和社会效益。随着航天、航空、车辆、电子、仪表等各个工业领域中精密零件加工量的增多，需要光整加工的表面，不只局限于平面、柱面等简单的几何型面，零件复杂型面的光整精加工也越来越多，可以预言，磁性磨料研磨将在精加工领域获得更为广泛的应用。

第五节 挤 压 珩 磨

挤压珩磨（Abrasive Flow Machining）在国外称磨料流动加工，是 20 世纪 70 年代发展起来的一项表面加工的新技术。最初主要用于去除零件内部通道或隐蔽部分的毛刺而显示出优越性，随后扩大应用到零件表面的抛光。

一、挤压珩磨加工原理

挤压珩磨加工具有在一次加工中完成去毛刺、抛光、倒圆角及改变零件表面性能的作用。可以同时加工一个或多个工件的单一或多个表面，能够高效、经济地加工传统方法难以加工的几何形状复杂的表面，如窄缝、交叉孔道、异形曲面等。挤压珩磨加工对材料的适用性强，不仅能加工几乎所有的金属材料，并可对玻璃、陶瓷等硬脆性材料进行加工。使用挤压珩磨加工取代手工抛光，可大幅度减轻劳动强度，提高生产率，并可保证产品加工的一致性。

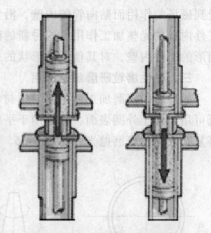

图 8-37　挤压珩磨加工原理

挤压珩磨加工原理如图 8-37 所示。被加工工件用夹具夹持在上、下料缸之间，粘弹性流体磨料密封在由上下料缸及工件、夹具形成的密闭空间中。通常在开始加工时，磨料填充在下料缸；在外力（一般为液压）的作用下，料缸活塞挤压磨料经工件与夹具的通道，到达上料缸，工件中的通道表面就是要加工的表面，这一加工过程类似于珩磨；当下料缸活塞到顶部后，上料缸活塞开始向下挤压磨料经工件加工表面回到下料缸，完成一个加工循环。通常加工需经过几个循环完成。

挤压珩磨加工机床、流体磨料和夹具称为挤压珩磨加工的三要素。挤压珩磨机床通常由主机、液压系统及控制系统组成。主机的主要部分是两个相对的料缸，在液压系统驱动下两料缸可以开合。液压系统驱动各液压执行元件，完成料缸分合以及挤压推动磨料等动作。

控制系统除完成对液压系统各电磁阀的控制外，并要完成对加工各参数，如温度、压力、粘度、流动速度等的检测。大型挤压珩磨加工机床另配有上下料系统、工件清理系统等辅助设备。流体磨料是挤压珩磨加工中的刀具，是由粘弹性的高分子聚合物与磨料以一定比例混合组成的半固态的物体，具有一定的流动性。磨料通常使用碳化硅、氧化铝、氮化硼、金刚石等。对磨料要求具有一定的流动性，不粘，无毒，不掉砂。流体磨料最主要的性能指标是粘度，粘度可通过软化剂进行调整。夹具用于固定工件，并引导磨料到要加工的表面；夹具另外还起密封流道，对不能承受压紧力的工件承受压紧力的作用。简单的工件可能不需要夹具，但对复杂几何形状的工件的磨料流加工，夹具是加工成败的重要因素。通过夹具设计可以实现在一次加工中完成多个工件的加工。

二、挤压珩磨的工艺特点

（1）适用范围　由于粘性磨料是一种半流动状态的粘弹性材料，它可以适应各种复杂表面的抛光和去毛刺，如各种型孔、型面像齿轮、叶轮、交叉孔、喷嘴小孔、液压部件、各种模具等，所以它的适用范围是很广的。而且几乎能加工所有的高硬度材料，同时也能加工陶瓷、硬塑料等。

（2）抛光效果　加工后的表面粗糙度与原始状态和磨料粒度等有关，一般可降低为加工前粗糙度值的十分之一，最低的表面粗糙度可以达到 $R_a0.025\mu m$ 的镜面。磨料流动加工可以去除在 0.025mm 深度的表面残留应力；可以去除前面工序（如电火花加工、激光加工等）形成的表面变质层及其他表面微观缺陷。

（3）材料去除速度　磨料流动加工的材料去除量一般为 0.01～0.1mm，加工时间通常为 1～5min，最多十几分钟即可完成。与手工作业相比，加工时间可减少 90% 以上。对一些小型零件，可以多件同时加工，效率可大大提高。对多件装夹的小零件的生产率，每小时可达 1000 件，而且它可以同时完成两种以上功能的加工，如倒圆、去毛刺、消除机加工应力、清除电火花加工硬化层，提高表面质量。

（4）加工精度　磨料流动加工是一种表面加工技术，因此它不能修正零件的形状误差。切削均匀性可以保持在被切削量的 10% 以内，因此，也不至于破坏零件原有的形状精度。由于去除量很少，可以达到较高的尺寸精度，一般尺寸精度可控制在微米的数量级。

三、粘性磨料介质

粘性磨料介质是由一种半固体、半流动性的高分子聚合物和磨料颗粒均匀混合而成的。这种高分子聚合物是磨料的载体，能与磨粒均匀粘结，而与金属工件则不发生粘附。它主要用于传递压力，携带磨粒流动以及起润滑作用。

磨料一般使用氧化铝、碳化硼、碳化硅磨料。当加工硬度合金等坚硬材料时，可以使用金刚石粉。磨料粒度范围是 $8^{\#} \sim 600^{\#}$；含量（体积分数）范围为 $10\% \sim 60\%$，应根据不同的加工对象确定具体的磨料种类、粒度、含量。

根据高分子树脂与磨料的配合比，磨料可分为软、中、硬三种。工件孔径与磨料粘弹性选用见表8-8。

表8-8　工件孔径与磨料粘弹性选用

工件孔径(mm)	0.4~3	0.8~6	2~12	3~25	6~50	20~70
磨料粘弹性	特别软	软	稍软	中硬	硬	特别硬

碳化硅磨料主要用于去毛刺。粗磨料可获得较快的去除速度；细磨料可以获得较好的表面粗糙度，故一般抛光时都用细磨料，对微小孔的抛光应使用更细的磨料。此外，还可利用细磨料（600号~800号）作为添加剂来调配基体介质的稠度。在实际使用中，常是几种粒度的磨料混合使用，以获得较好的性能。

粘度较低的磨料介质受挤流过通道时，在同一横断面上各点流速不同。在工件边角部位形成急剧的滑擦作用，因此去毛刺倒圆能力较为突出。粘度较高的磨料介质，受挤压时由于流变性差而形成了一种受剪切的状态，因此对孔壁具有较强的滑擦作用，适合于抛光加工。

磨料的有效寿命受到多方面因素的影响，例如：一次操作的磨料总量；磨料的类型、大小；磨料流速和零件的形状等。另外，在磨料流加工过程中，砂粒碎裂变钝，以及金属屑渗入磨料之中，都将影响磨料的有效寿命。磨料介质随着磨料锋利度的降低和高分子树脂的老化，切削能力逐渐下降。投入使用后的前8天，切削能力下降幅度较大，以后比较稳定。一般磨料寿命为3个月左右，金刚石磨料的使用期可达1~2年。

四、夹具

夹具是采用磨料流动加工使之达到理想效果的一个很重要的措施。夹具是磨料流动加工的重要组成部分，也是加工中比较灵活的因素，需要根据具体的工件形状、尺寸和加工要求而进行设计，但有时需通过试验加以确定。

夹具的主要作用除了用来安装、夹紧零件，容纳介质并引导它通过零件以外，更重要的是在介质流动过程中提供一个或几个"干扰"，以控制介质的流程。因为粘性磨料介质和其他流体的流动一样，容易通过那些路程最短、截面最大、阻力最小的途径。为了引导介质到所需的零件部件进行切削，可以利用特殊设计的夹具，在某些部位进行阻挡、拐弯、干扰，迫使粘性磨料通过所需要加工的部位。例如：为了对交叉通道表面进行加工，出口面积必须小于入口面积；为了获得理想的结果，有时必须有选择地把交叉孔封死，或有意识地设计成不同的通道截面，如加挡板、芯块等，以达到各交叉孔内压力平衡，加工出均匀一致的表面。

图 8-38 为加工交叉孔零件的夹具示意图。图 8-39 为抛光外齿轮的夹具结构。

由于挤压珩磨加工时，具有中间的去除量比两端小这一切削规律，直孔工件经磨料流加工后，将在出入口处形成喇叭口，改变了工件的形状和尺寸。要避免这种现象，需要在设计夹具时增加一引流段，并在引流段外设计成喇叭口。另外，可以设计特殊形式的夹具，用此夹

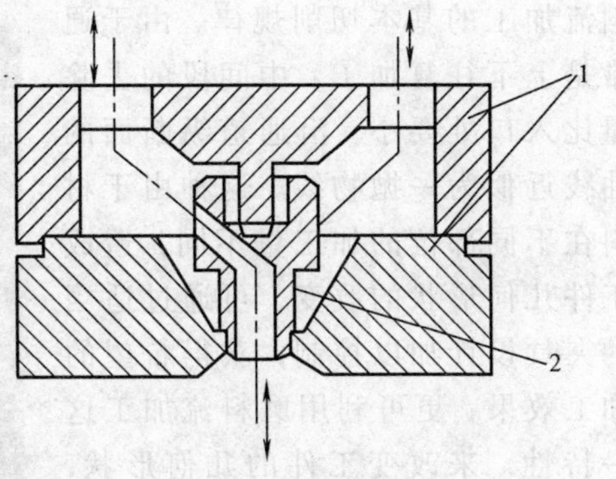

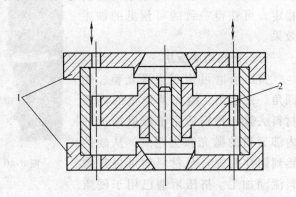

图 8-38　加工交叉孔零件的夹具示意图
1—夹具　2—零件

具经磨料流加工后改变工件的形状。例如，齿轮磨料流加工中，可通过适当的夹具设计，来保证轮齿边缘的去除量比齿面中部的去除量小，从而得到鼓形齿。这种磨料流齿轮修形技术，可以在改善齿轮啮合情况的同时，完成去毛刺和降低表面粗糙度。经磨料流加工后的鼓形齿轮，改善了轮齿啮合情况，降低了齿面间的摩擦，减小了冲击和噪声，提高了传动效率和承载力。

图 8-39　抛光外齿轮的夹具结构
1—夹具　2—工件（齿轮）

磨料流加工的一个重要特性是可同时加工多个孔道、缝隙或边，这是因为磨料是可流动的。当要使用磨料流同时抛光工件的多个表面时，夹具的设计要保证每个表面的材料去除量大致相同。要满足这一要求，可能需要使用组合夹具和芯轴并要在设计中保证通道中部的断面比两端的断面小。图 8-40 是不锈钢三通件和它的夹具。此工件的内表面由三段圆柱面和两斜面组成。为达到同时对其内表面抛光的目的，将其夹具设计成上半部和下半部两部分，并使用了三个芯轴，一个固定在夹具上部，另两个在安放工件时，与工件一同夹紧定位于上、下两部分之间。使用这套夹具对此种三通工件在 MB9211 机床上加工两次：第一次，使用 60 号磨料，循环加工 15 次；第二次，使用 150 号磨料，循环加工 10 次。两次加工总耗机时不超过 12min。经过两次抛光，工件内表面的粗糙度由原来的 $R_a12.5\mu m$ 降为 $R_a0.2\mu m$。

理论分析和实验均表明，磨料流加工中材料的去除量沿通道长度变化，是磨

料流加工的基本切削规律。由于通常是上下往复加工，中间段的去除量比入口处要小，沿通道纵断面的曲线近似为一抛物线。这种由于材料在不同部位的加工量不同，造成工件几何形状的改变，可通过适当的夹具设计加以控制，获得希望的加工效果。更可利用磨料流加工这一特性，来改变工件的几何形状，获得独特的特性。材料的去除量与通道截面的形状和尺寸有关，正确设计夹具并保证磨料在通道中流动稳定，可获得一致的可预见的加工效果。

图 8-40　不锈钢三通件和它的夹具

五、挤压珩磨应用

挤压珩磨可用于边缘光整、倒圆角、去毛刺、抛光及少量的表面材料去除，特别适用于难以加工的内部通道的抛光和去毛刺，从软的铝到韧性的镍合金材料均可进行磨料流动加工。挤压珩磨已用于硬质合金拉丝模、挤压模、拉伸模、粉末冶金模、叶轮、齿轮、燃料旋流器等的抛光和去毛刺。还用于去除电火花加工、激光加工或渗氮处理这类热能加工产生的变质层。

挤压珩磨加工这一工艺方法，最初是用于去除要求严格的飞机阀体和阀柱上的毛刺，要求在 10 倍显微镜下检测无毛刺，并且控制精确的边角倒圆。磨料流加工早在 1966 年就作为一种去毛刺的最理想手段，为金属加工工业所采用，现已广泛应用于航空航天制造业、机械制造业、汽车制造业和模具抛光等。挤压珩磨是抛光内部带有互相交叉 L 形的通道、形状复杂的零件最理想加工方法，可以大大降低通道表面的粗糙度值，使边角光滑。无论内部相交的孔，还是椭圆形、四方形槽形等任何形状的面，均可进行加工。磨料流加工最根本的优点是抛光的均匀性。这一优点还带来其他方面的益处，例如：降低生产成本、改善产品性能、延长产品寿命、减少废品和缩短检验时间等。磨料流加工可适用于不同种类和不同尺寸的零件。小到 1.5mm 直径的齿轮，或 0.2mm 直径的小孔；大到 50mm 直径模具的花键通道，或是近 1200mm 直径的透平叶轮。

1. 挤压珩磨精加工航空、航天零件

许多飞机发动机制造厂用磨料流加工透平叶轮上的特殊结构型槽，整个透平叶轮上的每一个槽的两端面，可在一次加工中得到精确、均匀的抛光和倒圆，从而可大大改善其疲劳强度。

叶片、风翼及其他零件上气冷通道的流动阻力，可以通过磨料流加工来"调谐"；同时，采用挤压珩磨加工，还可彻底去除由电火花或激光等热加工后所产生的"重铸层"，从而大大改善其疲劳强度，提高这些高应力零件的寿命；另外，这一浇铸涡轮叶片内部经研磨抛光后，气流量也增加了，磨料从根部进入，由出气口排出。

挤压珩磨加工还可用来对因空气流通不足而报废的风翼段进行研磨，以改善其空气流量。经过对内部空气流道进行一定时间的研磨抛光，95% 以上已报废的风翼段将达到规定的技术要求而重新投入使用。

飞机涡轮发动机零件也可用挤压珩磨加工，来去除其表面上的结焦和积炭，改善其表面的光洁和完整性，增强涡流值。

2. 挤压珩磨精加工汽车零件

汽车进、排气管，手工抛光其内表面时，只能先切割开，抛好以后再焊合起来。采用挤压珩磨加工工艺，不需要切割开，就可以使磨料挤压通过所有的管道。磨料流除了使进、排气管的壁面得到抛光外，还可使管道内部空间增大，从而使气流量增大。经空气推力测试，抛光后推力增加 17% ~ 23%。研磨量的多少，很大程度上取决于零件浇铸表面的粗糙度，一般研磨量在 0.001 ~ 0.002mm 之间。

汽车中的传动齿轮，包括蜗轮、蜗杆和锥齿轮，都可以采用挤压珩磨加工工艺，可以提高其使用寿命，并降低传动噪声。

3. 挤压珩磨抛光精密模具

挤压珩磨加工可用于抛光挤压模、拉丝模、锻压模、冷冲模及成型模等各种模具。在欧美等发达国家，绝大多数精密通孔模具制造厂都采用了挤压珩磨加工工艺。这一工艺避免了手工加工存在的费用高和模具不一致的缺点，而且均匀可控的磨削量，可以使研磨尺寸极为精确而形状变化极其微小。一般来说，经电火花加工出来的表面粗糙度为 $R_a 2.5 \mu m$ 的模具表面，不用特殊的夹具，经过 10min 的研磨抛光循环加工后，其表面粗糙度可达到 $R_a 0.25 \mu m$ 以内。在这类加工中，表面粗糙度 R_a 的预期效果，一般比抛光加工以前可降低 75% 到 90% 左右。

参 考 文 献

[1] 金同庆，等. 特种加工 ［M］. 北京：北京航空工业出版社，1981.

[2] 陈传梁，等. 特种加工技术 ［M］. 北京：北京科学出版社，1989.

[3] 刘晋春，陆纪平，等. 特种加工 ［M］. 长春：吉林人民出版社，1981.

[4] 赵万生，等. 特种加工技术 ［M］. 北京：高等教育出版社，2001.

[5] 微细加工技术编写委员会. 微细加工技术 ［M］. 朱怀义，等译. 北京：中国科学出版社，1983.

[6] 潘戴 P C，沙恩 H S. 现代加工方法 ［M］. 董美尊，译. 北京：国防工业出版社，1987.

[7] 隈部淳一郎. 精密加工振动切削 ［M］. 韩一昆，等译. 北京：机械工业出版社，1985.

[8] 金长善. 超声波工程 ［M］. 哈尔滨：哈尔滨工业大学出版社，1989.

[9] 《电解加工》编译组. 电解加工 ［M］. 北京：国防工业出版社，1977.

[10] 集群编. 电解加工 ［J］. 北京：国防工业出版社，1973.

[11] 张学仁，等. 数控电火花线切割加工技术 ［J］. 哈尔滨：哈尔滨工业大学出版社，2000.

[12] 朱企业，等. 激光精密加工 ［J］. 北京：机械工业出版社，1990.

[13] 李鸿年. 电镀原理与工艺 ［J］. 上海：上海科学出版社，1983.

[14] R Snoeys, J P Kruth. Niet-Koventionle Bewerkingsmethoden ［J］. Katholieke Universiteit Leuven, 1982.